Walter Holzapfel: **Typische Schäden am Dach**

Typische Schäden am Dach

Erkennen – beurteilen – beheben
3., überarbeitete und erweiterte Auflage

870 Abbildungen

Dipl.-Ing. Walter Holzapfel

Dachdeckermeister, öffentlich bestellter und vereidigter Bausachverständiger;
ehemaliger Dozent in der Sachverständigenausbildung und ehemaliges Mitglied im Prüfungsausschuss für Sachverständige in NRW; Autor zahlreicher Fachpublikationen

Bibliografische Information Der Deutschen Bibliothek
Die Deutsche Bibliothek verzeichnet diese Publikation in der Deutschen Nationalbibliografie; detaillierte bibliografische Daten sind im Internet über http://dnb.ddb.de abrufbar.

3., überarbeitete und erweiterte Auflage 2015

Maßgebend für das Anwenden von Regelwerken, Richtlinien, Merkblättern, Hinweisen, Verordnungen usw. ist deren Fassung mit dem neuesten Ausgabedatum, die bei der jeweiligen herausgebenden Institution erhältlich ist. Zitate aus Normen, Merkblättern usw. wurden, unabhängig von ihrem Ausgabedatum, in neuer deutscher Rechtschreibung abgedruckt.

Das vorliegende Werk wurde mit größter Sorgfalt erstellt. Verlag, Herausgeber und Autor können dennoch für die inhaltliche und technische Fehlerfreiheit, Aktualität und Vollständigkeit des Werkes keine Haftung übernehmen.

Wir freuen uns, Ihre Meinung über dieses Fachbuch zu erfahren. Bitte teilen Sie uns Ihre Anregungen, Hinweise oder Fragen per E-Mail: fachmedien.dach@rudolf-mueller.de oder Telefax: (02 21) 54 97-62 07 mit.

Lektorat: Mona Grosche, Bonn
Umschlaggestaltung: Satz + Layoutwerkstatt Kuth, Erftstadt
Herstellung: ConverData GmbH, Karben
Satz: ConverData GmbH, Karben
Druck und Bindearbeiten: PHOENIX PRINT GmbH, Würzburg
Printed in Germany

ISBN: 978-3-481-03320-0 (Buchausgabe)
ISBN: 978-3-03411-5 (E-Book PDF)

Vorwort

„Typische Schäden am Dach" – das Buch könnte auch heißen: „Wie vermeide ich Fehler?"

Im Kern ist dieses Buch eine auf die häufigsten Fehler abgestellte konzentrierte Konstruktions- oder Fachlehre.

Beschrieben wird eine größere Zahl von Schadenfällen, sämtliche aus eigener Sachverständigentätigkeit. Die Schäden sind aus allen wichtigen Bereichen ausgewählt und zusammengestellt. Zweck des Buches ist nicht das Darstellen planerischer oder handwerklicher Fehlleistungen, sondern die Hinweise auf ihre Vermeidung.

Vorangestellt sind, wo sinnvoll, einleitende Erläuterungen und technische Grundlagen.

Natürlich sind nicht alle beschriebenen Schäden aus dem Jahr 2014.
Die jeweiligen Lösungen wurden aber, wo notwendig, auf die in diesem Jahr geltenden Fach-, Bauregeln und Normen abgestellt.

Die 3. Auflage wurde um zahlreiche Schadenfälle aus allen Bereichen der Dachdeckung, Dachabdichtung, des Wärme- und Feuchteschutzes ergänzt.

Möge das Buch nicht nur der kurzweiligen Unterhaltung, sondern auch hin und wieder der Kenntniserweiterung dienen.

Walter Holzapfel
Mai 2015

Inhalt

1 Das Steildach

1.1 Regensicher oder wasserdicht?

Grundsätze der Wasserführung
Dachpfannen und Wellplatten: Wasser wird in die Wassermulde und von dort zur Traufe geleitet (siehe Abb. 1.1-1).
Dachschiefer und Dachplatten: Wasser wird zur Plattenferse geleitet, um dort abzutropfen (siehe Abb. 1.1-2).
Doppeldeckungen (Biberschwanzziegel, Rechteckplatten aus Schiefer und Faserzement): Senkrechte, offene Stoßfugen werden von Platten unterdeckt, jeweils die dritte Deckreihe überdeckt noch die erste Deckreihe (siehe Abb. 1.1-3).
Überdeckung und Überlappung:
Art, Größe und Ausbildung der Höhen- und Seitenüberdeckung bestimmen maßgeblich das Wetterschutzverhalten der Deckwerkstoffe.
Bedeutung der Verfalzung:
Einfache Formen der muldenförmigen Deckwerkstoffe sind nicht verfalzt (Wellplatte, Hohlpfanne) oder besitzen nur Seitenfalze ((Beton-)Dachstein).
Bei diesen Deckwerkstoffen liegt die Sicherheit gegen Wassereindringen einzig in der Überlappungsbreite und Überlappungshöhe.

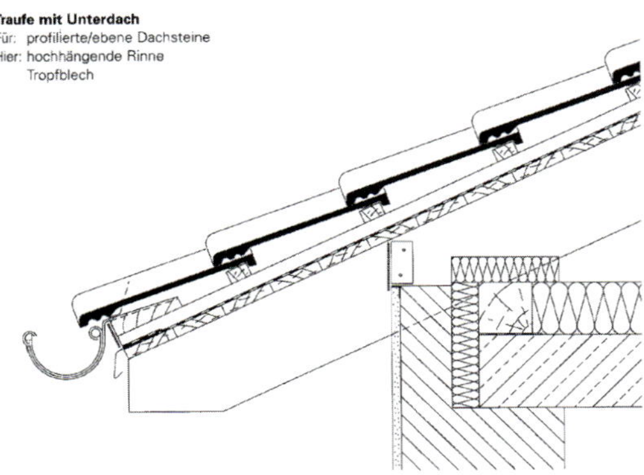

Abb. 1.1-1: Wasser wird in die Wassermulde und von dort zur Traufe geleitet.

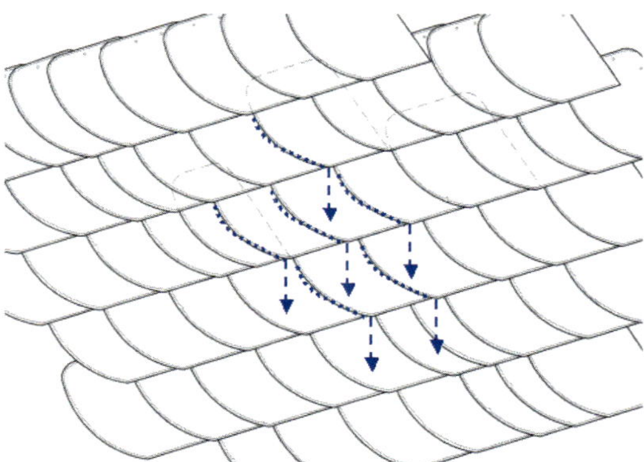

Abb. 1.1-2: Wasser wird zur Plattenferse geleitet, um dort abzutropfen.

Unter Windeinwirkung können Wasser und Schnee leicht eindringen, auch Kapillarwasser kann eindringen, vor allem nach Verstaubung und Verschmutzung der Überlappung.
Höhere Sicherheit gegen eindringendes Wasser bieten verfalzte Deckwerkstoffe (Dachziegel, Flachdachziegel). Dreifach verfalzte Dachziegel sind ab 10° Dachneigung noch regensicher.

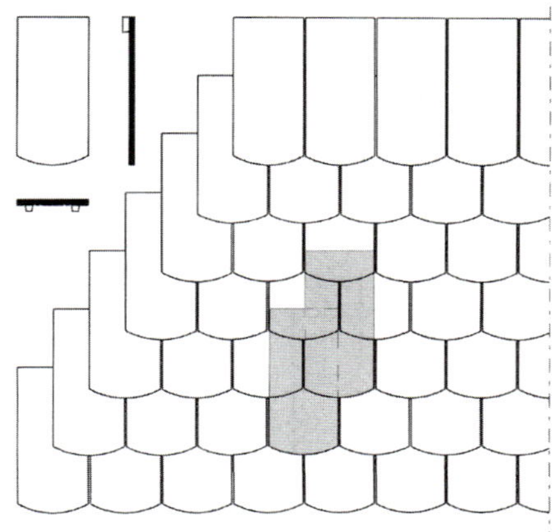

Abb. 1.1-3: Senkrechte, offene Stoßfugen werden von Platten unterdeckt, jeweils die dritte Deckreihe überdeckt noch die erste Deckreihe.

Dachneigungsregeln und Wetterschutzleistung

Die Fachgremien des Dachdeckerhandwerks haben die früher übliche Bezeichnung „Mindestdachneigung“ in „Regeldachneigung“ umbenannt; der Begriff der Mindestdachneigung wird jetzt als Abminderung der Regelausführung verstanden.
Regeldachneigung ist nach Fachregel „die unterste Dachneigungsgrenze, bei der sich in der Praxis eine Dachdeckung als regensicher erwiesen hat“.

Vergleichen wir die Regeldachneigungen:

Tabelle 1.1: Regeldachneigung

Standard-Wellplattendeckung	9° (bis 14° ab 30 m Sparrenlänge)
Kurzwellplatte	15° (–20°)
Dachziegel ohne Seitenverfalzung, Vorschnittdeckung	40°

Weshalb soll eine Deckung aus Wellplatten deutlich weniger Neigung benötigen als eine solche aus Hohlpfannen?
In beiden Deckarten sind Mulde, falzlose Höhen- und Seitenüberlappung und die Schrägschnitte technisch vergleichbar. Das Maß der Höhenüberdeckung hat für den kapillaren Wassereinzug nur untergeordnete Bedeutung.

Noch deutlicher fällt der Vergleich bei Dachziegeln und Dachsteinen auf:

Tabelle 1.2: Regeldachneigung

Dachsteine profiliert, hochliegender Seitenfalz	22°
Flachdachziegel mit Ringverfalzung	22°
Dachziegel mit Seitenverfalzung	35°

Dass eine Dachdeckung aus in Kopf und Fuß unverfalzten Dachsteinen vergleichbar sein soll mit doppelt ringverfalzten Dachziegeln, ist schlicht unverständlich. Erst recht bedenklich ist, dass der in Kopf und Fuß unverfalzte Dachstein sicherer sein soll als der Falzziegel.

Die technische Ausführung muss jedoch dem tatsächlichen Schutzwert angepasst werden.
Das Maß der Regensicherheit einer Deckung ist die Wetterschutzleistung.
Sie gibt das Maß des erzielbaren Regenschutzes im Vergleich mit anderen Deckwerkstoffen an: Sie hängt ab von der Form des Deckwerkstoffes und Art und Form seiner Höhen- und Seitenüberlappungen.

Tabelle 1.3: Wetterschutzleistungen der Dachdeckungen und empfohlene Mindestdachneigungen nach Holzapfel

	DN°	Wetterschutz-leistung
		hoch
Metall-Doppelstehfalzdeckung	7	↑
Selbsttragende Metallklemmprofile ohne Querstoß	7	
Trapezprofile ohne Querstoß	10	
Schieferdeckung allgemein	25	
Biberschwanzziegel-Doppeldeckung	30	
Flachdachziegel 3fach verfalzt	10	
Flachdachziegel 2fach verfalzt	22	
FZ-Dachplatten-Doppeldeckung	25	
Reformfalzziegel/Doppelmuldenfalzziegel	30	
Selbsttragende Metallklemmprofile mit Querstoß	15	
Trapezprofile mit Querstoß	20	
Bitumendachschindeln	20	
FZ-Einfachdeckung	30	
Dachsteine mit Seitenfalz	30	
FZ-Wellplatten	30	
Kunststoff-Wellplatten	30	↓
		gering

Dabei werden sowohl Überdeckungsmaße und Regeldachneigungen nach den Fachregeln zugrunde gelegt als auch praktische Erfahrungen mit den Deckwerkstoffen.

Zusammenfassung:
Das Maß des Wetterschutzes im Steildach wird bestimmt durch:

- die Wasserführung
- Überdeckungsmaß und Überlappungsbreite
- Verfalzung
- Dachneigung
- Wetterschutzleistung der Deckwerkstoffe
- Kapillarität der Überlappungen/ Überdeckungen
- Wassereintrieb unter Windeinwirkung

Dachdeckungen müssen regensicher sein.
Regensicherheit bedeutet, lotrecht fallende Niederschläge werden auf kürzestem Weg zur Dachtraufe hin abgeleitet. Bei Dachpfannen und Wellplatten wird das Wasser in die Wassermulde und von dort zur Traufe geleitet.
Bei Dachschiefer und Dachplatten wirken die Schiefer- und Plattenkanten wie Wasserführungsleisten: Das Wasser wird an ihnen entlanggeführt und tropft von Ferse oder Plattenkante auf das darunterliegende Deckelement ab.
Schuppen- und plattenförmige Deckwerkstoffe bewirken Wasserableitung und bei ausreichender Dachneigung Regensicherheit, aber niemals Wasserdichtigkeit!
Bei Dachdeckungen aus plattenförmigen Deckwerkstoffen oder aus Blech kann Niederschlagswasser oder Schmelzwasser zwischen Überlappungen eindringen: Dachdeckungen können nicht wasserdicht sein, das Eindringen von Wasser ist möglich.
Der Bauherr hat aber ganz andere Vorstellungen: Für ihn muss ein Dach „dicht" sein.

1.1.1 Der Streit um beschädigte Gemälde

Schaden
Eine vermögende Familie hatte sich von einem Architekten ein Wohnhaus mit Sattelsteildach und großräumiger Wohnhalle errichten lassen. Das aufwendig ausgestattete Wohnhaus erhielt eine Dachdeckung aus Dachsteinen mit Unterdeckbahn. Die gebäudehohe Giebelwand der Wohnhalle wurde mit kostbaren Ölgemälden behängt.
Aus einem Urlaub zurückgekehrt, fand die Familie die Giebelwand der Wohnhalle und die Ölgemälde wasser- und schmutzverfleckt. Offenbar war das Dach nicht dicht.
Der Sachverständige sollte untersuchen, ob am Dach Fehler gemacht worden waren.

Analyse
Das Dach mit einer Deckung aus profilierten Dachsteinen mit hochliegendem Seitenfalz (Typ Doppelrömer) hatte eine Neigung von 32°. Die Höhenüberdeckung der Dachsteine übertraf mit 8 cm die Überdeckungsregel um 0,5 cm.
Direkte Fehlstellen oder beschädigte Dachsteine wurden nicht gefunden (Giebelkante); dagegen beim Aufdecken der Dachsteine Wasserspuren auf Latten und Unterdeckbahn. Die Unterdeckbahn war im Giebel an mehreren Stellen beschädigt; durch Löcher und Schnittstellen hatte das Wasser seinen Weg nach innen und zum Giebelmauerwerk gefunden.
Dachsteine besitzen herstellungsbedingt keine Kopfverfalzung. Auch bei fachgerechter Höhenüberdeckung kann Regenwasser in die Höhenüberdeckung und über sie hinaus eingetrieben werden. Lochungen im Kopfbereich von Giebelsteinen können zusätzlich Wasser eindringen lassen.
Dass Dachsteine ohne Kopffalz eintreibendem Regen wenig Widerstand bieten, ist bekannt.
Es ist daher Aufgabe des Architekten, für den Wetterschutz zu sorgen, der dem Bauobjekt angemessen ist. Und es ist Aufgabe des Dachde-

Abb. 1.1-4: Dachdeckung aus Dachsteinen.

Abb. 1.1-5: Wasserspuren unter den Dachsteinen.

ckers, den Bauherrn darauf hinzuweisen, wenn der Architekt dies nicht getan hat.
Im vorliegenden Fall durfte die Hauseigentümerfamilie erwarten, dass ihr ein Dach errichtet wurde, das sie zuverlässig gegen das Wetter schützt.

Lösung

Die Unterdeckbahn war eine Maßnahme mit nur geringem Schutzwert. Dachsteine boten infolge ihrer Geometrie weniger Wetterschutz als verfalzte Deckelemente.
Um den Erwartungen der Hauseigentümer gerecht zu werden, musste der Wetterschutz erhöht werden. Dies geschah im vorliegenden Fall durch ein Wasser ableitendes Unterdach auf Holzschalung und eine Dachdeckung aus verfalzten Flachdachziegeln.
Alternativ wäre ein wasserdichtes Unterdach bei Wiederverwendung der Dachsteine möglich gewesen.

Abb. 1.1-6: Wasserspuren unter den Dachsteinen.

1.1.2 Wasserpfützen in der Tennishalle

Oberflächenglatte Deckwerkstoffe erzeugen in Überlappungen (Überdeckungen) hohe Kapillarität: Durch sie kann auch bei großer Überdeckung Wasser in das Dach eindringen.
Besonders anfällig für Kapillarundichtigkeiten sind Kunststoff- und Metallprofile, FZ-Platten und -Wellplatten, ebenflächige Dachsteine (Biberdachsteine). Kapillarität entsteht auch durch Staub- und Schmutzeinlagerung in der Überdeckung, besonders anfällig sind hierbei alle Dachsteindeckungen.

Schaden

Die Nutzer einer Tennishalle beschwerten sich über Wasserpfützen auf dem Tenniscourt. Der Hallenbesitzer hatte das Dach seiner Tennishalle mit FZ-Wellplatten eindecken lassen; zur Belichtung waren Lichtwellplatten in die Deckung eingefügt.
Tennisspieler und Hallenbesitzer wollten nicht hinnehmen, dass es immer wieder in die Halle regnete. Ein Sachverständiger sollte überprüfen, ob die Dachdeckung fehlerhaft hergestellt war.

Abb. 1.1-7: Dachdeckung aus FZ-Wellplatten.

Abb. 1.1-8: Wasser dringt kapillar über die Höhenüberlappung ein ...

Analyse

Das Hallendach hatte eine Neigung von 10°, die Sparrenlänge betrug 13 m. Die Dachdeckung war aus FZ-Wellplatten Profil 177/51 von je 2,50 m Länge auf Holzpfetten hergestellt.
FZ- und Licht-Wellplatten waren in der Höhenüberlappung 20 bis 22 cm weit überdeckt, die Deckrichtung war der Hauptwetterrichtung angepasst. Dichtschnüre waren nicht eingebaut. Die Dachdeckung entsprach in dieser Form den Fachregeln und sollte damit regensicher sein.

Die nähere Untersuchung ergab, dass Niederschlagswasser kapillar in die Höhenüberlappungen und bis über die oberen Plattenkanten eindrang und von dort nach innen eintropfte. Plattenunterseiten und Pfetten zeigten deutliche Wasserspuren.

Abb. 1.1-9: ... und tropft innen ab.

Abb. 1.1-10: Wasser dringt kapillar über die Höhenüberlappung ein ...

Lösung

Eine einfache Lösung gab es nicht. Der Dachdecker hatte die Vorgaben der Fachregeln erfüllt. Dennoch hatte er einen Fehler begangen. Er hatte nicht bedacht oder dem Hallenbesitzer nicht gesagt, dass Wellplattendeckungen kein absoluter Wetterschutz sein können.
Nachträgliches Einfügen von Dichtschnüren hätte die Regensicherheit nur teilweise und nur für begrenzte Zeit verbessert.
Der Hallenbesitzer musste mit dem Zustand leben oder eine andere Dachdeckung mit höherer Wetterschutzleistung aufbringen lassen.

1.1.3 Undichte Anschlüsse bei einer Glaspyramide

Schaden

Die Stadtvilla aus den zwanziger Jahren des vorigen Jahrhunderts war über dem ausladenden Treppenhaus durch eine Glaspyramide belichtet. Das Glasdach hatte über Jahrzehnte sowohl seine Funktion als Lichtschleuse wie auch den Wetterschutz erfüllt. Unüberlegte Instandsetzung führte aber zu Wasserschäden.

Analyse

Das auf einem Vieleck-Tambour aufgesetzte Glasdach war ursprünglich durch unterdeckende Zinkblechabdeckung an die umgebende Dachdeckung angeschlossen. Im Laufe der Jahrzehnte korrodierte aber das Zinkblech, und die Abdeckung wurde undicht. Ein Handwerker sanierte die Glasanschlüsse mit dem oben beschriebenen Ergebnis.

Abb. 1.1-11: Undichtigkeiten an einer Glaspyramide.

Der Sachverständige kam nach kurzer Überprüfung den Ursachen für den Wasserschaden auf die Spur:

- Die auf Drahtglas gegen den Wasserlauf geklebten Bitumen-Schweißbahnen lösten sich vom Glas, Wasser konnte direkt eindringen.

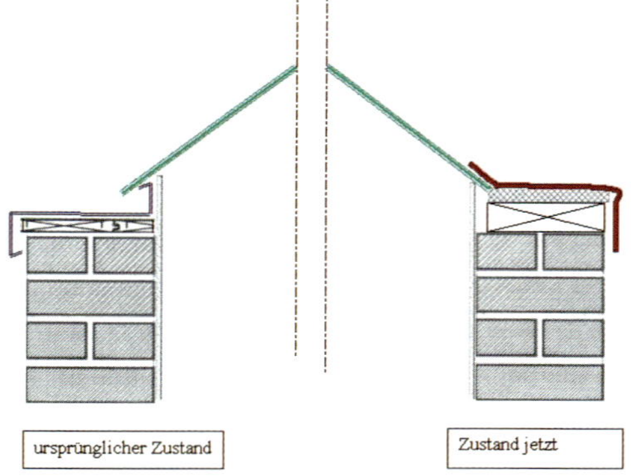

Abb. 1.1-13: Glasdachanschlüsse vor und nach der missglückten Sanierung.

- Die Abklebung aus Glasgewebe-Bitumenschweißbahnen löste sich unter Bewitterung in ihre Bestandteile auf.
- Die als Unterkonstruktion verwendeten Holzspanplatten lösten sich unter Wasserzutritt auf.
- Die Abklebung rutschte ab und wurde vom Wind umgeklappt.

Abb. 1.1-12: Auf Glasdächer geklebte Anschlüsse sind nicht dauerhaft.

Abb. 1.1-14: Oberlichtanschlüsse sind immer unter das Oberlicht zu führen.

Verglasungen dürfen nie und niemals aufliegend, schon gar nicht gegen den Wasserlauf abgeklebt werden.
Holzspanplatten sind als Unterkonstruktion für Abdichtungen und Abdeckungen ungeeignet.
Ungeeignet sind grundsätzlich alle Bitumen-(Schweiß-)Bahnen mit Glasgewebeträger in der Oberlage oder in Anschlussbereichen.

Lösung
Zur Instandsetzung musste also wieder der ursprüngliche – richtige – Zustand hergestellt werden: Abdeckung (aus Metall) des Tambourmauerwerks mit aufgekantetem Anschluss unter das Glasdach der Glaspyramide (siehe Abb. 1.1-13).

1.1.4 Wassereintrieb bei nur seitlich verfalzten Dachsteinen

(1) Dachdeckungen müssen regensicher sein. Das wird im Normalfall erreicht, wenn die in den Fachregeln angegebenen werkstoffabhängigen Regeldachneigungen und Werkstoffüberdeckungen eingehalten werden. Bei Unterschreitung der Regeldachneigung müssen zusätzliche Maßnahmen, z.B. Unterdächer, Unterdeckungen, Unterspannungen, geplant und ausgeführt werden.

(2) Durch extreme Witterungseinwirkungen, wie z.B. Treibregen, Flugschnee, Vereisungen und Schneeablagerungen, örtliche Gegebenheiten, klimatische Verhältnisse, steile oder flache Dächer, lange Sparren, Dachverschneidungen etc. kann kurzfristig bzw. vorübergehend Niederschlagsfeuchte unter die Dachdeckung gelangen und zu Durchfeuchtungen der darunterliegenden Räume führen. Derartige Einwirkungen können nur ausgeschlossen werden, wenn zusätzliche Maßnahmen, wie z.B. Unterdächer, Unterdeckungen, Unterspannungen, geplant und ausgeführt werden.
(Grundregel für Dachdeckungen, Abdichtungen und Außenwandbekleidungen, 09/1997, Abschnitt 5.8)

Wassereintrieb unter Winddruck unter die Überlappung kann bei nicht verfalzten Deckwerkstoffen eintreten, weitgehend unabhängig von der Dachneigung.
Stark gefährdet sind alle Deckungen aus Dachsteinen und aus muldenförmigen unverfalzten Dachziegeln (Hohlpfannen) sowie aus FZ-Platten und Wellplatten.

Abb. 1.1-15: Wasserschaden trotz Regensicherheit?

Schaden
Der Hauskäufer eines Zweifamilienhauses verklagte den Verkäufer auf Erneuerung des undichten Daches.
Nach Einzug hatte er festgestellt, dass Wasser bei Regen durch seine Zimmerdecke tropfte. Ein herbeigerufener Dachdecker hatte keine Schäden am Dach feststellen können.

Analyse
Das Wohnhausdach hatte eine Dachneigung von 26°, der Dachraum war offen, belichtet, nicht genutzt. Die Dachdeckung bestand aus profilierten Dachsteinen mit hochliegender seitlicher Verfalzung auf Decklattung ohne Unterspannbahn. Die Höhenüberdeckung lag zwischen 8 und 9 cm.
Der Bretterfußboden zeigte vielfache Wasserflecken. Wasserspuren fanden sich auch an Dach-

Abb. 1.1-16: Dachsteine ohne Kopffalz sind anfällig für Wassereintrieb.

Abb. 1.1-17: Dachsteine ohne Kopffalz sind anfällig für Wassereintrieb.

latten und insbesondere an den Unterseiten der Dachsteine selbst.
Die Höhenüberlappung an den ausgebauten Dachsteinen zeigte durchgehende Wasserfleckung des Überdeckungsbereichs.
Regenwasser drang offensichtlich ungeregelt in den Dachraum ein.
Die Deckregeln für den verwendeten Deckwerkstoff waren eingehalten. Das Dach über dem ungenutzten Bodenraum benötigte nach den Fachregeln nicht zwingend eine zusätzliche Schutzmaßnahme (Unterspannbahn).
Die Wasserschäden waren aber so massiv, dass die Zimmerdecke unter dem Dachfußboden geschädigt wurde.
Das Dach war trotz Regelübereinstimmung mängelbehaftet.

Lösung
Die Dachdeckung war durch eine Deckung aus ringverfalzten Flachdachziegeln zu ersetzen. Eine Dachdeckung aus Dachsteinen wäre mit zusätzlichem Unterdach aus Holzschalung und Dichtungsbahnen möglich. Eine Unterspannbahn wäre wegen des offenen und belichteten Bodenraumes nicht dauerhaft gewesen.

1.1.5 Schwachstelle: Unterdeckbahn bei Gaubenkehlen

Nach DIN 4108-2 darf *der Wärmeschutz von Bauteilen durch Tauwasserbildung bzw. Niederschlagseinwirkung nicht unzulässig vermindert werden.*
DIN 4108-3 legt fest: *Bei Dächern mit Wärmedämmung zwischen, unter und/über den Sparren müssen i.d.R. zusätzliche regensichernde Maßnahmen, z.B. Unterdächer, Unterdeckungen, Unterspannungen, geplant und ausgeführt werden.*

In „Deutsches Dachdeckerhandwerk Regeln für Dachdeckungen“ heißt es weiter:

5.11 Anforderungen an ausgebaute Dachgeschosse
(2) Den höheren Nutzungsanforderungen entsprechend soll keine Feuchtigkeit infolge Treibregen, Flugschnee, Vereisungen oder Schneeablagerungen eindringen, sodass Unterdächer, Unterdeckungen, Unterspannungen als zusätzliche Maßnahme geplant und ausgeführt werden müssen. Wasserdichtigkeit kann nur durch Abdichtungen oder durch Unterdächer mit eingebundener Konterlattung erreicht werden.
(Grundregel für Dachdeckungen, Abdichtungen und Außenwandbekleidungen, 09/1997, Abschnitt 5.11)

Gestaltungshinweise und Anforderungen
(5) Bei erhöhten Anforderungen und Beanspruchungen an die Dachdeckung sind immer Zusatzmaßnahmen erforderlich.

Erhöhte Anforderungen
Erhöhte Anforderungen ergeben sich aus
- *Dachneigung,*
- *Konstruktion,*
- *Nutzung,*
- *klimatischen Verhältnissen,*
- *örtlichen Bestimmungen.*

Konstruktion
Erhöhte Anforderungen aus konstruktiven Besonderheiten sind:
- *stark gegliederte Dachflächen,*
- *besondere Dachformen,*
- *große Sparrenlängen.*

Nutzung
Die Nutzung des Dachgeschosses, insbesondere zu Wohnzwecken, stellt eine erhöhte Anforderung an die Dachfunktion dar. Diesem erhöhten Sicherheitsbedürfnis ist durch den Einbau geeigneter Zusatzmaßnahmen Rechnung zu tragen. Dabei sind bauphysikalische Anforderungen wie Wärme-, Feuchte-, Schall- und Brandschutz zu berücksichtigen.
(Fachregel für Dachdeckungen mit Dachziegeln und Dachsteinen, Abschnitte 1.1.2, 1.1.3, 1.1.3.2 und 1.1.3.3)

Tabelle 1.4: Einstufung von Unterdach, Unterdeckung und Unterspannung

	Art	Ausführung	Konterlatten-einbindung	Naht- und Stoßausbildung	Klasse
1	Unterdach				
1.1	Wasserdichtes Unterdach	Bahnen gemäß Produktdatenblatt für Bitumenbahnen Tabelle 5 Nr. 2, 3 und 5 bis 10 und Bahnen gemäß Produktdatenblatt für Kunststoff- und Elastomerbahnen Tabelle 5 Nr. 1 bis 4	über Konterlatte	verschweißt oder verklebt	1
1.2	Regensicheres Unterdach	Wie 1.1	unter Konterlatte mit Zusatzmaßnahmen	verschweißt oder verklebt	2
2	Unterdeckung				
2.1	Naht- und perforationsgesicherte (Befestigungsmittel) Unterdeckung	Unterdeckplatte mit Zubehör Unterdeckbahnen gemäß Produktdatenblatt Unterdeckbahnen mit Zubehör	unter Konterlatte mit Zusatzmaßnahmen	verschweißt, verklebt, mit Nahtband oder vorkonfektioniertem Dichtrand	3
2.2	Verschweißte oder verklebte Unterdeckung	Unterdeckplatte mit Zubehör Unterdeckbahnen gemäß Produktdatenblatt Unterdeckbahnen	unter Konterlatte	verschweißt oder verklebt	4
2.3	Überdeckte Unterdeckung mit Bitumenbahnen	Bahnen gemäß Produktdatenblatt für Bitumenbahnen Tabelle 5 Nr. 1 bis 10	unter Konterlatte	überdeckt und genagelt	4
2.4	Überlappte oder verfalzte Unterdeckung	Unterdeckplatte Unterdeckbahn gemäß Produktdatenblatt	unter Konterlatte	lose überlappend oder verfalzt	5
3	Unterspannung				
3.1	Naht- und perforationsgesicherte Unterspannung	Gespannte oder frei hängende Unterspannbahn gemäß Produktdatenblatt	unter Konterlatte mit Zusatzmaßnahmen	verschweißt, verklebt, mit Nahtband oder vorkonfektioniertem Dichtrand	3, wenn alle Anforderungen gemäß USB-A erfüllt sind
3.2	Nahtgesicherte Unterspannung	Gespannte oder frei hängende Unterspannbahn gemäß Produktdatenblatt	unter Konterlatte	verschweißt, verklebt, mit Nahtband oder vorkonfektioniertem Dichtrand	4
3.3	Unterspannung	Gespannte oder frei hängende Unterspannbahn gemäß Produktdatenblatt	unter Konterlatte	lose überlappend	6

(Merkblatt Unterdächer, Unterdeckungen und Unterspannungen, 01/2010, Tabelle 1)

(3) Besondere klimatische Verhältnisse, exponierte Lage des Gebäudes, große Sparrenlängen, Kehlen, Dachgaubenanlagen, Auf- oder Indachsysteme oder sonstige besondere Anforderungen erfordern eine individuelle Bewertung und ggf. höherwertige Einstufung.

(Merkblatt für Unterdächer, Unterdeckungen und Unterspannungen, 01/2010, Abschnitt 1.3)

Die Konsequenzen aus den vorgestellten Regeln lauten: Wärmedämmungen sind gegen Feuchtigkeit zu schützen. Die Schutzmaßnahmen müssen den besonderen baulichen Bedingungen angepasst werden.

Schaden

Die Eigentümer des Dachgeschosses in einem fünfgeschossigen Wohnhaus waren mit dem In-

Abb. 1.1-18: Wasser vom Gaubendach und dem Dachbereich über der Gaube wird als „Schwallwasser" auf die Dachdeckung geleitet ...

nenausbau ihrer Wohnung beschäftigt. Sie entdeckten nach einem Unwetter mit starkem Niederschlag Wasserlachen auf dem Fußboden und Wasserspuren auf der Dampfsperrfolie. Sie zitierten den Dachdecker herbei, der an der Dachdeckung keine Mängel entdecken konnte und eine Gewähr für den Schaden ablehnte. Es kam zum Prozess, im Rahmen dessen der Sachverständige feststellen sollte, ob Fehler am Dach gemacht wurden.

Analyse

Das Dach hatte eine Dachneigung von 42°, das Dachgeschoss war über Dachgauben, Vorbauten und Dachfenster belichtet. Kehlen der Fenster und der Dachgauben entwässerten auf die Dachdeckung aus Dachsteinen auf Lattung und Unterdeckbahn.

Abb. 1.1-20: Auch bei Bitumenschindeln sind Neigungs- und Überdeckungsregeln einzuhalten.

Die Überprüfung ergab, dass Dachsteinüberdeckungen und Überdeckungen der Kehlen und Anschlüsse nach den Anforderungen der Fachregeln richtig ausgeführt waren. Auch die Unterdeckbahn war an Anschlüssen hoch- und durch Kehlen hindurchgeführt. Gleichwohl waren Teile der Zwischensparrendämmung im Bereich zwischen den Gauben durchnässt, Wasser tropfte aus der Sperrfolie.

Die Ursache für den Wasserschaden lag in Schwallwasser, das bei Starkregen unterhalb der Gaubenkehlen entstand. Das Wasser drang unter die Dachsteindeckung, überwand auch die Auf- und Einfaltungen der Unterdeckbahn und durchnässte die Dämmung.

Im vorliegenden Schadenfall reicht eine Unterdeckbahn als zusätzlicher Feuchteschutz nicht aus, um übertretendes Schwallwasser zwischen den Dachgauben abzuleiten.

Abb. 1.1-19: ... und dringt in das Dach ein. Es tropft aus der Sperrfolie.

Abb. 1.1-21: ... und dringt in das Dach ein. Es tropft aus der Sperrfolie.

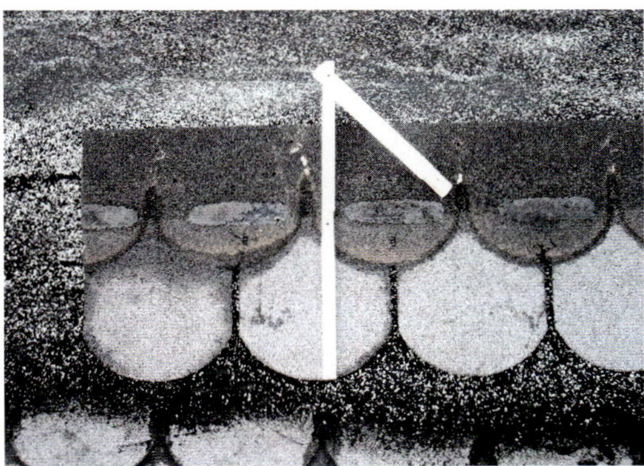

Abb. 1.1-22: Hier hat zu geringe Höhenüberdeckung zur Durchnässung der Holzschalung geführt.

Lösung

Das Dach wurde aufgedeckt, Lattung und Konterlattung entfernt. Sodann musste im Bereich zwischen und über den Dachgauben ein wasserdichtes Unterdach eingebaut werden. Als Verbesserung wurde in den übrigen Dachteilen ein Wasser ableitendes Unterdach eingebaut.
Die Dachsteindeckung wurde wiederhergestellt, Kehlen und Anschlüsse erneuert.

1.1.6 Zu geringe Überdeckung bei Bitumen-Dachschindeln

Schaden

Ein einstöckiges Gartenwohnhaus mit Satteldach und Holzschalung wurde mit Bitumen-Dachschindeln gedeckt. Bei länger anhaltendem Regen tropfte es dem Bauherrn in Schlaf- und Wohnzimmer. Der Dachdecker fand keine Ursachen und überstrich daraufhin Teile des Daches mit einem Bitumenspachtel, jedoch ohne dauerhaften Erfolg (Abb. 1.1-21).

Analyse

Die Dachflächen hatten eine Neigung von 15° bei 4,5 bis 6 m Sparrenlängen. Die Bitumenschindeln wurden auf Holzschalung mit Vordeckung verlegt. Beim Aufnehmen der Deckung wurde festgestellt, dass die Höhenüberdeckungsbereiche komplett kapillar unterfeuchtet waren. Die Holzschalung war fleckig durchnässt mit aufliegenden Wassertropfen.

Die Bitumenschindeln hatten eine Systemhöhe von 34 cm bei regelmäßiger Gebindehöhe von 14,5 cm und einer Überdeckung von 5 cm (34 bis 14,5 x 2). Der Handwerker sagte dazu, er hätte nach dem vom Baustoffhändler genannten Stückverbrauch gearbeitet.

Die Dachneigung entspricht der Regeldachneigung.

Als Mindestüberdeckung geben die Fachregeln an:

Tabelle 1.5: Mindestüberdeckungen

Dachneigung	Mindestüberdeckung
≥ 15°	≥ 100 mm
≥ 25°	≥ 80 mm
≥ 35°	≥ 60 mm
≥ 45°	≥ 50 mm

(Fachregel für Dachdeckungen mit Bitumenschindeln 06/2001, Tabelle 2)

Bei der vorgegebenen Dachneigung hätte also die Mindestüberdeckung 100 mm statt der realisierten 50 mm betragen müssen.

Lösung

Da die Holzschalung bereits flächig und die Dachsparren in den Schmalseiten streifig durchnässt waren, kam eine neuerliche Deckung auf der alten Unterlage nicht mehr in Betracht. Dachdeckung, Vordeckung und Holzschalung mussten komplett ausgebaut, die Sparrenlage

Abb. 1.1-23: Hier hat zu geringe Höhenüberdeckung zur Durchnässung der Holzschalung geführt.

Abb. 1.1-24: Wasserschaden am Drempel, auf den ersten Blick ist die Ursache nicht zu erkennen.

nachimprägniert und eine neue Holzschalung mit Vordeckung eingebaut werden.
Die Dachdeckung musste mit neuen Bitumen-Dachschindeln und der geforderten Mindestüberdeckung von 100 mm neu hergestellt werden. Ebenfalls zu erneuern waren dabei sämtliche Dachränder und Einbauteile.

1.1.7 Versteckter Fehler an der Kehle

Schaden
Das Dach des Hauses war schon etliche Jahre alt, als ein zunächst nur kleiner, dann schnell größer werdender dunkler Fleck am Drempel die Bewohner in Aufregung versetzte. Auch hier musste der Sachverständige nach den Ursachen fahnden und wurde schließlich fündig.

Analyse
Eine Dachlandschaft eines kleinen Siedlungshauses in der typischen Form nach mehreren Um- und Anbauten. Bauherr und Dachdecker waren zunächst von einer Leckage im Anbau-Flachdach ausgegangen; an die Dachkehle hatte niemand gedacht. Ursachen für Wasserschäden findet man aber nur, wenn man das Dach öffnet

Abb. 1.1-25: Erst die direkte Untersuchung der Wasserläufer und der Kehle führt zur Leckstelle.

und den Wasserspuren nachgeht. Tatsächlich fand sich die Ursache für den Wassereintritt an der Kehle: Ein winziger vergessener Einspitzer war Ursache für hier einlaufendes Regenwasser. Ein Loch in der Unterspannbahn vervollständigte den Schadensverlauf.

Lösung
Über dem Kehlbereich des Anbauflachdaches wurde die Unterspannbahn erneuert, und der fehlende Einspitzer wurde an der Kehle eingebaut.

1.1.8 Regenabführende Zusatzmaßnahmen bei Dachsteinen

Schaden
Der Nachbar eines Hausbesitzers hatte sein Dach neu decken lassen. Als es beim Hausbesitzer zu einem Wasserschaden kam, vermutete

Abb. 1.1-26: Wassereintrieb: Wasserspuren auf Unterspannbahn und in Kopfüberdeckungen der Dachsteine.

Abb. 1.1-27: Wasser sammelt sich über der Traufbohle und dringt durch Löcher in der Unterspannbahn ein.

Abb. 1.1-29: Flache Dachneigung birgt Probleme auch an der Dachtraufe.

er eine Dachbeschädigung durch den Nachbarn und klagte gegen ihn, weil Haus und Dach des Klägers direkt an des Nachbarn Haus grenzten.

Analyse

Die Satteldächer der traufenständigen Wohnhäuser grenzten mit den Giebeln leicht höhenversetzt aneinander. Das Dach des Klägers bestand aus Dachsteinen auf Lattung und Unterspannbahn mit Bleianschluss an den Nachbargiebel.
Das Dach des Nachbarhauses war mit Flachdachziegeln neu eingedeckt und mit Dachüberstand und Giebelziegeln ausgebildet.
Das Dach am Haus des Klägers wurde über dem beklagten Schaden geöffnet. Deutliche Wasserspuren waren auf Unterspannbahn und Dachlattung zu sehen; die Kopfbereiche der Dachsteine zeigten, dass Wasser kapillar oder durch Winddruck eingedrungen war. Über der Traufbohle sammelte sich das Wasser, um über einige kleine Löcher in der Unterspannbahn nach innen einzulaufen.
Der Giebelabschluss am Dach des Nachbarn zeigte keine Einlaufstellen, die Neueindeckung stand in keinem Zusammenhang mit dem Wasserschaden des Klägers.

Lösung

Dachsteine sind eher anfällig für eintreibendes oder kapillar eindringendes Wasser. Zusatzmaßnahmen kommt daher eine verstärkte Bedeutung zu.
Im gegebenen Schadenfall hätte die Regensicherheit nur durch Umdecken des Daches erhöht werden können. Das wollte der Kläger nicht. Zur Problemlösung wurde der Bereich über der Dachtraufe verschalt, über der Traufbohle wurde ein spitzwinkliger Holzkeil einge-

Abb. 1.1-28: Wasser sammelt sich über der Traufbohle und dringt durch Löcher in der Unterspannbahn ein.

Abb. 1.1-30: Unterdeckbahn kann nicht mit Gefälle über die Traufbohle geführt werden.

Abb. 1.1-31: Unterdeckbahn kann nicht mit Gefälle über die Traufbohle geführt werden.

Abb. 1.1-32: Wassereintritt und verfaultes Holzwerk an der Traufe.

setzt, und dann wurde über der Dachtraufe die Unterspannbahn erneuert.

1.1.9 Wasser an der Dachtraufe

Die Wasserführung der Unterdeckbahn bereitet insbesondere an flach geneigten Dächern an der Dachtraufe Probleme. Der Dachdecker, der nur eine Ausführunglösung kennt, bereitet damit unwissend den Streit mit seinem Auftraggeber vor.

Schaden
Der Bauherr hatte 2 Jahre zuvor sein Dach neu decken lassen und bemängelte nun Wasserschäden an der südwestlichen Außenwand unter der Dachtraufe. Der herbeigerufene Dachdecker fand einen zerbrochenen Dachziegel und schob die Schuld auf den Schornsteinfeger. Der Bauherr wollte sich aber nicht damit abfinden, dass es in sein neues Dach hineinregnete, und forderte Mängelbeseitigung.

Analyse
Das Dach des Wohnhauses hatte an seiner Südwestseite 14,2° Neigung. Der Dachdecker hatte deshalb einen dreifach verfalzten Flachkremper empfohlen, der für Dachneigungen ab 10° zugelassen und auch geeignet ist. Als Zusatzmaßnahme über der wärmegedämmten Schrägdecke verlegte er eine Unterdeckbahn mit Konter- und Decklattung. Die vorgehängte Dachrinne mit Rinneneinhang wurde auf einer Traufkeilbohle befestigt, die Unterdeckbahn über Keilbohle und Einhangblech geführt. Ein Ziegelschaden führte zum Wassereintritt. Nach Aufnehmen der Ziegeldeckung fand sich die Unterdeckbahn sackförmig durchhängend und mit Wasser gefüllt. Die Unterdeckbahn hatte vor der Keilbohle eine Gegenneigung von −6,7°. Weil in der Unterdeckbahn ein Loch war, drang Wasser in die Unterkonstruktion und führte zu Durchnässung und zum Verfaulen der Sparrenköpfe. Das Einhangblech hatte mit der Traufkeilbohle eine Neigung von 6,4°: viel zu gering für eine sichere Wasserführung. Wasser drang auch kapillar zwischen Blech und Unterdeckbahn nach innen ein.

Lösung
Der Einbau eines wasserdichten Unterdaches anstelle einer Unterdeckbahn wäre hier die sicher bessere Lösung gewesen.
Der technische Fehler lag aber im Höhenversprung an der Traufbohle und an der geringen Neigung von Traufbohle und Einhangblech.

Abb. 1.1-33: Neue Rinne am Altdach.

Abb. 1.1-34: Wasser läuft vom Dach in die Rinne, von der Wandabdeckung aber nach außen ab: kein Mangel.

Abb. 1.1-35: Wasser läuft vom Dach in die Rinne, von der Wandabdeckung aber nach außen ab: kein Mangel.

Um den technischen Mangel zu beseitigen, musste die Traufe umgestaltet werden: Dachrinne und Traufbohle sowie ein Teil der Wandbekleidung wurden entfernt, die angefaulten Hölzer durch neue ersetzt. Sodann wurde auf Montagelatten zwischen den Dachsparren eine mit den Sparrenoberkanten gleichlaufende und 70 cm breite Traufenschalung verlegt. Ein Abtropfblech wurde angebracht und im Traufenbereich eine neue Unterdeckbahn eingebaut. Diese entwässert nunmehr unterhalb der Dachrinne über das Abtropfblech. Die Konterlattung wurde verlängert, eine Traufblockbohle und die Dachrinne angebracht. Das Rinneneinhangblech erhielt einen rückwärtigen Falz und wurde verlötet. Die unterste Ziegelreihe wurde auf eingefügte Lüfterprofile abgestützt.

1.1.10 Wasserabfluss am Giebel – manchmal ist Wasser nicht zu kontrollieren

Schaden

Der Dachdecker hatte die Dachrinnen an einem Satteldach mit vorhandener Giebelbekleidung erneuert. Der Hauseigentümer beklagte sich anschließend, dass Wasser vom Dach nicht in die Rinne floss, sondern an ihr vorbei auf seine Einfahrt lief.
Der Sachverständige sollte feststellen, ob der Dachdecker fehlerhaft gearbeitet hatte.

Analyse

Der Giebel war als Einzelmaßnahme mit Dachplatten bekleidet worden, wobei die Bekleidung über das unveränderte Dach hinausgeführt und mit einer eigenen Metallabdeckung versehen wurde. Die Traufen der Satteldachflächen bildeten etwa 50 cm weite Dachüberstände.
Der Dachdecker ließ seine Dachrinne an der Außenkante des Daches (Giebelstein) enden. Der Sachverständige führte eine Wasserprobe dergestalt durch, dass zunächst Wasser ausschließlich auf die Dachsteine, sodann auf die Metallabdeckung der Giebelbekleidung und als Letztes seitlich gegen die Metallabdeckung gegossen wurde.

Dabei war festzustellen:

- Wasser lief von der Dachdeckung einwandfrei in die Dachrinne.
- Wasser lief von der Oberfläche der Metallabdeckung auf die Dachdeckung und von dort in die Dachrinne.
- Seitlich gegen die Metallabdeckung treffendes Wasser sammelte sich am leicht nach außen

Abb. 1.1-36: Wasser läuft vom Dach in die Rinne, von der Wandabdeckung aber nach außen ab: kein Mangel.

Abb. 1.1-37: Die Rinne ist kürzer als der Dachüberstand. Wenn Wasser vom Dach in die Rinne abläuft, ist das kein Mangel.

Abb. 1.1-38: Die Rinne ist kürzer als der Dachüberstand. Wenn Wasser vom Dach in die Rinne abläuft, ist das kein Mangel.

gekanteten unteren Blendenrand und wurde von diesem wie von einer Rinne an der Traufe vorbei nach unten abgeleitet.

Hier zeigt sich die Wirksamkeit des „Teekanneneffektes" an einem praktischen Beispiel. Selbst eine einfache Blechkante sammelt und lenkt erstaunlich viel Wasser in oft unerwünschte Richtung.

Lösung
In dem hier untersuchten Fall hatte der Dachdecker nichts falsch gemacht: Selbst das Wasser von der Metallabdeckung wurde ordnungsgemäß in die Dachrinne geführt.
Für Wasser, das von den Seitenflächen der Metallabdeckung unkontrolliert ablief, konnte der Dachdecker in diesem Fall nichts. Eine kontrollierte Wasserableitung in die Dachrinne war in der gegebenen Situation nicht möglich.

1.1.11 Abtropfwasser am Giebel unvermeidbar

Schaden
„Die Dachrinne ist zu kurz, und das Dach ist breiter als die Rinne", bemängelte der Hausbesitzer. Er fürchtete, Wasser könne statt in die Rinne über den Giebel ablaufen.

Analyse
Die Dachrinne endete 3,5 cm vor der Außenkante des doppelkrämpigen Giebelziegels. Die Wassermulde der Giebelziegel und die muldenseitige Krempenböschung lagen über der Dachrinne innerhalb des Rinnenkopfstückes; die äußere Ziegelreihe wurde in die Rinne entwässert. Das Übertreten von Wasser über die Ziegelkrempe war nicht zu befürchten.
Dass von den außenseitigen Teilen der Ziegelkrempen Wasser nach außen Richtung Giebel abtropfte, war nicht zu verhindern, auch nicht durch Verlängern der Dachrinne. Solches Abtropfwasser ist unvermeidbar und muss als üblich hingenommen werden.

Lösung
Der Hausbesitzer erkannte, dass bei Regen mehr Wassertropfen aus direktem Regenfall denn aus Abtropfwasser an seinen Giebel gelangen, und zog seinen Mängelvorwurf zurück.

1.1.12 Auf Nachbarterrasse ablaufendes Wasser

Schaden
Niemand hat es gern, wenn vom Nachbardach Wasser auf die eigene Terrasse läuft. Ein Eigentümer beklagte sich vergeblich bei seinem Nachbarn über ständigen Wasserguss von dessen Dach. Der Sachverständige musste sich der Klage annehmen.

Analyse
Das Nachbardach war mit Überdeckziegeln und die Giebelkanten mit Giebelziegeln eingedeckt. Reformfalz- und Überdeckziegel besaßen flache Wassermulden, flache Ziegelkrempen und einen ausgeprägten Fußsteg. An der bemängelten

Abb. 1.1-39: Wasser läuft auf des Nachbarn Grundstück.

Dachkante lagen die unteren beiden Giebelziegel leicht nach außen geneigt. Mittels Gießkanne und einer Wasserprobe wurde der tatsächliche Wasserlauf an der Dachkante nachgestellt:

Abb. 1.1-40: Die Wasserprobe beweist: Wasser wird nach außen über den Dachrand geleitet. Nicht hinnehmbarer Mangel.

Abb. 1.1-41: Die Wasserprobe beweist: Wasser wird nach außen über den Dachrand geleitet. Nicht hinnehmbarer Mangel.

Ablaufendes Regenwasser wurde nach dem Prinzip des „Teekanneneffektes“ am Fußsteg des untersten Giebelziegels nach außen geleitet und lief über das Rinnenkopfstück konzentriert nach unten ab.
Der Mangel wurde verstärkt dadurch, dass das Rinneneinhangblech kürzer als die Dachrinne war.

Lösung
Die nach außen geneigten Giebelziegel wurden aufgenommen, die hier zu kurzen Dachlatten verlängert. Verlängert wurde auch das Rinneneinhangblech und mit der notwendigen Aufkantung versehen. Die Giebelziegel wurden in ebener Lage wieder eingedeckt, vermörtelt und beigeputzt.
Danach lief das Wasser korrekt in die eigene Dachrinne des Nachbardaches, die beiden Nachbarn hatten wieder ihren Frieden.

1.1.13 Schwallwasser an der Dachgaube

Die Beseitigung eines Wasserschadens ist für den Dachdecker oft eine heikle Angelegenheit: Stellt sich nach getaner Arbeit keine Besserung ein, muss er nicht nur nachbessern, sondern verliert möglicherweise auch seinen Anspruch auf Zahlung der Rechnung. Gegebenenfalls hat er auch noch die Kosten externer Sachverständiger und Streitkosten zu tragen.

Bevor er ans Werk geht, sollte der Dachdecker deshalb eine genaue Überprüfung der Ursachen für den Wasserschaden anstellen. Oft liegen die Leckagen an ganz anderer Stelle, oder es sind mehrere Ursachen vorhanden. Tiefgehende Kenntnis der Fachregeln und genaue Untersuchung der Ursachen zahlen sich in jedem Fall später aus.

Schaden
Die Eigentümer eines vierstöckigen Mehrfamilienhauses hatten einen Dachdecker mit einer Schadensbehebung an der Dachtraufe beauftragt, denn in der Küche der Wohnung zeigten sich bereits Wasserflecken. Der Dachdecker ging davon aus, dass die Ursache in einer undichten Dachrinne liegen müsse. Er stellte ein Fassadengerüst auf und erneuerte die auf dem Mauergesims liegende Kastenrinne. Nach getaner Arbeit nässte der Wasserfleck aber wie vorher. Der Sachverständige ging der Ursache nach.

Analyse
Das Ziegeldach aus Doppelmuldenfalzziegeln hatte eine Neigung von 30°, die über der Dachtraufe jedoch durch einen Dachknick aus 1,40 m langen Aufschieblingen auf 12° verringert war. Über dem 13 m langen Gesims war eine Dachgaube von 9,50 m Länge mit flacher Abdichtung und umlaufender Dachrinne aufgestellt. Diese entwässerte über Rinnenstutzen beiderseits der Gaubenwangen auf die Ziegeldachdeckung sowie auf Unterspannbahn, Konter- und Decklattung. Über der Dachtraufe war anstelle der Konterlattung eine Traufschalung angebracht.

Die Dachziegel überdeckten das Rinneneinhangblech um 10 cm.

In der Unterspannbahn fanden sich Löcher. Die Traufschalung war durchnässt und verfault, desgleichen Sparrenköpfe und Fußpfette.

Die Fachregeln benennen für Doppelmuldenfalzziegel eine Dachneigung von 30° als regensicher. Für flachere Dachneigungen legen die Fachregeln fest:

(3) Zu Wohnzwecken genutzte Dachgeschosse oder vergleichbare Gebäude mit wärmegedämmten obersten Geschossdecken unterhalb des Steildaches haben ein erhöhtes Anforderungsniveau. Dies ist bei der Auswahl der verwendeten Werkstoffe für die Zusatzmaßnahmen zu berücksichtigen. Sie müssen mindestens den stofflichen Eigenschaften einer Behelfsdeckung entsprechen.
(4) Regensichernde Zusatzmaßnahmen sind gemäß Tabelle 1.1 anzuordnen.
(5) Unterspannungen gelten als Mindestzusatzmaßnahme.
(6) Unterdeckungen und Unterspannungen können in Abhängigkeit erhöhter Anforderungen bis zu einer Unterschreitung der Regeldachneigung um 8° ausgeführt werden.
(7) Bei einer Unterschreitung der Regeldachneigung um mehr als 8° sind mindestens regensichere Unterdächer anzuordnen.
(8) Wasserdichte Unterdächer sind anzuordnen, wenn die Regeldachneigung um mehr als 8° unterschritten wird und mindestens 2 weitere erhöhte Anforderungen gegeben sind.
(9) Lüftungsöffnungen sind mindestens regensicher auszuführen. Der Eintrieb von Flugschnee und Regen durch Lüftungsöffnungen ist bei belüfteten Systemen nicht zu vermeiden.
(10) Eine Unterschreitung der Regeldachneigung um mehr als 12° ist nur mit besonderen Maßnahmen zum Erhalt der Lattung und mit wasserdichtem Unterdach zulässig.
(11) Dachdeckungen mit Dachziegeln/-steinen sind auch mit Zusatzmaßnahmen nicht mehr auszuführen, wenn die Dachneigung weniger als 10° beträgt.
(Fachregel für Dachziegel und Dachsteine, 12/2012, Abschnitt 1.3.2 Zuordnung von Zusatzmaßnahmen)

Am Objekt ergeben sich für die Dachdeckung folgende erhöhte Anforderungen an die Konstruktion:

Tabelle 1.6: Zuordnung von Zusatzmaßnahmen außer bei untergeordneten Gebäuden

	Erhöhte Anforderungen 1)			
	Nutzung – Konstruktion – klimatische Verhältnisse – technische Anlagen			
Unterschreitung der Dachneigung	keine weitere erhöhte Anforderung 1)	eine weitere erhöhte Anforderung 1)	2 weitere erhöhte Anforderungen 1)	3 weitere erhöhte Anforderungen 1)
keine	Klasse 6 3.3 Unterspannung (USB-A)	Klasse 6 3.3 Unterspannung (USB-A)	Klasse 5 2.4 überlappte/verfalzte Unterdeckung (UDB-A; UDB-B, wenn die Indizes 2), 3), 4), 5) im Produktdatenblatt erfüllt sind) oder Klasse 4 3.2 nahtgesicherte Unterspannung USB-A Unterdeckplatte 3)	Klasse 4 2.2 verschweißte/verklebte Unterdeckung 2.3 überdeckte Unterdeckung mit Bitumenbahnen 3.2 nahtgesicherte Unterspannung (UDB-A; UDB-B, wenn die Indizes 2), 3), 4), 5) im Produktdatenblatt erfüllt sind; USB-A) Unterdeckplatte 3)
bis 4°	Klasse 4 2.2 verschweißte/verklebte Unterdeckung 2.3 überdeckte Unterdeckung Bitumenbahnen 3.2 nahtgesicherte Unterspannung (UDB-A; UDB-B, wenn die Indizes 2), 3), 4), 5) im Produktdatenblatt erfüllt sind; USB-A) Unterdeckplatte 3)	Klasse 4 2.2 verschweißte/verklebte Unterdeckung 2.3 überdeckte Unterdeckung Bitumenbahnen 3.2 nahtgesicherte Unterspannung (UDB-A; UDB-B, wenn die Indizes 2), 3), 4), 5) im Produktdatenblatt erfüllt sind; USB-A) Unterdeckplatte 3)	Klasse 3 2.1 naht- und perforationsgesicherte Unterdeckung 3.1 naht- und perforationsgesicherte Unterspannung (UDB-A; UDB-B, wenn die Indizes 2), 3), 4), 5) im Produktdatenblatt erfüllt sind; USB-A) Unterdeckplatte 3)	Klasse 3 2.1 naht- und perforationsgesicherte Unterdeckung 3.1 naht- und perforationsgesicherte Unterspannung (UDB-A; UDB-B, wenn die Indizes 2), 3), 4), 5) im Produktdatenblatt erfüllt sind; USB-A) Unterdeckplatte 3)
über 4° bis 8°	Klasse 3 2.1 naht- und perforationsgesicherte Unterdeckung 3.1 naht- und perforationsgesicherte Unterspannung (UDB-A; UDB-B, wenn die Indizes 2), 3), 4), 5) im Produktdatenblatt erfüllt sind; USB-A) Unterdeckplatte 3)	Klasse 3 2.1 naht- und perforationsgesicherte Unterdeckung 3.1 naht- und perforationsgesicherte Unterspannung (UDB-A; UDB-B, wenn die Indizes 2), 3), 4), 5) im Produktdatenblatt erfüllt sind; USB-A) Unterdeckplatte 3)	Klasse 3 2.1 naht- und perforationsgesicherte Unterdeckung 3.1 naht- und perforationsgesicherte Unterspannung (UDB-A; UDB-B, wenn die Indizes 2), 3), 4), 5) im Produktdatenblatt erfüllt sind; USB-A) Unterdeckplatte 3)	Klasse 3 2) 2.1 naht- und perforationsgesicherte Unterdeckung 3.1 naht- und perforationsgesicherte Unterspannung (UDB-A; UDB-B, wenn die Indizes 2), 3), 4), 5) im Produktdatenblatt erfüllt sind; USB-A) Unterdeckplatte 3)
über 8° bis 12°	Klasse 2 1.2 regensicheres Unterdach	Klasse 2 1.2 regensicheres Unterdach	Klasse 1 1.1 wasserdichtes Unterdach	Klasse 1 1.1 wasserdichtes Unterdach
MDN	**10°**			

1) Erhöhte Anforderungen bilden Kategorien gemäß Abschnitt 1.1.3. Weitere erhöhte Anforderungen können sich aus der Gewichtung innerhalb einer Kategorie gemäß Abschnitt 1.1.3 ergeben. Zum Beispiel können klimatische Verhältnisse mehrere erhöhte Anforderungen ergeben.

2) Nur zulässig, wenn ein Nachweis hinsichtlich der Funktionssicherheit der verwendeten Produkte einschließlich des Zubehörs (Dichtbänder oder Dichtungsmassen unter Konterlatten, Klebebänder, vorkonfektionierte Nahtsicherung) im Rahmen einer Schlagregenprüfung sowie eines 24-stündigen Beregnungstests bei einer Dachneigung von 15° herstellerseitig erfolgt ist. Andernfalls ist die nächsthöhere Klasse zu wählen.

3) Unterdeckplatten sind gemäß der Klassifizierung im „Merkblatt für Unterdächer, Unterdeckungen und Unterspannungen" zuzuordnen. Herstellerseitige Einschränkungen sind zu berücksichtigen. Hinweise zur Perforationssicherung sind dem Produktdatenblatt zu entnehmen.

Die in der Tabelle genannten Zusatzmaßnahmen sind Mindestmaßnahmen unter Berücksichtigung der Tabelle 1 des „Merkblatts für Unterdächer, Unterdeckungen, Unterspannungen".

Abb. 1.1-42: Wasserschaden an der Außenwand.

- Die Regeldachneigung wird über den 1,40 m langen Aufschieblingen um 30 – 12 = 18° unterschritten.
- Über 2 nur 1,75 m breite Deckstreifen wird das Regenwasser der gesamten Dachfläche – einschließlich Gaubendach – abgeführt (Schwallwasser!).
- Der Dachraum ist als Wohnung ausgebaut.

Abb. 1.1-44: Unterspannbahn, durchnässte Dachlatte und Überdeckung am Traufblech.

Danach hätte im 30°-Bereich gemäß Fachregel eine Unterspannbahn ausgereicht. Im 12°-Bereich wäre in jedem Fall ein wasserdichtes Unterdach mit wasserdicht verklebtem Rinnentraufblech einzubauen gewesen.

Lösung

Im Gegensatz zum tabellarischen Anforderungsprofil wird das an den Gaubenschultern auf die Dachdeckung geleitete Wasser als besondere Extrembelastung eingestuft: Eine Unterspannbahn reicht nach sachverständiger Einschätzung auch bei einem 30°-Dach nicht mehr aus (auch wegen der begrenzten Lebensdauer von Unterspannbahnen).

Als Ursachenbehebung wurden die angefaulten Hölzer ersetzt, der Drempelbereich freigelegt und ausgetrocknet. Nach Einbau einer neuen Wärmedämmung wurden die beiden Dach-

Abb. 1.1-43: Flacher Traufbereich mit Traufschalung und Kastenrinne.

Abb. 1.1-45: Löcher in der Unterspannbahn.

Abb. 1.1-46: Traufschalung ist durchnässt und verfault.

streifen neben den Gaubenwangen bis über die Gaubenschultern hinaus mit einer Holzschalung auf Auflagerleisten zwischen den Dachsparren ausgestattet. Über beiden Dachstreifen wurde auf einer Trennlage eine Kunststoffabdichtung aufgeklebt. Die An- und Abschlüsse sowie die Dachtraufe wurden mit Verbundblech hergestellt. Die Dachdeckung aus Konter- und Decklatten wurde nur im 30°-Bereich wiederhergestellt.

1.1.14 Streit um Dachlatten

Schaden

Der Dachdecker hatte für einen Bauherren Ziegeldächer an 2 seiner Häuser erneuert. Nach Fertigstellung ließ er die Dächer von einem ihm bekannten Baufachmann überprüfen und bemängelte anschließend gegenüber seinem Auftragnehmer die Qualität der Dachlatten, insbesondere vom Nennmaß 3/5 cm abweichende Lattenquerschnitte. Da der Dachdecker keine Nachweise über die Lattenqualität beibringen konnte, musste ein Sachverständiger die Angelegenheit überprüfen.

Analyse

In mehreren großflächigen Dachöffnungen wurden Art, Qualität und Querschnitte der Dachlatten überprüft. Festgestellt wurde:

- An ungestörten Lattenenden waren rote Kennungen angebracht. Es handelte sich danach um sortierte Dachlatten SK S10.
- An 2 Stellen innerhalb der Prüföffnungen fanden sich Äste mit Durchmessern größer als die halbe Lattenbreite. Diese Dachlatten entsprachen nicht den Anforderungen der SK S10.

Abb. 1.1-47: Prüföffnung im Ziegeldach.

- Die Lattenquerschnitte wurden gemessen mit 2,8/4,6; 2,7/4,7; 2,6/4,6 und 2,7/4,6 cm.
- Die Dachneigung betrug 36°.
- Die Sparrenweiten lagen zwischen 62 bis 68 cm.

Dachlatten mit großen Ästen entsprachen – trotz Farbkennung – nicht der geforderten Sortierklasse S10.

Die Lattenquerschnitte lagen durchgehend unter der Nenndicke von 3/5 cm.

HOLZAPFEL DACHLATTENRECHNER

Version: 5.01

Neufassung nach DIN 1052

Berechnung der notwendigen Lattenquerschnitte in Abhängigkeit von Dachneigung und Sparrenweite. Berechnung nach "Zweifeldträger", "Leichte Sprossen" (für Dachbegehung über Dachleitern) und "Einfeldträger".

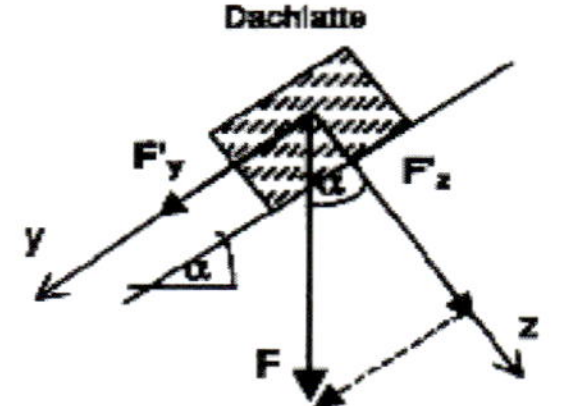

y,z: statische Hauptachsen *(Querschnitt)*

Ziff.	Teil / Art	Einheit	Eingabe
1.	Dachlatte (Breite)	cm	4,60
2.	Dachlatte (Höhe)	cm	2,60
3.	Sparrenabstand (Mitte / Mitte)	m	0,68
4.	Dachneigung	°	36
5.	Sortierklasse	S/MS	10

Hauptachse	Hauptachse
F'z kN	F'y kN
0,405	0,294

	Einheit	a)	b)	c)
Bemessungsmoment: M'y,d	kNm	0,095	0,069	0,103
Bemessungsmoment: M'z,d	kNm	0,060	0,050	0,075
Widerstandsmomente	cm^3	5,18	9,17	
Zulässige Biegespannung	N/mm^2	16,62		
Vorhandene Biegespannung: My,d / Wy	N/mm^2	18,24	13,27	19,90
Vorhandene Biegespannung: M,d / Wz	N/mm^2	6,57	5,45	8,17

		Hinweis	Wert	
a)	**Zweifeldträger mit Auflager (einseitiger Lattenstoß):**			
	Bedingung 1:	*Hinweis: Muß < 1 sein !*	1,375	**Querschnitt vergrößern!**
	Bedingung 2:	*Hinweis: Muß < 1 sein !*	1,164	**Querschnitt vergrößern!**
b)	**Ergebnis für Benutzung mit Leitern:**			
	Bedingung 1:	*Hinweis: Muß < 1 sein !*	1,028	**Querschnitt vergrößern!**
	Bedingung 2:	*Hinweis: Muß < 1 sein !*	0,887	
c)	**Latte auf zwei Sparren (Einfeldträger):**			
	Bedingung 1:	*Hinweis: Muß < 1 sein !*	1,542	**Querschnitt vergrößern!**
	Bedingung 2:	*Hinweis: Muß < 1 sein !*	1,330	**Querschnitt vergrößern!**

Kontakt: www.holzapfel-sachverstaendiger.de

Die vorliegende Berechnungshilfe wurde sorgfältig erarbeitet. Dennoch erfolgen alle Angaben und Berechnungen ohne Gewähr. Für eventuelle Nachteile oder Schäden, die aus den hier zusammengestellten Informationen und durchgeführten Berechnungen resultieren, kann der Autor keine Haftung übernehmen.

Das Werk einschliesslich aller seiner Teile ist urheberrechtlich geschützt. Jede über die normale Verwendung hinausgehende weitere Verwertung ohne Zustimmung des Autors ist unzulässig und strafbar.

Abb. 1.1-48: Rechenblatt zum Schadenfall

Abb. 1.1-49: Die Decklattung bei der Qualitätskontrolle auf Holzfehler und Querschnittmaße.

Abb. 1.1-51: Rot-Kennzeichnung der Dachlatten trotz grober Holzfehler.

Lösung
Sortierklasse/Lattenqualität:
Das Rechenergebnis zeigt, dass die zulässigen Biegespannungen überschritten werden. Selbst mit Dachleitern ist das Dach nicht mehr begehbar. (Hinweis: In vor 2008 gültigen Rechenverfahren konnten für Dachlatten noch Spannungsminderungen von ~31 % zugunsten der Lattenquerschnitte angesetzt werden (siehe 2. Auflage); nach der Neufassung der DIN 1052 ist dies nicht mehr möglich).

Abb. 1.1-50: Grober Ast >>1/2 Lattendicke. Diese Dachlatte entspricht nicht der SK S10.

Nach dem Rechenergebnis war die Dachdeckung zu entfernen und dickere Lattenquerschnitte mindesten 5/3 cm einzubauen. Lediglich für den Extremfall des Einfeldträgers wird dann die Biegespannung geringfügig (hier unerheblich) überschritten.

1.1.15 Neufassung der Dachlattenquerschnitte nach DIN 1052

Die „Hinweise Holz und Holzwerkstoffe" gaben bisher praktikable Hinweise für notwendige Mindestquerschnitte von Dachlatten. Nach durchgreifenden Änderungen und Verschärfungen der einschlägigen Rechengrundlagen, Festigkeitsklassen und Kennwerte, Konstanten, Sicherheits- und Teilsicherheitsbeiwerte, Modifikationsbeiwerte und Teilsicherheitsfaktoren sowie neu gefasster Bedingungen für die Lastannahmen ergeben sich gegenüber früheren Ansätzen erheblich verschärfte Bedingungen. Insbesondere sind – weshalb auch immer – die früher anzusetzenden Minderungsbeiwerte von 10 % für die Auflager-(-Sparren)breite und 25 % für den „Sonderfall Dachlatte" entfallen, sodass nunmehr mit dem vollen Lastfall gerechnet werden muss. Die gewohnten Lattenquerschnitte reichen – rechnerisch – heute in vielen Fällen nicht mehr aus.

Rechengrundlagen
Der Neuberechnung liegen zugrunde:

- Lastannahme von 2 x 0,5 kN in den Viertelspunkten der Latte sowie für den Sonderfall „Leichte Sprossen" 0,5 kN in Feldmitte bei Vorgabe, das Dach nur mit Leitern oder Bohlen zu begehen,
- Aufteilung der Lasteinwirkung parallel und senkrecht zur Lattenbreite (y- und z-Achse),
- Festigkeitsklassen für Biegung C16/C24/C30 je nach Sortierklassen 7/10/13,
- Modifikationsbeiwert k_{mod} 0,9,

HOLZAPFEL DACHLATTENRECHNER

Version: 5.01

Neufassung nach DIN 1052

Berechnung der notwendigen Lattenquerschnitte in Abhängigkeit von Dachneigung und Sparrenweite. Berechnung nach "Zweifeldträger", "Leichte Sprossen" (für Dachbegehung über Dachleitern) und "Einfeldträger".

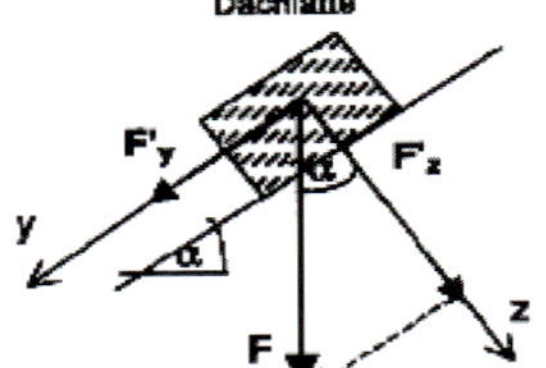

y,z: statische Hauptachsen *(Querschnitt)*

Ziff.	Teil / Art	Einheit	Eingabe
1.	Dachlatte (Breite)	cm	5,00
2.	Dachlatte (Höhe)	cm	3,00
3.	Sparrenabstand (Mitte / Mitte)	m	0,68
4.	Dachneigung	°	36
5.	Sortierklasse	S/MS	10

Hauptachse	Hauptachse
F'z kN	F'y kN
0,405	0,294

	Einheit	a)	b)	c)
Bemessungsmoment: M'y,d	kNm	0,095	0,069	0,103
Bemessungsmoment: M'z,d	kNm	0,060	0,050	0,075
Widerstandsmomente	cm^3	7,50	12,50	
Zulässige Biegespannung	N/mm^2	16,62		
Vorhandene Biegespannung: My,d / Wy	N/mm^2	12,61	9,17	13,75
Vorhandene Biegespannung: M,d / Wz	N/mm^2	4,82	4,00	6,00

		Hinweis	Wert	
a)	**Zweifeldträger mit Auflager (einseitiger Lattenstoß):**			
	Bedingung 1:	*Hinweis: Muß < 1 sein !*	0,962	
	Bedingung 2:	*Hinweis: Muß < 1 sein !*	0,821	
b)	**Ergebnis für Benutzung mit Leitern:**			
	Bedingung 1:	*Hinweis: Muß < 1 sein !*	0,720	
	Bedingung 2:	*Hinweis: Muß < 1 sein !*	0,627	
c)	**Latte auf zwei Sparren (Einfeldträger):**			
	Bedingung 1:	*Hinweis: Muß < 1 sein !*	1,080	**Querschnitt vergrößern!**
	Bedingung 2:	*Hinweis: Muß < 1 sein !*	0,940	

Kontakt: www.holzapfel-sachverstaendiger.de

Die vorliegende Berechnungshilfe wurde sorgfältig erarbeitet. Dennoch erfolgen alle Angaben und Berechnungen ohne Gewähr. Für eventuelle Nachteile oder Schäden, die aus den hier zusammengestellten Informationen und durchgeführten Berechnungen resultieren, kann der Autor keine Haftung übernehmen.
Das Werk einschliesslich aller seiner Teile ist urheberrechtlich geschützt. Jede über die normale Verwendung hinausgehende weitere Verwertung ohne Zustimmung des Autors ist unzulässig und strafbar.

Abb. 1.1-52: Rechenblatt zum Schadenfall

- Teilsicherheitsbeiwert γM 1,3,
- Quotient aus Biegespannung/zulässiger Biegespannung + 0,7facher Biegespannung/zulässiger Biegespannung, jeweils bezogen auf die beiden Hauptachsen y + z.
- Berechnet werden
  a) Die übliche Anwendung über mehrere Sparren, hier als Zweifeldträger,
  b) die Einzelanwendung der Dachlatte über 2 Sparren als Einfeldträger.

Beispiele
(Holzapfel, ((siehe S. 38))- Dachlattenrechner 2011-5 (www.holzapfel-sachverstaendiger.de)

- Dachlatte 50/30 mm auf Sparrenabständen 80 cm bei 30° Dachneigung:
  Der Lattenquerschnitt reicht rechnerisch nur für die Begehung mit Dachleitern, für die übliche Begehung reicht der Querschnitt nicht aus.
- Erst ab 53° Dachneigung reicht der Lattenquerschnitt von 50/30 mm für die durchlaufende Latte aus. Für die Einzellatte auf 2 Sparren ist der Querschnitt ungeeignet.
- Der Lattenquerschnitt erfüllt bei der noch zulässigen Dachneigung von 10° (3fach verfalzter Flachdachziegel) nur bis 62 cm Sparrenweite noch alle Bedingungen.
- Bei Biberschwanzziegel-Doppeldeckungen erfüllt der Lattenquerschnitt von 48/24 mm bis zur Sparrenweite von 88 cm alle Bedingungen, wenn man unterstellt, dass der Dachdecker immer auf 2 Latten steht (= 96/24 mm).
- Die Dachlatte 60/40 ist bei 10° Dachneigungen bis zur Sparrenweite von 1,30 m in allen Lastfällen tragfähig.

Ergebnis
Die Rechennachweise für Dachlattenquerschnitte weichen deutlich von bisherigen Vorgaben ab. Auch die Tabellenwerte aus den Hinweisen für Holz und Holzwerkstoffe müssen danach neu bewertet werden. Bei Sparrenabständen über 60 cm müssen Dachlattenquerschnitte unter 60/40 mm generell rechnerisch ermittelt werden. Das gilt nicht für Biberschwanz-Doppeldeckungen.

Tragfähiges Unterdach
Dachlattungen über Unterdächern auf Holzschalung stellen keine Durchbruchgefahr dar. Das Gleiche gilt für nachgewiesene tragfähige Unterdachplatten und Aufdachdämmplatten. Die Decklasten bei Dachziegeln oder Dachsteinen sind so gering, dass hier selbst Lattenquerschnitte von 48/24 mm in allen denkbaren Fällen ausreichen.

Sofern Hersteller von Unterdach- oder Aufdachdämmplatten Tragfähigkeit von mindestens 1,0 kN/m^2 nachweisen, können über ihnen wie über 24 mm dicker Holzschalung Dachlatten der Querschnitte 48/24 unbedenklich eingebaut werden.

Ausnahmen sind Aussteifungen an Dachüberständen und Sonderlasten aus Windsog.

1.1.16 Konterlattung im Steildach

Trotz jahrzehntelangem Umgang mit der Konterlatte treten immer noch konstruktive und handwerkliche Mängel auf.

Schaden
Das neue Ziegeldach wurde nicht abgenommen, weil der Bauherr Mängel an der Unterkonstruktion der Dachdeckung geltend machte. Prüföffnungen in Dach, Traufen und Kehlen förderte folgende Ausführungsdetails zutage:

- Um die Höhe der Konterlatte an der Traufe auszugleichen, hatte der Dachdecker die Traufbohlen auf Konterklötze gesetzt. Die Unterspannbahn musste dadurch in einer Höhenstufe auf die Traufbohle geführt werden, was zu einem Wassersack vor der Traufe und infolge der Dacharbeit (Stehen auf der Traufbohle) zu Beschädigungen der Unterspannbahn führte.
- An den Kehlen entstanden vergleichbare Höhenstufen mit Nagellöchern.
- Für Latten und Konterlatten waren gleiche Lattenquerschnitte von 5/3 cm verwendet worden, auch an den Lattenstößen.

Abb. 1.1-53: Höhenstufe, Wassersack und Schnittverletzung in der Unterdeckbahn über der Dachtraufe.

Analyse

Die aufgezeigten Details stehen im Widerspruch zu den geltenden Fachregeln: Höhenstufen in der Unterspann- oder Unterdeckbahn verhindern die Wasserabführung in Kehlen und Traufen und führen zu Feuchteschäden an Bahnenstößen und Nagellöchern.

Dazu der Text der Fachregel:

(5) Bei Unterdächern kann die Abdichtung die Funktion des Traufbleches z. B. bei Verwendung eines Stützbleches übernehmen. In diesem Fall muss die Bahn UV-beständig oder geschützt sein.
(6) Die Lagesicherheit der Zusatzmaßnahme im Traufanschluss ist herzustellen. Dazu können die

Abb. 1.1-54: Höhenstufe mit Wassersack und Nagelverletzungen an der Kehle.

Abb. 1.1-55: Dachlattenstoß über zu schmaler Konterlatte.

Bahnen auf den Blechen verklebt werden. Bahnen, die nicht von der Dachdeckung abgedeckt sind, müssen verklebt und UV-beständig sein oder geschützt werden.
(7) Bei Unterspannungen ist darauf zu achten, dass sich im Traufbereich keine Wassersäcke bilden. Hierfür sind Keilbohlen oder andere Maßnahmen erforderlich. Bei belüfteten Konstruktionen sind Zuluftöffnungen erforderlich (siehe Merkblatt Wärmeschutz bei Dach und Wand).
(Merkblatt für Unterdächer, Unterdeckungen und Unterspannungen, 01/2010, Abschnitt 4.2.)

3.2.1 Allgemeines

3.2.2 Konterlatten

(1) Konterlatten müssen mindestens der Sortierklasse S 10 nach DIN 4074-1 entsprechen und über eine Mindestnenndicke von 24 mm verfügen.
(2) Ohne rechnerischen Nachweis sind Konterlatten direkt auf Holz oder Holzwerkstoffen mit einer Rohdichte ≥ 350 kg/m³ nach Tabelle 3.1 bzw. 3.2 zu befestigen. Bei geringeren Nagelabmessungen ist ein Nachweis nach den Technischen Baubestimmungen erforderlich. Nägel oder Schrauben mit höherer Tragfähigkeit sind unter Einhaltung der Mindestrandabstände nach Abschnitt 3.1.3 zulässig.

3.2.3 Traglatten

(1) Für Traglatten mit lichten Abständen ≤ 0,40 m und Achsabständen der Unterkonstruktion von maximal 1,0 m gilt hinsichtlich der Querschnitte und Sortierklassen die Tabelle 3.3.

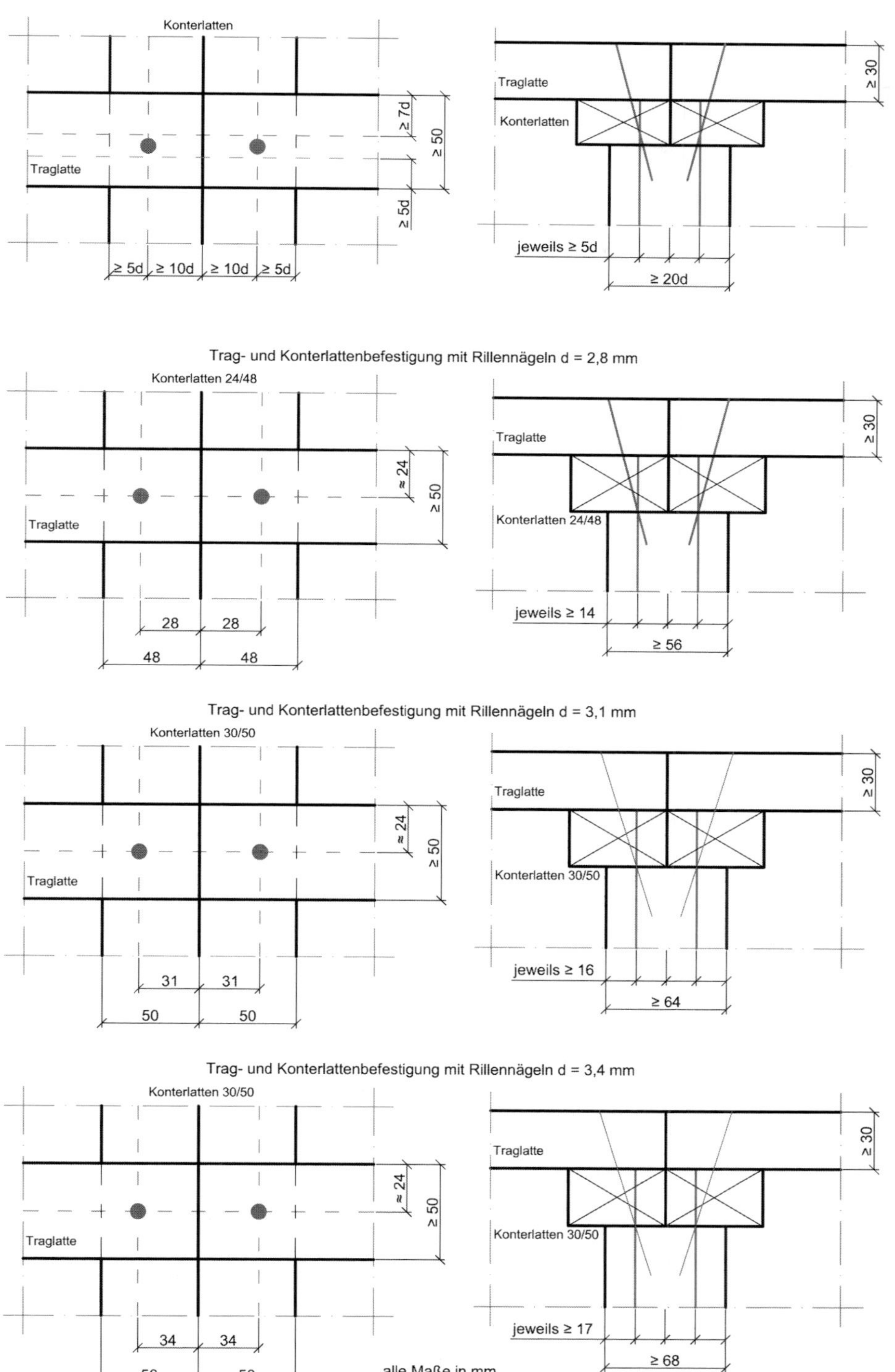

Abb. 1.1.56: Randabstände von Nägeln nach DIN EN 1995 bei der Befestigung von Dachlatten.

Tabelle 1.7: Traglatten ohne rechnerischen Nachweis aus Nadelholz

Nennquerschnitte in mm	Achsabstand der Unterkonstruktion in m	Sortierklasse nach DIN 4071-1
30/50	bis 0,80	S 10
40/60	bis 1,00	S 10

Die Befestigung erfolgt nach den Tabellen 3.4 bis 3.6.
(2) Für Traglatten, die nicht den Anforderungen nach Abschnitt (1) entsprechen, ist ein rechnerischer Nachweis nach den Technischen Baubestimmungen erforderlich.
(3) Traglatten sind so anzubringen, dass 2 volle Kanten auf dem Auflager aufliegen. Bei eingehängtem Deckmaterial dürfen Traglatten nur an der nach der Traufe zeigenden oberen Lattenkante teilweise baumkantige Ausbildungen aufweisen.
3.1.3 Abstände von Verbindungsmitteln zum Rand und untereinander
(1) Bei nicht vorgebohrten Nagelverbindungen von Nadelholz der Sortierklassen S10 und S13 bzw. der Festigkeitsklassen C24 und C30 betragen die Mindestrandabstände nach DIN EN 1995-1-1 zum

- *unbeanspruchten Rand 5 × d*
- *beanspruchten Rand vereinfacht 7 × d*
- *vom beanspruchten Hirnholzende vereinfacht 15 × d*
- *vom unbeanspruchten Hirnholzende 10 × d*

sowie die Mindestabstände untereinander

- *in Faserrichtung vereinfacht 10 × d*
- *rechtwinklig zur Faserrichtung 5 × d.*

Von den Randabständen kann bei Dachlatten als Unterlage von Dachdeckungen und Schalungen als Unterlage von Dachdeckungen und Dachabdichtungen abgewichen werden, wenn das Holz nicht spaltet und eine dauerhafte Verbindung gewährleistet ist. Die Abbildungen 3.2 bis 3.5 zeigen die Abstände für übliche Anwendungsfälle. Lattenstöße können direkt auf dem Sparren, einem breiten Konterbrett bzw. -bohle, 2 parallel angeordneten Konterlatten oder mit bauaufsichtlich zugelassenen Stoßverbindern ausgeführt werden.

(2) Die Mindestrandabstände von Nägeln und Schrauben in Sperrholz, OSB-Platten, kunstharzgebundenen Holzspanplatten und Faserplatten der technischen Klasse HB.HLA2 sollten vom unbeanspruchten Rand 3 x d betragen, soweit nicht die Nagelabstände im Holz maßgebend werden. Vom beanspruchten Plattenrand sollten die Abstände der Nägel oder Schrauben 4 x d bei Sperrholz sowie 7 x d bei OSB-Platten, kunstharzgebundenen Holzspanplatten und Faserplatten

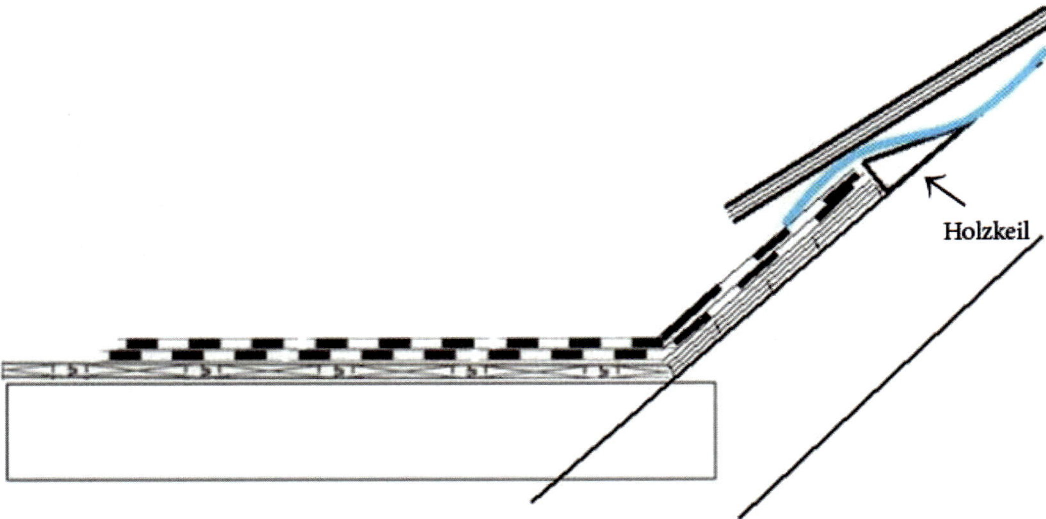

Abb. 1.1-57: Ankeilung an der Kehlschalung.

nicht unterschreiten. Der Abstand der Befestigungsmittel untereinander sollte in keiner Richtung 40 x d überschreiten. Wird von den empfohlenen Abständen abgewichen, ist darauf zu achten, dass eine dauerhafte Verbindung gewährleistet ist.

(Hinweise Holz und Holzwerkstoffe, 01/2015, Abschnitte 3.1.3, 3.2.2 und 3.2.3)

Lösung

Die technischen Mängel mussten selbstverständlich beseitigt werden.

Dazu wurde die Dachdeckung in weiten Teilen aufgenommen.

An Dachlattenstößen wurden die Konterlatten durch Bretter 10/2,4 cm ersetzt. Über den Traufen wurden Keilbohlen 20/5 cm als Unterstützung der Unterspannbahn eingebaut. Für die Kehlen genügten diagonal aufgetrennte Dachlatten 5/3 cm als seitliche Ankeilung.

Der geschilderte Schadenfall zeigt den großen Aufwand, der zur Mängelbeseitigung nötig war.

Dachdecker sollten sich erst gar nicht in die unangenehme Lage bringen, sondern folgende Anforderungen berücksichtigen:

- Bis 8 m Sparrenlänge Konterlatten im Querschnitt 60/24 mm verwenden, sonst über 8 m 19/30 mm.
- Traufbohlen immer keilig spitz zulaufend bestellen und nicht auf Konterklötze vernageln.
- Für Übergänge an Kehl, Gauben- und Traufschalungen immer Lattenkeile in 5/3 cm diagonal aufgetrennt bereithalten und einbauen lassen.
- Die Höhendifferenz zur Konterlatte kann an der Traufe durch eingeschobene Trauflüftergitter ausgeglichen werden.
- Bei Dachneigungen unter 25° grundsätzlich Unterdeckbahn oder Unterdach unter der Traufbohle durchführen und mit einem Abtropfblech abschließen.

1.1.17 Die wandernden Kupfernägel

Schaden

Das Wohnhaus aus dem Jahr 1978 besteht aus mehreren Baukörpern mit Walm- und Satteldächern.

Die ursprüngliche Dachdeckung mit einer Gesamtdachfläche von etwa 460 m² bestand aus Bitumenschindeln auf Holzschalung.

Im Rahmen einer Dachsanierung brachte der Dachdecker auf die Altdeckung eine Bitumen-

Abb. 1.1-58: Bitumenschindeln sind deutlich sichtbar bombiert.

schweißbahn mit gestoßenen Nähten und eine Deckung aus Bitumendachschindeln auf.

Die Schindeln wurden mit Kupferschieferstiften der Größen 2,89 x 50,0 mm vernagelt.

Im Jahr nach der Dachsanierung regnete es an mehreren Stellen in das Dach hinein. Der Dachdecker besserte daraufhin verschiedene Bereiche nach und stellte dabei fest, dass Kupfernägel „hochstanden“ und die Bitumenschindeln hochgedrückt waren.

Analyse
Die Bitumenschindeln sind regelmäßig bombiert. Grund dafür sind die bis zu 8 mm hochstehenden Kupfernägel der Schindelbefestigungen.

Ausgebaute Kupfernägel in den Abmessungen 2,89 x 50,0 mm haben schwach geprägte Nagelschäfte.

In der Fachtechnik ist seit Jahrzehnten bekannt, dass glattschaftige Kupfernägel zum Austreiben neigen und dass deshalb Kupfernägel aufgeraute oder geriffelte Schäfte haben müssen. Ebenso bekannt ist, dass solches Austreiben bei glattschaftigen Stahlnägeln und verzinkten Nägeln noch nie beobachtet wurde.

Die Ursachen für das Austreiben der Kupfernägel sind nicht bekannt.

Zu möglichen Ursachen wurden das Deutsche Kupferinstitut in Düsseldorf, die Versuchsanstalt für Holz- und Trockenbau in Rosenheim, die technische Beratungsstelle des Zentralverbandes des Deutschen Dachdeckerhandwerks und Sachverständige aus dem Holzbau und Dachdeckerhandwerk befragt.

Der Vertreter des Kupferinstituts bestritt eine Verursachung durch das Metall Kupfer und vermutete als Ursache die Schaftgeometrie des Nagels.

Die Versuchsanstalt in Rosenheim hatte folgende Erklärung:

Der von Ihnen beschriebene Umstand, dass Kupfernägel aus Holzschalung austreiben, ist uns ebenfalls bekannt. Eine Ursache hierfür kann jedoch nicht angegeben werden.

Abb. 1.1-59: Hochstehender Kupfernagelkopf.

Abb. 1.1-60: Ausgebauter Kupfernagel vor und nach Reinigung: Der Nagelschaft ist nur sehr schwach geprägt. Der Nagel treibt aus.

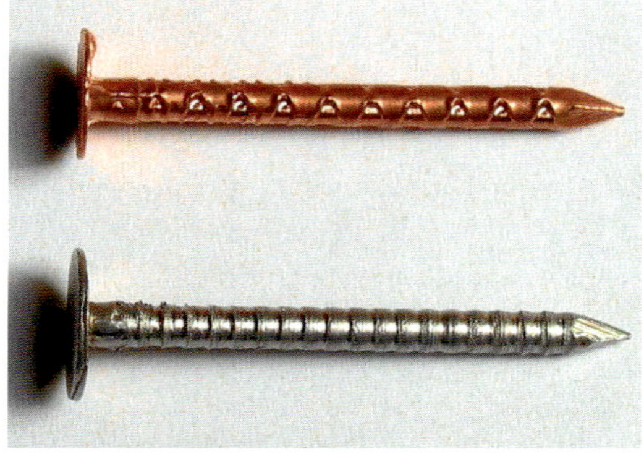

Abb. 1.1-61: Stark geprägter Kupfernagelschaft (oben) und stark gerillter Edelstahlnagelschaft. Solche Nägel gelten als austreibsicher.

Ein möglicher Zusammenhang mag aufgrund der besonderen Wärmeleitfähigkeit des Kupfers und der speziellen Patinierung der Oberfläche bestehen. Tiefer gehende Aussagen bedürfen weiter reichenden wissenschaftlichen Untersuchungen.

In den Fachregeln des Dachdeckerhandwerks findet sich folgender Hinweis:

2.3 Werkstoffe für die Befestigung

(1) Für die Befestigung der Bitumenschindeln auf Holz sind korrosionsgeschützte Stifte DIN EN 10230 mit extra großem Flachkopf, Kopfdurchmesser ≥ 9 mm, zu verwenden, die mindestens 25 mm lang, bei Mehrfachüberdeckung (Grat, First usw.) entsprechend länger, sein müssen. Der Schaft von Befestigungsmitteln muss rau bzw. aufgeraut sein.
(Fachregel für Dachdeckungen mit Bitumenschindeln, 06/2001, Abschnitt 2.3)

In diesem Sinn wurden die entnommenen Kupfernägel mit anderen im Handel befindlichen Nägeln verglichen.

Wie die Bilder zeigen, haben die verglichenen Nägel unterschiedlich gestaltete Schäfte:

- der entnommene Nagel ist im Schaft geprägt, d.h., es sind Vertiefungen in die Oberfläche gepresst.
- Bei vergleichbaren Nägeln ist die Schaftprägung verdrängend, d.h., es sind durch vertiefte Prägung erhabene Grate auf dem Schaft entstanden.
- Bei einem verglichenen Edelstahlnagel ist der Schaft mit umlaufenden Gewindegraten geprägt.

Die Verankerung im Holz dürfte bei Nagel c) sehr groß und bei Nagel b) ebenfalls hoch sein.

Bei Nagel a) (entnommener Nagel) ist die Haftwirkung im Holz anscheinend zu gering.

Man kann davon ausgehen, dass stark geraute Schäfte größere Haftsicherheit haben als solche mit geringer (flacher) Rauhigkeit.

Das Austreiben der Kupfernägel beruht auf einer besonderen Eigenschaft des Kupfers und ist im untersuchten Schadenfall auf ungenügende Prägung und zu geringe Rauigkeit der Nagelschäfte zurückzuführen.

Lösung
Die beschriebenen Mängel sind durch Einzelmaßnahmen nicht behebbar.

Eine Mängelbeseitigung an der Dachdeckung erfordert den Abbruch der oberen Lage der Bitumenschindeln, deren Entsorgung und die Neuverlegung mit neuen Bitumenschindeln, geeigneten Kupfer- oder Edelstahlnägeln sowie die Neuverlegung aller Anschlüsse, Grate und Firste.

1.1.18 Achtung, Windsog

Dachdecker denken nicht darüber nach, wie viele Nägel sie in welchen Abständen in die Konterlatte schlagen. Lastannahmen für Konterlatten kennen 2 Lastfälle:

a) Scherkraft aus Eigenlast und Dachlast. Dazu hatten frühere Regeln Nagelabstände im Regelmaß der Decklattenabstände bestimmt. Exakte Rechennachweise für diesen Lastfall führen zu unterschiedlichen Werten (siehe Holzapfel Dachlattenrechner / Konterlatte)

b) Heute gültige Regeln („Hinweise Holz und Holzwerkstoffe" in den Fachregeln des Deutschen Dachdeckerhandwerks) weisen auch Konterlatten tragende Eigenschaften zu, insbesondere gegen Windsog.

Dabei ist die Tabelle 3.1 aus diesen Hinweisen (siehe Tabelle 1.8) zu beachten, oder es sind gesonderte Lastrechnungen durchzuführen (so z.B. Holzapfel Dachlattenrechner / Windsogfestigkeit).

Rechennachweise
Ein Satteldach auf einem geschlossenen Wohngebäude im Binnenland auf 100 m Höhe ü.d.M. soll eine Traufenhöhe von 9,5 m bei 12 m Traufenlänge, eine Gebäudebreite von ebenfalls 12 m und Dachneigungen von jeweils 30° haben.
Die Windlastnachweise ergeben dann folgende Soglasten:

H3	(Mittenfläche)	= – 1,08 kN/m²
G3	(Giebelflächen am First)	= – 1,8 kN/m²
F1/G1	(Traufe)	= – 1,4 kN/m²

Die Dachsparren haben Abstände von 0,65 m. Konter- und Decklatten sollen jeweils 3 cm dick sein bei Lattenabständen von 33 cm, die Dach-

Tabelle 1.8: Befestigung von Konterlatten unter Traglatten pro m bei einem Achsabstand der Unterkonstruktion von maximal 1,0 m

		Sattel- und Walmdächer	**Pultdächer**
Gebäudehöhe h ≤ 10 m	Wz 1	4 x Na 3,1 x 80 [a]	5 x Na 3,1 x 80 [a]
	Wz 2 B		6 x Na 3,1 x 80 [a]
	Wz 2 K	6 x Na 3,1 x 80 [a]	8 x Na 3,1 x 80 [b]
	Wz 3 B		
	Wz 3 K	7 x Na 3,1 x 80 [a]	9 x Na 3,1 x 80 [c]
	Wz 4 B		
	Wz 4 K	8 x Na 3,1 x 80 [b]	4 x RiNa 3,1 x 80
Gebäudehöhe h ≤ 18 m	Wz 1	5 x Na 3,1 x 80 [a]	6 x Na 3,1 x 80 [a]
	Wz 2 B		7 x Na 3,1 x 80 [a]
	Wz 2 K	7 x Na 3,1 x 80 [a]	9 x Na 3,1 x 80 [b]
	Wz 3 B		
	Wz 3 K	8 x Na 3,1 x 80 b	4 x RiNa 3,1 x 80
	Wz 4 B		
	Wz 4 K	9 x Na 3,1 x 80 [b]	5 x RiNa 3,1 x 80
Gebäudehöhe h ≤ 25 m	Wz 1	5 x Na 3,1 x 80 [a]	7 x Na 3,1 x 80 [a]
	Wz 2 B	6 x Na 3,1 x 80 [a]	8 x Na 3,1 x 80 [b]
	Wz 2 K	7 x Na 3,1 x 80 [a]	10 x Na 3,1 x 80 [c]
	Wz 3 B		
	Wz 3 K	8 x Na 3,1 x 80 [b]	4 x RiNa 3,1 x 80
	Wz 4 B		
	Wz 4 K	10 x Na 3,1 x 80 [c]	5 x RiNa 3,1 x 80
		Wz: Windzone B: Binnenland K: Küste und Inseln der Ostsee Na: Nagel RiNa: Rillennagel	a alternativ: 3 x RiNa 2,8 x 75 b alternativ: 4 x RiNa 2,8 x 75 oder 3 x RiNa 3,1 x 80 c alternativ: 4 x RiNa 3,1 x 80
		Eindringtiefe: Na 3,1 x 80: 40 mm RiNa 2,8 x 75: 35 mm RiNa 3,1 x 80: 40 mm	Bemessungswerte der Tragfähigkeit in Stabachse: Na 3,1 x 80: 230 N RiNa 2,8 x 75: 520 N RiNa 3,1 x 80: 670 N

Tabelle 1.9: 1. H3 Mittenbereich

		Schrauben	Nägel	Sondernägel I
Art / Beschreibung		**Eingabefeld**	**Eingabefeld**	**(Schraubnägel mit Zulassung)**
Windsog (ohne Vorzeichen eingeben!)	kN/m^2	1,08	1,08	↓
Breite oder Abwicklung Deckelement / Dachfläche	m	1	1	
Gewicht eines Deckelements (GZ, GSt, First, Blech)	kg	48,0	48,0	
Dachüberstand außen (Abstand zur Wand)	m	0	0	
Anzahl der Schrauben / Nägel je Befestiger (Haftblech)		3	3	
Abstand der Befestiger untereinander	m	0,65	0,65	
Schrauben- / Nageldurchmesser (Drahtstift) ds/dn	mm	3,5	3	
Einschraub- / Eindringtiefe sg / ng	mm	22	40	
Eindringtiefe in Ordnung.				
Eindringtiefe in Ordnung.				

		Ergebnisse	Ergebnisse	Ergebnisse
Anzahl der Schrauben / Nägel je m		4,62	4,62	4,62
Lattenbreite mindestens erforderlich	mm	38,5	33	33
Lattendicke mindestens erforderlich	mm		16,2	16,2
Auszugskraft Einzelschraube / -nagel	kN	0,231	0,156	0,216
Auszugskraft Linienbefestigung	kN/m	1,066	0,720	0,997
Resultierende Windlast Dachrand (Dachbereich)		0,342	0,342	0,342
Windsogfestigkeit (muss kleiner „1" sein)		0,320	0,474	0,343
-> Auszugskraft ausreichend?		ja	ja	ja

deckung aus Dachziegeln oder Dachsteinen hat ein Quadratmetergewicht von 48 kg (0,48 kN).

Tabelle 1.10: 2. F1/G1 Traufenbereich

		Schrauben	Nägel	Sondernägel I
Art / Beschreibung		**Eingabefeld**	**Eingabefeld**	**(Schraubnägel mit Zulassung)**
Windsog (ohne Vorzeichen eingeben!)	kN/m²	1,40	1,40	↓
Breite oder Abwicklung Deckelement / Dachfläche	m	1	1	
Gewicht eines Deckelements (GZ, GSt, First, Blech)	kg	48,0	48,0	
Dachüberstand außen (Abstand zur Wand)	m	0	0	
Anzahl der Schrauben / Nägel je Befestiger (Haftblech)		3	3	
Abstand der Befestiger untereinander	m	0,65	0,65	
Schrauben- / Nageldurchmesser (Drahtstift) ds/dn	mm	3,5	3	
Einschraub- / Eindringtiefe sg / ng	mm	22	40	
Eindringtiefe in Ordnung.				
Eindringtiefe in Ordnung.				

		Ergebnisse	Ergebnisse	Ergebnisse
Anzahl der Schrauben / Nägel je m		4,62	4,62	4,62
Lattenbreite mindestens erforderlich	mm	38,5	33	33
Lattendicke mindestens erforderlich	mm		16,2	16,2
Auszugskraft Einzelschraube / -nagel	kN	0,231	0,156	0,216
Auszugskraft Linienbefestigung	kN/m	1,066	0,720	0,997
Resultierende Windlast Dachrand (Dachbereich)		0,662	0,662	0,662
Windsogfestigkeit (muss kleiner „1" sein)		0,620	0,919	0,664
-> Auszugskraft ausreichend?		ja	ja	ja

Tabelle 1.11: 3. G3 Giebelbereich nahe First

		Schrauben	Nägel	Sondernägel I
Art / Beschreibung		**Eingabefeld**	**Eingabefeld**	**(Schraubnägel mit Zulassung)**
Windsog (ohne Vorzeichen eingeben!)	kN/m²	1,80	1,80	↓
Breite oder Abwicklung Deckelement / Dachfläche	m	1	1	
Gewicht eines Deckelements (GZ, GSt, First, Blech)	kg	48,0	48,0	
Dachüberstand außen (Abstand zur Wand)	m	0,25	0,25	
Anzahl der Schrauben / Nägel je Befestiger (Haftblech)		3	6	
Abstand der Befestiger untereinander	m	0,65	0,65	
Schrauben- / Nageldurchmesser (Drahtstift) ds/dn	mm	3	3	
Einschraub- / Eindringtiefe sg / ng	mm	30	40	
Eindringtiefe in Ordnung.				
Eindringtiefe in Ordnung.				

		Ergebnisse	**Ergebnisse**	**Ergebnisse**
Anzahl der Schrauben / Nägel je m		4,62	9,23	9,23
Lattenbreite mindestens erforderlich	mm	33	33	33
Lattendicke mindestens erforderlich	mm		16,2	16,2
Auszugskraft Einzelschraube / -nagel	kN	0,270	0,156	0,216
Auszugskraft Linienbefestigung	kN/m	1,246	1,440	1,994
Resultierende Windlast Dachrand (Dachbereich)		1,224	1,224	1,224
Windsogfestigkeit (muss kleiner „1“ sein)		0,982	0,850	0,614
-> Auszugskraft ausreichend?		ja	ja	ja

Tabelle 1.12: 4. F1/G1 Traufe bei Konterlattendicke 24 mm und Decklattenweite 40 cm

		Schrauben	Nägel	Sondernägel I
Art / Beschreibung		**Eingabefeld**	**Eingabefeld**	**(Schraubnägel mit Zulassung)**
Windsog (ohne Vorzeichen eingeben!)	kN/m²	1,40	1,40	↓
Breite oder Abwicklung Deckelement / Dachfläche	m	1	1	
Gewicht eines Deckelements (GZ, GSt, First, Blech)	kg	48,0	48,0	
Dachüberstand außen (Abstand zur Wand)	m	0	0	
Anzahl der Schrauben / Nägel je Befestiger (Haftblech)		2,5	2,5	
Abstand der Befestiger untereinander	m	0,65	0,65	
Schrauben- / Nageldurchmesser (Drahtstift) ds/dn	mm	3	3	
Einschraub- / Eindringtiefe sg / ng	mm	22	36	
Eindringtiefe in Ordnung.				
Eindringtiefe in Ordnung.				

		Ergebnisse	Ergebnisse	Ergebnisse
Anzahl der Schrauben / Nägel je m		3,85	3,85	3,85
Lattenbreite mindestens erforderlich	mm	33	33	33
Lattendicke mindestens erforderlich	mm		16,2	16,2
Auszugskraft Einzelschraube / -nagel	kN	0,198	0,1404	0,1944
Auszugskraft Linienbefestigung	kN/m	0,762	0,540	0,748
Resultierende Windlast Dachrand (Dachbereich)		0,662	0,662	0,662
Windsogfestigkeit (muss kleiner „1" sein)		0,869	1,225	0,885
-> Auszugskraft ausreichend?		ja	nein	ja

Tabelle 1.13: 5. H3 Mittenbereich bei Kurzwellplatten und Latten 60/40

		Schrauben	Nägel	Sondernägel I
Art / Beschreibung		**Eingabefeld**	**Eingabefeld**	**(Schraubnägel mit Zulassung)**
Windsog (ohne Vorzeichen eingeben!)	kN/m²	1,08	1,08	↓
Breite oder Abwicklung Deckelement / Dachfläche	m	1	1	
Gewicht eines Deckelements (GZ, GSt, First, Blech)	kg	17,0	17,0	
Dachüberstand außen (Abstand zur Wand)	m	0	0	
Anzahl der Schrauben / Nägel je Befestiger (Haftblech)		2	2	
Abstand der Befestiger untereinander	m	0,65	0,65	
Schrauben- / Nageldurchmesser (Drahtstift) ds/dn	mm	4	4	
Einschraub- / Eindringtiefe sg / ng	mm	25	50	
Eindringtiefe in Ordnung.				
Eindringtiefe in Ordnung.				

		Ergebnisse	Ergebnisse	Ergebnisse
Anzahl der Schrauben / Nägel je m		3,08	3,08	3,08
Lattenbreite mindestens erforderlich	mm	44	44	44
Lattendicke mindestens erforderlich	mm		24,8	24,8
Auszugskraft Einzelschraube / -nagel	kN	0,300	0,26	0,36
Auszugskraft Linienbefestigung	kN/m	0,923	0,800	1,108
Resultierende Windlast Dachrand (Dachbereich)		0,818	0,818	0,818
Windsogfestigkeit (muss kleiner „1" sein)		0,887	1,023	0,739
-> Auszugskraft ausreichend?		ja	nein	ja

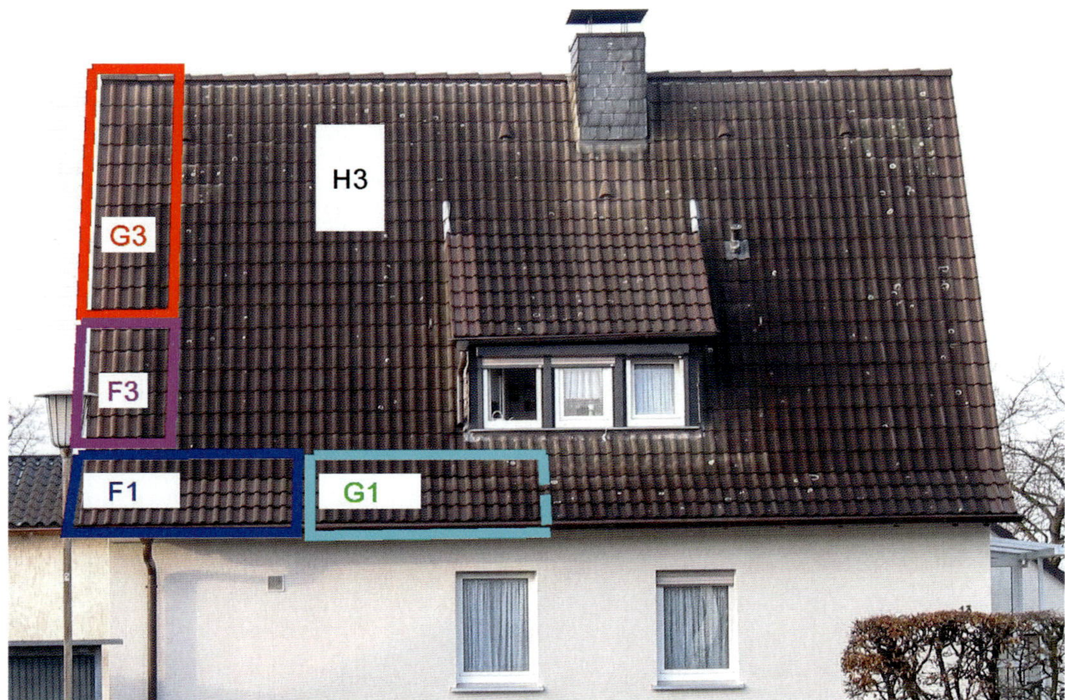

Abb. 1.1-62: Beispiel für die Bereichsteilung der Dachfläche nach DIN 1055-4.

Die statischen Rechennachweise (Holzapfel, Dachlattenrechner) auf den nachfolgenden Seiten zeigen diese Ergebnisse:

1. H3 Mittenbereich
Es reicht jeweils 1 Nagel der Dimension 3 x 70 mm; das gilt sowohl für die Konterlatte wie auch für die Decklatte. Ein Nagel 3 x 60 mm hätte ebenfalls ausreichende Auszugwerte, wegen zu geringer Eindringtiefe wäre er aber statisch nicht brauchbar. Bei einer Konterlatte von 60 x 24 mm könnte wiederum der Nagel 3 x 60 mm verwendet werden.

2. F1/G1 Traufenbereich
Selbst im Traufenbereich sind die Auszugswerte bei einfacher Nagelung gerade noch in Ordnung. Aber bei nur geringen Abweichungen in Traufhöhe oder Dachneigung werden die Windsogfestigkeiten überschritten. Es müssen dann 2 Nägel oder eine Schraube verwendet werden.

3. G3 Giebelbereich nahe First
Hier wird ein Dachüberstand von 25 cm berücksichtigt. Das Rechenergebnis zeigt, dass je m Sparrenlänge mindestens 6 Nägel der Abmessung 3 x 70 mm eingeschlagen werden müssen, und zwar sowohl in die Konterlatte wie auch in jede Decklatte. Alternativ können 3 Schrauben von 3 x 60 mm verwendet werden.

4. F1/G1 Traufe bei Konterlattendicke 24 mm und Decklattenweite 40 cm
Für die Eindringtiefe reichen Nägel 3 x 60 mm. Durch die größere Decklattenweite von 40 cm (= 2,5 Nägel/m) reicht aber jetzt die Auszugsfestigkeit nicht mehr aus: Es müssen Schraub- oder Rillennägel oder Schrauben verwendet werden.

5. H3 Mittenbereich bei Kurzwellplatten und Latten 60/40
Bei vorgegebenem Sparrenabstand von 65 cm und notwendiger Lattenweite von 50 cm reicht die Befestigung mit Nägeln 4 x 90 mm bereits im Mittenbereich nicht mehr aus.

Ungleich deutlicher ist die Windsogminderung demzufolge an Traufe und Giebel, nochmals ungünstiger bei Standardwellplatten mit 1,15 m Lattenweite.

Zusammenfassung
Wenn Windsogsicherheit gefordert ist, reichen bei Konter- und Decklatten übliche Verfahren nicht mehr aus. Die notwendigen Auszugswerte müssen berechnet und in der Ausführung berücksichtigt werden. Wichtige zu beachtende Maße sind Latten- und Sparrenweiten. Windsoglasten können aus den Berechnungshilfen des ZVDH ermittelt werden; notwendige Befestigungen mithilfe des Holzapfel-Dachlattenrechners (siehe dazu www.holzapfel-sachverstaendiger.de).

1.2 Auf der sicheren Seite – das Unterdach

Sicherheit ist eine oft vernachlässigte Größe bei der Planung. Werkstoffauswahl und Schichtenfolge (Unterbau) erlauben einen weit gefächerten Maßnahmenkatalog.

Merke:

- Die Fachregeln benennen immer nur die Mindestmaßnahmen!
- Der Kunde und Hausbesitzer erwartet aber immer hochwertige Ausführung.
- Beides ist nicht zur Deckung zu bringen.

Der Kunde (Hausbesitzer) sollte deshalb Unterschiede und Möglichkeiten kennen, um entscheiden zu können, welchen Grad der Sicherheit er für notwendig hält.
Er muss wissen, dass Wasser unter Winddruck oder als Schwall- oder Rückstauwasser zwischen Überlappungen von Deckwerkstoffen eindringen kann. Bei unverfalzten Deckwerkstoffen (Dachplatten, Bitumen-Dachschindeln, Wellplatten, Hohlpfannen, Dachsteinen) findet auch kapillarer Wassereinzug statt.
Bei genutzten Dächern und über Wärmedämmschichten müssen daher Zusatzmaßnahmen getroffen werden. Dachdecker und Architekten denken dabei meist allein an die Unterspann-/Unterdeckbahn (ausgenommen im Süden Deutschlands).
Dabei ist die Unterdeckbahn nur eine, und zwar die geringwertigste Art der Zusatzmaßnahme.

1.2.1 Wetterschutz und Behelfsdeckung

Nichts führt sicherer zu Streit und Vorbehalt gegen den Dachdecker als Wasserschäden im Zusammenhang mit einer Dachneudeckung. Der Bauherr, dem bereits während der Umbauarbeiten zugemutet wird, dass es in sein Dachgeschoss regnet, wird jede weitere Tätigkeit seines Dachdeckers mit Misstrauen begleiten und am Ende selbst mit einer dann regelgerechten Ausführung nicht mehr zufriedenzustellen sein. Will der Dachdecker Streit um seine Leistung vermeiden, sollte er alles tun, den Bauherrn in jeder Phase des Dachumbaus vor Schaden zu bewahren.

Die Dachneudeckung im Altbau
Dachdecker erledigen üblicherweise die Dacherneuerung, indem sie die Altdeckung aufnehmen, die Unterspannung oder Unterdeckung über die Sparren verlegen und die Konterlattung vernageln. Hernach ist meist Feierabend angesagt und Weiteres wird für den nächsten Tag geplant. Gut, wenn dann des Nachts kein Regen fällt oder Sturm angesagt ist: In diesem Fall hat der Dachdecker unverdientes Glück gehabt.

Regnet und windet es, dringt unweigerlich Wasser in das Dachgeschoss ein: an Traufen, weil sich Wassersäcke bilden, an Giebeln, weil die Unterdeckbahn hochgerissen wird, an Dachfenstern, Kaminen und Lüftern, weil die Wasserabweiser fehlen, und an Gauben und Kehlen wegen dortiger Nagellöcher.

Das muss nicht sein, wenn der Dachdecker vorsorgt. Die Vorsorge basiert auf sachlichen Überlegungen und vorausschauender Planung:

- Unterspann- und Unterdeckbahnen sind kein Wetterschutz; Sicherheit gegen eindringendes Wasser ist in keinem Fall erreichbar.
- Um das Dachgeschoss bis zur Fertigstellung des Daches gegen Niederschläge zu schützen, müssen vorsorglich andere geeignete Maßnahmen geplant und ausgeführt werden. Eine mögliche Maßnahme ist die Behelfsdeckung, sicheren Schutz bietet das Unterdach.
- Der vorsorgliche Wetterschutz ist eine unverzichtbare zusätzliche Leistung, die dem Bauherrn im Angebot empfohlen und angeboten werden muss.
- Meinungen von Dachdeckermitbewerbern, dass es auch ohne zusätzlichen Schutz und damit billiger gehe, kann der Dachdecker mit aussagekräftigen Argumenten leicht widerlegen.

Das Produktdatenblatt Unterdeckbahnen schreibt vor:
(1) Unterdeckbahnen (UDB) müssen der DIN EN 13859-1 entsprechen.
(2) Unterdeckbahnen sind industriell hergestellte, flexible Werkstoffe, die insbesondere in Rollen gebrauchsfertig geliefert werden und als Zusatzmaßnahme für Dachdeckungen im Sinne des

Abb. 1.2-1: Übergeworfene Bauplanen sind kein sicherer Wetterschutz.

Abb. 1.2-2: Folien und Planen sind als Wetterschutz gänzlich ungeeignet.

„Merkblatt für Unterdächer, Unterdeckungen und Unterspannungen„ Anwendung finden. Für die in Deutschland üblichen Verlegetechniken und unter den dort vorherrschenden Klima- und Umweltbedingungen sind für die Anwendung nach dem Regelwerk des ZVDH die Anforderungen nach Tabelle 1 zu erfüllen.
(3) Das Zubehör muss auf die jeweilige Unterdeckbahn abgestimmt und vom Hersteller der Unterdeckbahn als geeignet bezeichnet und in die Gewährleistung eingebunden sein. Hersteller von Zubehör müssen die Eignung in Anlehnung an das Produktdatenblatt und der gültigen Prüfspezifikation sowie die Materialverträglichkeit mit der jeweiligen Bahn nachweisen und in die Gewährleistung einbinden.
(4) Einschränkungen zur Verlegung und Einsatzfähigkeit der Unterdeckbahn und des Zubehörs (z. B. durch Witterung, Temperatur, Luftfeuchtigkeit, Einsatzbereich etc.) sind vom Hersteller anzugeben.
(Produktdatenblatt für Unterdeckbahnen, 01/2010)

Grundregel für Dachdeckungen, Abdichtungen und Außenwandbekleidungen
3.3.4 Behelfsdeckung oder Behelfsabdichtung
Unter Behelfsdeckung oder Behelfsabdichtung versteht man den vorübergehenden Schutz einer Konstruktion oder Bauteilfläche, um das Gebäude vor Feuchtigkeit zu schützen und beispielsweise eine Weiterarbeit im Gebäudeinneren zu ermöglichen. Behelfsdeckungen oder Behelfsabdichtungen sind zumindest für einige Zeit der Witterung ausgesetzt. Die verwendeten Werkstoffe und die Art der Ausführung müssen hierfür geeignet sein. Je nach verwendetem Material und ggf. mit zusätzlicher Wind-Sog-Sicherung kann beispielsweise eine Vordeckung als Behelfsdeckung dienen.
(Grundregel für Dachdeckungen, Abdichtungen und Außenwandbekleidungen, 09/1997, Abschnitt 3.3.4)

Damit verstößt der Dachdecker, der eine Behelfsdeckung über einem zu schützenden Dach nicht einbaut, gegen die Fachregel.

Die Dachdeckung im Neubau
Weil Bauherren zur Eile drängen und Architekten den richtigen Ablauf nicht zu kennen scheinen, werkeln oft schon Innenausbauer und Putzer vor Fertigstellung der Dachdeckung im Dachgeschoss. Dann auftretende Wasserschäden werden selbstredend dem Dachdecker zur Last gelegt.

Das Neubaudach muss dann eine Behelfsdeckung haben, wenn

- tragende Teile des Bauwerks gegen Feuchte geschützt werden müssen (z.B. Konstruktionsvollhölzer und Leimholz, Holzwerkstoffplatten, insbesondere Spanplatten),
- damit zu rechnen ist, dass Putzarbeiten im Dach- und dem darunterliegenden Geschoss vor Dachfertigstellung ausgeführt werden,
- mit Wärmeschutzarbeiten im oder am Bauwerk begonnen wird (auch an Außenwänden).

Auch für Dacharbeiten am Neubau sollte der Dachdecker tunlichst die Behelfsdeckung anbieten und empfehlen.

Ausführung der Behelfsdeckung

Warnung vor der Verwendung von Planen als Wetterschutz! Das Abplanen hat sich als gänzlich untaugliches Mittel für den vorläufigen Wetterschutz erwiesen, Bauplanen sind kein geeigneter Wetterschutz.

Unterdeckbahnen (nicht Unterspannbahnen!) können als Behelfsdeckung eingesetzt werden, wenn sie die technischen Bedingungen für die Unterdeckbahn erfüllen. Sie müssen so verlegt und abgesichert werden, dass kein Regen eindringen kann.

Das Merkblatt für Unterdächer, Unterdeckungen, Unterspannungen empfiehlt:
Behelfsdeckung
(1) Auf zu Wohnzwecken genutzten und/oder wärmegedämmten Dächern können Behelfsdeckungen erforderlich sein.
(2) Behelfsdeckungen können durch Abplanen, Einhausen oder durch regensichernde Zusatzmaßnahmen geschaffen werden.
(3) Unterdächer können die Funktion der Behelfsdeckung erfüllen.
(4) Unterdeckungen und Unterspannungen können dann die Funktion einer Behelfsdeckung erfüllen, wenn diese für einen gemäß Abschnitt 1.1 (1) begrenzten Zeitraum den regensichernden Schutz des Gebäudes oder der darunter liegenden Bauteilschichten übernehmen können.
(5) Die eingesetzten Werkstoffe müssen den Produktdatenblättern entsprechen. Das dafür ggf. erforderliche Zubehör muss hierfür geeignet sein.
(6) Anschlüsse und Durchdringungen sind regensicher auszuführen.
(7) Weitere Maßnahmen sind in Abhängigkeit von Deckwerkstoffen und den erhöhten Anforderungen gemäß den jeweiligen Fachregeln für Dachdeckungen erforderlich.
(Merkblatt für Unterdächer, Unterdeckungen, Unterspannungen, 01/2010, Abschnitt 3.2)

Unterdeckbahnen als Behelfsdeckung müssen in Höhenüberlappungen durch integriertes Klebeband überdeckt verklebt werden. Seitenüberdeckungen, Kehlen, An- und Abschlüsse sind ebenfalls dicht zu kleben. Klebestellen und Klebebänder sind aber nicht dauerhaft und allenfalls für kurze Zeit sicher. Deshalb müssen die Bahnen der Unterdeckung und der Behelfsdeckung immer Wasser abweisend überlappend verlegt werden, um Wasser auch dann noch sicher abzuleiten, wenn das Klebeband versagt. Unterdeckbahnen sollten so verlegt und überlappt werden, dass sie an Anschlüssen auch ohne Verklebung als natürliche Wasserabweiser wirken: breite Abweisrinnen über Dachfenstern und Schornsteinen, Ankeilen von Kehlen und Traufen. Unterdeckplatten sind grundsätzlich zu überlappen, Anschlüsse und Kehlen mit Abweisblechen zu unterlegen. Aufdachdämmungen müssen mit einer zusätzlichen Wasser abweisenden Dichtlage abgedeckt, Anschlüsse wie bei der Unterdeckbahn hergestellt werden.

Konterlatten werden mit selbstklebenden Pressdichtbändern unterlegt.

Das Unterdach auf Holzschalung ist noch immer der beste und sicherste Schutz des Daches vor der Witterung. Wenn dann die Unterdeckung aus wetterbeständigen, reißfesten Bitumen- oder Kunststoffdachbahnen besteht, hat man gleichzeitig einen zusätzlichen Schutz, der die Nutzdauer einer Ziegel- oder Dachsteindeckung erreicht. Unterdächer sollten grundsätzlich unterlüftet geplant und hergestellt werden. Beim unbelüfteten Dach bemisst man die Dampfsperre nach bauphysikalischer Berechnung mit örtlichen Klimadaten, oder man baut eine Dampfsperre aus Verbundfolien mit einem Dampfsperrwert von mindestens s_d 100 m ein.

Befestigt werden Unterdeck-, Behelfs- und Unterdachbahnen mit Breitkopfstiften („Pappnägeln"), die richtig gesetzt wie ein Niet abdichten und nicht ausreißen. Auf keinen Fall befestigt man sie mit Tackerklammern, die rasch ausreißen und im Übrigen Löcher verursachen.

An der Traufe werden Unterdeck- und Unterdachbahnen unter der Traufbohle auf ein Abtropfblech geführt. Auf die Unterdeckung gelangtes Wasser tropft dann vor der Fassade ab. Das ist kein Mangel, und dem Bauherrn kann man diese Lösung als Indikator für eine mögliche Leckstelle in der Dachdeckung erklären. Die besonderen Vorzüge dieser Traufausbildung liegen in der Vermeidung von Wassersäcken vor der Traufbohle und der problemarmen Ausführung an (unter!) Dachkehlen.

Abb. 1.2-3: Wassersack vor der Traufbohle als fehlerhafte Konstruktion und Ausführung.

Die Entwässerung der Unterdeckung in die Dachrinne ist erst ab 25° Dachneigung möglich und die technisch schlechtere Ausführung, weil mit Ausführungsproblemen an Kehlen verbunden.

Zusammenfassung
Die Behelfsdeckung ist für den Schutz ausgebauter Dachgeschosse und feuchteempfindlicher Bauteile unverzichtbar. Für den Dachdecker bedeutet die Behelfsdeckung eine gesondert anzubietende und auszuführende Hauptleistung, auf die er auf keinen Fall verzichten sollte.

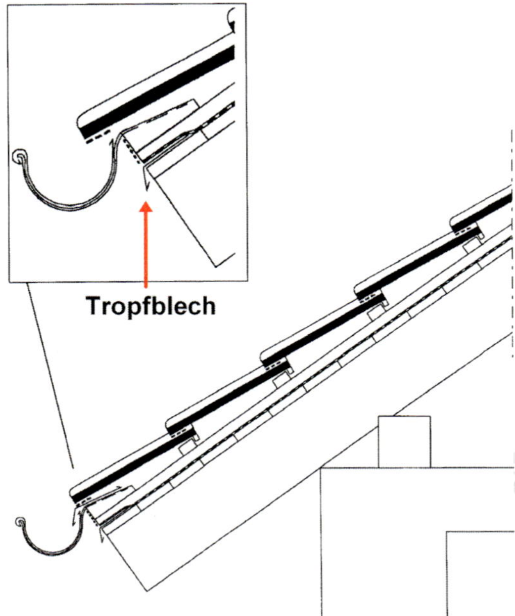

Abb. 1.2-4: Sichere Entwässerung unter der Traufbohle (ZVDH).

Richtig ausgeführt ist die Behelfsdeckung ein Gewinn für den Dachdecker und ein Vorteil für den Bauherrn.

1.2.2 Alterung von Unterspannbahnen

Schaden
Das Dach aus Dachsteinen mit Unterspannbahn war bereits etwa 12 Jahre alt, als sein Eigentümer eine Firma mit dem Einbau von Dachgauben beauftragte. Als man die Deckenbekleidungen entfernte, stellte man fest, dass die vor 12 Jahren eingebaute Unterspannbahn weitgehend rissig und schadhaft war.

Analyse
Unterspann- und Unterdeckbahnen werden aus künstlichen organischen Stoffen hergestellt. Organische Kunststoffe unterliegen einer nicht verhinderbaren Alterung. Je nach Kunststoffart, Rezeptur und Herstellung geht die Alterung rasch oder langsam vor sich. Das Kunststoffgefüge baut sich ab, versprödet und schrumpft.
Ein Teil der auf dem Markt befindlichen Unterspann-/Unterdeckbahnen wird aus PE (Polyethylen) oder PVC (Polyvinylchlorid) hergestellt. Beide Kunststoffe sind licht- und wärmeempfindlich: Das Kunststoffgefüge verhärtet, Folien schrumpfen; Spannungsrisse entstehen.
In Folge baut sich das Kunststoffgefüge nahezu gänzlich ab; die geforderte Schutzfunktion ist nicht mehr vorhanden.

Abb. 1.2-5: Die Haltbarkeit von Unterspann- und Unterdeckbahnen ist begrenzt. Normalerweise ist ihre Lebensdauer geringer als die des Deckmaterials.

Abb. 1.2-6: Die Haltbarkeit von Unterspann- und Unterdeckbahnen ist begrenzt. Normalerweise ist ihre Lebensdauer geringer als die des Deckmaterials.

Der Dachdecker schuldet seinem Bauherrn grundsätzlich ein dauerhaft funktionsfähiges Werk, auf die Alterung der preiswerten Zusatzmaßnahme Unterspann- oder Unterdeckbahn muss er den Bauherrn hinweisen. Er darf sein Dach nur mit Werkstoffen decken, deren dauerhafte Eignung nachgewiesen ist. Für Unterspann- und Unterdeckbahnen existieren bisher Normen nur als vergleichende Herstellungswerte. Das Risiko der Eignung oder Nichteignung fällt damit auf den Dachdecker zurück.

Lösung
Das für die Nutzung auszubauende Dachgeschoss benötigte zwingend zusätzliche Schutzmaßnahmen unterhalb seiner Dachdeckung. Diese musste deshalb aufgenommen und nach Einbau einer geeigneten Schutzmaßnahme (neue Unterdeckbahn oder Unterdach) wieder eingedeckt werden.
Durch Schaden klug geworden, entschieden sich Bauherr und Dachdecker für den Einbau eines Unterdaches auf Schalung. Die Mehrkosten gegenüber einer Unterdeckbahn trug der Bauherr.

1.2.3 Unterdeckung und Klebebänder

Nach geltenden Bauregeln muss ein Dach (auch ein Steildach) über einem genutzten Dachraum „wasserdicht" sein. Über diese Forderung lässt sich nicht diskutieren, denn Wasserschäden im bewohnten Dachraum werden immer dem Hersteller – Planer und Dachhandwerker – zur Last gelegt.
Nicht von ungefähr stehen im *Merkblatt für Unterdächer, Unterdeckungen und Unterspannungen* des Zentralverbandes des Deutschen Dachdeckerhandwerks e.V. (ZVDH) in der Tabelle der Unterdächer die Unterdeckungen und Un-

Abb. 1.2-7: Die Haltbarkeit von Unterspann- und Unterdeckbahnen ist begrenzt. Normalerweise ist ihre Lebensdauer geringer als die des Deckmaterials.

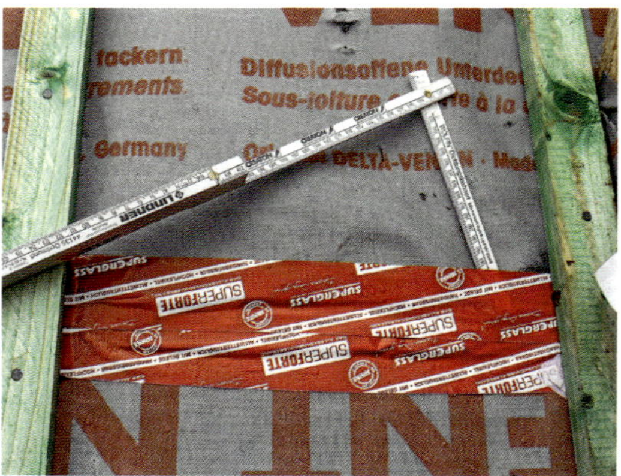

Abb. 1.2-8: Klebebanddichtungen auf Unterspann-, Unterdeckbahnen und Unterdeckplatten sind nicht dauerhaft haltbar.

Abb. 1.2-9: Klebebanddichtungen auf Unterspann-, Unterdeckbahnen und Unterdeckplatten sind nicht dauerhaft haltbar.

terspannungen am Ende der Tabelle. Umso unverständlicher ist es, dass in weiten Teilen unseres Landes ausschließlich die Unterspann- oder Unterdeckbahnen anstelle des eigentlich notwendigen Unterdaches eingebaut werden.

Der Forderung nach Dichtigkeit suchen Dachhandwerker nachzukommen, indem sie Überlappungen und Anschlüsse von Unterdeckbahnen verkleben. Dass sie damit von vornherein vergebliche Mühen aufwenden, scheint vielen nicht bewusst zu sein.

Aus unterschiedlichen Materialien ergeben sich verschiedene Eigenschaften:

Abb. 1.2-10: Klebebanddichtungen auf Unterspann-, Unterdeckbahnen und Unterdeckplatten sind nicht dauerhaft haltbar.

Abb. 1.2-11: Klebebanddichtungen auf Unterspann-, Unterdeckbahnen und Unterdeckplatten sind nicht dauerhaft haltbar.

Klebebänder

Klebebänder erzielen nur ausreichende Haftung, wenn sie über festem Untergrund mit Druck angepresst (angerollt mit Stahlrolle) werden. Klebebänder ertragen keine Feuchte und keine Wärme über 60 °C. Klebebänder halten Scher- und Schälspannungen oder Windflattern nicht stand. Nach alldem sind sie als Haft- und Dichtmittel an Unterdeckungen nicht geeignet.

Unterdeckbahn-Spinnvliese

Spinnvliese sind für eine Verklebung mit Klebebändern denkbar ungeeignet. Nach Anhaftung der Klebschicht werden einzelne Fasern des Vlieses herausgezogen. Als Folge löst sich das Klebeband ab.

Abb. 1.2-12: Klebebanddichtungen auf Unterspann-, Unterdeckbahnen und Unterdeckplatten sind nicht dauerhaft haltbar.

Kombibahnen (PE, PP oder UP)
Die Klebung auf Polyethylen-, Polypropylen-Folien oder Folien aus ungesättigtem Polyesterharz ist nicht dauerhaft.

Folierte Aufdachdämmplatten
Die Klebehaftung auf Kunststofffolien ist gering, auf Aluminiumfolie besser. Aber über Fugen und Anschlüssen werden Klebebänder mechanisch durch Schäl- und Scherkräfte belastet und allmählich abgelöst.

Holzwerkstoff-Platten
Eine dauerhafte Verklebung ist auf Holzwerkstoff-Platten nicht möglich, insbesondere nicht unter dem unter einer Dachdeckung herrschendem Klima.

Fazit: Ausführung ohne Verklebung
Auf Unterdeckungen und Unterspannungen angebrachte Klebebänder sind stark feuchtebelastet und hohen Temperaturwechseln ausgesetzt. Bis jetzt ist mir kein Klebeband bekannt, dass unter diesen Bedingungen langzeitbeständig haftet. Klebebänder sind allenfalls in der traufweisenden Höhenüberlappung sinnvoll, dort jedoch nicht als Dichtband, sondern als Kapillarsperre und Winddichtung.

Unterdeckbahnen sollten so verlegt und überlappt werden, dass sie an Anschlüssen auch ohne Verklebung als natürliche Wasserabweiser wirken: breite Abweisrinnen über Dachfenstern und Schornsteinen, Ankeilen von Kehlen und Traufen, oder besser Unterdeckungen unter Kehlen und Traufen führen. Unterdeckplatten sind grundsätzlich zu überlappen, Anschlüsse und Kehlen mit Abweisblechen zu unterlegen. Aufdachdämmungen müssen mit einer zusätzlichen Wasser abweisenden Dichtlage abgedeckt, Anschlüsse wie bei der Unterdeckbahn hergestellt werden.

1.2.4 Windsicherheit durch Unterdach im Kirchendach

Schaden
Eine Kirchengemeinde hatte einen Dachdecker regelmäßig mit dem Wiedereindecken der vom Sturm herausgerissenen Dachziegel ihres Kirchendaches beauftragen müssen. Besonders

Abb. 1.2-13: Hohe Bauwerke sind stark sturmbeansprucht.

vom Sturm betroffen waren 2 Dachbereiche hinter dem Glockenturm.
Die Dachziegel wurden regelmäßig geklammert, jedoch ebenso regelmäßig – oft mitsamt den Dachlatten – wieder herausgerissen. Gewölbe der Kirche und die Orgel wurden in Mitleidenschaft gezogen.
Der Dachdecker wusste keinen Rat, und die Kirchengemeinde drohte mit Schadensersatzansprüchen. Schließlich wurde ein Sachverständiger um Rat gebeten.

Analyse
Aus der Strömungslehre ist bekannt, dass sich bei Windanströmung hinter pfeilerartigen Bauwerken Windwirbel bilden. Solche Wirbel werden noch verstärkt, wenn – wie im vorliegenden Fall – ein Glockenturm am oder im Giebel eines sehr steilen Daches steht:
Im Schadenfall trat zwischen Turm und Dach eine zusätzliche Windbeschleunigung – vergleichbar mit einem Düsenstrahl – auf.
Dabei entstand hoher Unterdruck auf dem Dach, der die Dachziegel anhob und die Luftmassen aus dem Dachraum des Kirchenda-

Abb. 1.2-14: Kirchendach nach der Sanierung.

Abb. 1.2-15: Gauben im historischen Kirchendach.

ches ansaugte und die Dachdeckung hochriss. Letzteres führte zum eigentlichen Umfang des Sturmschadens im Dach.
Der Sog- und Druckkraft waren in einem solchem Fall auch keine Befestigungen der Dachziegel oder der Dachlatten gewachsen.

In der Vergangenheit wussten Baumeister dieser Form der Naturgewalt zu begegnen, indem sie eine große Zahl kleiner Dachgauben mit offenen Fensterlöchern im Dach verteilten: Der Winddruckausgleich fand dabei durch die gewollten Dachöffnungen und für das Dach meist schadensfrei statt. Pfiffige Bauern kannten ihre eigenen Methoden zur Sturmsicherung. Sie kletterten auf ihre Dachböden und hoben Dachpfannen an, indem sie Besenstiele darunterstellten.

Lösung
Dachgauben sind nicht in jedem Kirchendach gewünscht, und der Pfarrer kann nicht bei jedem Wind mit Besenstielen auf das Gewölbe klettern.
Wenn aber die Hauptursache der Schäden in der Strömungsmenge der aus dem Bodenraum gesaugten Luft besteht, kann man Schäden auch dadurch entgegenwirken, dass man das Luftvolumen im Dachraum begrenzt.
Das erreicht man mit dem Einbau eines Unterdaches aus winddicht abgedeckter Holzschalung.
Im Fall des hier geschilderten betroffenen Kirchendaches wurde so verfahren. Bei ohnehin notwendiger Dacherneuerung wurde zunächst ein Unterdach aus verschraubter Holzschalung mit vernagelter Pappvordeckung hergestellt.
Die übrige Dachdeckung erfolgte wie üblich mit Konter- und Decklattungen und neuen Dachziegeln, die allerdings verklammert wurden.
Die Kirchengemeinde hatte danach nie wieder einen Sturmschaden zu beklagen.

1.3 An- und Abschlüsse

Zur Anschlussausführung legen die Fachregeln u.a. fest:

5 Anschlüsse

5.1 Allgemeines

(6) Die zweiteilige Ausführung besteht aus einem Anschlusswinkel und einem oberhalb angebrachten Überhangstreifen. Dieser muss gegen hinterlaufendes Wasser gesichert werden (Abb. AIII.21).

5.3.1.2 Aufliegende und überdeckende Metallanschlüsse

(1) Bei dem aufliegenden und überdeckenden Anschluss liegt das Metall auf der Deckung.

(2) Aufliegende Anschlüsse werden entweder mit Schichtstücken oder durchgehend aufliegend ausgeführt.

(3) Die aufliegenden Anschlüsse liegen direkt auf dem Deckwerkstoff auf, die Bleche sind teilweise oder überwiegend sichtbar.

(4) Bei Deckungen mit profilierten Deckwerkstoffen kommen auch aufliegende Anschlüsse mit Schichtstücken (Nockenanschlüsse) zur Anwendung. Auf jede einzelne am Anschluss anlaufende Deckreihe wird ein Schichtstück gedeckt, das gegen Abrutschen zu sichern ist. Die Zuschnittslänge und -breite richtet sich nach der Form des Deckwerkstoffes.

(6) Bei überdeckenden Anschlüssen werden geeignete Bleche selbsttragend und durchgehend über dem Deckwerkstoff angeordnet. Die überdeckenden Bleche enden dachseitig entweder mit einem Umschlag oder mit der Deckung angepassten Ausschnitten (Zahnung).

(7) Überdeckende und durchgehende aufliegende Metallanschlüsse müssen ebene Deckwerkstoffe mindestens 120 mm seitlich überdecken. Bei aufliegenden und überdeckenden Metallanschlüssen aus Schichtstücken beträgt diese Überdeckung mindestens 80 mm. Bei profilierten Deckwerkstoffen muss das Blech den nächsten Hochpunkt ausreichend überdecken, um zu gewährleisten, dass das Wasser vom Anschluss weggeleitet wird.

(8) Verbindungen durchgehender aufliegender Bleche erfolgen nach Abschnitt 5.3.1.1.

(9) Bei Dachneigung < 15° erfolgt die Verbindung von Blei durch eine Überdeckung von mindestens 250 mm (mit Umschlag).

(Fachregeln für Metallarbeiten im Dachdeckerhandwerk, 03/2010, Abschnitte 5.1 und 5.3.1.2)

1.3.1 Anschlüsse ans Mauerwerk

Schaden
Die Dachdeckung am Dach der Stadtvilla war erneuert, die Wandanschlüsse mit Bleischichtstücken hergestellt und Anschlussleisten aus Kupfer angebracht worden. Dennoch traten Wasserschäden in den Frontspitzen des Dachgeschosses auf.

Analyse
Die Dachdeckung bestand aus Dachsteinen. Für Anschlüsse der Deckung an das Mauer-

Abb. 1.3-1: Wasserschaden am Mansardenaufbau.

Abb. 1.3-2: Wasserschaden am Mansardenaufbau.

Abb. 1.3-3: Zahlreiche Fehlerstellen: Fehlstellen im Anschluss, Verschraubung nicht regensicher, Versiegelung gegen unverputztes Mauerwerk und gegen Bitumen sind nicht dauerhaft.

Abb. 1.3-5: Zahlreiche Fehlerstellen: Fehlstellen im Anschluss und Verschraubung nicht regensicher.

werk wurden Bleischichtstücke und Kupfer-Anschlussleisten verwendet.
Bleianschlüsse und Anschlussleisten endeten in Firsthöhe, Firststein und Dachrandabdeckung waren nicht angeschlossen. Die Anschlussleisten enthielten Pressdichtband, die Anschlussfugen waren aber nicht versiegelt. Die Anschlussleisten waren mit einfachen Rahmenschlagdübeln im Mauerwerk befestigt.
Wandanschlüsse müssen regensicher sein: Von der Wand ablaufendes oder gegen den Anschluss treffendes Wasser muss sicher abgewiesen werden. Das ist nur möglich, wenn der Anschluss von Putz oder Bekleidung überdeckt oder wenn zur Wand eine Wassersperre (Versiegelung) angebracht ist.

Das Frontspitzmauerwerk war mit Bitumenbahnen beklebt; hier war eine Versiegelung der Leiste weder fachgerecht noch dauerhaft möglich. Das Mauerwerk des Nachbargiebels war unverputzt mit stark ausgewaschenen Fugen; eine Versiegelung, und sei sie noch so gründlich, konnte nicht dauerhaft Wasser abweisend sein.
Bohrlöcher sind dann nicht regensicher, wenn sie nicht wasserdicht abgedeckt sind.
Die Wandanschlüsse erfüllten insgesamt nicht ihren Zweck.

Lösung
Die Anschlüsse mussten im Bereich der Firste komplettiert werden.

Abb. 1.3-4: Zahlreiche Fehlerstellen: Fehlstellen im Anschluss, Verschraubung nicht regensicher, Versiegelung gegen Bitumen sind nicht dauerhaft.

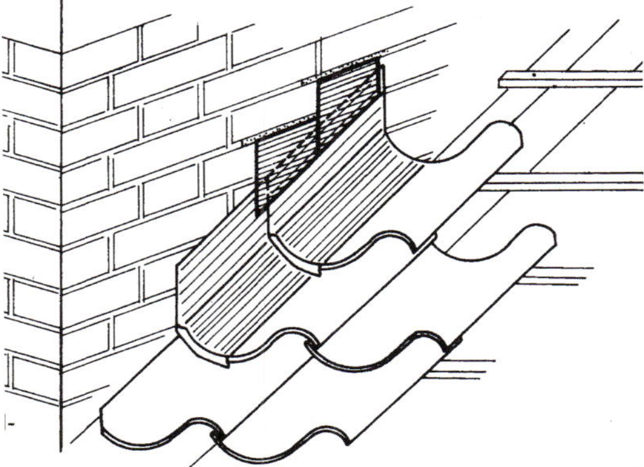

Abb. 1.3-6: Anschlüsse gegen unverputztes Mauerwerk müssen mit Fugenschnittstücken abgesichert sein.

Gegen das unverputzte Mauerwerk musste der Anschluss mit Fugenstücken in Lagerfugen eingelassen ausgestattet werden. Die Lagerfugen wurden dazu treppenstufenförmig etwa 3 cm tief ausgestemmt, die dreieckigen Fugenstücke in die Fugen eingelassen, befestigt und in der Fuge versiegelt.
Gegen die Anschlüsse des bituminös verklebten Frontspitzmauerwerks wurde anstelle der Anschlussleiste eine Flachleiste als Anpressung gesetzt. Die Bitumenabklebung wurde über der Leiste sauber abgetrennt und der Anschluss mit einem Bitumenbahnstreifen abgeschweißt.

1.3.2 Wasser abweisender Schnitt verhindert Durchnässen von Schieferdächern

Es soll Dachdecker geben, die den Wasser abweisenden Schnitt oder Hieb des Steins nicht kennen.
Welche Folgen das Nichtwissen um diesen wichtigen Schnitt hat, zeigt dieser Schadenfall.

Schaden
Auslöser der Klage waren aufgetretene Durchnässungen in der Dachschalung eines Schieferdaches.

Analyse
Der Dachdecker hatte als Anschluss die einfache Lösung mit aufliegenden Bleiblechstreifen gewählt, nach Fachregel eine zulässige, wenn auch eine unsichere Methode.
Der Blick unter das hochgeklappte Anschlussblech zeigte den Weg des eingedrungenen Wassers augenfällig:

Abb. 1.3-7: Schieferdach mit überdeckten Wangenanschlüssen.

Abb. 1.3-8: Wasserschaden am Schieferdach trotz überdeckter Wangenanschlüsse.

Wasser, kapillar zwischen Bleiblech und Dachschiefer eingezogen, gelangte an die innere Kante des Schieferrechtecks. Und weil die Plattenkante nicht mit Wasser abweisendem Schnitt (= Hieb von oben und Abrundung zum Dach) ausgestattet war, tropfte das Wasser von der Ecke der Schieferplatte nach innen ab. Die Pappvordeckung verhinderte das Eindringen des Wassers dann nicht mehr.
Abb. 1.3-11 verdeutlicht die Abtropfzone an einer der unbehandelten Schieferplatten.

Lösung
Der bessere und sichere Anschluss wäre zweifellos der mit Schichtstücken gewesen, bei dem jedes Deckgebinde mit einem eigenen Anschlussblech unterlegt ist.
Im vorgegebenen Fall hätte die Umrüstung aber die Erneuerung der Gaubenwangenbekleidungen vorausgesetzt.

Abb. 1.3-9: Eine winzige Unterlassung verursacht den Schaden: Am Anschluss fehlen die Wasser abweisenden Eckschnitte der Schieferrechtecke.

Abb. 1.3-10: Kapillarer Wassereinzug unter dem Anschlussblech.

So wurde beschlossen, die Anschlüsse mit einer Dreikantleiste zum Anschluss hin anzuheben und die unterdeckten Rechteckplatten mit den notwendigen (von oben geschlagenen) Wasser abweisenden Schnitten auszustatten, wie das auch die Fachregeln zwingend vorschreiben. Nach der Umgestaltung der Anschlüsse war das Dach dicht.

1.3.3 Die Sache mit dem Antennenkabel

Schaden

Am Dach einer neu errichteten Stadthalle trat eine Dachundichtigkeit auf. Der Generalunternehmer wurde in die Pflicht genommen, und der wiederum rief den von ihm beauftragten Dachdecker. Dieser konnte keine Mängel feststellen, weshalb ein Sachverständiger die Ursachen klären sollte.

Abb. 1.3-11: Eine winzige Unterlassung verursacht den Schaden: Am Anschluss fehlen die Wasser abweisenden Eckschnitte der Schieferrechtecke.

Abb. 1.3-12: Wasserschaden am Dachanschluss.

Analyse

Die Dachdeckung der Hallendachflächen bestand aus Profilblechen in Form von Dachpfannen, verlegt auf Lattung.
Die Anschlüsse an aufgehende Wände waren aus gekanteten, abwärts weisenden Blechen als Wasser abweisender Überhang ausgebildet.
Die Blechprofildeckung war unter den Überhang geführt und am wandweisenden Ende aufgekantet.
An Dachdeckung und Anschlüssen konnten die Ursachen für die Undichtigkeit nicht festgemacht werden.
Der Verlauf eines über Dach geführten Antennenkabels wurde untersucht. Das Kabel war in einer Schlaufe unter das Anschlussblech und von dort hinter die Dachdeckung und nach innen geführt worden; die geöffnete Bedachung ließ den Kabelverlauf erkennen.

Abb. 1.3-13: Wasserschaden am Dachanschluss.

Abb. 1.3-14: Ein von oben durch die Überdeckung geführtes Antennenkabel leitet Wasser in den Dachraum.

Bei Regen lief Wasser am Kabel entlang und wurde von ihm am Anschluss vorbei nach innen geführt. Dass hier literweise Wasser am Kabel eindrang, haben die Beteiligten erfahren müssen.

Lösung

Kabeldurchgänge bedürfen immer einer gesonderten Durchgangsmanschette mit nach unten weisendem Auslass.

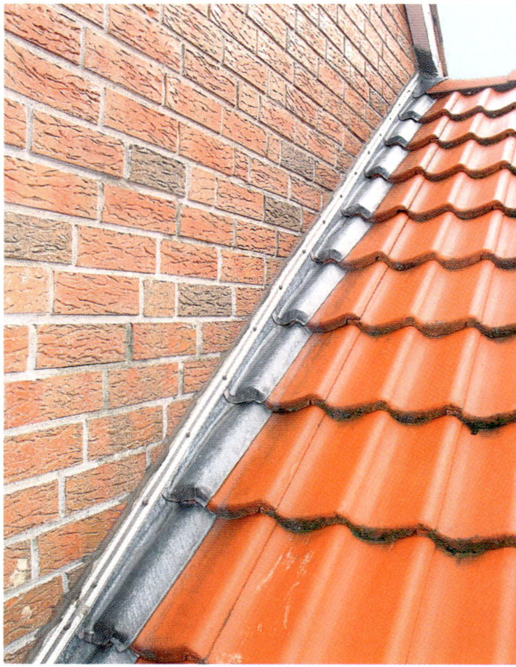

Abb. 1.3-15: Schwerer Wasserschaden am Giebelanschluss.

Abb. 1.3-16: Schwerer Wasserschaden am Giebelanschluss.

Im vorliegenden Fall wurde eine Blechdachpfanne mit entsprechendem Durchlass angefertigt und das Antennenkabel neu verlegt. Anschließend war das Dach an dieser Stelle wieder regensicher.

1.3.4 Wasserschäden unter dem Giebelanschluss

Schaden

Die Wohnhäuser einer Reihenhausbebauung standen versetzt zueinander, wodurch sich bei der traufenständigen Bebauung jeweilige Giebelanschlüsse ergaben.
Es kam zu Wasserschäden unterhalb dieser Giebelanschlüsse.

Analyse

Für den Wandanschluss waren übliche Bleischichtstücke und als Absicherung eine Anschlusspressleiste mit Versiegelung gewählt

Abb. 1.3-17: Versiegelung und Verschraubung sind einwandfrei.

Abb. 1.3-18: Ursachen sind die fehlende waagerechte Wandsperre und schlechte Verfugung.

worden. Versiegelung und abgedichtete Verschraubung waren technisch einwandfrei und ohne Fehlstellen.
Das Vormauerwerk war jedoch mit offenen Stoßfugen schlecht verfugt, und es fehlte die hier zwingend notwendige waagerechte Wandsperre (Sperrlage) oberhalb des Wandanschlusses.

Lösung
Das Fehlen waagerechter Wandsperren (Z-Sperre) über Auflager, Sockel, Sturz und anbindenden Dachanschlüssen ist ein Mangel.
Zur Mängelbehebung mussten die Mauerschichten oberhalb des Wandanschlusses abschnittsweise ausgestemmt, die notwendigen Sperrlagen eingebaut und wieder vermauert werden. Die Giebelwände wurden auf offene

Abb. 1.3-19: Typischer Schaden am Anschluss: Außenputz einfach gegen Anschlussleiste geputzt; der Abriss ist vorprogrammiert.

Abb. 1.3-20: Typischer Schaden am Anschluss: Außenputz einfach gegen Anschlussleiste geputzt; der Abriss ist vorprogrammiert.

oder schadhafte Stoßfugen untersucht und diese ausgestemmt und neu verfugt.

1.3.5 Klare Trennung zwischen Dach-/Wandanschluss und Putz

Das Verhältnis zwischen Dachdecker und Putzer ist oft gespannt. Hintergrund sind die zahlreichen Fehlermöglichkeiten, die bei der Zusammenarbeit beider Handwerker auftreten.

Schaden
Bei einer Mehrfamilien-Wohnanlage mit gestaffelten Dachgeschossen und Massiv-Ausbauten beklagten die Dachgeschoss-Eigentümer feuchte Innenwände. Der Architekt konstatierte: Die Wandanschlüsse des Daches sind undicht.
Der Dachdecker wurde gerufen und fand seine Arbeit mängelfrei und vorschriftsmäßig.

Analyse
Die Wandanschlüsse der Dachsteindeckung waren in üblicher Art aus Bleischichtstücken mit aufgesetzter Wandanschlussleiste hergestellt.
Nachdem der Dachdecker fertig war, kam der Putzer und zog seinen Außenputz auf. Der Einfachheit halber verwendete er die Anschlussleiste des Dachdeckers als untere Putzkante.
Mineralischer Putz und Metallleisten haben ein unterschiedliches Dehnungsverhalten.
Zwischen beiden entstehen zwangsläufig Abrisse und klaffende Fugen, im vorliegenden Fall auch Putzausbrüche.
In die klaffenden Fugen dringt Wasser ein.

Abb. 1.3-21: Typischer Schaden am Anschluss: Außenputz einfach gegen Anschlussleiste geputzt; der Abriss ist vorprogrammiert.

Außenputz muss grundsätzlich mit einer eigenen – eingeputzten – Sockelleiste abschließen. Die Sockelleiste schützt die Putzunterkante gegen Beschädigung und dient als Abtropfkante für ablaufendes Wasser.

Lösung
Der Dach-/Wandanschluss kann von der Putzkante überdeckt oder es kann ein eigenständiges Z-Profil als oberer Abschluss angebracht werden.
Zur Mängelbeseitigung wurde der Putzsockel ca. 20 cm hoch über den Anschlüssen abgetrennt, die vorhandene Wandanschlussleiste erhielt eine Versiegelung. Daraufhin wurde eine

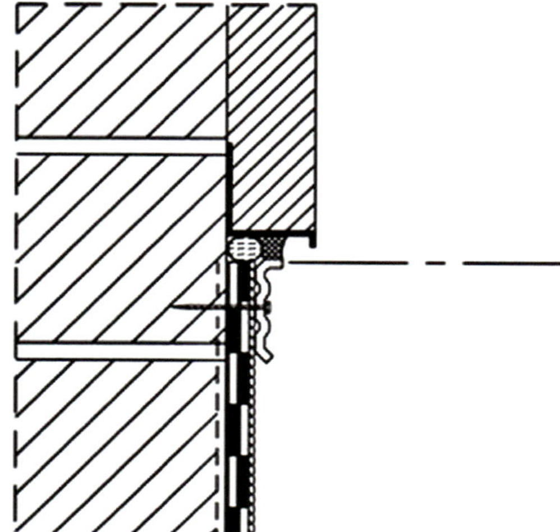

Abb. 1.3-22: Anschluss und Putzsockel nach Fachregel.

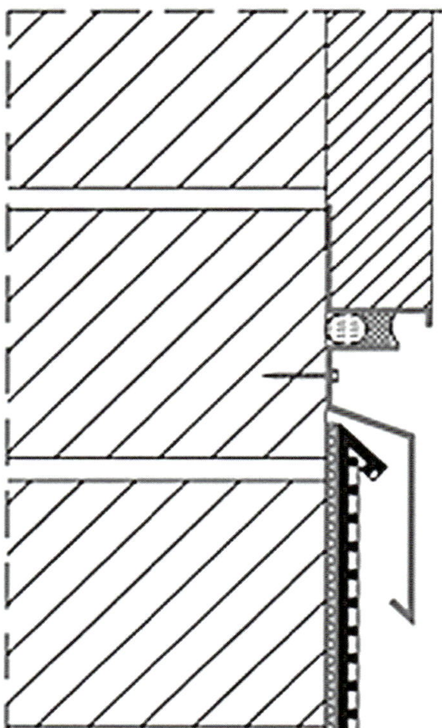

Abb. 1.3-23: Anschluss und Putzsockel nach Fachregel.

Sockelleiste als Putzträger angebracht und der Außenputz wieder bis zur Sockelleiste ergänzt.

1.3.6 Undichter Schornsteinanschluss

Schaden
Der Eigentümer eines Wohnhauses bemängelte einen Wasserschaden im flach geneigten Ziegeldach, das neu eingedeckt war. Die Dachdeckung wurde überprüft, es konnten aber keine Undichtigkeiten festgestellt werden.

Analyse
Der Wasserschaden war an der Dachtraufe aufgetreten.
Bei der Ursachenfahndung ging der Sachverständige den erkennbaren Wasserspuren im Dach – hier unter der Dachdeckung – nach. In diesem Fall führten die Wasserspuren zum Schornstein.
Der Schornsteinanschluss war aus Bleischichtstücken als aufgelegter Anschluss – nicht ein-

gebunden – hergestellt, die Bleibleche lagen auf der Krempe des Flachkrempers auf.
Nach Hochheben der Bleischichtstücke wurden die Ursachen für die Undichtigkeit offenbar: Die Ziegelabschnitte waren nicht mit Wasser abweisenden Schnitten ausgestattet und die Bleistücke nicht eingebunden. Wasser drang kapillar zwischen Ziegelkrempe und Bleiblech ein und tropfte auf die Unterdeckbahn ab.
Das Kehlblech lag in gleicher Höhe wie die seitlichen Anschlüsse; die notwendige Kehlaustropfhöhe von mindestens 2 cm fehlte: Wasser lief nicht seitlich ab, sondern wurde kapillar unter das Kehlblech geleitet.

Lösung

Der Schornsteinanschluss wurde in Gänze erneuert; insbesondere wurden die seitlichen Anschlüsse als Schichtstücke eingebunden und in einer Breite bis in die Ziegelmulden neu hergestellt. Das Kehllager wurde leicht angehoben und das Kehlblech verbreitert, sodass das Wasser seitlich direkt in die Ziegelmulden ablaufen kann.

Abb. 1.3-24: Ursache: kapillarer Wassereinzug zwischen Flachkrempe und Blei; er wäre vermeidbar durch breiteres Bleiblech.

Abb. 1.3-25: Ursache: kapillarer Wassereinzug zwischen Flachkrempe und Blei; er wäre vermeidbar durch breiteres Bleiblech.

1.3.7 Nicht fachgerechter Anschluss am Lichtdach

Schaden

So mancher Unternehmer übernimmt einen Auftrag erstmalig und steht bei der Ausführung plötzlich vor dem oben genannten Problem.
So ging es auch im nachfolgenden Schadenfall. Der Auftraggeber war mit seinem Wintergarten-Lichtdach aus Kunstglasstegplatten alles andere als zufrieden; vor allem regnete es an den Rändern hinein.

Analyse

Für Lichtdächer aus Kunstglasstegplatten sind fertige Verlegesysteme, meist aus Aluminium-Klemmprofilen mit Lippendichtungen im Han-

Abb. 1.3-26: Lichtdach aus Hohlkammerstegplatten.

Abb. 1.3-27: Für die Abdichtung des Lichtdaches aus Hohlkammerstegplatten fielen dem Handwerker nur Klebebänder und Kitt ein.

Abb. 1.3-29: Für die Abdichtung des Lichtdaches aus Hohlkammerstegplatten fielen dem Handwerker nur Klebebänder und Kitt ein.

del, sodass zunächst für den Handwerker keine Probleme zu bestehen scheinen.

Im untersuchten Fall wusste der Handwerker aber an den Anschlüssen nicht weiter; insbesondere der Anschluss an eine vorgehängte Wandbekleidung ließ ihn scheitern.

Da mit Kitt und Klebebändern so ziemlich alles zu reparieren ist, versuchte er es auf diese Weise – leider mit geringem Erfolg.

Die Klebebandanschlüsse waren nicht nur unfachgemäß, sie entsprachen auch nicht den Vorgaben des Systemherstellers, der hier Metallwinkelleisten mit Gummilippendichtung vorschreibt. Offene Fehlstellen waren in der Innenecke und an Übergängen vorhanden. Das Aufkleben auf eine vorgehängte Wandbekleidung war weder statthaft noch erfüllt es seinen Zweck: Die Anschlüsse wurden vom Regenwasser hinterlaufen.

Lösung

Das Glasdach wurde abgestützt und mit Schutzbohlen abgedeckt. Die Wandbekleidung wurde etwa 50 cm hoch aufgenommen, alle Klebeanschlüsse wurden entfernt.

Die Anschlüsse wurden sodann mit den vorgeschriebenen Anschlusswinkeln neu hergestellt und gegen Außenwände mit zusätzlichem Überhangprofil abgesichert.

Nach Fertigstellung wurde die Wandbekleidung wieder instand gesetzt. Der Aufwand für die Mängelbeseitigung überstieg in diesem Fall den des Gesamtauftrages für das Wintergartendach.

Abb. 1.3-28: Für die Abdichtung des Lichtdaches aus Hohlkammerstegplatten fielen dem Handwerker nur Klebebänder und Kitt ein.

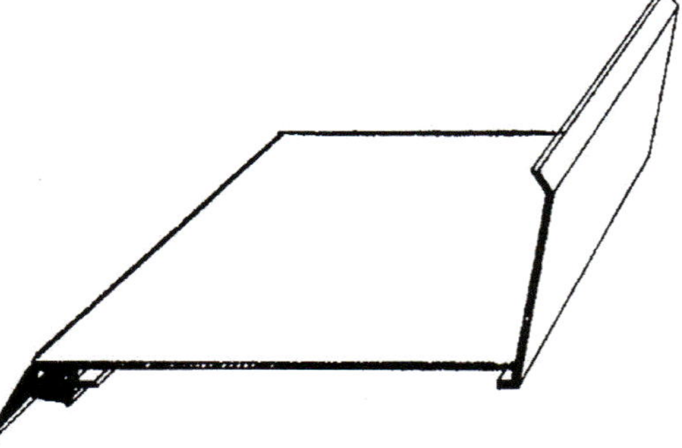

Abb. 1.3-30: Fachgerechtes Anschlussprofil mit Dichtlippen.

1.3.8 Problemfall Gaubenanschluss

Schaden
Im beschriebenen Streitfall hatte der Bauherr direkten Blick aus dem Gaubenfenster und fand den Gaubenanschluss „nicht passend".

Analyse
Das Dach hatte eine Neigung von 32°. Die Dachdeckung aus Dachsteinen endete an der Dachgaube etwa 10 cm unterhalb der lotrechten Gaubenstirnwand. Der Brustanschluss bestand aus Bleiblechstreifen, die an der Stirnschalung befestigt und auf die Anschlussdeckreihe der Dachdeckung aufgelegt waren.
Der Bleianschluss überdeckte die oberste Deckreihe um knapp 5 cm. Hier geben die Fachregeln vor:

5 Anschlüsse
5.1 Allgemeines
(5) Anschlüsse an aufgehende Bauteile werden meist zweiteilig ausgeführt und müssen entweder selbsttragend sein oder unterlegt werden.

5.2.1 Traufseitige Anschlüsse bei Deckungen
(1) Traufseitige Anschlüsse überdecken den Deckwerkstoff und werden am aufgehenden Bauteil hochgeführt.
(2) Die aufliegenden Bleche sollten der Profilierung der Deckung entsprechend angeformt (z.B. Blei), durch Ausschnitte (Zahnung) an die Deckung angepasst oder mit einen Umschlag versehen werden.

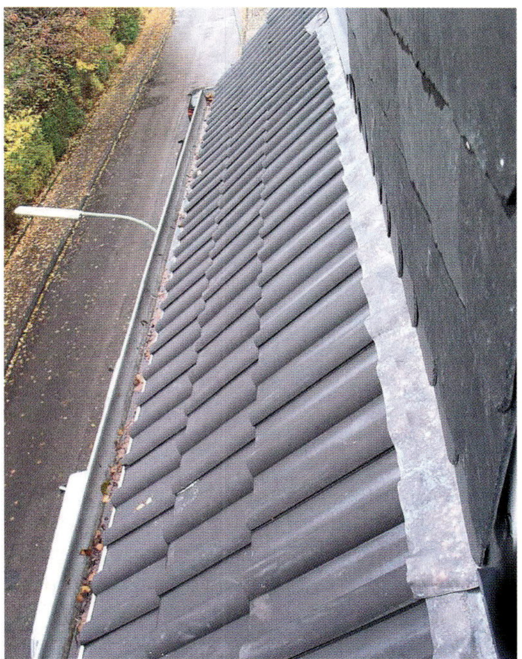

Abb. 1.3-32: Brustanschlussblech ist nicht unterlegt, Dachsteine nicht weit genug überdeckt.

(3) Die Bleche sind gegen Abrutschen und Windsog zu sichern und am aufgehenden Bauteil zu befestigen.
(4) Die Verbindungen der Bleche werden entsprechend Abschnitt 3.2 ausgeführt, oder die Bleche werden untereinander mindestens 100 mm einfach überdeckt.

Abb. 1.3-31: Anschlüsse sind nur bei ausreichender Überdeckung regensicher.

Abb. 1.3-33: Brustanschlussblech ist nicht unterlegt, Dachsteine nicht weit genug überdeckt.

(5) Die Anschlussbleche sollen die Deckwerkstoffe bei Dachneigungen
- *≥ 22° mindestens 100 mm,*
- *< 22° mindestens 150 mm,*
- *< 15° mindestens 200 mm*

überdecken.
(Fachregel für Metallarbeiten im Dachdeckerhandwerk, 03/2011, Abschnitte 5.1 und 5.2.1)

Die technischen Mängel lagen hier in der zu geringen Überdeckung des Bleistreifens auf die Dachsteine und darin, dass der Bleistreifen zwischen Dachstein und Gaube nicht unterlegt war und damit durchhing: Auf Dauer wären Brüche im Blei aufgetreten.

Lösung
Für eine zusätzliche Deckreihe war der Kopfabstand zur Gaubenstirnwand zu gering. Der Zwischenraum wurde stattdessen mit Latten und Brettern höhengleich mit den Wulsten der Dachsteine aufgefüllt, und es wurde ein ausreichend breiter Bleianschluss angebracht, der die Dachsteine um mindestens 10 cm überdeckt. Im vorliegenden Fall mussten dazu 2 Deckreihen der Gaubenstirnbekleidung entfernt und anschließend wieder eingedeckt werden.

1.3.9 Unzulängliche Traufausbildung

Pflicht eines Planers ist es, die Maße seines Bauentwurfs auf die voraussichtlich verwendeten Werkstoffe abzustimmen. Das bedeutet beispielsweise, die Dachsparren müssen eine entsprechende Mindestneigung haben und eine Länge, die sich in die Decklängen der Dachpfannen teilen lässt.
Wenn dies missachtet wird, entstehen Probleme, die nicht alle Handwerker zu lösen imstande sind.

Abb. 1.3-35: Überdeckung an der Traufe darf auch durch notwendige Lattenweiteneinteilung nicht gemindert werden.

Schaden
Der Bauherr hatte im Rahmen eines Dachgeschossausbaus eine Schleppdachgaube errichten lassen. Nachdem die Handwerker abgezogen waren, bemerkte er, dass nach Regenfällen Wasser außen an seinen Gaubenfenstern herablief. Da sich der Dachdecker nicht kümmerte, musste der Sachverständige nachsehen, wo die Ursache lag.

Abb. 1.3-34: Überdeckung darf auch durch notwendige Lattenweiteneinteilung nicht gemindert werden.

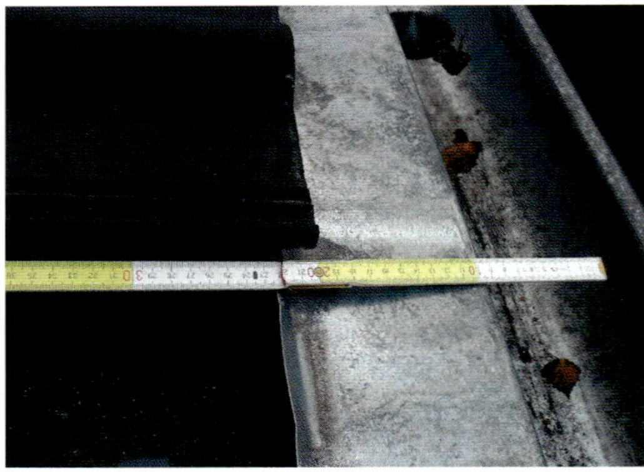

Abb. 1.3-36: Maximalfehler an der Dachtraufe.

Analyse
Das Gaubendach hatte eine Neigung von 14°. Die Dachdeckung bestand aus Unterdeckbahn, Konter- und Decklattung und Dachsteinen, obwohl nach den Fachregeln eine Deckung mit Dachsteinen erst ab einer Dachneigung von 22° empfohlen wird. Weil die Sparrenlänge sich nicht in die Decklängen teilen ließ, fehlte an der Traufe ein etwa 12 cm breiter, nicht mehr abzudeckender Streifen Dach.
Die unterste Deckreihe überdeckte das nur auf die Konterlatten aufgelegte Rinneneinhangblech um gerade 2 cm.
Die Unterdeckbahn endete hinter der Stirnbekleidung der Dachgaube.
Da die Dachdeckung bei 14° Dachneigung und die fehlende Traufüberdeckung nicht regensicher sein konnten, musste Wasser zwangsläufig auf die Unterdeckbahn gelangen; und weil ein Abtropfüberstand fehlte, lief das Wasser hinter der Gaubenbekleidung ab.

Lösung
Bei einer Neigung von 14° sind Dachdeckungen aus Dachsteinen nach den Fachregeln nicht möglich und auch mit Unterdach nicht zu empfehlen.
Die Dachdeckung wurde entfernt und an ihrer Stelle eine verklebte Abdichtung auf Holzschalung hergestellt.

1.3.10 Wasserschaden an der Dachtraufe

Das Dach mit 32° Dachneigung war von einem Dachdeckermeister neu gedeckt worden. Dies geschah in der üblichen Art mit Unterdeckbahn, Konter- und Decklattung und Flachdachziegeln. Dachrinne und Rinneneinhangblech waren nicht erneuert worden.

Schaden
Bei anhaltendem Regen tropfte Wasser aus der Traufschalung am Dachüberstand. An der Ziegeldeckung und ihren Anschlüssen konnte kein Fehler festgestellt werden.

Analyse
Eine Prüföffnung an der Traufe zeigte folgendes Bild:
Das Rinneneinhangblech mit Rückkantung lag auf der Traufenkeilbohle auf mit Höhenversprung zur Traufschalung von etwa 4 cm. Die Unterdeckbahn aus Vliesstoff war 4 cm breit auf das Einhangblech geführt und lose aufgelegt. Die Dachziegel deckten das Einhangblech in einer Breite von etwa 6 cm ab. Nach Anheben der Unterdeckbahn zeigten sich feuchte Wasserspuren auf der Traufschalung. Der Vliesstoff der Unterdeckbahn hatte kapillar Wasser eingezogen und auf die Traufschalung geleitet.

Abb. 1.3-37: Dachtraufe mit Höhenstufe.

Mangelhaft waren hier der Höhenversprung der Unterdeckbahn („Wassersack") und die ungenügenden Überdeckungen von Unterdeckbahn und Dachziegel auf das Rinneneinhangblech.
Die eigentliche Schadenursache lag aber in der stark saugfähigen Unterdeckbahn: Der hoch kapillaraktive Vliesstoff hatte Wasser in den Traufenbereich befördert.

Abb. 1.3-38: Die Unterseite der Vliesstoff-Unterdeckbahn ist nass.

Lösung
Bei einer Dachneigung von mehr als 25° kann die Unterdeckung über eine keilige Anböschung auf den Rinneneinhang geführt werden, ohne dass ein Wassersack entsteht. Um die Kapillarwirkung zu vermeiden, muss entweder eine Wasser abweisende Unterdeckung verwendet werden, oder der Vliesstoff der Unterdeckbahn muss an der Traufkante unterbrochen werden. Geeignete Kapillarsperren sind dabei Kleberänder an der Unterkante der Unterdeckbahnen. Diese Klebebänder dichten zwar nicht ab, verhindern aber die Kapillarwirkung über dem Rinneneinhangblech.

Im untersuchten Schadenfall waren auch die Überdeckbreiten der Dachdeckung auf das Rinneneinhangblech zu gering. Das Einhangblech musste erneuert werden, sodass eine Überdeckbreite von 10 cm gemäß Fachregel erreicht wurde.

1.3.11 Giebelanschluss: mangelhaft

Schaden
Der Dachdecker war längst abgezogen, und der Bauherr hatte die Rechnung bezahlt. Die Überraschung kam nach den ersten längeren Regenfällen: Wasser lief innen an der Giebelwand herunter.
Da der Dachdecker sich auch auf Nachfrage den Schaden nicht ansah, wurde ein Sachverständiger hinzugezogen.

Abb. 1.3-40: Bleiüberdeckung ist zu gering, Verschraubungen fehlen, Versiegelung nicht vorhanden.

Analyse
Das Satteldach mit Deckung aus Dachsteinen grenzte an den Giebel des Nachbarhauses. Hier hatte der Dachdecker einen Bleianschluss aus Schichtstücken und eine Anpressleiste angebracht; am First hat er einen „Lüftungsspalt" belassen.
Die Dachsteine waren im Muldenbereich beigeschnitten, der Anschluss überdeckte nur etwa 4 bis 5 cm breit.
Die Verschraubung war größtenteils ausgelassen, eben so die Versiegelung der Anschlussleiste.
Ein Vergleich mit den Fachregeln für Metallarbeiten zeigte, dass der untersuchte Anschluss folgende Mängel aufwies:

- Die Anschlussbleche waren zu schmal und überdeckten nicht den nächsten Hochpunkt.

Abb. 1.3-39: Vom Dachdecker als „fertig" verkauftes Dach.

Abb. 1.3-41: Bleiüberdeckung ist zu gering, Verschraubungen fehlen, Versiegelung nicht vorhanden.

- Selbstverständlich durfte ein Anschluss nicht am First enden; auch der Firststein benötigte sein eigenes Anschlussblech.
- Die Anschlusspressleisten waren nicht oder nicht ausreichend befestigt.
- Die Absicherung gegen eindringendes Wasser (Versiegelung) fehlte.

Lösung
Der Anschluss musste gänzlich erneuert und im Firstbereich ergänzt werden. Lediglich die Pressleisten konnten wiederverwendet werden; sie waren korrekt mit rostfreien Dichtschauben und Dübeln zu befestigen.
Die Anschlussfuge zum Außenputz musste gereinigt, geprimert und mit basischem oder neutralem Fugenkitt versiegelt werden.

1.4 Die Dachdetails: Ortgang, First, Grat und Kehle

Der Dachdecker hat gewöhnlich im Kopf, dass Dachziegel und Dachsteine an Ortgang, First und Grat befestigt werden sollen. Nur mit dem „Wie“ steht er nicht selten auf Kriegsfuß. Die Fachregeln machen es dem Dachdecker auch nicht gerade leicht, und wer sich nicht ernsthaft und intensiv mit der Regel beschäftigt, macht meist etwas falsch.

Im Baubetrieb ist es mittlerweile schon gang und gäbe, dass der Bauherr, kaum, dass der Handwerker vom Grundstück ist, einen meist beliebigen „Fachmann“ mit der Überprüfung des Daches beauftragt. In aller Regel findet dieser – sei es aus Eifer oder aus Kollegenneid – immer einen Fehler.
Zu den beliebtesten Prüfstellen zählen die Giebeldachkanten.

Abb. 1.4-1: Befestigung am Giebel wird bemängelt.

Abb. 1.4-2: Schnellbauschrauben von weniger als 4 mm Durchmesser reichen nicht aus. Rostbeständigkeit ist gefordert.

1.4.1 Nicht ausreichend befestigte Ziegel am Ortgang

Schaden

Ein guter Bekannter des Bauherrn hatte entdeckt, dass die Dachziegel am Ortgang nicht befestigt waren.
Der bloßgestellte Dachdecker schickte seine Mitarbeiter zur Baustelle zwecks Behebung des Mangels. Die kamen nach verrichtetem Tagwerk zurück und meldeten Fertigstellung.
Der Bauherr misstraute der Fertigmeldung und beauftragte den Sachverständigen mit einer Überprüfung.

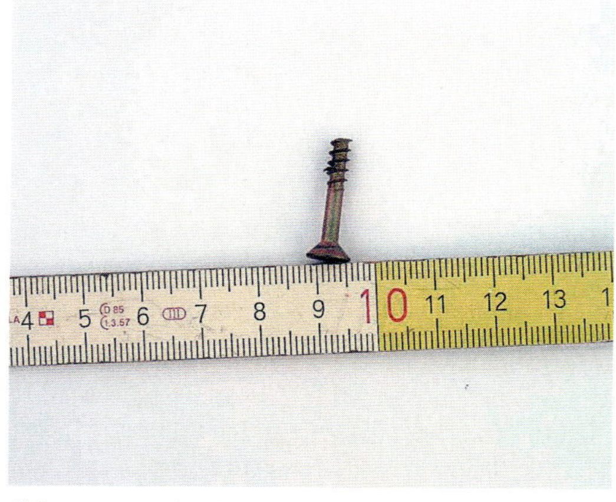

Abb. 1.4-3: Schnellbauschrauben von weniger als 4 mm Durchmesser reichen nicht aus. Rostbeständigkeit ist gefordert.

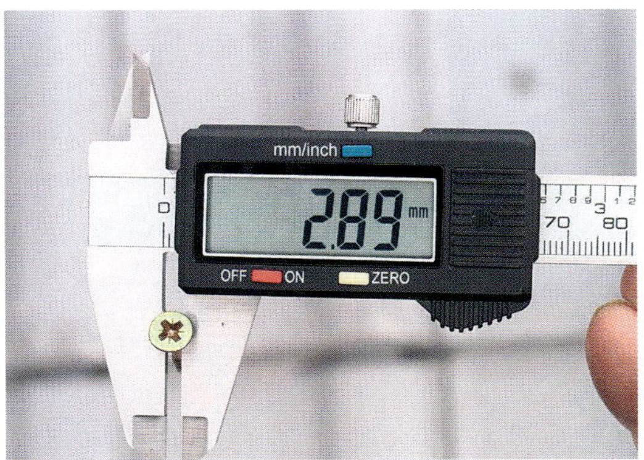

Abb. 1.4-4: Schnellbauschrauben von weniger als 4 mm Durchmesser reichen nicht aus. Rostbeständigkeit ist gefordert.

Analyse
Die Giebelziegel hatten wie die Dachdeckung eine Decklänge von 40 cm. Die Mitarbeiter hatten die Giebelziegel mit je einer chromatierten (sheradverzinkten) Schnellbauschraube 2,9 x 35 mm befestigt.

Die Fachregeln legen hier fest:

1.4.3 Befestigung von Dachziegeln und Dachsteinen an Dachkanten

(1) Ortgangziegel/-steine, Formziegel/-steine von First-, Pultabschluss- und Gratdeckungen sind gegen Windkräfte einzeln mechanisch zu befestigen. Die verwendeten Befestigungsmittel müssen eine Kraft von mindestens 0,60 kN/m rechtwinklig zur Lage des Ortgangs (Ortgang) aufnehmen können.

(2) First- und Gratlatten sind an der tragenden Unterkonstruktion so zu befestigen, dass eine Kraft von mindestens 0,60 kN/m rechtwinklig zur Lage von First oder Grat aufgenommen werden kann.

(3) Die Tragfähigkeit von First- und Gratlattenhaltern ist vom Hersteller nachzuweisen.

(Fachregel für Dachdeckungen mit Dachziegeln und Dachsteinen, 12/2012, Abschnitt 1.4.3)

Die technische Bewertung der Befestigung am Giebel kann nach Vorgaben der Fachregel oder nach statischem Nachweis erfolgen:

Die Vorgaben der Fachregel waren nicht erfüllt, weil die Schrauben nur 2,9 mm Durchmesser hatten anstelle der geforderten 4,5 mm und weil die 35 mm langen Schrauben hier nur eine Eindringtiefe von 14 mm erreichten. Es musste ein rechnerischer Nachweis geführt werden.

Fachregeln geben Ausführungsempfehlungen. Der Dachdecker kann davon ausgehen, dass diese Empfehlungen in den meisten Fällen ausreichende Sicherheit bieten.

Über die Empfehlungen hinaus können Befestigungen und ihre Auszugsfestigkeiten aber auch rechnerisch ermittelt werden, oft mit deutlich abweichenden Ergebnissen.

Zugrunde gelegt werden dabei die Regeln der Holzbau-Norm DIN 1052. In ihr sind ausschließlich genormte Holzschrauben erfasst. In der Praxis rechnen Baustatiker aber auch mit nicht genormten Schnellbauschrauben mit vergleichbaren Werten. Die Regeln der Mindestdicke für Holzschrauben von 4 mm stammt aus dem konstruktiven Holzbau und muss für nichttragende Bauteile nicht zwingend angewendet werden. Nägel dürfen nach Norm nicht auf Zug belastet werden. Für kurzzeitige Zugbelastung, z.B. bei Windsog, dürfen gleichwohl Auszugswerte angesetzt werden.

Örtliche Bedingungen:
Giebelhöhe 15 m, GZ-Breite 32 cm, GZ-Gewicht 5,6 kg, Lattenweite 40 cm, Dachüberstand 7 cm, Einschraubtiefe 14 mm.

Ergebnis
Die Befestigung der Giebelziegel hält maximal auftretendem Windsog und -druck nicht stand. Die Auszugskraft liegt mit 0,305 kN/m weit unter der resultierenden Windlast von 0,584 kN/m.

Erreicht werden kann eine zulässige Befestigung entweder durch 2 Schrauben je Giebelziegel, dickere Schrauben von 6 mm oder Schrauben von 29 mm Eindringtiefe = 50 mm Länge.

Lösung
Die Giebelziegel mussten neu befestigt werden.

Tabelle 1.14: Berechnung nach „Holzapfel, Dachlattenrechner"

	Art/Beschreibung	Einheit	Schrauben
Berechnung „Fachregel"	Windsog (ohne Vorzeichen eingeben)	kN/m²	2,12
Nach Aufmaß	Breite oder Abwicklung Deckelement/Dachfläche	m	0,32
oder vereinfacht:	Gewicht eines Deckelements (GZ, GSt, First, Blech)	kg	5,6
Giebelziegel 0,28 m Giebelstein/Großflächen-Giebelziegel: 0,30 m Firstziegel/-stein: 0,35 m	Dachüberstand außen (Abstand zur Wand)	m	0,07
	Anzahl der Schrauben/Nägel je Befestiger (Haftblech)		1
Mauerabdeckung = Abdeckbreite	Abstand der Befestiger untereinander	m	0,4
	Schrauben-/Nageldurchmesser (Drahtstift) ds/dn	mm	2,9
	Einschraub-/Eindringtiefe sg/sn	mm	14
			Ergebnisse
	Anzahl der Schrauben/Nägel je	m	2,50
	Lattenbreite mindestens erforderlich	mm	31,9
	Lattendicke mindestens erforderlich	mm	
	Auszugskraft Einzelschraube/-nagel	kN	0,122
	Auszugskraft Linienbefestigung	kN/m	0,305
	resultierende Windlast Dachrand (Dachbereich)		0,584
	Windsogfestigkeit (muss **< 1** sein)		**1,918**
	ausreichende Ausführung a) oder b) oder c): a) Anzahl Schrauben/Nägel b) Dicke Schrauben/Nägel c) Eindringtiefe Schrauben/Nägel	 St./m mm mm	 **4,88** **5,66** **27,31**

1.4.2 Die etwas andere Firstbefestigung

Seit Erfindung des Trockenfirstes ist eine große Anzahl von Befestigungslösungen auf dem Markt. Üblich werden Firste mit Firstklammern befestigt, die auf einer Firstlatte zu verschrauben sind, was nicht ausschließt, dass Dachdecker auch andere Lösungen kennen.

Schaden

Die beiden Firste seines neuen Ziegeldaches gefielen dem Bauherrn überhaupt nicht. Er hatte nämlich aus dem Prospekt des Herstellers erfahren, wie die Firstziegel zu befestigen wären, und forderte vom Dachdecker die Neuherstellung der beiden Firste.

Analyse

Das Gebäude bestand aus einem Haupthaus mit Anbau mit jeweils einem First, die Firste hatten Decklängen von 41 cm. Die Firstziegel am Haupthaus waren mit je einer rostbeständigen Dichtschraube 3,8 x 70 mm mittig befestigt. Die nutzbare Schraubenlänge betrug 65 mm, der Abstand zwischen Oberkante Firstziegel und Oberkante Firstlatte 45 mm; die Schrauben drangen (65 – 45 =) 20 mm tief in die Firstlatte ein.

Die Fachregeln fordern Schrauben von mindestens 4,5 mm Durchmessen bei mindestens 24 mm Eindringtiefe in die Firstlatte.
Da diese Bedingungen nicht erfüllt sind, musste gerechnet werden:

Örtliche Bedingungen:
Windzone 2, NN 60, Firsthöhe 17 m, Firstlänge 16 m, Firstziegellänge 46 cm, Decklänge 41 cm, Firstziegelgewicht 3,9 kg, Abwicklung Firstziegel 38 cm, Schraube 3,8 x 70 mm, Eindringtiefe 20 mm.

Die Befestigung für den Mittenbereich des Firstes reicht aus.

Für die 1 m langen Firstbereiche an den Giebeln ist der Windsog mit –2,51 erheblich höher. Hier reicht die Windsogfestigkeit nicht:

Die 1 m breiten Firstbereiche an den Giebeln müssen neu befestigt werden.

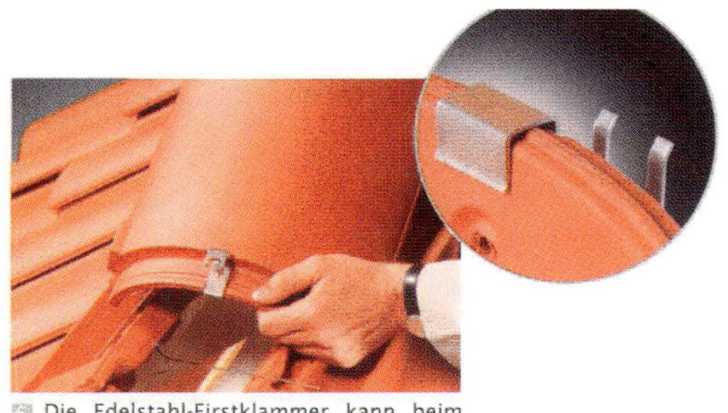

Die Edelstahl-Firstklammer kann beim Montieren durch ihre Passgenauigkeit und Federkraft nicht mehr vom Firstziegel abfallen.

Der Draht wird mit der Hand nach oben gezogen (gespannt) und anschliessend nach unten abgebogen. Dadurch verkrallt sich der Draht im Führungsschlitz der Firstklammer.

Abb. 1.4-5: Zeitgemäße Firstbefestigung.

Abb. 1.4-6: Firstbefestigung mittels Schraube 3,8 x 70.

Lösung
Der in Giebelnähe nicht ausreichend befestigte Hauptdachfirst war dort mit geeigneten Dichtschrauben 4,5 x 80 mm neu zu befestigen.
Die sichtbare Direktbefestigung mit Dichtschrauben ist vielleicht nach ästhetischen Gesichtspunkten, aber nicht nach den Fachregeln zu bemängeln.

Abb. 1.4-7: Firstbefestigung mittels Schraube 3,8 x 70.

Tabelle 1.15: „Holzapfel, Dachlattenrechner“: Mittenbereich

	Art/Beschreibung	Einheit	Schrauben
Berechnung „Fachregel“	Windsog (ohne Vorzeichen eingeben)	kN/m²	1,42
Nach Aufmaß	Breite oder Abwicklung Deckelement/Dachfläche	m	0,38
oder vereinfacht:	Gewicht eines Deckelements (GZ, GSt, First, Blech)	kg	3,9
Giebelziegel 0,28 m Giebelstein/Großflächen-Giebelziegel: 0,30 m Firstziegel/-stein: 0,35 m	Dachüberstand außen (Abstand zur Wand)	m	0
	Anzahl der Schrauben/Nägel je Befestiger (Haftblech)		1
Mauerabdeckung = Abdeckbreite	Abstand der Befestiger untereinander	m	0,41
	Schrauben-/Nageldurchmesser (Drahtstift) ds/dn	mm	3,8
	Einschraub-/Eindringtiefe sg/sn	mm	20
			Ergebnisse
	Anzahl der Schrauben/Nägel je	m	2,44
	Lattenbreite mindestens erforderlich	mm	41,8
	Lattendicke mindestens erforderlich	mm	
	Auszugskraft Einzelschraube/-nagel	kN	0,228
	Auszugskraft Linienbefestigung	kN/m	**0,556**
	resultierende Windlast Dachrand (Dachbereich)		0,446
	Windsogfestigkeit (muss < **1** sein)		**0,802**

Tabelle 1.16: „Holzapfel, Dachlattenrechner“: Giebelbereich

Art/Beschreibung	Einheit	Schrauben
Auszugskraft Linienbefestigung	kN/m	**0,556**
resultierende Windlast Dachrand (Dachbereich)		0,860
Windsogfestigkeit (muss < **1** sein)		**1,547**
ausreichende Ausführung a) oder b) oder c): a) Anzahl Schrauben/Nägel b) Dicke Schrauben/Nägel c) Eindringtiefe Schrauben/Nägel	 St./m mm mm	 **3,82** **5,95** **31,30**

1.4.3 Befestigungen an Dachrändern (First und Giebel)

Problem

Nicht immer werden Giebelziegel, Firststeine und Mauerabdeckungen mit dem richtigen Zubehör befestigt.

Es kann vorkommen, dass Giebelziegel mit Draht- oder Schiefernägeln, Firste und Haftbleche von Mauerabdeckungen mit Schnellbau-(„Spax“-)schrauben befestigt werden. Diese Ausführung kann den Dachdecker viel Geld kosten, wenn ein Sachverständiger mit der Überprüfung von Giebeln und Abdeckungen beauftragt wird.

Abb. 1.4-8: Firstbefestigung mittels Schraube 3,8 x 70 in Giebelbereichen reicht nicht.

Abb. 1.4-9: Firstbefestigung mittels 2 Schrauben 5 x 80 entspricht nicht den Verlegeregeln, sie reichen aber gleichwohl aus.

Auf der fast sicheren Seite ist der Dachdecker, wenn seine Mitarbeiter Holzschrauben von mindestens 4,5 mm Dicke verwenden, das Schraubloch mit 0,7 sd (4,5 x 0,7 = 3,15 mm) vorbohren und die Schrauben mindestens 24 mm tief in trockenes Holz einschrauben. Exakt diese Vorgehensweise schreiben die Fachregeln des Dachdeckerhandwerks vor.

Die Industrie hat längst selbstbohrende Holzschrauben in den Handel gebracht, die das zeitaufwendige Vorbohren erübrigen. Leider sind diese Schnellbauschrauben noch in keiner Bemessungsnorm erfasst und deshalb auch nach Fachregel nicht statthaft.

Im Folgenden ist jeweils ein Beispiel zur Befestigung von First- und Giebelsteinen dargestellt.

Beispiel
Der First eines Einfamilienhauses ist 9,50 m hoch und mit Firststeinen auf Firstlattung gedeckt. Die Firststeine sind 45 cm lang, 6 cm weit überdeckt und wiegen 4,8 kg/St. Befestigt sind sie mit je einer Klammer und 2 Schnellschrauben der Abmessungen 3,35 x 65 mm. Die Schrauben sind 18 mm weit in die Firstlatte eingeschraubt.

Die Giebelsteine am selben Objekt sind mit je einem Schiefernagel 3,6 x 48 mm in Decklatte und Unterbrett befestigt, bei einer Nageleindringtiefe von 48–(39 – 27) = 36 mm.

Die Giebelsteine sind 42 cm lang mit einer Deckbreite von 33 cm und auf Latten der Lattenweite 34 cm gedeckt und wiegen 7,0 kg/St. Der seitliche Dachüberstand über dem Unterbrett beträgt 5 cm.

In beiden Fällen wurde die Befestigung bemängelt, weil sie nicht den Anforderungen der Fachregeln entspricht. Demzufolge hatte ein Sachverständiger die Neubefestigung gefordert.

Rechennachweis
Fachregeln geben Ausführungsempfehlungen. Der Dachdecker kann davon ausgehen, dass diese Empfehlungen in den meisten Fällen ausreichende Sicherheit bieten.

Über die Empfehlungen hinaus können Befestigungen und ihre Auszugsfestigkeiten aber auch rechnerisch ermittelt werden, oft mit deutlich abweichenden Ergebnissen.

Zugrunde gelegt werden dabei die Regeln der Holzbau-Norm DIN 1052. In ihr sind zwar ausschließlich genormte Holzschrauben erfasst, in der Praxis rechnen aber Baustatiker auch mit nicht genormten Schnellbauschrauben in vergleichbaren Werten.

Die Regel der Mindestdicke für Holzschrauben von 4 mm stammt aus dem konstruktiven Holzbau und muss für nichttragende Bauteile nicht zwingend angewendet werden.

Nägel dürfen nach Norm nicht auf Zug belastet werden. Für kurzzeitige Zugbelastung, z.B. bei Windsog, dürfen gleichwohl Auszugswerte angesetzt werden.

Die Rechennachweise für die beiden vorgestellten Fälle sehen danach folgendermaßen aus:

First
Angesetzt wird die rechnerische Windsogbelastung aus den „Berechnungshilfen“ des ZVDH. Bei dem hier überprüften Dach ergibt die Windlastberechung für den Dachfirst einen Wert von –1,17 kN/m².

Ergebnis:
Die resultierende Windlast (Windsog – Eigenlast der Firststeine) ist mit 0,286 kN/m kleiner als die Auszugskraft der Schrauben (0,928 kN). Fazit: Die Befestigung reicht aus!

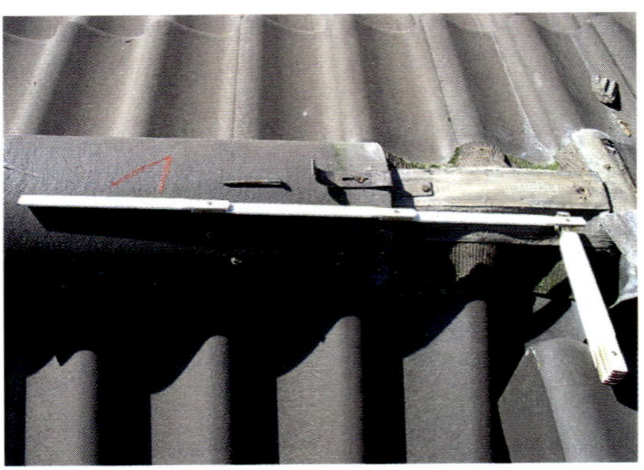

Abb. 1.4-10: Firstbefestigung mit Hafterblech und 2 Schrauben.

Tabelle 1.17: Windsog und Auszugskraft Firststeine

	Art/Beschreibung	**Einheit**	**Schrauben**
Berechnung „Fachregel“	Windsog (ohne Vorzeichen eingeben)	kN/m²	1,17
Nach Aufmaß	Breite oder Abwicklung Deckelement/Dachfläche	m	0,35
oder vereinfacht:	Gewicht eines Deckelements (GZ, GSt, First, Blech)	kg	4,8
Giebelziegel 0,28 m Giebelstein/Großflächen-Giebelziegel: 0,30 m Firstziegel/-stein: 0,35 m	Dachüberstand außen (Abstand zur Wand)	m	0
	Anzahl der Schrauben/Nägel je Befestiger (Haftblech)		2
Mauerabdeckung = Abdeckbreite	Abstand der Befestiger untereinander	m	0,39
	Schrauben-/Nageldurchmesser (Drahtstift) ds/dn	mm	3,35
	Einschraub-/Eindringtiefe sg/sn	mm	18
			Ergebnisse
	Anzahl der Schrauben/Nägel je	m	5,13
	Lattenbreite mindestens erforderlich	mm	36,85
	Lattendicke mindestens erforderlich	mm	
	Auszugskraft Einzelschraube/-nagel	kN	0,181
	Auszugskraft Linienbefestigung	kN/m	**0,928**
	resultierende Windlast Dachrand (Dachbereich)		0,286
	Windsogfestigkeit (muss < **1** sein)		**0,309**

Tabelle 1.18: Windsog und Auszugskraft Giebelsteine

	Art/Beschreibung	Einheit	Schrauben
Berechnung „Fachregel"	Windsog (ohne Vorzeichen eingeben)	kN/m²	1,95
Nach Aufmaß	Breite oder Abwicklung Deckelement/Dachfläche	m	0,33
oder vereinfacht:	Gewicht eines Deckelements (GZ, GSt, First, Blech)	kg	7,0
Giebelziegel 0,28 m Giebelstein/Großflächen-Giebelziegel: 0,30 m Firstziegel/-stein: 0,35 m	Dachüberstand außen (Abstand zur Wand)	m	0,05
	Anzahl der Schrauben/Nägel je Befestiger (Haftblech)		1
Mauerabdeckung = Abdeckbreite	Abstand der Befestiger untereinander	m	0,34
	Schrauben-/Nageldurchmesser (Drahtstift) ds/dn	mm	3,6
	Einschraub-/Eindringtiefe sg/sn	mm	36
			Ergebnisse
	Anzahl der Schrauben/Nägel je	m	2,94
	Lattenbreite mindestens erforderlich	mm	39,6
	Lattendicke mindestens erforderlich	mm	21,168
	Auszugskraft Einzelschraube/-nagel	kN	0,16848
	Auszugskraft Linienbefestigung	kN/m	**0,496**
	resultierende Windlast Dachrand (Dachbereich)		0,470
	Windsogfestigkeit (muss < **1** sein)		**0,949**

Giebelsteine

Angesetzt wird die rechnerische Windsogbelastung für den Eckbereich aus den „Berechnungshilfen" des ZVDH. Bei dem hier überprüften Dach ergibt die Windlastberechung für den Giebel einen Wert von –1,95 kN/m².

Nach Fachregel ist die Ausführung zweifach mangelhaft: Es wurden Nägel statt Schrauben verwendet und die Auszugskraft ist kleiner als 0,6 kN/m. Tatsächlich reicht die Befestigung jedoch aus.

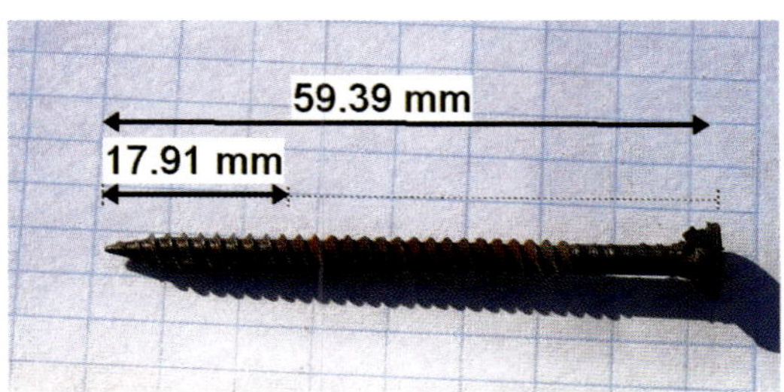

Abb. 1.4-11: Länge und Eindringtiefe der Schraube.

Abb. 1.4-12: Giebelkante mit Giebelsteinen.

Abb. 1.4-15: Abstandmessung OK Steinmulde – Unterbrett.

Abb. 1.4-13: Nagelkopf der Giebelsteinbefestigung.

Abb. 1.4-16: Messung der Lattendicke.

Abb. 1.4-14: Giebelsteinbefestigung.

1.4.4 Ein völlig unsachgemäßer Dachfirst

Schaden

Die allen Regeln des Dachdeckerhandwerks widersprechende Eindeckung des Dachfirstes wäre vielleicht erst später aufgefallen, wenn nicht der scheinbar preisgünstige Dachdecker seine Arbeit plötzlich eingestellt und ein anderer Dachdecker die Fertigstellung der bisherigen stümperhaften Ausführung verweigert hätte. Der Hausbesitzer beauftragte den Sachverständigen mit der Beurteilung des Dachfirstes an seinem Wohnhaus.

Analyse

Das Satteldach war mit Reformfalzziegeln auf Lattung gedeckt. Bei der Einteilung der Lattenweiten hatten die Dachdecker keine Rücksicht auf die Sparrenlängen genommen und das Deckraster nicht an die Firstlage angepasst, die Nordseite des Daches gleichwohl eingedeckt. Offensichtlich in Unkenntnis der notwendigen Arbeitsschritte hatten sie – wohl bequem auf der Decklattung stehend – dann die Firstziegel trocken und ohne Firstdichtelemente verlegt, um anschließend mit dem Eindecken der Südseite zu beginnen. Dabei stießen sie mit der obersten Deckreihe gegen den bereits verlegten First und trennten die Dachziegel einfach am First ab.
Die dabei entstehende offene Fuge störte die Akteure offensichtlich nicht.

Gemäß den Fachregeln können Trockenfirste mit Firstanschlussziegeln gedeckt werden, Firstanschlussziegel sind jedoch vorteilhaft:

Abb. 1.4-18: Dachfirstlösung eines „Dachspezialisten".

4.3 First

4.3.2 Trockenfirst

(1) Die Deckung von Firsten in trockener Verlegung kann mit geeigneten Trockenfirstelementen oder/und mit Sonderziegeln/-steinen erfolgen.

(2) Werden Trockenfirste ohne Firstelemente gedeckt, dann sind die Firstziegel/-steine auf speziellen Firstanschlussziegeln/-steinen zu verlegen. Dabei ist zu beachten, dass Firstziegel/-steine auf dem Kopfteil mit Überdeckung auf den Anschlussziegeln/-steinen aufliegen.
(Fachregel für Dachdeckung mit Dachziegeln und Dachsteinen, 12/2012, Abschnitt 4.3.2)

Die hier untersuchte Dachdeckung krankt bereits an der unterlassenen Sparreneinteilung und an einem Dachfirst, an dem alle Regeln missachtet wurden.

Abb. 1.4-17: Dachfirstlösung eines „Dachspezialisten".

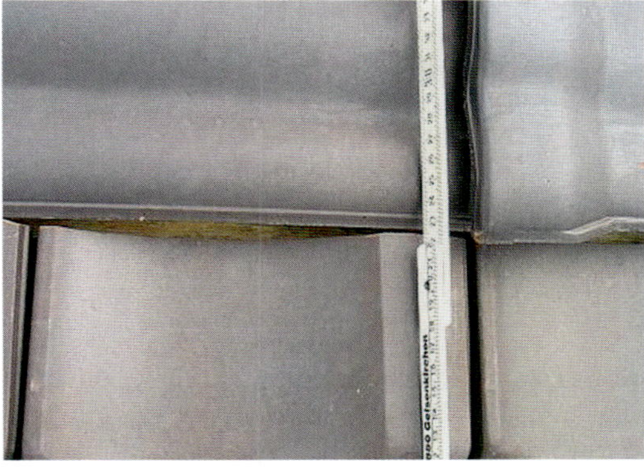

Abb. 1.4-19: Dachziegel vor First ausgespritzt.

Lösung
Dachdeckung, First und Decklattung mussten aufgenommen und nach geltenden Regeln neu eingedeckt und hergestellt werden, beginnend mit einer Latteneinteilung, die die sachgerechte Unterdeckung am First erst ermöglicht.

1.4.5 Vermessen I – der richtige Abstand von oberer Decklatte und Firstscheitelpunkt

Schaden
Der Eigentümer eines neuen Ziegeldaches befürchtete Wasserschäden an den Firsten seines Daches; seiner Meinung nach waren Dachziegel und Firste nicht weit genug überdeckt. Der Sachverständige untersuchte den Streitpunkt.

Analyse
Das Satteldach hatte Dachneigungen von 46°, es war mit roten Falzpfannen gedeckt, der First als Trockenfirst mit Firstdichtband ausgebildet. Die Rippen des Kopffalzes der Dachziegel lagen frei und waren vom Firstdichtband nicht überdeckt. Die freigelegte Firstkonstruktion legte einen immer wieder zu Tage tretenden Maßfehler offen: Die Ziegel- und Dachstein-Hersteller veröffentlichen Tabellenmaße für den notwendigen Abstand der obersten Decklatte vom Firstscheitelpunkt. Je steiler die Dachneigung, umso geringer darf dieser Abstand sein. In der Praxis misst der Dachdecker aber meist nicht vom (zu ermittelnden) Scheitelpunkt (er muss dazu den Firstscheitelpunkt lotrecht nach oben verlängern, z.B. mit einem lotrecht gestellten Zollstock), sondern von der Oberkante der verlegten Konterlatte: Je nach Dachneigung und Lattendicke verschiebt er damit den Fixpunkt der obersten Dachlatte.
Das Fehlmaß bei 30 mm Konterlattendicke beträgt bei 30° Dachneigung je Dachseite bereits mehr als 17 mm, bei 45° Dachneigung 30 mm, und bei 60° Dachneigung 52 mm.
Im gleichen Maß verringert sich der jeweilige Überstand der Firste über die Dachziegelreihen.

Abb. 1.4-21: Bei steiler Dachneigung sind vorgegebene Firstüberdeckungen kaum mehr einzuhalten.

Lösung
Im untersuchten Dach konnte die Lattenweite nicht erhöht werden; das Umdecken der oberen Ziegelreihen war daher nicht möglich. Ein Umdecken der gesamten Dachflächen hätte konstruktiver Änderungen an den Traufen bedurft. Man einigte sich darauf, auf beiden Firstseiten Walzbleistreifen von 1,5 mm Dicke mit Rückfalz und Holzkeilunterfütterung unterhalb der Firstdichtbänder einzubauen und farblich bei-

Abb. 1.4-20: Bei steiler Dachneigung sind vorgegebene Firstüberdeckungen kaum mehr einzuhalten.

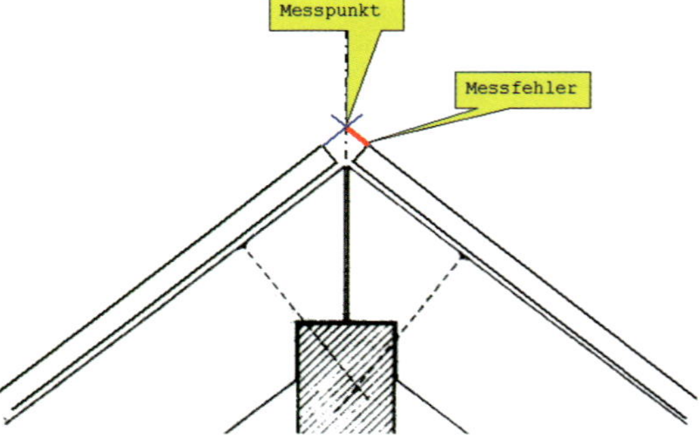

Abb. 1.4-22: Dem Dachdecker unterläuft oft ein Messfehler, in dem er vorgegebene obere Lattenabstände an der Konterlattenoberkante misst; richtiger Messpunkt ist aber der lotrechte Scheitel am Firstpunkt.

zustreichen; damit konnte die notwendige Mindestüberdeckung sichergestellt werden. Die Firstziegel mussten dafür demontiert und anschließend wieder eingebaut werden.

1.4.6 Vermessen II – richtige Mängelbeseitigung

Schaden
Dem Dachdecker war ein ähnlicher Fehler unterlaufen wie schon im vorigen Fall beschrieben. Er bemerkte seinen Fehler und versuchte eine Mängelbeseitigung mit geringstmöglichem Aufwand. Leider traten einige Jahre später Wasserschäden im Drempelbereich des Daches auf. Weil die Ursache nicht zu finden war, wurde der Sachverständige um Ursachenforschung gebeten.

Analyse
Die oberste Dachsteinreihe endete 10 cm unterhalb der Firststeine. Dort hatte der Dachdecker eine zusätzliche Dachlatte angebracht und auf diese Bleistreifen aufgenagelt. Die Bleistreifen waren 1 mm dick, 16 cm breit und bis zu 2,5 m lang. Bei seiner Art der Mängelbeseitigung waren aber die Firststeine nicht entfernt worden; die Bleistreifen stießen gegen die Außenkanten der Firststeine, waren also vom First nicht überdeckt.
Der so hergestellte Bleistreifen zeigte offene Stauchbrüche, in die Regenwasser direkt einlaufen konnte.
Bleianschlüsse müssen vollflächig unterlegt werden; diese Regel war hier missachtet worden. Bleistreifen für Anschlüsse müssen mindestens

Abb. 1.4-23: Fehlende Lattenweiteneinteilung durch mangelhaften Firstanschluss kompensiert.

Abb. 1.4-24: Fehlende Lattenweiteneinteilung durch mangelhaften Firstanschluss kompensiert.

1,25 mm dick und dürfen höchstens 1 m lang sein. Bei direkter Besonnung soll Blei mindestens 1,5 mm dick sein. In jedem Fall benötigen Bleianschlüsse eine vollflächige Deckunterlage. Am Dachfirst muss ein Bleistreifen mit Rückfalz ausgestattet sein und den Firststein(-ziegel) mindestens um die Regelhöhenüberdeckung unterdecken.

Lösung
Der Dachfirst wurde aufgenommen.
In diesem Fall wurde die Dachdeckung über 6 Deckreihen mit größerer Höhenüberdeckung umgedeckt und eine zusätzliche Deckreihe am First eingezogen. Der Dachfirst wurde mit neuem Firstdichtband wieder eingedeckt, An- und Abschlüsse erneuert.

1.4.7 Der schiefe Grat

Zeichnerische Beispiele in Fachregeln und Verlegeanweisungen zeigen dem Dachdecker, dass an Grat und First die Grat- und Firstlatte scheitelgerecht über dem Sparrenstoß zu sitzen haben. Danach werden Konter- und Decklattung nach diesem Stoß bemessen und folglich Grat- und Firstziegel aufgesetzt.

Leider ist dieses Vorgehen nur bei gleichen Dachneigungen richtig und führt bei unterschiedlich geneigten Dächern zum optischen Mangel.

Schaden
Der Dachdecker hat das abgewalmte Anbaudach mit Dachziegeln eingedeckt und die Grate wie oben beschrieben eingeteilt und montiert.

Abb. 1.4-25: Walmdachanbau mit schief sitzenden Graten.

Die Hauptdachflächen waren mit 30° geneigt, der Walm hatte eine Dachneigung von 55°. Die deshalb deutlich schief sitzenden Grate wurden vom Hauseigentümer umgehend bemängelt.

Analyse

Tatsächlich sind die Grate deutlich schief und in Richtung auf die Walmfläche geneigt. Die Ausspitzer sind in gleichen Abständen zur Gratmittellinie geschnitten und die Gratlatten scheitelgerecht über der Gratmittellinie angebracht. Zwangsläufig liegen dann die Gratziegel schief, weil sie gleichmäßig beiderseits an die unterschiedlichen Dachneigungen angepasst sind.

Dem Dachdecker ist hier ein typischer Denkfehler unterlaufen:

Damit bei unterschiedlichen Dachneigungen Grate und Firste gerade sitzen können, müssen

Abb. 1.4-26: Ansichten des schief sitzenden Grates.

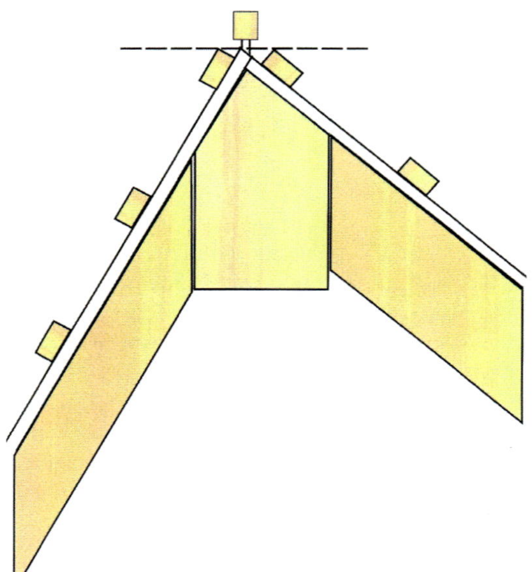

Abb. 1.4-27: First-/Gratlatte müssen auch bei ungleichen Dachneigungen lotrecht sein, und Überdeckungslinien der Dachziegel und Dachsteine müssen auf einer Höhe liegen.

Grat- und Firstlatten lotrecht zu Sparrenstoß und Gratlinie montiert werden. Die Dachlatten werden an Grat und First nicht mit gleichen Abständen zum Sparrenstoß eingeteilt, sondern so, dass die jeweils obersten Dachlatten auf gleicher Höhe liegen. Daraus ergibt sich, dass bei sehr unterschiedlichen Dachneigungen die Dachlatte der steileren Seite höher als Grat- und Firstpunkt liegen müssen: Die oberste Dachziegel-(Dachstein-/Dachplatten-)reihe liegt dann am Kopf höher als der Sparrenschnittpunkt.

Entsprechend müssen am Grat auf der Steilseite die Ausspitzer über den Gratschnittpunkt hinausragen. Ähnlich ist bei ungleichen Dachneigungen am Dachfirst zu verfahren.

Zur Kontrolle empfiehlt sich, die Überdeckungslinie am Kopf der Dachziegel und Dachsteine anzuzeichnen und mittels Wasserwaage nachzumessen, ob beide Überdeckungslinien auf einer Höhe liegen: Erst dann können Grat- und Firstziegel richtig (gerade) sitzen.

Dass ein gerade sitzender Grat auch bei sehr unterschiedlichen Dachneigungen möglich ist, zeigt beispielhaft Abb. 1.4.-29.

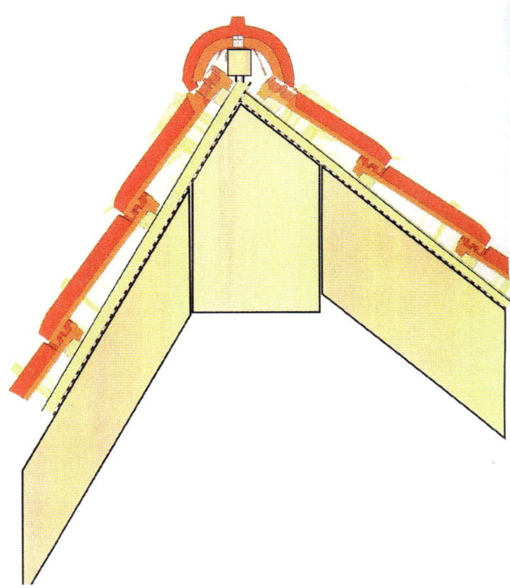

Abb. 1.4-28: Ansichten des schief sitzenden Grates.

Abb. 1.4-29: Gerade sitzender Grat bei unterschiedlichen Dachneigungen.

Lösung

Die Grate wurden abgenommen, die Gratlatten lotrecht über den Gratlinien montiert, verlängerte Ausspitzer wurden auf der Walmseite eingepasst. Danach konnten die Gratziegel mit richtiger (gerader) Lage aufgesetzt werden.

1.4.8 Herausrutschende Einspitzer an der Kehle

Schaden

Der Hausbesitzer bemängelte, dass Ziegel aus dem Dach herausrutschten. Dem Sachverständigen demonstrierte er dies in einer Gaubenkehle an der Nordseite.
Der Dachdecker gab den Schaden zu, meinte aber, im Übrigen seien die Kehlen fachgerecht eingedeckt.

Analyse

Die Dachdeckung bestand aus Falzpfannen auf Lattung.
Die Deckung an den Kehlen des stark gegliederten Wohnhausdaches zeigte – mit Ausnahme der Gaubenkehle – keine abgerutschten Einspitzer.
Die Kehlen wurden aufgenommen, und die Einspitzer auf ihre Lagesicherheit überprüft.
Es zeigte sich, dass die kleineren Einspitzer nur in ihren Kopffalzen hingen, jedoch nicht befestigt waren. Kleinere Einspitzer rutschten durch kurzes Anheben heraus.

Die Fachregeln erläutern hierzu:

(6) Bei überdeckten Kehlen sind die anzupassenden Dachziegel/-steine parallel zur Kehllinie zu

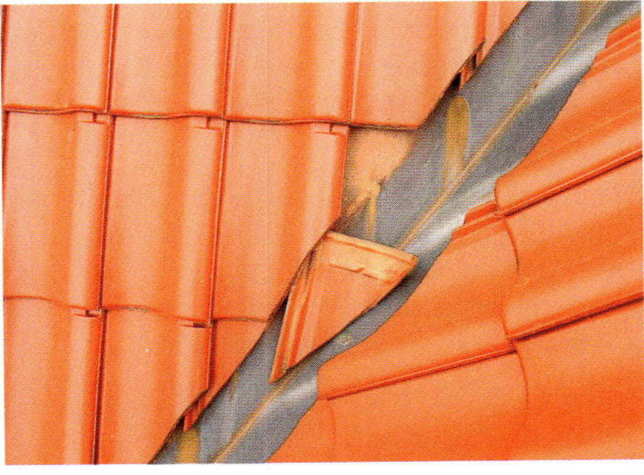

Abb. 1.4-30: Kehleinspitzer müssen abrutschsicher gedeckt oder zusätzlich befestigt sein.

Abb. 1.4-31: Kehleinspitzer müssen abrutschsicher gedeckt oder zusätzlich befestigt sein.

Abb. 1.4-32: Auch Kehlen mit Kehlbändern brauchen vollflächige Kehlschalung und ausgebildeten Kehlsattel.

schneiden oder zu schroten. Einspitzer sind zu unterfüttern und ggf. mechanisch gegen Abrutschen zu sichern. Kleine Einspitzer können z.B. durch Decken halber Dachziegel/-steine oder durch Formziegel/-steine verhindert werden. Die Flächendeckung soll die Kehldeckung mindestens 10 cm, rechtwinklig zur Kehllinie gemessen, überdecken.

(Fachregel für Dachdeckungen mit Dachziegeln und Dachsteinen, 12/2012, Abschnitt 4.6.1)

Die Richtlinien überlassen dem Dachdecker, ob und wie er Einspitzer einbaut. Einspitzer dürfen nicht herunterkippen und müssen unterfüttert werden. Wenn nötig („ggf.“), werden sie auch befestigt.
Der Sachverständige muss im Einzelfall seine Bewertung und Empfehlung abgeben.
Hier war es so, dass Einspitzer mindestens mit der Aufhängenase auf der Dachlatte aufliegen müssen, um abrutschsicher zu sein. Das bloße Einklinken in den Fußfalz des darüberliegenden Ziegels reicht sicher nicht aus. Solche Einspitzer sind zusätzlich zu befestigen.

Lösung

Die Einspitzer ohne Aufhängung auf der Dachlatte mussten verdrahtet, verschraubt oder genagelt werden. Um ein Abkippen der Einspitzer zu verhindern, wurden die Ausspitzerreihen mit geeigneten Stützprofilen unterfüttert.

1.4.9 Mangelhafte Verlegung von Kehlschalung und Kehlbändern

Dass bei Großsiedlungen alles vom niedrigsten Preis abhängt, ist bekannt, auch, dass selten Facharbeiter zu Werk gehen. Oft werden aber bereits Selbstverständlichkeiten missachtet.

Schaden

Der Schaden fiel in diesem Fall erst auf, nachdem der Hauserwerber einen Fachmann bat, das Dach seines Hauses auf Mängel zu untersuchen. Dabei trat auch der unten beschriebene Mangel zu Tage.

Analyse

Die Kehlen der Sattelgauben waren mit Kehlbändern ausgelegt. Für Kehlbleche und Kehlbänder benötigt man eine feste Unterlage in Form einer Holzschalung. Im untersuchten Fall

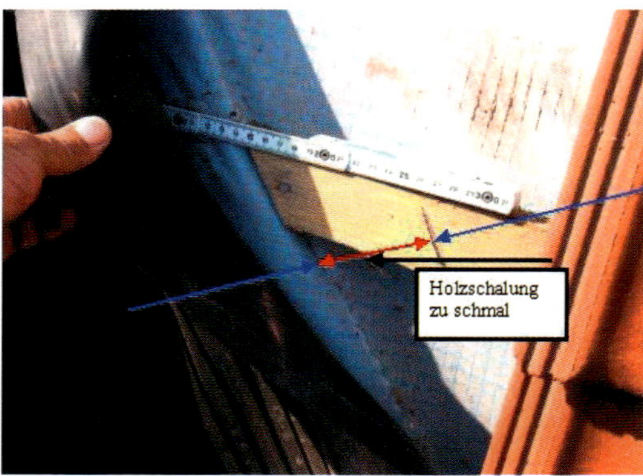

Abb. 1.4-33: Auch Kehlen mit Kehlbändern brauchen vollflächige Kehlschalung und ausgebildeten Kehlsattel.

bestand diese Unterlage aus je einem Schalbrett von 14 cm Breite. Das Kehlband lag seitlich lose hängend nur auf der Decklattung auf.
Da die Kehlbänder zu kurz waren, hatte man am Firstpunkt einfach ein Bleistück lose aufgedeckt.

Lösung
Die Dachdeckung beiderseits der Kehlen wurde aufgenommen, die zu kurzen Kehlbänder und die Kehlschalung entfernt.
Nach Einfügen einer neuen unterlappenden Unterdeckbahn wurde die Kehlschalung in der notwendigen Breite von mindestens 28 cm auf jeder Seite auf Konterklötzen eingebaut.
Anschließend wurden neue Kehlbänder und ein passender Kopfabschluss verlegt und die Einspitzer beigedeckt und befestigt.

1.4.10 Falsche Unterfütterung von Einspitzern

Bei Regeländerungen fällt es vielen Dachdeckern schwer, neue Detaillösungen zu entwickeln, z.B. an Kehlen. Diese waren beispielsweise notwendig mit der Regeleinführung der Konterlatte: Wenn früher das Ziegel- oder Dachsteinauflager der Einspitzer kein Problem bereitete (die Einspitzer lagen auf Kehlblech und Kehlschalung sicher auf), können dann Fehler entstehen, wenn die Kehlschalung nicht der neuen Höhenlage der Deckung angepasst wird.

Abb. 1.4-35: Wenn Kehlschalungen auf dem Sparrenschifter liegen, brauchen Kehleinspitzer besonderes Auflager, aber nicht aus Dachlatten.

Schaden
Einspitzer hingen nach unten aus der Deckung heraus oder rutschten ab. Der Hausbesitzer bemängelte den Zustand, den der Dachdecker mit einem kleinen „Kunstgriff" zu beseitigen suchte: Er unterfütterte die Einspitzer mit Dachlatten.
Das gefiel dem Hausbesitzer aber nicht.

Analyse
Wenn Kehlschalung und Kehlblech tiefer liegen als die Decklattung, müssen die Einspitzer unterlegt (unterfüttert) werden:

(6) Bei überdeckten Kehlen sind die anzupassenden Dachziegel/-steine parallel zur Kehllinie zu

Abb. 1.4-34: Wenn Kehlschalungen auf dem Sparrenschifter liegen, brauchen Kehleinspitzer besonderes Auflager, aber nicht aus Dachlatten.

Abb. 1.4-36: Wenn Kehlschalungen auf dem Sparrenschifter liegen, brauchen Kehleinspitzer besonderes Auflager, aber nicht aus Dachlatten.

schneiden oder zu schroten. Einspitzer sind zu unterfüttern und ggf. mechanisch gegen Abrutschen zu sichern. Kleine Einspitzer können z.B. durch Decken halber Dachziegel/-steine oder durch Formziegel/-steine verhindert werden. Die Flächendeckung soll die Kehldeckung mindestens 10 cm, rechtwinklig zur Kehllinie gemessen, überdecken.

(Fachregel für Dachdeckungen mit Dachziegeln und Dachsteinen, 12/2012, Abschnitt 4.6.1)

Im untersuchten Fall war die Kehlschalung direkt auf die Sparrenschifter genagelt, Decklattung und Dachziegel lagen um Konterlattendicke höher als das Kehlblech. Kleinere Einspitzer hatten kein Auflager und hingen nur in der Verfalzung der Nachbarziegel. So konnten sie abkippen und herausrutschen.
Dachlatten sind zum Unterfüttern denkbar ungeeignet, weil sie nicht wetterbeständig sind und in der Kehle nicht befestigt werden können.

Lösung
Im Handel sind Kehldichtungskeile aus Polyätherschaum oder Hartkunststoff erhältlich, die witterungsbeständiger sind als Dachlatten und die an der Decklattung fixiert werden müssen. Die Kehldeckung wurde aufgenommen und unterfüttert; kleine Einspitzer waren zu befestigen (verdrahten, nageln oder verschrauben).

1.4.11 Achtung, Dunstrohr

Der nachfolgende Bericht beschreibt einen Feuchteschaden an einer Geschossdecke, dessen Ursache zunächst unerkannt blieb.

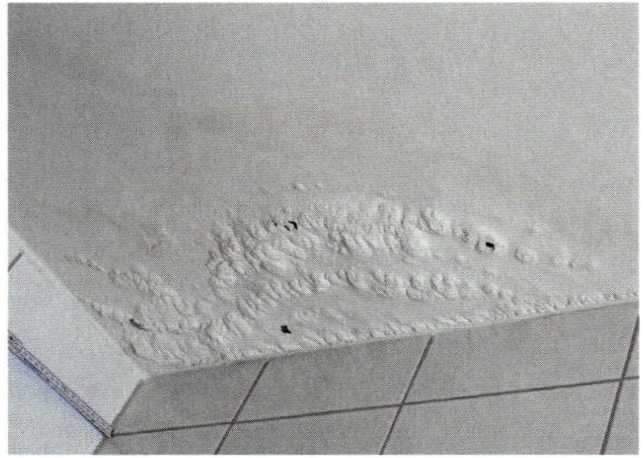

Abb. 1.4-37: Wasser unter Dunstrohr.

Abb. 1.4-38: Wasser tritt aus der Rohrverbindung aus.

Schaden
Die Decke im Dachgeschoss-Bad zeigt einen ausgedehnten Wasserfleck mit Anstrich- und Putzausblühung.

Analyse
Die Schadenursache im Bad ist im darüberliegenden Dachboden rasch ermittelt: Ein Dunstrohr, aus der Trennwand kommend, ist bis unter die Dachdeckung geführt und dort über ein S-förmig verlegtes Flexrohr mit dem Rohr der Lüfterpfanne verbunden.

Abb. 1.4-39: Wasser tritt aus der Rohrverbindung aus.

Im Durchhang des Flexrohres sammelt sich viel Tauwasser, das aus der nur lose zusammengesteckten Rohrverbindung austropft: Wassertropfen sind an der Rohrverbindung sichtbar, und auf dem Spanplattenboden befindet sich ein ausgedehnter Wasserfleck.

Lösung
Der Schadenfall zeigt exemplarisch die erhebliche Gefährdung durch austretende Feuchtluft und Wasserdampf und auch die daraus zu ziehende Regel, dass Wasser und Feuchte führende Rohrsysteme wasser- und dampfdicht sein müssen bis zu ihrer Austrittsöffnung. Hierzu braucht es nicht nur wasser- und dampfdichte Rohrverbindungen, sondern auch lagesichere Befestigung aller Rohre und Rohrbögen.

Zur Mangelbehebung in diesem Schadenfall wurde die Lüfterpfanne seitlich versetzt, das Lüfterrohr mittels HT-Rohrbögen angeschlossen und mittels Gummidichtungen verbunden. Die Rohre wurden mit Rohrschellen lagesicher befestigt.

1.4.12 Die Dachstuhlsanierung

Unter der Zusage „Das erledigen wir nebenher mit" verstehen Handwerker (oft) den gelegentlichen Ausflug in benachbarte Gewerke. Nicht selten versteigt sich auch mancher Dachdecker in unbekanntes Terrain und scheitert an fehlendem Grundwissen des für ihn fremden Handwerks.

Abb. 1.4-40: Landwirtschaftliche Scheune mit neuem Ziegeldach.

Abb. 1.4-41: Dachstuhl nach der „Behandlung".

Schaden
Das Scheunendach eines bäuerlichen Anwesens sollte mit neuen Dachziegeln gedeckt werden. Der Dachdecker wies auf die weiten Sparrenabstände des alten Eichendachstuhls hin und empfahl das Einziehen zusätzlicher Dachsparren. Selbstverständlich könnte er das gleich mit erledigen. Nachdem das Dach fertig war, bekam der Bauherr Besuch von einem seiner Söhne, von Beruf Bautechniker. Der hatte Zweifel an den Holzarbeiten im Dach und veranlasste seinen Vater zu einer Mängelrüge.

Analyse
Das Dach der Scheune ist als Kehlbalkendach konzipiert. Der Altdachstuhl besteht aus Eichensparren mit Kehlbalken in Abständen von je 1,5 m. In Höhe der Kehlbalken ist auf jeder Seite ein Richtholz als Längsverband an-

Abb. 1.4-42: Nicht biegesteifer Sparrenstoß am Kehlbalken.

Abb. 1.4-43: Gegeneinander versetzte Sparren ohne Gelenkverbindung am First.

Abb. 1.4-45: Das Windrispenband ist nicht zugfest verankert.

gebracht. Der Dachdecker hat in die Felder zwischen den Eichensparren neue Nadelkanthölzer von 4 m Länge und im Querschnitt von 7/14 cm eingezogen und diese dicht oberhalb des Längsverbandholzes in Höhe der Kehlbalkenanschlüsse gestoßen. Die Sparrenstöße sind nicht biegesteif ausgebildet. Nahe dem Giebel sind 2 Neusparren einem Gegensparren gegenübergestellt und am Firstknoten nicht miteinander verbunden: Der Einzelsparren ist gegen ein Wechselholz gelehnt, das mit Stichnägeln geheftet ist. Vorschriftsmäßige Knotenverbindungen an Kehlbalken, First und Fußpfetten fehlen.

Ein rechnerischer Nachweis der Neusparren ist nicht vorhanden und kann sicher auch nicht geführt werden. Die neu eingebauten Dachsparren sind nicht tragfähig.

Die Sparren eines Kehlbalkendaches müssen an den Fußpunkten zugfest mit Deckenbalken verbunden sein.

Am Dach der untersuchten Scheune liegen die Neusparren lose auf dem Fußholz auf und sind nur durch Winkelverbinder gegen seitliches Verschieben gesichert. Die notwendige Dreiecksaussteifung wird hiermit nicht erreicht.

Dachstühle müssen flächenstabilisiert werden.

Dazu dienen Schrägstreben, Flächenaussteifungen (Werkstoffplatten) oder Windrispen. Ohne Aussteifung würde ein Dachstuhl umfallen oder vom Wind in Längsrichtung verschoben werden.

Eine wirksame Art der Aussteifung sind diagonal unter den Dachsparren angebrachte Win-

Abb. 1.4-44: Sparrenanschluss auf Fußpfette ohne Zugverankerung.

Abb. 1.4-46: Befestigung von Traufbohle und Rinnenhalter.

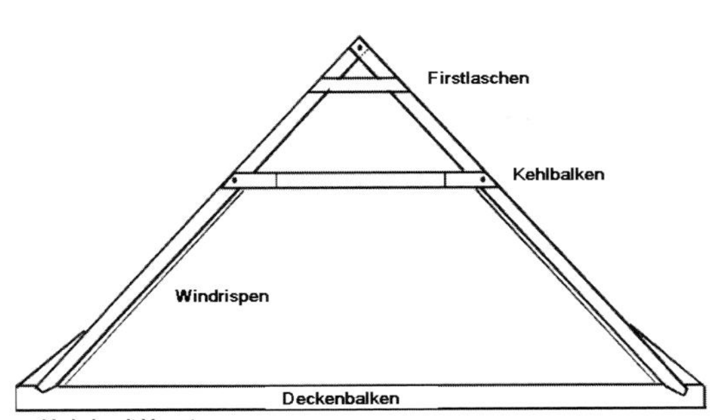

Abb. 1.4-47: Konstruktionsprinzip des Kehlbalkendaches.

drispen aus Brettern oder Bohlen, oder auch Windrispenbänder aus Stahllochband. Letztere müssen an First- und Fußpfetten verankert und verspannt werden. Im untersuchten Dach fehlen die notwendigen Verankerungen der Windrispenbänder.

Der Dachüberstand an den Traufen ist mit seitlich angeschlagenen Kanthölzern hergestellt. Traufbohlen und Rinnenhalter sind auf einer viel zu dünnen Bohle (3/12 cm) vernagelt.

Lösung

Das Dach der Scheune ist als Kehlbalkendach konzipiert. Dachsparren, Deckenbalken und Kehlbalken bilden dabei unverschiebliche und selbstragende Dreiecke mit Knotenverbindungen an Traufen, Kehlbalkenanschlüssen und am First. Die Dachsparren werden auf Biegung, insbesondere an den Kehlbalkenknoten, beansprucht. Sie müssen deshalb vom Fußpunkt bis zum First ungeschwächt durchlaufen.

Die neu eingebauten Hölzer erfüllen keine dieser technischen Forderungen. Selbst die Traufenausbildung ist nicht tragfähig.

Um alle Mängel am Holzwerk zu beseitigen, mussten ein Wettersicherungskonzept erstellt und umgesetzt, die Dachdeckung abgenommen und alle Neuhölzer ausgebaut werden. Als Wettersicherung wurde eine Hilfsdecke aus Fachwerkträgern und Bohlenlage eingezogen und mit Dichtungsbahnen abgedeckt.

Neue Kehlbalkendreiecke aus ungetrennt durchlaufenden Sparren und Kehlbalken waren einzubauen, zugfest zu verankern und auszusteifen. Zusätzliche Deckenträger aus Profilstahl mussten eingezogen und mit den Dachsparren verbunden werden. Alle Knotenpunkte des alten Eichengespärres mussten neu angeschlossen werden. Erst danach konnte die Dachdeckung wiederhergestellt werden.

1.5 Optische Mängel

1.5.1 Der merkantile Minderwert: Wie man optische Mängel richtig bewertet

Problem

Dem Bauherrn gefällt das neue Dach nicht. Möglicherweise haben auch Bekannte oder Nachbarn ungünstige Meinungen geäußert. Jedenfalls wird der Dachdecker mit einem Mangelvorwurf konfrontiert, und ein Sachverständiger soll beurteilen, ob ein Mangel vorliegt – und wenn ja, wie groß er ist und welchen Minderwert er darstellt.

Die Grundüberlegung

Zunächst eine Klarstellung: Den optischen Mangel gibt es eigentlich gar nicht. Was der eine für vertretbar oder schön hält, kann andere maßlos stören. Das, was landläufig als optischer Mangel bezeichnet wird, ist tatsächlich die Abkehr vom Üblichen, also der üblichen Ausführung, und die kann regional sehr unterschiedlich sein. Dazu ein kleines (optisches) Beispiel:

Betrachten wir das abgebildete Dach mit den unterschiedlichen Brandfarben. Wie wirkt es auf Sie als Betrachter?

Ganz richtig: Die meisten von uns werden das Dach trotz der sehr farbunterschiedlich Dachziegel als schön empfinden und im Hinterkopf haben, dass das Dach in die Gegend, in der es abgebildet wurde, sicher hineinpasst.

Nun betrachten wir das zweite Bild. Welchen Eindruck hinterlässt es auf Sie als Betrachter?

Wahrscheinlich müsste ich lange suchen, bis ich zustimmende Äußerungen fände.

In Wirklichkeit handelt es sich bei beiden Abbildungen um dasselbe Dach, nur ist im zweiten Foto der Farbrahmen verschoben, die Farbabweichungen selbst sind die gleichen. Aber: So ein Dach passt einfach nicht in die Landschaft!

Genau hier liegt des Pudels Kern: Die Frage, ob ein Dach gefällt oder nicht, hängt stark von der Sehgewohnheit des Betrachters ab und diese wieder von dem, was er üblicherweise zu sehen bekommt. Das kann regional oder sogar örtlich sehr unterschiedlich sein.

Natürlich gilt auch die ausdrückliche Aufgabenstellung des Bauherrn: Will der Bauherr ein blaues Dach, kann man ihm kein grünes eindecken. Verlangt der Bauherr fleckenfreie Dachziegel und bekommt sie nicht, wird jedes Gericht ihm Recht geben, ganz unabhängig davon, ob die Flecken für den unvorbelasteten Betrachter überhaupt sichtbar sind.

Lösung

Abgesehen von den Fällen, in denen ein Dach wegen Nichterfüllen des Bauherrenauftrags mangelhaft ist, gilt es beim Streit um optische Abweichungen in der Regel den Wert zu bestimmen, um den das Dach wegen der erkennbaren Abweichung(en) gemindert ist. Mit dieser Abschätzung tun sich Sachverständige meist schwer. Denn was sie auch bestimmen, das Ergebnis wird ganz sicher von den Parteien bezweifelt oder angegriffen werden. Bloße Schät-

Abb. 1.5-1: Ziegeldach aus Hohlpfannen.

Abb. 1.5-2: Farblich verändertes Ziegeldach.

Abb. 1.5-3: Andalusisches Ziegeldach (Alternative).

Abb. 1.5-4: Farblich verändertes Ziegeldach.

zung hilft also nicht weiter, denn man kann sie nicht begründen.

Eine Grundüberlegung an dieser Stelle muss sein, dass für die Bewertung der optischen Abweichung weder die Meinung des Bauherrn oder seiner Familie noch die der Nachbarn wichtig sind. Einzig und allein ist zu bestimmen, zu welcher Wertminderung ein potenzieller Käufer des Hauses kommen könnte, würde er den Wert des Objektes abschätzen. Eben dieser geminderte Kaufwert ist der merkantile Minderwert oder Markt-Minderwert.

Architekten wie Auernhammer und Klocke haben strukturierte Schätzmustervorlagen herausgebracht, nach denen ein Minderwert bestimmt werden kann. Vorteil dieser Schätzmuster ist, dass ein Sachverständiger sie einigermaßen gut begründen kann. Aber natürlich sind Schätzmethoden grundsätzlich angreifbar. Rechenverfahren, die sich auf Abzählen der Abweichungsbereiche stützen, haben sich nicht bewährt, weil dabei in Extremfällen eine rote Ziegelreihe im blau glasierten Dach nicht als mangelhaft bezeichnet wird, wenn die Arithmetik des Verfahrens dies gerade so bestimmt.

Für Sachverständige, die sich mit Dächern beschäftigen, habe ich einen Minderwertrechner entwickelt, mit dessen Hilfe zielgenau die Wertminderung eines Daches, einer Wandbekleidung oder eines beliebigen Bauteils errechnet werden kann. Auch für den Bauherrn und den Dachdecker ist dieses Rechenverfahren hilfreich und zielführend und erlaubt außerhalb des Sachverständigenbeweises eine schlüssige Aussage:

Art und Sichtbarkeit des Objekts werden mit der Maustaste angeklickt. Bemängelte Bauteilschichten oder Einbauten werden mit ihren Rechnungswerten in die Werttabelle eingetragen. Der optische Anspruch an das Objekt wird in %-Ziffern eingetragen, wobei der übliche (mittlere) Anspruch dem Wert 50 %) entspricht. Sodann kann für jede optische Abweichung der Umfang (m^2, m oder Stück, bezogen auf die Gesamtmenge) und das abgeschätzte Ausmaß der optischen Abweichung eingetragen werden. Dabei ist 100 % sehr stark störend, 10 % kaum oder sehr wenig störend.

In der Ergebnisspalte erscheint dann die zutreffende merkantile Wertminderung des Bauteils bzw. des ganzen Daches.

Der Minderwertrechner kann mit einer Schutzgebühr von 25,00 € zzgl. 19 % MwSt abgerufen und heruntergeladen werden unter *www.holzapfel-sachverstaendiger.de.*

Der Minderwertrechner! V 2.1 © Sachverständigenbüro Dipl.-Ing. W. Holzapfel (Dachdeckermeister)

Die rechnerische Ermittlung optisch bedingter merkantiler Minderwerte an Dach, Flachdach und Wandbekleidung.

Objektanschrift:	Musterweg 38, 44568 Frankfurt
Bearbeiter:	Hans Müller, Wegbergstr. 56, 56789 Musterstedt (Oder), Telefon: (0234) 9666-0
Datum:	05.08.2010

Art des Objekts		**Sichtbarkeit**		**Bauteile**	**Wert netto EUR**
Einfamilien-Wohnhaus	○	allseitig einsehbar	○	Unterkonstruktion	2.500,00
Mehrfamilien-Wohnhaus	○	direkt einsehbar	○	Deckg. / Bekleidg. / Abdichtg.	25.300,00
Bürohaus / Verwaltungsgebäude	◉	beschränkt sichtbar	◉	Dachkanten / Wandkanten	12.550,00
Öffentliches Gebäude	○	nicht direkt sichtbar	○	Gauben / Dachterrassen	2.541,00
Werkhalle	○	kaum / nicht sichtbar	○	Einbauteile	3.750,00
Solitärbau	○			....	0,00
				Gesamtwert netto EUR:	**46.641,00**
Optischer Anspruch in % (10-100):	**45**	50 Gerundet!		**Anteilswert netto EUR:**	**4.081,09**

Art der Beeinträchtigung in % (0-100)		**Ausmaß in % (10-100)**		**Einzelergebnisse in EUR**
Form, Ebenflächigkeit	**100**	**55**	60 Gerundet!	1.224,33
Farbe / Farbabweichung	**25**	**70**		357,10
Oberflächenschäden	**40**	**60**		489,73
Handwerkliche Ausführung	**40**	**40**		326,49
Kantenabweichung	**30**	**52**		318,32

Merkantiler Minderwert **netto** EUR (ohne Mwst.):	**2.715,96**
Merkantiler Minderwert **brutto** EUR (inkl. Mwst.):	**3.232,00**

Mehrwertsteuer-Satz in %: **19,00** *516,03 EUR gesetzl. Mwst.*

(Mwst. = "Mehrwertsteuer" bzw. Umsatzsteuer)

Kontakt: www.holzapfel-sachverstaendiger.de

Die vorliegende Berechnungshilfe wurde sorgfältig erarbeitet. Dennoch erfolgen alle Angaben und Berechnungen ohne Gewähr. Für eventuelle Nachteile oder Schäden, die aus den hier zusammengestellten Informationen und durchgeführten Berechnungen resultieren, kann der Autor keine Haftung übernehmen.
Das Werk einschliesslich aller seiner Teile ist urheberrechtlich geschützt. Jede über die normale Verwendung hinausgehende weitere Verwertung ohne Zustimmung des Autors ist unzulässig und strafbar.

Abb. 1.5-5: Minderwertrechner.

1.5.2 Bauherr als Kunde bestellt ein Ziegeldach

Dachdeckermeister und Kunde sitzen zusammen und beraten die Art des Ziegeldaches. Der Dachdeckermeister hat Hochglanzprospekte und einige Musterziegel mitgebracht. Frau Kundin mischt sich in das Gespräch und entscheidet über die Farbe des Dachziegels. Der Dachdeckermeister ist froh über den neuen Auftrag und verabschiedet sich mit der Zusicherung der besten und fristgerechten Ausführung. Herr Kunde und Frau Kundin machen sich tags darauf zum Baustoffhändler auf den Weg und betrachten in froher Erwartung die verschiedenen Musterständer und insbesondere die ausgewählten Ziegeltypen.

Schaden

Bauablauf 1

Das neue Ziegeldach ist fertig. Herr Kunde und Frau Kundin betrachten das Dach von allen Seiten. Nach näherer Augenscheinnahme aus einem der Dachfenster klingelt beim Dachdeckermeister das Telefon. Das neue Dach wird bemängelt, denn „die Dachziegel sind zerkratzt

Abb. 1.5-6: Üblicher Ziegelmusterständer.

Abb. 1.5-8: Blau changierende grün glasierte Dachziegel.

und angeschlagen". Das Dach wird so nicht abgenommen.

Bauablauf 2
Das Dach mit den glasierten Dachziegeln glänzt in der Sonne. Verwandten und Bekannten wird das neue Dach vorgeführt. Ein Besucher stellt die Frage: „Habt ihr nicht grüne Ziegel bestellt, die auf dem Dach sehen ganz blau aus." Tatsächlich muss Herr Eigenheimbesitzer zugeben, dass die Dachziegel nicht so grün sind wie bestellt. Beim Dachdeckermeister klingelt noch am selben Tag das Telefon.

Bauablauf 3
Mängelanruf des Kunden: „Wenn die Sonne von Südosten scheint, sieht man bei den blauen Dachziegeln rote Ränder, und dort, wo die Ziegel geschnitten sind, sehen sie auch rot aus."

Abb. 1.5-7: Dachziegel mit üblichen Absplitterungen.

Bauablauf 4
Die Dachziegel sind angeliefert und entsprechen dem ausgesuchten Ziegelmuster. Aber etliche Ziegel sind mit farbigen Flecken verunziert. Herr Kunde beschwert sich sofort. Der Dachdeckermeister ist ebenfalls erschreckt, reklamiert die Lieferung beim Ziegelwerk und sagt dem Kunden „umgehende Neulieferung mit fleckenfreien Ziegeln" zu. Das Ziegelwerk hat aber seine Produktion nicht im Griff. Offensichtlich tritt beim Auftrag des Glasurschlickers eine Entmischung ein, die leider erst nach dem Brand als Kreise oder Flecken sichtbar wird. Die Ersatzlieferung enthält wieder die schon beanstandeten Flecke. Der Dachdecker, nun in Zeitnot, lässt die Dachziegel trotzdem verlegen und weist seine Gesellen an, Ziegel mit großen Flecken auszusortieren. Nochmalige Ersatzlieferung ist bestellt. Der Kunde fühlt sich überfahren, kündigt den Auftrag und lässt einen anderen Dachdeckermeister das Dach mit anderen Dachziegeln neu eindecken.

Der Streit
In allen aufgezeigten Fällen, die in dieser Form tatsächlich so abgelaufen sind, ist König Kunde erst einmal erbost oder mindestens nicht freundlich, wird zuweilen von wohlmeinenden Nachbarn in seiner Ablehnung unterstützt und nicht selten auch von seiner Ehefrau und deren höherem Schönheitssinn. Kunde und Dachde-

Abb. 1.5-9: Scheinbare Farbabweichung durch differierende Glasurschichtdicken.

Abb. 1.5-10: Tatsächliche Farbabweichung der Giebelziegel.

ckermeister treffen sich am Ort des Geschehens. Aus dem ursprünglich vertrauenswürdigen Dachdeckermeister ist plötzlich ein Mensch geworden, der dem Kunden für dessen gutes Geld eine minderwertige Leistung verkaufen will. Das wird König Kunde nicht hinnehmen.

Der Dachdeckermeister verweist auf DIN-Vorschrift-Regelwerk-Nummer-soundso-und-soweiter. Das will der Kunde alles gar nicht hören. Für ihn ist das Dach nicht akzeptabel.

Was ist falsch gelaufen?
Versetzen wir uns in ein beliebiges Autohaus, und stellen wir uns folgende Situation vor: Kunde Autokäufer lässt sich vom Verkäufer des Autohauses beraten. Der preist in Hochglanzprospekten seine Autotypen an. Dann zeigt er dem Kunden Musterständer mit Autotüren, Rückspiegeln, Nummernschildern, Autovergasern und Auspufftöpfen, aber kein komplettes Auto. Der Kunde betrachtet wohlwollend die ausgestellten Musterteile und bestellt danach das Auto.

Ist eine solche Vorstellung realistisch? Unterschreibt jemand einen Kaufvertrag, ohne das fertige Auto gesehen zu haben?

Seltsamerweise mutet aber der Dachdeckermeister seinem Kunden gerade das zu: Der Kunde kriegt ein paar Musterziegel zu sehen, möglicherweise auch einen Musterständer und ein Glanzfoto, weiß aber nicht, wie sein fertiges Dach aussehen wird. Und er weiß insbesondere nicht, dass auf dem Dach verlegte Ziegel anders aussehen können als auf dem Musterständer. Dass Dachziegel Absplitterungen und Scheuerspuren haben können, gewisse Formabweichungen und Krümmungen aufweisen und dass absolute Farbtreue und Farbgleichheit (Monochromie) praktisch nicht herstellbar sind, weiß er ebenso wenig. Niemand sagt ihm auch, wie Kehlen und Anschlüsse fertig aussehen und dass Anschnitte und Andeckungen vom Ursprungsbild abweichen.

So gerät der Dachdeckermeister vorhersehbar in Konflikt und möglicherweise aufwendigen Rechtsstreit mit meist ebenso vorhersehbarem Ergebnis. Mindestens verliert der Dachde-

Abb. 1.5-11: Herstellbedingtes Glasurcraquelé.

Abb. 1.5-13: Historische buntes Hohlpfannendach.

ckermeister viel von seinem ursprünglichen Renommee.

Im Fall 1 musste ein Sachverständiger beurteilen, ob technische oder optische Mängel vorlagen. Im Ergebnis wurde eine aufwendige Nachbesserung notwendig mit Kostenübernahmen für Gericht, Anwälte und Sachverständigen.

Im Fall 2 berechnete der Sachverständige einen Minderwert in vierstelliger Höhe.

Im Fall 3 ermittelte ein Sachverständiger zwar keine Mängel, bestätigte aber, dass die roten Ziegelfalze bei entsprechender Besonnung deutlich sichtbar waren. Ein Oberlandesgericht urteilte in zweiter Instanz, dass der Dachdecker das Ziegeldach zu erneuern habe.

Abb. 1.5-12: Herstellbedingte Glasurringe und -flecken.

Der Fall 4 endete für den Dachdeckermeister in zweiter Instanz ebenfalls ungünstig. Weil er seinem Kunden eine Neulieferung mit fleckenfreien Ziegeln zugesagt hatte, spielten Größe und Sichtbarkeit oder Nichtsichtbarkeit dieser Flecken keine Rolle. Der Dachdeckermeister musste den Schaden tragen.

Lösung

Der Dachdeckermeister sollte seinem Kunden ein fertiges Ziegeldach zeigen, das dem Dach des Kunden möglichst ähnlich ist. Weil sich nicht immer und für jeden Ziegeltyp fertige Musterdächer finden lassen, sollte der Dachdecker Sorge tragen, dass Musterdachständer hergestellt sind, die ein realistisches Bild eines fertigen Daches abgeben. In einem solchen Musterdach sollten enthalten sein:

- etwa 10 m^2 Dachfläche,
- Traufe, Giebelortgang, First oder Grat,
- Kehle,
- Anschluss an ein Wohnraumfenster.

Die Dachziegel dürfen nicht eigens dafür ausgesucht sein, und es sollen sich auch solche mit üblichen Kratzspuren oder Absplitterungen in ihnen befinden. Der Kunde kann so selbst feststellen, dass Kleinschäden nicht störend sein müssen, und dazu eine eigene Entscheidung treffen.

Die Musterdachständer müssen nicht jeden Farbton enthalten, Farben kann man auch auf Kleinmustern oder Farbfotos darstellen.

Zusammenfassung
Handverlesene Musterdachziegel auf Musterdachständern sind kein realistisches Abbild einer Ziegeldachdeckung. Der Kunde macht sich daraus falsche Vorstellungen, und das Ergebnis kann womöglich nicht seinen Erwartungen entsprechen. Dem Bauherrn sollten realistische Ziegel- und Detaildeckungen vorgeführt werden, die auch unvermeidliche Kratzer und Kleinstschäden enthalten dürfen. Der Dachdeckermeister sollte nicht den Eindruck erwecken, dass gänzlich fehlerfreie Deckansichten handwerklich herstellbar wären. Ehrlichkeit wird ihm der Kunde am Ende danken.

1.5.3 Unverzichtbar: der Schnurschlag

Bauherren und Handwerker haben oft sehr unterschiedliche Ansichten, wenn es um optische Belange des Daches geht. Was für den Handwerker normal ist, kann dem Hausbesitzer die Zornesröte ins Gesicht treiben.

Schaden
Das neue Ziegeldach sagte dem Hausbesitzer nicht zu; er fand, die Handwerker hätten schludrig gearbeitet und die Ziegel krumm verlegt. Das fand der Dachdecker nicht und verklagte den Hausbesitzer. Das Gericht befragte den Sachverständigen nach seiner Meinung. Als Sachverständiger klärt man den Inhalt des Streits immer zunächst im Gespräch mit beiden Beteiligten. Im vorliegenden Fall bemängelte der Hausbesitzer, dass die Giebelkanten sichtbar krumm seien. Es wurden also die Dachkanten der Giebel und der Dachgauben auf Fluchtungenauigkeiten (Abweichen von der Geraden) untersucht.

Analyse
Die NO-Giebelkante zeigte eine konkave Einbauchung, die mittels fotometrischer Messung mit 3,5 cm Abweichung von der Geraden festzustellen war. Die SO-Giebelkante wies eine konkave Einbauchung von 1,5 cm auf, darüber hinaus ragten die untersten 2 Giebelziegel um bis zu 3 cm aus der Geraden. Am NW-Giebel wich der unterste Giebelziegel von der Geraden ab, desgleichen der unterste Giebelziegel der Dachgaube auf der W-Seite.

Abb. 1.5-14: Freihanddeckungen wird heute niemand mehr hinnehmen.

An allen genannten Dachkanten waren die Abweichungen von der Geraden auch für den unvorbelasteten Betrachter gut zu erkennen.

Lösung
Der Dachdecker sollte die Deckrichtung im Dach abschnüren; mindestens an den Dachkanten sind Schnurschläge unverzichtbar. In der Fläche können geübte Fachkräfte mit einem Helfer die jeweils gedeckten Reihen auch optisch nachrichten. Wenn diese Vorgehensweise missachtet wird, entstehen die genannten Abweichungen und Streitfälle.
Im beschriebenen Fall mussten die Dachziegel an der NO-Giebelkante über eine Breite von 2 m umgedeckt und die Giebelziegel ausgerichtet und neu eingedeckt werden.
An der SO-Giebelkante war nur der Bereich über der Traufe auszurichten. Als die untersten Giebelziegel ausgefluchtet waren, war die verbleibende Abweichung von 1,5 cm nicht mehr zu erkennen und damit unbedeutend.
An der NW-Giebelkante und an der Dachgaube genügte das Ausrichten jeweils der untersten Giebelziegel.

Abb. 1.5-15: Fluchtabweichungen an Dachkanten eines Ziegeldaches.

Abb. 1.5-17: Fluchtabweichungen an Dachkanten eines Ziegeldaches.

Abb. 1.5-16: Fluchtabweichungen an Dachkanten eines Ziegeldaches.

Abb. 1.5-18: Fluchtabweichungen an Dachkanten eines Ziegeldaches.

1.5.4 Zimmermannsfehler führen zu Dachdeckerschaden

Ebenflächigkeit und Fluchtgenauigkeit sind am Bau anzustreben, in der Bauwirklichkeit aber nie ganz zu erreichen.
Hölzerne Dachstühle unterliegen trocknungsbedingtem Schwund und lastabhängiger Durchbiegung.
Die Profilierung des Deckmaterials spielt eine große Rolle: Während Unebenheiten im Dach bei stark gewelltem Deckmaterial weniger oder nicht auffallen, treten sie bei ebenen Platten, Ziegeln oder Dachsteinen deutlich hervor.

Schaden
Der Bauherr stellte an die Optik seines Wohnhauses gehobene Ansprüche. Als Deckmaterial hatte er silbergraue ebene Dachsteine gewählt und ein Dach mit hohem optischem Wert erwartet. Das fertige Dach fand er dagegen krumm und wellig und optisch völlig unbefriedigend und stritt mit seinem Dachdecker.

Analyse
Die Dachflächen zeigten in Sparrenrichtung eine konvexe Ausbeulung mit einer größten Abweichung von bis zu 7 cm im Bereich der Mittelpfetten. Der Zimmermann hatte die Mittelpfetten auf die Betonrähme des Bauunternehmers aufgelegt, ohne deren Lage zu prüfen: Die Pfetten lagen zu hoch. In den Dachflächen waren Bombierungen mit Abweichungen bis zu 5 cm sichtbar.
Die Dachsparren waren am First und am Kehlbalkenanschluss nicht ausreichend ausgesteift. Dem Dachdecker waren die Ausbeulungen der Sparren nicht aufgefallen.

Abb. 1.5-20: Konvexe Ausbeulung der Dachkante.

Die Ausbeulungen und Bombierungen hätten auch dem unvorbelasteten Betrachter direkt auffallen müssen: Sie waren optische Mängel.

Lösung
Das Erzielen der Ebenflächigkeit stellt bereits an den Planer höhere Anforderungen. Der gewöhnliche Dachstuhl aus üblichem Bauholz und mit üblichen Knotenpunkten bietet kaum Gewähr für höheren Anspruch an Ebenflächigkeit. Für die Bauaufgabe mit höherem optischem Anspruch hätten gesperrtes Leimholz verwendet, Durchbiegungen durch größere Querschnitte und Aussteifung minimiert und insbesondere Ausführungspläne mit Knoten-Details angefertigt werden müssen.
Die gewünschte Ebenflächigkeit war durch Einzelausbesserungen nicht zu erreichen. Wegen der unveränderbaren Lage der Dachtraufen konnte der Dachstuhl auch nicht begradigt werden. Für die Mängelbeseitigung mussten Dach und Dachstuhl sowie Teile der Betonräh-

Abb. 1.5-19: Unebenheiten im Dach: Dachdecker kriegen immer Ärger, auch wenn die Verursacher andere sind.

Abb. 1.5-21: Bombierung (Wölbung) über der Dachgaube.

me abgetragen und neu aufgebaut werden. Für den Dachstuhl wurde Leimholz verwendet, für die Decklattung Dachlattenquerschnitte von 40/60 mm.
Der Dachdecker musste einen Teil des Schadens tragen.

1.5.5 Ursachen für einen schiefen Dachfirst

Ungerade Dachfirste können aus Montagefehlern entstehen, aber auch durch die Unterkonstruktion – den Dachstuhl – verursacht sein.

Schaden
Im untersuchten Streitfall bemängelte der Bauherr, dass „der Dachfirst krumm und schief verlegt ist".
Der Blick über den First bestätigt seitliche Abweichungen der Firstdeckung aus der Fluchtlinie.

Analyse
Die Überprüfung ergab, dass die Firstlatte nicht fluchtrecht angebracht war. Hier handelte es sich nicht um verdrehte Firstziegel. Die Firstziegel waren an den Ausknickpunkten seitlich zur jeweiligen Dachfläche verschoben. Seitlich waren die Dachziegel von den Firsten ausreichend weit überdeckt.Voraussetzung für geradlinige Deckungen ist immer eine geradlinige Unterkonstruktion; auf krummer Firstlatte kann kein geradliniger First entstehen.
Im gegebenen Fall war zu untersuchen, ob ein Mangel vorlag.
Ein technischer Mangel schied aus, weil die seitlichen Überdeckungen ausreichten.
Ein optischer Mangel wäre dann anzunehmen, wenn aus üblichem Betrachtungsabstand der Dachfirst für den unvorbelasteten Betrachter als krumm oder schief erkannt würde.
Im üblichen Betrachtungsabstand von Straßen- oder Gartenseite waren die Fluchtabweichungen

Abb. 1.5-22: Ein „krummer" Dachfirst, dessen Abweichung man von unten nicht sieht und dessen Überdeckungen ausreichen, ist kein Mangel.

Abb. 1.5-23: Ein „krummer" Dachfirst, dessen Abweichung man von unten nicht sieht und dessen Überdeckungen ausreichen, ist kein Mangel.

Abb. 1.5-24: Ein „krummer" Dachfirst, dessen Abweichung man von unten nicht sieht und dessen Überdeckungen ausreichen, ist kein Mangel.

Abb. 1.5-25: Ein „krummer" Dachfirst, dessen Abweichung man von unten nicht sieht und dessen Überdeckungen ausreichen, ist kein Mangel.

des Firstes nicht zu erkennen, auch die Firstanfänge lagen gerade.

Lösung
Im gegebenen Streitfall waren die Fluchtabweichungen der Firstlinie technisch kein Mangel; auch optisch konnte ein Mängelvorwurf nicht bestätigt werden.

Abb. 1.5-26: Durchhang im Dach kann technische Schäden als Ursache haben. Immer sollte der Bauherr informiert werden.

1.5.6 Durchhängendes Ziegeldach

Neudeckung alter Dächer setzt die Überprüfung des tragenden Dachstuhls voraus. Mindestens sichtbare Mängel am Dachstuhl sollte der Dachdecker erkennen können. Dies zeigt der folgende Fall.

Schaden
Die neue Ziegeldeckung auf einem Wohnhaus mit Satteldach gefiel dem Hauseigentümer u.a. nicht, weil die Dachflächen deutlichen Durchhang zeigten. Für den Dachdecker war dies kein Problem, denn nach seiner Meinung hatte er am schon vorher durchhängenden Dachstuhl nichts verändert und nichts beschädigt.

Analyse
Der gegen den Giebel grenzende Dachbereich hat über eine Breite von etwa 4,5 m einen Durchhang von bis zu 8 cm.
Die Lattung aus Konter- und Decklatten war direkt auf die Sparren aufgenagelt, hatte also am Zustand des Dachstuhls nichts verändert.
Überprüfungen ergaben, dass der Hauseigentümer vor längerer Zeit 2 Kopfbänder der Mittelpfette entfernt hatte, weil sie bei Ausbauarbeiten störten. Außerdem hatte er den früher ungenutzten Bodenraum ausgebaut und folglich die Dachsparren von innen bekleidet. Dies alles hatte zum jetzt beklagten Durchhang dieses Teils des Daches geführt.
Handwerklich hatte der Dachdecker nichts falsch gemacht. Als Unternehmer wäre er aber verpflichtet gewesen, seinen Auftraggeber auf den Dachdurchhang hinzuweisen, und dies nicht nur aus optischen Gründen. Der Durchhang war durch eine unzulässige Überlastung der Mittelpfette nach Ausbau der Kopfbänder und durch die Last der Deckenbekleidung entstanden. Für Dach und Bewohner trat dadurch eine Gefährdung ein.

Lösung
Die Dachdeckung über dem Dachdurchhang musste aufgenommen und Sparren und Mittelpfette freigelegt werden.
Ein Zimmerer hob die Mittelpfette bis zur ursprünglichen Lage an und versteifte sie mit einem U-Profilstahl. Die Dachsparren wurden mit seitlich angeschlagenen Bohlen ausgesteift und verstärkt. Danach konnten Wärmedäm-

mung, Unterdeckbahnen, Lattung und Dachziegeldeckung wiederhergestellt werden.
Dem Dachdecker, der versäumt hatte, seinen Auftraggeber rechtzeitig zu informieren, wurden 50 % der Mängelbeseitigungskosten auferlegt.

1.5.7 Absplitterungen an Dachziegeln

Wenn der Hauseigentümer ein Dach in Auftrag geben will, ist auch das optische Erscheinungsbild ein wichtiges Auswahlkriterium.
Bis zur Entscheidung hat er sich meist anhand von vorgelegten Hochglanzprospekten informiert, wenn nicht gar eine Musterdachausstellung besucht.
Dass ein fertiges Dach anders aussehen kann, als es Prospekte und Musterständer vorgeben, erfährt er spätestens an seinem eigenen Dach.

Abb. 1.5-27: Dem neuen Ziegeldach sind Schäden nicht anzusehen.

Schaden

Das Dach des Einfamilienhauses war mit glanzengobierten tiefblauen Flachdachziegeln gedeckt. Aus einem Dachfenster betrachtet, zeigten sich dem Hauseigentümer aber eine größere Zahl von Beschädigungen an seinen Dachziegeln, die er so nicht hinzunehmen bereit war.

Tabelle 1.19: Struktur und Oberfläche des Dachziegels – Toleranzen

Art	Beschreibung
Oberflächenbesonderheiten	Rillen, Reliefwirkungen, Farbflecken, Falten usw.
Haarrisse	Risse, welche nur die Oberfläche bei naturroten, engobierten und glasierten Dachziegeln betreffen oder die Haftung der Engobe und der Glasur am Scherben nicht beeinträchtigen
Blasen	Örtliche, oberflächliche Erhebungen des Werkstoffes, welche bei der Fertigung entstehen und eine mittlere Abmessung bis 10 mm aufweisen
Krater	Verlust an Werkstoff, oftmals wegen der Ausdehnung eines Kornes (z.B. aus Kalk oder Pyrit), in einer mittleren Abmessung bis 7 mm auf dem im Einbauzustand sichtbaren Bereich des Dachziegels
Splitter	Ablösung eines Teils des Werkstoffes vom Scherben in einer mittleren Abmessung bis 7 mm auf dem im Einbauzustand sichtbaren Bereich des Dachziegels Zu unterscheiden sind: • Eckabsplitterung: Absplitterung an einer Ecke des Ziegels • Längssplitter: Splitter, welche entweder die Falzrillen oder andere reliefartige Bereiche des Dachziegels betreffen
Schleierbildung	Vorübergehende Ausblühungen, die allmählich durch Niederschlag entfernt werden
Farbnuancen	Farbnuancen in ein und demselben Los, welche für die Gesamtheit einer Lieferung typisch und absichtlich aus ästhetischen Gründen hervorgerufen worden sind, sind zulässig. Bei einfarbigen Dachziegeln sind Nuancen zulässig, welche sich aus dem spezifischen keramischen Verfahren ergeben.
Kratzer, Reibungsspuren	Herstellungs- bzw. transportbedingt
Falten	Bedingt durch Pressvorgang

(Produktdatenblatt für Dachziegel, 09/2000, Abschnitt 4.4)

Abb. 1.5-28: Oberflächenschäden, die man aus üblichem Abstand nicht sieht und die die Regensicherheit nicht mindern, sind kein Mangel.

Abb. 1.5-30: Sichtbare Oberflächenschäden sollten beseitigt werden.

Also kam es zum Streit mit seinem Dachdecker, der dem Ansinnen seines Auftraggebers auf Neuherstellung widersprach.

Analyse

Das Ziegeldach zeigte sich aus der Entfernung in prospektähnlichem Zustand.
Erst aus kurzer Entfernung war erkennbar, dass Ziegelkrempen abgesplittert und Ziegeloberflächen zerkratzt oder durch Aussplitterungen verändert waren.
Dachziegel sind regensicher durch den gebrannten Ziegelscherben. Engoben oder Einfärbungen verändern die Regensicherheit nicht, Glasuren erhöhen allerdings die Oberflächendichte des Ziegels.
Absplitterungen sind nur dann technische Mängel, wenn durch sie die Wasserleitung (Regensicherheit) gefährdet ist. Abschürfungen sind keine technischen Mängel, weil durch sie die Regensicherheit nicht gefährdet wird. Die Werkstoffnormen, wie beispielsweise DIN EN 1304 Dachziegel – Definition und Spezifikation – bestimmen nur den Bewertungsmaßstab für die Produkthersteller, binden also nur die Produktion des Ziegelwerks und dienen der vergleichenden Qualitätskontrolle, sie dürfen für die Bewertung auf dem Dach nicht herangezogen werden.
Für die Bewertung der Ziegeloberfläche und des Erscheinungsbildes werden die Produktdatenblätter für Dachziegel herangezogen:

Abb. 1.5-29: Oberflächenschäden, die man aus üblichem Abstand nicht sieht und die die Regensicherheit nicht mindern, sind kein Mangel.

Grundlage für die Toleranzbestimmung ist ein gebrauchsüblicher Betrachtungsabstand (6 bis 10 m außerhalb der Dachfläche). Alle aufgeführten Merkmale schränken die Gebrauchsfähigkeit des Dachziegels in der angegebenen Toleranz nicht ein.

Entscheidend waren in diesem Fall die Größe der Aussplitterungen und die Erkennbarkeit aus der üblichen Betrachtungsentfernung.
Der Splitter in Abb. 1.5-29 war größer als 7 mm, auch der größere Splitter war aus üblicher Betrachtungsentfernung nicht sichtbar. Sichtbar war dagegen der Splitter am Giebelziegel.
Die übrigen Splitter lagen im Toleranzbereich oder darunter.

Lösung

Ein neues Dach konnte der Hauseigentümer nicht verlangen. Die kaum sichtbaren Splitter rechtfertigten keinen Nachbesserungsanspruch. Der etwas größere sichtbare Splitterschaden am Giebelziegel sollte beseitigt werden. Weil ein Austausch u.U. mit Farbungleichheit oder weiteren Beschädigungen verbunden sein kann, empfahl der Sachverständige eine Behandlung des Splitters mittels Kaltengobe.

1.5.8 Farbungleichheiten bei nachträglichem Ergänzen von Dachsteinen

Schaden

Der Hauseigentümer hatte sein Wohnhaus mit einem Dämmputz aufgerüstet. Das Satteldach mit Schleppgauben war mit ursprünglich rotbraunen Dachsteinen gedeckt. Weil die ursprünglichen Dachüberstände an Giebeln und Dachgauben nicht mehr passten, sollte ein Dachdecker die Dachüberstände verbreitern. Er besorgte sich dazu geeignet scheinende neue Giebelsteine, verlängerte die Decklattung und versorgte die Dachüberstände mit neuen Giebelabschlüssen.
Der Hauseigentümer war empört ob der „Verschandelung“ seines Daches und verweigerte die Bezahlung. Der Dachdecker kam selbst nicht mehr zur Klage gegen den Eigentümer. Nach mehreren Jahren begannen dessen Erben einen Streit gegen den Auftraggeber.

Analyse

An Dachsteinen verändern sich infolge der chemischen Zusammensetzung des Zements die Oberflächenstruktur und die Farbe der Dachsteine: Auch bei neuen Erzeugnissen tritt nach

Abb. 1.5-32: Farbungleichheiten zwischen alten und neuen Dachsteinen sind üblich, nicht vermeidbar und kein Mangel.

wenigen Jahren Vergrauen und Verblassen der Farbbeschichtung ein.
Veränderungen gegenüber neuen Dachsteinen sind schon nach wenigen Jahren sichtbar.
Bei Dächern aus Betondachsteinen führen nachträgliches Ergänzen oder Ersetzen von Dachsteinen immer zu Farbungleichheiten: Die neu gedeckten Dachsteine setzen sich gegenüber den alten sichtbar ab.
Ein Dachdecker kann daran nichts ändern. Farbgleiche neue Dachsteine mit bewitterten sind nicht herstellbar.

Lösung

Der Dachdecker war an der Situation schuldlos. Zu ändern war sie nicht. Abhilfe hätte nur eine Neueindeckung oder eine Beschichtung des Daches mit geeigneten Verfahren schaffen können.

Abb. 1.5-31: Farbungleichheiten zwischen alten und neuen Dachsteinen sind üblich, nicht vermeidbar und kein Mangel.

Abb. 1.5-33: Grün glasiertes Ziegeldach.

1.5.9 Farbabweichungen bei einem glasierten Ziegeldach

Schaden

Das denkmalgeschützte Ensemble hatte neue Ziegeldächer erhalten, die umgehend von Architekt und Hauseigentümer als fleckig und unschön und in dieser Form keinesfalls gewollt abgelehnt wurden. Bemängelt wurde, dass die grün glasierten Dachziegel unterschiedlich intensiv bläulich schimmerten.
Musterständer des Ziegelherstellers hätten diese Farbabweichungen nicht gezeigt.

Analyse

Die Dachziegel zeigten changierende Blaufärbungen in unterschiedlicher Intensität und abhängig von Blickrichtung und Lichteinfall. Wie Abb. 1.5-34 zeigt, waren die Farbchangierungen aus diesem Blickwinkel deutlich erkennbar. Aus der Nähe und senkrecht zum Ziegel betrachtet erkannte man die Ursachen.
Die Ziegelglasur zeigte Craquelé-Risse, die infolge Lichtbrechung die beanstandeten Farbchangierungen hervorriefen.
Der Sachverständige hatte zu untersuchen, ob die Farbabweichungen und die Glasurcraquelés als Mangel zu bewerten sind.

Die DIN EN 1304 Tondachziegel für überlappende Verlegung legt u.a. fest:

5 Anforderungen
Die Dachziegel dürfen weder Fabrikationsfehler, welche das gute Zusammenfügen der Dachziegel untereinander beeinträchtigen, noch Strukturfehler, definiert in 4.4, aufweisen.
Unter 4.4 ist u.a. festgelegt:

4.4.6 Farbabweichung
Abweichung von ein und demselben Farbton und im weiteren Sinne die unterschiedlichen Farbtöne innerhalb eines bestimmten Fabrikationsloses.
4.4.14 Haarrisse (Engobe und Glasur)
Risse, welche nur die Stärke der Engobe oder der Glasur (...) betreffen und die Haftung der Engobe und der Glasur am Scherben nicht beeinträchtigen.

Das „Produktdatenblatt für Dachziegel“ hält Risse in der Ziegeloberfläche dann für unbedeutend, wenn sie ... *die Haftung der Engobe und der Glasur am Scherben nicht beeinträchtigen.*
(Produktdatenblatt für Dachziegel, 09/2000, Abschnitt 4.4)

Zunächst war zu untersuchen, ob die Glasurcraquelés die physikalisch-mechanischen Eigenschaften der Dachziegel beeinträchtigen könnten. Mit der Überprüfung wurde das Institut für Ziegelforschung in Essen beauftragt. Durch einen Dachdecker ließ der Sachverständige 30 Dachziegel aus den unterschiedlichen Dachflächen herausnehmen und zur Überprüfung stellen. Überprüft wurden Frostbeständigkeit an normgerechten Frost-/Tauwechselprüfungen und anschließend Wasserundurchlässigkeit und Biegefestigkeit.

Die Dachziegel bestanden die Überprüfungen mit den vorgegebenen Normwerten, sie waren daher technisch nicht zu beanstanden.
Die Frage nach dem optischen Mangel orientierte sich zunächst am Inhalt des Vertragsverhältnisses. Architekt und Bauherr konnten nachweisen, dass weder aus Farbprospekten des Ziegelherstellers noch an Musterziegeln Hinweise auf Farbchangierungen erkennbar waren.

Abb. 1.5-34: Scheinbare – aber sichtbare – Farbabweichungen.

Abb. 1.5-35: Ursache ist Changierung infolge Lichtbrechung durch Glasurcraquelés.

Der Bauherr hatte auf ein Dach aus einheitlicher Farbe vertrauen können.
Die Farbchangierungen in den Dachflächen waren – abhängig von Tageslicht, Sonnenstand und Blickrichtung – auch für den unvorbelasteten Betrachter aus üblicher Blickrichtung und Entfernung erkennbar. Die Ziegeldächer erhalten dadurch eine tatsächliche oder mögliche merkantile (handelswertmäßige) Minderung.

Dieser merkantile Minderwert wurde nach dem Holzapfel-Minderwertrechner wie folgt ermittelt:

Lösung
Zugrunde gelegt wurden der Rechnungspreis für die Ziegeldeckung, das allseitig einsehbare Verwaltungsgebäude mit einem erhöhten optischen Anspruch von 70%, die über alle Dachflächen verteilten Farbabweichungen (100%) und das mit 60% ermittelte Ausmaß der Farbabweichungen. Der daraus errechnete Minderwert beträgt dann 4.228,31 €. Der Dachdecker machte den Minderungsschaden bei seinem Ziegelhersteller geltend.

Der Minderwertrechner!

Version 3.1

Die rechnerische Ermittlung optisch bedingter merkantiler Minderwerte an Dach, Flachdach und Wandbekleidung.

© Sachverständigenbüro Dipl.-Ing. Walter Holzapfel (Dachdeckermeister)

Bearbeiter:	
Objektanschrift:	
Datum:	

Art des Objekts		**Sichtbarkeit**		**Bauteile**	**Wert netto EUR**
Einfamilien-Wohnhaus	○	allseitig einsehbar	●	Unterkonstruktion	0,00
Mehrfamilien-Wohnhaus	○	direkt einsehbar	○	Deckg. / Bekleidg. / Abdichtg.	42.300,00
Bürohaus / Verwaltungsgebäude	●	beschränkt sichtbar	○	Dachkanten / Wandkanten	0,00
Öffentliches Gebäude	○	nicht direkt sichtbar	○	Gauben / Dachterrassen	0,00
Werkhalle	○	kaum / nicht sichtbar	○	Einbauteile	0,00
Solitärbau	○			....	0,00
				Gesamtwert netto EUR:	**42.300,00**
Optischer Anspruch in % (10-100):	**70**			**Anteilswert netto EUR:**	**8.460,00**

Art der Beeinträchtigung in % (0-100)		**Ausmaß in % (10-100)**	**Einzelergebnisse in EUR**
Form, Ebenflächigkeit	**0**	**0**	0,00
Farbe / Farbabweichung	**100**	**60**	3.553,20
Oberflächenschäden	**0**	**0**	0,00
Handwerkliche Ausführung	**0**	**0**	0,00
Kantenabweichung	**0**	**0**	0,00

Merkantiler Minderwert, **netto** EUR (**ohne** USt.):	**3.553,20**
Merkantiler Minderwert, **brutto** EUR (**inkl.** USt.):	**4.228,31**

Umsatzsteuer-Satz in %:	**19,0**	*675,11 EUR gesetzl. USt.*

(USt. = Umsatzsteuer)

Kontakt: www.holzapfel-sachverstaendiger.de

Die vorliegende Berechnungshilfe wurde sorgfältig erarbeitet. Dennoch erfolgen alle Angaben und Berechnungen ohne Gewähr. Für eventuelle Nachteile oder Schäden, die aus den hier zusammengestellten Informationen und durchgeführten Berechnungen resultieren, kann der Autor keine Haftung übernehmen.
Das Werk einschliesslich aller seiner Teile ist urheberrechtlich geschützt. Jede über die normale Verwendung hinausgehende weitere Verwertung ohne Zustimmung des Autors ist unzulässig und strafbar.

Abb. 1.5-36: Minderwertrechner.

1.5.10 Graue Flecken auf glasiertem Ziegeldach

Schaden

Der Bauherr konnte sein neues Wohnhaus ein halbes Jahr lang mit Stolz Verwandten und Bekannten vorführen, bis ihn jemand darauf aufmerksam machte, dass sich am Dach graue Flecken zeigten. Der herbeigerufene Dachdecker musste die Fleckigkeit zugeben. Nach Rücksprache mit dem Ziegelhersteller beruhigte er aber seinen Auftraggeber, die Flecken würden von allein verschwinden. Leider trat diese Prognose nicht ein, und nach weiteren 6 Monaten fragte er den Sachverständigen um Rat.

Schaden

Die blau glasierten Dach- und Giebelziegel schienen stellenweise wie mit Mehl bestäubt. Die Ziegeloberfläche wurde daraufhin aus nächster Nähe in Augenschein genommen. An Wetterschenkeln der Giebelziegel waren die Ursachen der hellen Fleckung schnell sichtbar: Die dunkelblaue Ziegeloberfläche zeigte Glasurcraquelés und darüber hinaus weißliche Ausblühungen in den Craquelés selbst.
Je nach Dichte und Intensität von Craquelés und Ausblühung schimmerte die Ziegeloberfläche mehr oder weniger weißlich.

Lösung

Im vorherigen Kapitel sind die Maßnahmen und Berechnungen für eine Bewertung des Schadenfalles beschrieben. In diesem Streitfall war zu berücksichtigen, dass Ausblühungen in geringem Umfang dann statthaft sind, wenn sie allmählich durch den Niederschlag entfernt werden.

Abb. 1.5-37: Farbabweichungen können auch Hinweis auf Materialschäden sein (hier Ausblühungen).

Abb. 1.5-38: Farbabweichungen können auch Hinweis auf Materialschäden sein (hier Ausblühungen).

Der Sachverständige schlug also die technische Überprüfung der Dachziegel auf Frostbeständigkeit, Wasserundurchlässigkeit und Biegebeständigkeit vor. Sollten die Dachziegel die Prüfung bestehen, wurde ein Beobachtungszeitraum von insgesamt 2 Jahren ab Verlegung vorgeschlagen. Wenn die Ausblühungen danach noch sichtbar wären, sollten weitere Feststellungen getroffen werden.
Der Ziegelhersteller widersprach jedoch einer Überprüfung seiner Ziegel und übernahm die Kosten für die Umdeckung des Daches mit neuen Dachziegeln.

1.5.11 Scheinbare Farbunterschiede auf glasiertem Dach

Schaden

Das glasierte Ziegeldach auf seinem Wohnhausneubau missfiel dem Bauherrn wegen unterschiedlicher Farben der blau glasierten Dachziegel.

Analyse

Die optische Kontrolle des Daches in vollem Sonnenlicht zeigte, dass im Wesentlichen etliche Formziegel wie Firste und Giebelziegel eine hellere Oberflächenfarbe hatten als die Dachziegel. Die Untersuchung wurde auf einen Termin im Winter desselben Jahres ausgedehnt. Bei bedecktem Himmel waren Farbunterschiede nicht mehr erkennbar.
Hier handelte es sich um scheinbare Farbungleichheiten. Der in hellem Sonnenlicht mittelblau scheinende Ziegel zeigte bei bedecktem Himmel seine dunkelblaue Farbe.

Abb. 1.5-39: Farbabweichungen können auch Hinweis auf Materialschäden sein (hier Ausblühungen).

Abb. 1.5-40: Aus der Nähe betrachtet weichen die Ziegelfarben deutlich voneinander ab.

Abb. 1.5-41: Aus der Nähe betrachtet weichen die Ziegelfarben deutlich voneinander ab.

Die Ursachen lagen in der unterschiedlichen Schichtdicke der Glasur: Da die Formziegel von Hand gefertigt wurden, differierte die Auftragsmenge der Glasurmasse. Die dickere Glasurschicht reflektierte das Licht stärker und ließ die Grundfarbe des Ziegels zurücktreten.

Lösung
Ein technischer Mangel war nicht gegeben.
Ein optischer Mangel konnte in einem merkantilen Minderwert des Daches liegen, der auch hier wieder errechnet werden musste, dabei wurde der Wert der Ziegeldeckung mit 8.970,00 € zugrunde gelegt (siehe Tabelle 1.20 auf Seite 112).

Der merkantile Minderwert kann auch in einer strukturierten Schätzung nach Verfahren Auernhammer oder Klocke ermittelt werden. Bei diesem Verfahren legt man den Rechnungswert der Ziegeldeckung zugrunde und schätzt stufenweise den Gestaltungswert (Prestige/Farbe – Schönheit/Form – Gestaltung) und deren Abweichungen ab und erhält so den (geschätzten) Minderwert.

Die Minderung von nur 20 % für Farbe und Schönheit verdankte das Dach der Tatsache, dass Farbungleichheiten nur zeitweise sichtbar waren.

1.5.12 Farbabweichungen bei Giebelziegeln

Schaden
Das neue Ziegeldach des Wohnhauses zeigte sich farblich eingerahmt: Die Dachkanten hatten erkennbar eine andere Farbe als die übrigen Dachziegel. Der Hausbesitzer verlangte vom Dachdecker die Erneuerung der Giebelreihen mit farblich passenden Giebelziegeln.

Analyse
Der Farbton der Giebelziegel wich deutlich sichtbar vom Farbton der übrigen Dachziegel ab (Abb. 1.5-41).
Die Ursache der Farbabweichung lag auch hier wieder darin, dass die Giebelziegel in einer eige-

Tabelle 1.20: Strukturierte Schätzung des merkantilen Minderwertes

Wert des Bauteils = (100 %)	**technischer Gebrauchswert (Nutzwert) (80 %)**	**+ merkantiler (Geltungs-)Wert (gestalterischer Wertanteil) (20 %)**
8.970,00 €	7.176,00 €	1.794,00 €
Prestige-Wert 20 %	Farbe/Schönheit 70 %	Form/Gestaltung 0 %
358,80 €	1.255,80 €	0,00 €
Minderwert/Prestige 20 %	Minderwert Farbe/Schönheit 20 %	Minderwert Form/Gestaltung 0 %
71,76 €	251,16 €	0,00 €
		Minderwert gesamt: **322,92 €**

nen Fertigungslinie – also nicht zusammen mit den übrigen Dachziegeln – hergestellt wurden. Da die Ziegelfarbe erst beim Brand entsteht, ist sie nur schwer steuerbar. Farbgleich können im Grundsatz nur Ziegel ein und derselben Fertigungslinie sein.
Üblich sind Farbunterschiede zwischen Dach- und Formziegeln gering und kaum sichtbar. In diesem Streitfall war der Farbunterschied aber sehr deutlich und fiel auch dem unvorbelasteten Betrachter auf.

Lösung
Das Dach wurde mit einem Minderwert, angelehnt an die voraussichtliche merkantile Minderung, belegt.

1.5.13 Flecken an der Schieferbekleidung

Auftraggeber haben Anspruch auf ein Produkt in üblicher Art und Güte. Dies gilt auch für Handwerksleistungen und auch für den optischen Anspruch. Für den Handwerker gilt: Hinter Fachregeln verschanzen geht nicht immer.

Schaden
Ein Hauseigentümer hatte den Giebel seines Mehrfamilienhauses mit Schiefer bekleiden lassen. Die Freude an der neuen Schieferbekleidung verging ihm, als diese nach einigen Wochen Flecken bekam.

Der Dachdecker verwies auf seine Fachregeln und das Produktdatenblatt für Schiefer und erklärte, damit müsse der Eigentümer leben.

Analyse
Die Schieferbekleidung wurde analysiert: Auf den Oberflächen der Rechteckschiefer waren kreis- bzw. ovalförmige grauweiße und zuweilen

Abb. 1.5-42: Deutliche Farbabweichung der Giebelziegel; herstellungsbedingt und dennoch ein Mangel.

Abb. 1.5-43: Fleckbildung nach Herstellung.

gelbliche Flecken von bis zu 8 cm Durchmesser vorhanden. Die Fleckbildung breitete sich über mehr als 25 % der Schieferrechtecke aus.
In Fällen von Fleckbildungen, die mehrere Ursachen haben können, schaltet der Sachverständige ein Prüfinstitut ein.
Das bestätigte, dass es sich in diesem Fall um Dendriten handelte; eine noch nicht restlos erforschte Fleckbildung, die jedenfalls keine Ausblühung und auch kein chemischer Abbau (Verwitterung) ist. Dendriten entstehen immer an der Wetter-(Licht-)Seite. Dreht man einen Schieferstein mit Dendritfleck um, verschwindet der Fleck und taucht auf der neuen Wetterseite wieder auf. Dendriten lassen sich absäuern, kommen aber regelmäßig wieder zum Vorschein.
Es kommt aber auch vor, dass Dendriten von allein wieder verschwinden.
Dendritenflecke lassen sich nicht beseitigen.
Die Fachregeln führen hierzu aus:

2.1.1 Werkstoffe und Anforderungen
(8) Natürliche Auflagerungen wie Dendriten und unterschiedliche Oberflächenstrukturen sind möglich.
(Fachregel für Dachdeckungen mit Schiefer, 09/1999, Abschnitt 2.1.1.)

Die Tatsache, dass Dendriten möglich sind, ist dem Hauseigentümer üblicherweise unbekannt. Dendritenflecke sind auch sehr selten, oder sie treten nur vereinzelt auf. Die übliche Schieferbekleidung enthält keine Dendriten oder in nur geringer Menge.

Abb. 1.5-44: Fleckbildung nach Herstellung.

Der Eigentümer konnte nicht davon ausgehen, dass seine Giebelwand fleckig sein würde.
In der untersuchten Wandbekleidung war jedoch ein erheblicher Teil der Schieferrechtecke fleckig.
Die Schieferbekleidung entsprach in dieser Form nicht den üblich zu erwartenden Anforderungen. Wegen der großen Verteilung der Flecken kam ein Minderwertansatz nicht in Frage.
Ein Austausch der fleckigen Schiefer schied ebenfalls aus, weil dabei mit Farbabweichungen gerechnet werden musste.

Lösung

Die nicht den üblichen Anforderungen genügende Bekleidung musste – da Beseitigung der Flecken oder Austausch der Schiefer nicht möglich waren – durch eine neue ersetzt werden.

Abb. 1.5-45: In diesem Fall Dendriten. Technisch bedeutungslos, aber dennoch ein optischer Mangel.

1.6 Oft ein Problem: die Dachgaube

1.6.1 Mangelhafte Werkstoffübergänge führen zu Leckstellen

Schaden

Inhalt einer Dachsanierung war u.a. die Neuabdichtung der Gaubendächer. Der Bauherr beklagte sich über die Ausführung und über Leckstellen an den Gaubenkehlen.
Regenwasser drang jeweils am Übergang der Randprofile zum Kehlauslauf und zum Rinneneinhangblech in Holzschalung und Unterkonstruktion ein und verursachte Wasserschäden in der Gaubendecke.

Abb. 1.6-1: Technische Fehler am Gaubendach: Zinkkehle mit offenen Abrissen, Kehlausläufe fehlen.

Analyse

Die Gaubendächer waren mit Bitumen-Schweißbahnen auf Holzschalung abgedichtet, die seitlichen Randblenden bestanden aus einteiligen Aluminium-Strangprofilen. Als Rinneneinhang waren rechtwinklig abgekantete Traufbleche aus Zink eingebaut. Die Wangenanschlüsse bestanden aus Bleiblech-Schichtstücken, deren jeweils oberstes an den Gaubenschultern von den Lagen der Bitumen-Schweißbahnen überdeckt und mit diesen verklebt waren. Die Gaubenkehle bestand aus Zinkblech.
Die vordergründige Ursache für die Wasserschäden lag in den nicht gelösten und nicht lösbaren Werkstoffübergängen zwischen Zinkblech und Aluminiumrandprofil. Das einfache Überkleben mit Schweißbahnen kann den grundsätzlich notwendigen wasserdichten Anschluss zwischen den Randeinfassungen nicht ersetzen.
Die Unterdeckbahn endete unter dem Kehlblech und bildete über der Kehlschalung eine Höhenstufe als so genannter Wassersack.
Ein weiterer Mangel lag in der Art des Rinneneinhangbleches. Die ungeschützte Stirnkante des Zinkbleches wurde hier durch Bitumenkorrosion rasch zerstört. Diese Form des Rinneneinhangs ist grundsätzlich ungeeignet; bei Traufenlängen über 6 m führt sie zu Kerbbrüchen in der aufgeklebten Abdichtung.

Lösung

Die Gaubendächer mit allen Einfassungen mussten grundsätzlich neu hergestellt werden. Für den Rinneneinhang war dabei ein abgerundetes oder mehrfach abgekantetes Stützblech zu verwenden. Die Schweißbahnen waren bis zur vorderen Abtropfkante herunterzuführen.
Einteilige Randeinfassungen sind grundsätzlich ungeeignet; es müssen immer mehrteilige Randprofile oder Aufkantungen mit Blechabdeckung hergestellt werden. Nur sie ermöglichen über den Gaubenschultern die notwendigen Dichtanschlüsse an die Kehlausläufe. Eine einfache Möglichkeit, mehrteilige Randprofile selbst herzustellen, zeigt Abb. 1.6-3.
Die Unterdeckbahn musste mittels Holzdreikant unterfüttert und auf die Gaubenkehle geführt werden.
Blechkehlen sind problematisch und sollten nicht verwendet, stattdessen die Abdichtung bis zur Oberkante der Kehlschalung hochgeführt werden. Für die Kehlausläufe waren Kehlabweisbleche einzubauen, die in die Abdichtung

Abb. 1.6-2: Zinktraufe wird durch Bitumenkorrosion zerstört.

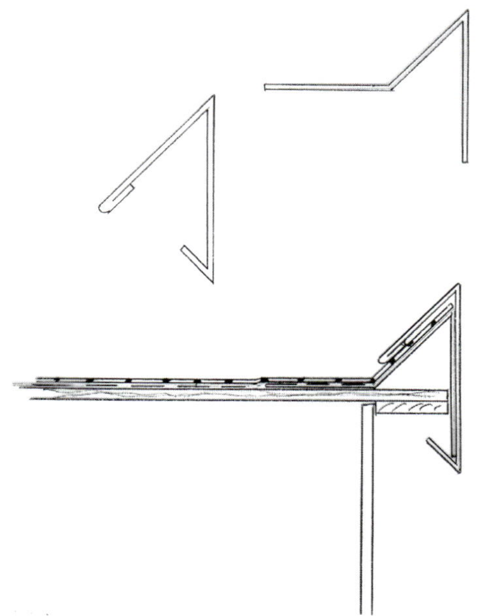

Abb. 1.6-3: Vorschlag für selbst hergestellte zweiteilige Randblende.

eingeklebt und im Beispiel der vorgeschlagenen Randeinfassung mit dessen Unterblech wasserdicht verlötet werden konnten.

1.6.2 Ein komplett fehlerhaftes Gaubendach

Schaden

Die Mitarbeiter des beauftragten Dachdeckers machten auf den Hauseigentümer einen denkbar schlechten Eindruck: Werkstoffe lagen wie Müll umher, und der Arbeitsablauf war chaotisch. Daher zog der Hauseigentümer die Not-

Abb. 1.6-5: Verschiedene Abdichtungen in „Fummeltechnik" und mit allen denkbaren Fehlern.

bremse und bat den Sachverständigen um eine Besichtigung seiner Baustelle.
Der besah sich das Gaubendach und fand folgenden Zustand:

Analyse

Auf dem Holzschalungsdach waren Kunststofferzeugnisse von 3 verschiedenen Herstellern verarbeitet, die Dachabdichtung bestand aus VAE-Kunststoff mit unterseitiger Vlieskaschierung, die Verbundbleche waren mit bitumenbeständiger PVC-Bahn kaschiert, die Anschlussbahnen an Traufe und Dachrand bestanden aus nb-PVC.
Die Flächenabdichtung der 3 m breiten Gaube lag lose und war nur an der Traufe mit Telleranker befestigt.
Rinnenhalter waren auf die Abdichtung aufgeschraubt, die Verbundblechtraufen aufgesetzt und links und rechts neben den Rinnenhaltern mit Nägeln geheftet.
Die Dachränder waren mit einer Holzbohle abgedeckt, über die ein PVC-Anschlussstreifen ge-

Abb. 1.6-4: Verschiedene Abdichtungen in „Fummeltechnik" und mit allen denkbaren Fehlern.

Abb. 1.6-6: Kehlauslauf fehlt ...

Abb. 1.6-7: Unterdeckbahn falsch verlegt.

legt worden war; über die Innenkante der Holzbohle war noch ein gekanteter Zinkwinkel eingelegt. Als Dachrand hatten sich die Dachdecker das Abnageln der PVC-Bahn vorgestellt. Die Kunststoff-Dichtungsbahn war über die Kehlschalung hochgeführt und überdeckte hier die Unterdeckbahn.
Die Dachsteine lagen dicht an der oberen Kante der Kehlschalung und hatten somit kaum Überdeckung über die Gaubenkehle.
Das Gaubendach bestand ausschließlich aus handwerklichen Fehlern und enthielt nicht ein einziges richtiges Detail.

Lösung
Gaubenabdichtung, -rinne, -dachkanten, -kehle und Kehlausläufe mussten komplett neu hergestellt werden.
Die Rinnenhalter mussten neu eingebaut und in die Dachschalung eingelassen (versenkt) werden. Die Kunststoff-Abdichtung wurde auf Trennlage neu hergestellt und mit Telleranker befestigt, Traufeneinhang und Randabschlüsse aus Verbundblech gefertigt und Kehlausläufe aus Verbundblech hergestellt. Der Kehlübergang wurde auf Verbundblechstreifen verschweißt, Kehlschalung und Kehle wurden verlängert, die Unterdeckbahn über zusätzlichen Holzkeil auf die Abdichtung geführt. Die Dachsteine über der Kehle wurden auf Stützprofil gelagert.

1.6.3 Das schmutzige Gaubendach

Schaden
Mit der Dachneudeckung hatte der Dachdecker neue Dachgauben aufgestellt und deren Dächer mit Kunststoff-Dachbahnen abgedichtet.
Die Eigentümergemeinschaft konstatierte, dass auf den Gaubendächern Wasser stehen blieb und sich Schmutz ansammelte.
Das wollten die Eigentümer nicht hinnehmen und verweigerten die Zahlung. Im anschließenden Streit wurde der Sachverständige um Beurteilung des Schadens befragt.

Analyse
Die Gaubenabdichtungen bestanden aus 1,5 mm dicken VAE-Kunststoffbahnen; sie waren unterseitig mit Polyestervlies kaschiert. Die Abdichtungen waren gefällelos, die Gaubenränder waren aus Verbundblechwinkeln auf Rand-

Abb. 1.6-8: Eigentümer bemängeln die schmutzigen Gaubendächer.

Abb. 1.6-9: Wenn Wasser – hier über Speier an den Gaubenschultern – abgeleitet wird und die Kunststoffdachbahn 1,5 mm dick ist, ist das kein Mangel.

Abb. 1.6-10: Wenn Wasser – hier über Speier an den Gaubenschultern – abgeleitet wird und die Kunststoffdachbahn 1,5 mm dick ist, ist das kein Mangel.

bohle hergestellt; Einschnitte an den Gaubenschultern dienten als Kehlauslaufentwässerung. Undichtigkeiten wurden nicht beklagt.

Zu den Abdichtungen und Dachneigungen sagen die Fachregeln:

2.2 Anwendungskategorien für Dachabdichtungen
(1) Für nicht genutzte Dachabdichtungen nach DIN 18531-1 werden je nach geplantem Anwendungszweck 2 Kategorien unterschieden.
(2) Anwendungskategorie K1 (Standard-Dachkonstruktion)
Dachabdichtungen, an die übliche Anforderungen gestellt werden, sind der Anwendungskategorie K1 zuzuordnen. Die Anwendungskategorie K1 stellt die Mindestanforderung an Dachabdichtungen dar.
(3) Anwendungskategorie K2 (Höherwertige Dachkonstruktion)
Bei Dachabdichtungen, die der Anwendungskategorie K2 entsprechen, sind eine erhöhte Zuverlässigkeit, eine längere Nutzungsdauer und/oder ein geringerer Instandhaltungsaufwand zu erwarten. Abdichtungen der Anwendungskategorie K2 erfordern nicht nur höhere Anforderungen an die Planung des Gefälles, die Anordnung der Entwässerungselemente und die Detailgestaltung, sondern auch erhöhte Anforderungen an die zu verwendenden Stoffe und den Systemaufbau. Dachabdichtungen, an die durch Planer/Bauherren (z. B. aufgrund höherwertiger Gebäudenutzung, Hochhäuser, Dächer mit erschwertem Zugang) erhöhte Anforderungen gestellt werden, sollten nach der Kategorie K2 geplant und ausgeführt werden.

2.3.1 Dachneigung, Gefälle
(1) Flächen, die für die Auflage einer Dachabdichtung und/oder den damit zusammenhängenden Schichten vorgesehen sind, sollen für die Ableitung des Niederschlagswassers mit Gefälle von mindestens 2% geplant werden.
(2) Für Dachabdichtungen der Anwendungskategorie K2 ist ein Gefälle von mindestens 2 % in der Abdichtungsebene und mindestens 1 % im Bereich von Kehlen einzuhalten. Bei der Gefälleplanung müssen Toleranzen und/oder Gegengefälle der Unterlage berücksichtigt werden.
(3) Wenn Dächer und /oder Dachbereiche mit einem Gefälle unter 2 % geplant und ausgeführt werden, können diese nur der Anwendungskategorie K1 zugeordnet werden. In diesen Fällen sind besondere Maßnahmen erforderlich, um der höheren Beanspruchung in Verbindung mit stehendem Wasser gerecht zu werden. Die Stoffauswahl für die Dachabdichtung ist nach der Bemessungsregel für die Anwendungskategorie K2 vorzunehmen.

2.5.6.3 Dachabdichtungen aus Kunststoff- und Elastomerbahnen
(1) Dachabdichtungen mit Kunststoff- und Elastomerbahnen werden einlagig ausgeführt.
(2) Die Verwendung von Kunststoff- und Elastomerbahnen in Dachabdichtungen einer bestimmten Anwendungskategorie und Beanspruchungsklasse richtet sich nach der Art der verwendeten Polymere, der Bahnendicke sowie der Art von ggf. verwendeten Einlagen und Kaschierungen. Bahnen der Eigenschaftsklasse E1 können für alle Beanspruchungsklassen in einlagiger Verlegung verwendet werden. Für die Anwendungskategorien K1 und K2 sind Bahnen nach Tabelle 5 zu verwenden.
(Fachregel für Abdichtungen, 10/2008 (mit Änderungen 5/2009 und 12/2011), Abschnitte 2.2, 2.3.1, 2.5.6.3)

Die Gaubenabdichtungen im beanstandeten Fall bestanden aus 1,5 mm dicken VAE-Kunststoffbahnen und waren unterseitig mit Polyestervlies kaschiert.
Die Gaubenabdichtung kann auch ohne Gefälle ausgeführt werden, wenn die Qualität der Abdichtung – hier die Bahnendicke – erhöht wird.

VAE-Kunststoffbahnen sind nicht genormt, können aber den oben genannten Bahnen zugeordnet werden. Für sie wird eine Mindestdicke von 1,2 mm im üblichen Flachdach (mindestens 2 % Gefälle) verlangt. Eine dickere Bahn von 1,5 mm erfüllt die Eigenschaftsklasse K2 und kann als Standardabdichtung im gefällelosen Dach eingesetzt werden.

Lösung
Die gefällelosen Gaubenabdichtungen waren infolge der Erhöhung der Bahnendicke fachgerecht.
Auch Abdichtungen mit 2 % Gefälle können verschmutzen.
Insofern sind Schmutzschichten kein direkter Mangel. Planern und Handwerkern sei jedoch gesagt, dass auch Gaubendächer grundsätzlich mit ausreichendem Gefälle ausgebildet werden sollten, schon um Streit zu vermeiden.

1.6.4 Wasserpfützen auf der Gaube

Schaden
In einer Kleinhaussiedlung standen 1½-geschossige Reihenhäuser mit Flachdachgauben im Dachgeschoss.
Die Käufer der Häuser konnten aus dem Wohnraumfenster im Dachgeschoss auf die Gaubendächer schauen und entdeckten, dass auf den Gauben Wasserpfützen standen. Zudem bemängelten sie die Kupferrandabdeckungen.
Der Sachverständige sollte die Gaubendächer untersuchen.

Analyse
Die Abdichtung
Die Gaubendächer waren bituminös eingedichtet, mit je einer Lage G200S4 und PYE PV200S5 auf Holzschalung.
Die hinzugezogenen Baupläne wiesen 2 % Gefälle zur Gaubenkehle hin aus, die Dächer sollten über die Gaubenschultern an beiden Kehlausläufen entwässert werden.
Wasser lässt sich in keine Richtung kommandieren. Die pultartige Neigung reichte in keinem Fall aus, das Wasser restlos abzuführen, dagegen stand schon der Einklebewulst am Kehlauslauf. Für eine funktionierende Entwässerung hätte ein Quergefälle von wenigstens 3° eingebaut werden müssen.

Zu den Abdichtungen und Dachneigungen sagen die Fachregeln:

2.2 Anwendungskategorien für Dachabdichtungen

(1) Für nicht genutzte Dachabdichtungen nach DIN 18531-1 werden je nach geplantem Anwendungszweck 2 Kategorien unterschieden.
(2) Anwendungskategorie K1 (Standard-Dachkonstruktion)
Dachabdichtungen, an die übliche Anforderungen gestellt werden, sind der Anwendungskategorie K1 zuzuordnen. Die Anwendungskategorie K1 stellt die Mindestanforderung an Dachabdichtungen dar.
(3) Anwendungskategorie K2 (Höherwertige Dachkonstruktion)
Bei Dachabdichtungen, die der Anwendungskategorie K2 entsprechen, sind eine erhöhte Zuverlässigkeit, eine längere Nutzungsdauer und/oder

Abb. 1.6-11: Stehendes Wasser erfordert auch auf Gaubendächern zusätzliche Maßnahmen zur Qualitätserhöhung und Risikominderung.

ein geringerer Instandhaltungsaufwand zu erwarten. Abdichtungen der Anwendungskategorie K2 erfordern nicht nur höhere Anforderungen an die Planung des Gefälles, die Anordnung der Entwässerungselemente und die Detailgestaltung, sondern auch erhöhte Anforderungen an die zu verwendenden Stoffe und den Systemaufbau. Dachabdichtungen, an die durch Planer/Bauherren (z. B. aufgrund höherwertiger Gebäudenutzung, Hochhäuser, Dächer mit erschwertem Zugang) erhöhte Anforderungen gestellt werden, sollten nach der Kategorie K2 geplant und ausgeführt werden.

2.3.1 Dachneigung, Gefälle

(1) Flächen, die für die Auflage einer Dachabdichtung und/oder den damit zusammenhängenden Schichten vorgesehen sind, sollen für die Ableitung des Niederschlagswassers mit Gefälle von mindestens 2% geplant werden.
(2) Für Dachabdichtungen der Anwendungskategorie K2 ist ein Gefälle von mindestens 2 % in der Abdichtungsebene und mindestens 1 % im Bereich von Kehlen einzuhalten. Bei der Gefälleplanung müssen Toleranzen und/oder Gegengefälle der Unterlage berücksichtigt werden.
(3) Wenn Dächer und /oder Dachbereiche mit einem Gefälle unter 2 % geplant und ausgeführt werden, können diese nur der Anwendungskategorie K1 zugeordnet werden. In diesen Fällen sind besondere Maßnahmen erforderlich, um der höheren Beanspruchung in Verbindung mit stehendem Wasser gerecht zu werden. Die Stoffauswahl für die Dachabdichtung ist nach der Bemessungsregel für die Anwendungskategorie K2 vorzunehmen.

2.5.6.2 Dachabdichtungen aus Bitumenbahnen

(1) Dachabdichtungen aus Bitumen- oder Polymerbitumenbahnen werden in der Regel mehrlagig ausgeführt.
(8) Dachabdichtungen der Anwendungskategorie K1 mit einer Neigung unter 2 % sind wie K2 zu bemessen (siehe Abschnitt 2.3.1). Zusätzlich sollte ein schwerer Oberflächenschutz (z. B. Kies) vorgesehen werden. Teilbereiche mit Gefälle unter 2 % (z. B. Rinnen) sind entsprechend auszubilden.
(Fachregel für Abdichtungen, 10/2008 (mit Änderungen 05/2009 und 12/2011), Abschnitte 2.2, 2.3.1, 2.5.6.2)

Im untersuchten Fall waren die Abdichtungen für stehendes Wasser nicht geeignet und die Gaubendächer in diesem Punkt nicht fachgerecht.

Die Kehlausläufe
Wasserausläufe müssen in Form von Rohren oder Rinnen aus Metall oder anderen geeigneten Werkstoffen hergestellt und mit Einklebeflansch für den Klebeanschluss ausgestattet sein. Die Ausläufe sollen das Wasser gezielt abführen. Die Kehlausläufe der untersuchten Gaubendächer bestanden aus der in die Randlücke eingeklebten Schweißbahn, ohne Wasserleitrinne oder -leitblech.
Wasser wurde nicht vom Gaubenrand weggeführt, sondern konnte in den Kehlauslauf eindringen; die Ausführung war an dieser Stelle nicht sicher und nicht fachgerecht.

Die Randabdeckung
Randausbildungen sollen im Flachdach, auch im Gaubendach mindestens 10 cm über der Abdichtung liegen. Die Kupferabdeckungen über den Gaubenwangen waren nur 4 bis 6 cm hoch.

Nicht selbsttragende Mauerabdeckungen – wie hier aus Kupferblech – müssen auf flächigem Untergrund mit Gefälle zum Dach verlegt werden:

8 Abdeckungen
8.1 Allgemeines
(2) Zur Anwendung kommen vorgefertigte oder handwerklich hergestellte Profile. Abdeckungen

sollten ein ausreichendes Gefälle zur Dachseite aufweisen. Es wird empfohlen, die dachabgewandte Seite mit einer Aufkantung zu versehen. Die Überstände ergeben sich aus Abschnitt 6.3.1. Die Abdeckungen erhalten an den Enden Kopfstücke oder Maueranschlussstücke. Verunreinigungen durch abtropfendes Wasser sind nicht gänzlich zu vermeiden.

8.2 Abdeckungsarten
(2) Nicht selbsttragende Abdeckungen werden auf flächiger Unterkonstruktion verlegt. Auf Mauerwerk oder Beton wird die Verwendung einer Trennschicht (siehe Kapitel 2.6) empfohlen. Die Metalldicke ist der Tabelle 2 zu entnehmen. Die Befestigung erfolgt indirekt durch korrosionsgeschützte Hafte, Vorstoßbleche, Haftstreifen u.a. mit geeigneten Schrauben/Nägeln/Stiften auf der Unterkonstruktion. In Ausnahmefällen kann bei Kleinflächen eine direkte Befestigung (siehe Abschnitt 3.4.1) erfolgen. Der Abstand der Hafte, Anzahl und Art der Befestigung richtet sich nach dem Bauteil, der Gebäudehöhe und den Windlastannahmen. Auf geeignetem Untergrund sind auch Klebebefestigungen möglich.
Die Nahtverbindungen erfolgen werkstoffgerecht nach Kapitel 3.2. Geeignet sind (Abb. A III.03, A III.04, A III.09, A III.10 und Abb. A III.11):

- *einfacher Liegefalz,*
- *einfacher Liegefalz mit durchgehendem Haftstreifen,*
- *Aufkantung mit Abdeckleiste,*
- *Steh- und Doppelstehfalz.*

(2) Der erforderliche Abstand der Dehnungsausgleicher ist Tabelle AI.6 zu entnehmen.
(Fachregeln für Metallarbeiten im Dachdeckerhandwerk, 03/2011, Abschnitte 8.1 und 8.2)

Außerhalb der hier beschriebenen Regeln können Mauerabdeckungen auch verklebt werden. Geeignet und zugelassen ist das ENKE-Klebeverfahren (aus den ENKE-Verlegeregeln):

ENKOLIT wird mit einem Rillenspachtel vollflächig aufgetragen. Wichtig ist, dass der Materialauftrag in einer Richtung erfolgt, damit die Luft beim Auflegen der Bleche problemlos entweichen kann. Diese vollflächige Verklebung garantiert eine maximale Windsogbeständigkeit und die Unterseite der Metallabdeckung ist gegen Korrosion geschützt. Um eine optimale Klebewirkung zu erzielen, sollte die Verarbeitung nicht bei Temperaturen unter +5 °C erfolgen. Der Verbrauch beträgt ca. 2 bis 3 kg/m² und kann sich bei Unebenheiten im Untergrund erhöhen. Mehr als 5 kg/m² sollten Sie jedoch nicht auftragen: Bei sommerlichen Temperaturen besteht sonst die Gefahr, dass noch nicht abgelüftetes Material abrutscht.

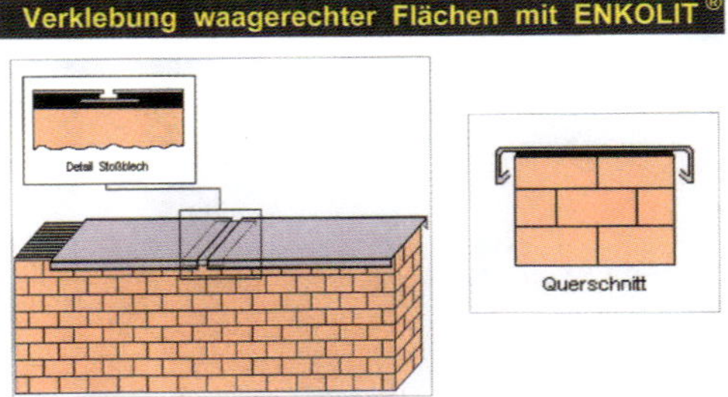

Abb. 1.6-12: Verkleben von Mauerabdeckungen ist möglich, verlangt aber Ausführung nach Verlegevorschrift des Kleberherstellers.

Was ist beim Verlegen zu beachten?
Unmittelbar nach dem Materialauftrag sollte die Verklebung der Metallabdeckung erfolgen. Bei Mauer-, Attika- oder Brüstungsabdeckungen aus mehreren Einzelteilen muss unter die Blechfugen zusätzlich ein mindestens 10 cm breites, dem Blechprofil entsprechendes Unterblech eingeklebt werden. Hierdurch ist der Dehnungsausgleich sichergestellt.

Der Blechabstand für den Dehnungsausgleich muss in Abhängigkeit von Verarbeitungstempera-

Abb. 1.6-13: Fehlerhafte Mauerabdeckung.

Abb. 1.6-14: Unterkonstruktion zu schmal; Stoßblech nicht verklebt.

Abb. 1.6-15: Kupferabdeckungen müssen mindestens 50 mm Abtropfabstand haben.

tur und Ausdehnungskoeffizienten gewählt werden. So wird verhindert, dass sich die Bleche gegenseitig hochdrücken. Wenn geneigte Flächen durch Metallabdeckungen geschützt werden sollen, sind mechanische Fixierpunkte gegen Abrutschen im frisch verlegten Zustand notwendig.

Die Mauerabdeckungen der untersuchten Dachgauben hatten kein Gefälle zur Dachseite, waren auf zu schmalem Brett verklebt und nicht vollflächig unterlegt; die Dehnstücke waren nicht verklebt und damit nicht wasserdicht.

Der Abstand der Tropfkante von den darunterliegenden Bauteilen muss mindestens 20 mm betragen. Bei der Verwendung von Kupfer beträgt der Mindestüberstand 50 mm.

Der Abtropfabstand der Außenkante betrug nur ca. 1 cm anstelle der geforderten 5 cm.
Gaubenabdichtungen, Dachentwässerung und Mauerabdeckungen entsprachen weder den technischen Anforderungen noch den Fachregeln.

Lösung
Eine Mängelbeseitigung sollte die Erneuerung der Mauerabdeckungen und der Kehlausläufe umfassen; die Abdichtung musste mindestens durch zusätzliche höherwertige Schweißbahnen aufgebessert werden.
Der Sachverständige empfahl jedoch den Einbau eines Quergefälles, um vor den Wohnraumfenstern stehendes Wasser zu vermeiden.

1.6.5 Nicht regelgerecht hergestellte Gaubenfensterbank

Schaden
Der Bauherr eines Dachgeschossausbaus hatte einen Pauschalauftrag vergeben und der beauftragte Dachdecker die Arbeiten als fertiggestellt bezeichnet und abgerechnet.
Streitpunkt wurden dann die Ausbildungen der Gaubenfensterbänke.

Analyse
Als Fensterbank diente ein auf der Oberseite gestrichenes 19 mm dickes Fichtenbrett, das gegen den Fensterblendrahmen gesetzt und mit 2 Schrauben auf dem Brüstungsriegel verschraubt war. Das Fensterbankbrett griff nicht unter den Blendrahmen und seitlich nicht unter die Leibungsbekleidungen, deren Anschlüsse bildeten keilförmig klaffende Fugen.

Abb. 1.6-16: Gaubenfensterbänke aus Holz sind möglich, wenn sie nicht wie hier, sondern fachgerecht hergestellt sind.

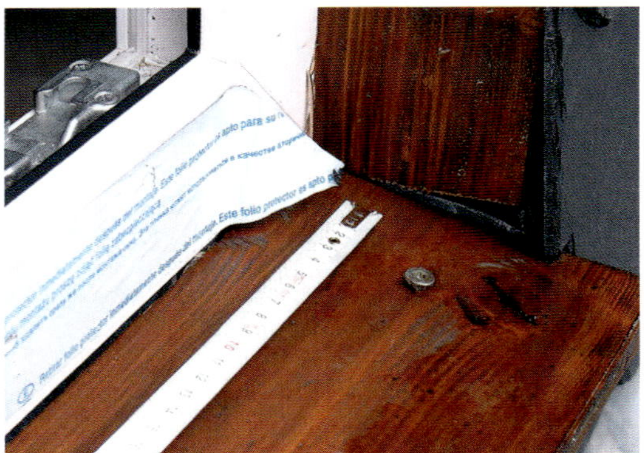

Abb. 1.6-17: Zu dünnes Brett, offene Anschlussfugen und offene Befestigung sind Mängel.

Dem Fensterbankbrett fehlten notwendige Wasserrillen und Dichtungsanschlüsse an Blendrahmen und Leibungen.

Lösung

Gaubenfensterbänke können aus Holz hergestellt werden, es sind dabei aber wichtige Regeln zu beachten:

- Das Fensterbankbrett muss aus abgelagerten, mindestens 40 mm dicken Bohlen hergestellt und im gehobelten Fertigmaß noch 24 mm dick sein.
- Am fensterseitigen Anschluss wird die 40 mm dicke Bohle dammartig auf 24 mm heruntergehobelt. Das Brett muss unter den Fensterblendrahmen greifen. Unter Vorderkante und seitlichen Endungen werden Wassernute eingefräst, die Vorderkante selbst rund abgehobelt.
- Fensterbankbretter werden dreifach mit Holzschutzlasur gestrichen, auch auf der Unterseite.
- Fensterbankbretter werden mit mindestens 10° Neigung eingesetzt und mit Ankern unsichtbar befestigt.
- Seitlich muss die Fensterbank mindestens 5 cm weit in die Leibung eingreifen. Das Leibungsbrett wird mit 5 mm Abstand zur Fensterbank montiert und mit Pressdichtband hinterlegt, die Fuge darf nicht versiegelt werden.
- Zwischen Innenkante Fensterbank und Blendrahmen wird ein Pressdichtband eingefügt.

1.6.6 Undichte Gaubenfensterbank

Schaden

Die kürzlich neu eingebaute Fensterbank an der Dachgaube war von Anfang an undicht; der Dachdecker fand weder Ursache noch Mangel.

Analyse

Direkte Schadenursachen waren die nach oben offene Aufkantung des Fensterbankbleches und die fehlenden Aufkantungen an den Gaubenpfosten: Wasser konnte auf direktem Weg eindringen.

Fensterbänke müssen in Anschlussnuten des Fensterblendrahmens eingeführt werden, oder sie müssen den Blendrahmen unterfahren; in keinem Fall darf das Fensterbankblech von außen gegen den Blendrahmen gesetzt werden, auch nicht mit hinterlegter Dichtung! Fenster-

Abb. 1.6-18: Musterbeispiel falscher Fensterbankabdeckung.

Abb. 1.6-19: Angelehnter Blechanschluss, nach oben offen bzw. undicht.

Abb. 1.6-20: Musterbeispiel falscher Fensterbankabdeckung.

bänke aus Blech müssen seitliche Aufkantungen haben, deren Ecken wasserdicht zu verlöten sind. Leibungsbekleidungen aus Holz müssen mindestens 5 mm Abstand zum Blech haben, die Fuge darf auf keinen Fall verkittet werden. Fensterbankblech ist den geltenden Metallregeln entsprechend zu befestigen; einzelne Dichtschrauben, wie im vorliegenden Beispiel gezeigt, reichen nicht.

Lösung

Rinneneinhang und Fensterbank mussten neu und zweiteilig mit Verfalzung hergestellt und verdeckt befestigt werden. Das Fensterbankauflager wurde in der Art abgesenkt, dass eine 25 mm hohe Fensterbankaufkantung in die Blendrahmennut eingekantet werden konnte. Die Leibungsbretter wurden entfernt, das Fensterbankblech seitlich 25 mm hoch aufgekantet und verlötet. Die Fensterleibungsbretter wurden wie beim vorigen Schaden beschrieben hergestellt und eingebaut.

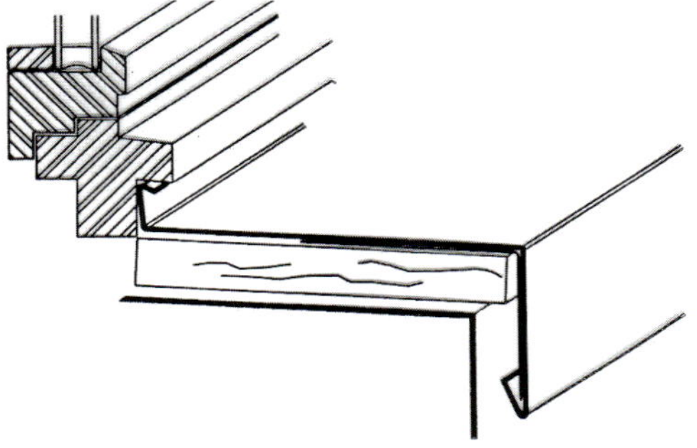

Abb. 1.6-21: Fensterbankabdeckung nach ZVDH.

Abb. 1.6-22: Fensterbänke aus Aluminium ohne seitliche Aufkantung.

1.6.7 Aluminiumfensterbänke ohne seitliche Abschlüsse sind nicht dicht

Schaden

Aluminiumfensterbänke werden gekantet bestellt oder vorgerichtet und auf Länge geschnitten eingebaut. Seitliche wasserdichte Abschlüsse werden dann oft vergessen.
Auch in diesem Schadenfall waren Wasserschäden der Auslöser des Streits. Fensterbänke aus Aluminium hatten zwar in die Blendrahmennut eingeführte hintere Aufkantungen, es fehlte aber an Wasser abweisenden Seitenabschlüssen. Wasser drang über die offenen Rollladenführungen ein.

Analyse

Die Fensterbankbleche waren 3 cm weit unter die Rollladenführung geschoben, wegen fehlender Aufkantung konnte aber dennoch Wasser

Abb. 1.6-23: Fensterbänke aus Aluminium ohne seitliche Aufkantung: Wasser dringt ein.

eindringen. Die Verkittung war keine ausreichende Dichtung.

Lösung
Die Fensterbänke mussten ausgebaut, die Rollladenführungen gekürzt werden. Neue längere Fensterbänke (Blendrahmenbreite + 2 x 2 cm) mit seitlich aufgeklebten Randabschlussprofilen wurden eingebaut. Die Bekleidung wurde seitlich angepasst.

1.6.8 Wasserflecken unter dem Gaubenfenster

Schaden
Nachfolgehandwerker verursachen zuweilen ebenfalls Schäden, für die oft der dann schuldlose Dachdecker haftbar gemacht werden soll. Unter der Innenfensterbank der Dachgaube entstand ein Wasserfleck. Hier war die Ursache nicht augenfällig, der Pfostenanschluss musste freigelegt werden.

Analyse
Zunächst war augenfällig, dass die Dachplatten der Pfostenbekleidung den Blendrahmen nur 2 cm weit überdeckten.

Die Fachregeln erläutern dazu:

4.6.4 Seitliche Anschlüsse (Abb. 31)
(1) Seitliche Anschlüsse können mit Überstand, Schichtstücken aus Metall oder geeigneten Profilen hergestellt werden.
(2) Hierbei sind seitliche Anschlüsse an Fensterleibungen wie Außenecken (siehe Kapitel 4.3) und an Durchdringungen analog zu Innenecken (siehe Kapitel 4.4) auszubilden.

Abb. 1.6-24: Mustergültige Zinkblech-Fensterbank.

Abb. 1.6-25: Freigelegte Fensterbankschwelle.

(3) Bei einer Eckausbildung mit Überstand muss dieser über der fertig gedeckten untergehenden Seite mindestens 20 mm betragen.
(4) Die Höhen- und Seitenüberdeckungen bei eingebundenen, auslaufenden und aufgelegten Ortdeckungen müssen mindestens denen der zugehörigen Flächendeckung entsprechen. Aufgelegte Ortdeckungen (Strackorte) müssen die Flächendeckung um mindestens 50 mm überdecken.
(Fachregel für Außenwandbekleidungen mit ebenen Faserzement-Platten, 06/2001, Abschnitt 4.6.4)

(6) Die Höhen- und Seitenüberdeckungen bei eingebundenen und auslaufenden Ortdeckungen müssen mindestens denen der zugehörigen Flächendeckung entsprechen. Die Überdeckung der Schiefer bei aufgelegten Orten muss, in der Mitte gemessen, mindestens 50 mm betragen. Aufgelegte Ortdeckungen (Strackorte) müssen die Flächendeckung um mindestens 50 mm überdecken.
(9) Bei Verwendung von Profilen müssen die Schiefer das Profil seitlich mindestens 50 mm überdecken.
(Fachregel für Außenwandbekleidungen mit Schiefer, 09/1999, Abschnitt 4.3)

Der Fachregeltext für Faserzementplatten kann so verstanden werden, als müsste die Überdeckung bei seitlichen Anschlüssen dem Überstand bei der Außenecke (= 20 mm) entsprechen. Das kann so nicht richtig sein.

In der Schieferdeckregel wird dagegen ausdrücklich ein seitlicher Überstand von 50 mm gefordert.
Diese Regel ist angemessen und war auch hier anzusetzen.
Der seitliche Überstand der Dachplatten auf den Fensterblendrahmen war mit 2 cm zu gering und damit nicht fachgemäß.
Im vorliegenden Streit ging es aber vordergründig um die Ursache(n) des Wasserschadens. Da die Fensterbank sowohl hintere wie seitliche Aufkantungen besaß, hätte Wasser, das über die Blendrahmenüberdeckung eingetreten wäre, auf der Fensterbank schadlos wieder herausgeführt werden können.
Zur weiteren Prüfung wurde ein Teil der Fensterverschäumung entfernt. Hier wurde sichtbar, dass die hintere Aufkantung des Fensterbankblechs nach innen heruntergedrückt war: Wasser konnte also über das heruntergedrückte Blech nach innen einlaufen (siehe Abb. 1.6.-26).
Dass es auch vorbildlich gestaltete und eingebaute Fensterbänke gibt, zeigt Abb. 1.6.-24.

Abb. 1.6-26: Die Aufkantung der Fensterbank ist heruntergedrückt.

1.6.9 Mangelhafter Überstand bei der Fenstereinfassung

Gaubenfenster sind meist kleinformatige Bauteile mit Blendrahmenbreiten zwischen 60 und 80 mm. Der mit der Gaubenbekleidung befasste Dachdecker neigt dazu, die Anschlusslinie der Bekleidung auf die Mittellinie des Blendrahmens zu legen, wie im hier untersuchten Streitfall.

Schaden
Im Rahmen einer Untersuchung sollte die Regensicherheit der Fensteranschlüsse überprüft werden.

Analyse
Festzustellen war, dass die Stirnbekleidung aus Dachschieferbogenschnitt-Schablonen den Fensterblendrahmen 3,2 cm weit überdeckte. Infolge der Schichtung der Deckgebinde konnten die Schiefersteine nicht dicht aufliegen.

Die Fachregeln legen hier fest:

(6) Die Höhen- und Seitenüberdeckungen bei eingebundenen und auslaufenden Ortdeckungen müssen mindestens denen der zugehörigen Flächendeckung entsprechen. Die Überdeckung der Schiefer bei aufgelegten Orten muss, in der Mitte gemessen, mindestens 50 mm betragen. Aufgelegte Ortdeckungen (Strackorte) müssen die Flächendeckung um mindestens 50 mm überdecken.
(9) Bei Verwendung von Profilen müssen die Schiefer das Profil seitlich mindestens 50 mm überdecken.
(Fachregel für Außenwandbekleidungen mit Schiefer, 09/1999, Abschnitt 4.3)

Abb. 1.6-27: Blendrahmenanschluss an Dachgaube.

Abb. 1.6-28: Der Blendrahmen ist nur 3,2 cm weit überdeckt ...

Die Fensteranschlüsse entsprachen in dieser Form nicht den Fachregeln, sie waren auch nicht regensicher.

Lösung
Blendrahmenanschlüsse in der Wandbekleidung – ob aus Schiefer, Faserzementplatten oder anderen Werkstoffen – sollten generell mit Pressdichtband unterlegt werden, auch wenn diese Forderung in keiner Fachregel steht. Man fügt das Dichtband etwa 1 bis 2 cm zurückgesetzt ein und schließt damit technisch wie optisch die für den Bauherrn unschönen Keilfugen zwischen Bekleidung und Blendrahmen.
Im gegebenen Fall mussten zur Beseitigung des Mangels die Bekleidungen aufgenommen und mit ausreichendem Überstand auf die Blendrahmen neu hergestellt werden. Im Zusammenhang wurden auch die empfohlenen Pressdichtbänder eingebaut.

Abb. 1.6-29: ... und seitlich offen.

Abb. 1.6-30: ... und seitlich offen.

1.6.10 Dachneigung für Gaubendächer

Schaden
Das Gaubenschleppdach hatte eine Dachneigung von 15° und war mit Dachsteinen auf doppelter Lattung und Unterdeckbahn gedeckt. Infolge der Schichtung hatten die Dachsteine selbst nur noch Neigungen von 11,1°. Der Bauherr bemängelte das Gaubendach als nicht ausreichend wetterdicht.

Analyse
Das Gaubendach unterliegt wie jede andere Deckung den Vorgaben der Fachregel, die bei Dachsteinen jedoch nicht zu ausreichender Regensicherheit führen. Die Regeln legen für profilierte Dachsteine mit hochliegendem Längsfalz eine Regeldachneigung von 22° fest, zusätzlich jedoch auch:

3 Regel für Dachdeckungen mit Dachsteinen
3.4 Regensicherheit
3.4.2 Unterschreitung der Regeldachneigung
Bei Unterschreitung der Regeldachneigung sind Zusatzmaßnahmen gemäß Tabelle 1.1 erforderlich (vgl. Tabelle 1.17).

1 Allgemeine Regeln
1.3 Zusatzmaßnahmen zur Regensicherheit
1.3.2 Zuordnung von Zusatzmaßnahmen
(1) Zusatzmaßnahmen werden in Abhängigkeit von der Gebäudeart zugeordnet. Untergeordnete Gebäude wie z. B. Carport, Scheunen, Lagerschuppen u. a. haben einen geringeren Schutzbedarf bezogen auf die Regensicherheit. Die Zusatzmaßnahme ist für den Einzelfall zu vereinbaren.

Abb. 1.6-31: Bei 15° Dachneigung des Gaubendaches haben die Dachsteine eine Neigung von nur 11°.

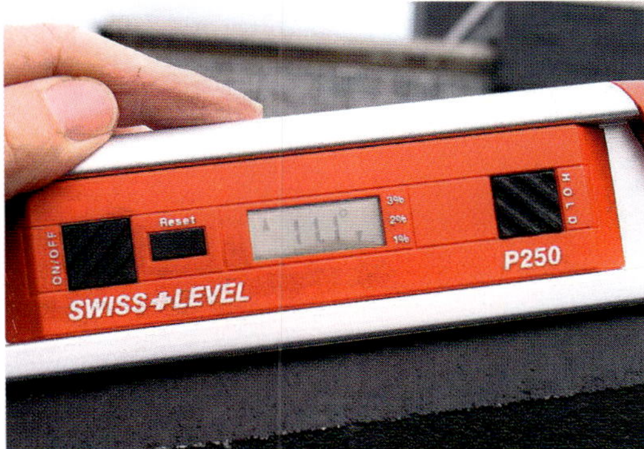

Abb. 1.6-32: Bei 15° Dachneigung des Gaubendaches haben die Dachsteine eine Neigung von nur 11°.

(2) Für alle anderen Gebäude gelten die nachfolgenden Regelungen.
(3) Zu Wohnzwecken genutzte Dachgeschosse oder vergleichbare Gebäude mit wärmegedämmten obersten Geschossdecken unterhalb des Steildaches haben ein erhöhtes Anforderungsniveau. Dies ist bei der Auswahl der verwendeten Werkstoffe für die Zusatzmaßnahmen zu berücksichtigen. Sie müssen mindestens den stofflichen Eigenschaften einer Behelfsdeckung entsprechen.
(4) Regensichernde Zusatzmaßnahmen sind gemäß Tabelle 1.1 anzuordnen.
(5) Unterspannungen gelten als Mindestzusatzmaßnahme.
(6) Unterdeckungen und Unterspannungen können in Abhängigkeit erhöhter Anforderungen bis zu einer Unterschreitung der Regeldachneigung um 8° ausgeführt werden.
(7) Bei einer Unterschreitung der Regeldachneigung um mehr als 8° sind mindestens regensichere Unterdächer anzuordnen.
(8) Wasserdichte Unterdächer sind anzuordnen, wenn die Regeldachneigung um mehr als 8° unterschritten wird und mindestens 2 weitere erhöhte Anforderungen gegeben sind.
(9) Lüftungsöffnungen sind mindestens regensicher auszuführen. Der Eintrieb von Flugschnee und Regen durch Lüftungsöffnungen ist bei belüfteten Systemen nicht zu vermeiden.
(10) Eine Unterschreitung der Regeldachneigung um mehr als 12° ist nur mit besonderen Maßnahmen zum Erhalt der Lattung und mit wasserdichtem Unterdach zulässig.
(11) Dachdeckungen mit Dachziegeln/-steinen sind auch mit Zusatzmaßnahmen nicht mehr auszuführen, wenn die Dachneigung weniger als 10° beträgt.
(14) In Tabelle 1.1 werden regensichernde Zusatzmaßnahmen als Mindestmaßnahmen in Abhängigkeit erhöhter Anforderungen aufgeführt. Die Tabelle dient der Orientierung und entbindet nicht von der eigenverantwortlichen Einschätzung der auf das Bauvorhaben bezogenen Anforderungen.
(15) Ergeben sich gemäß Tabelle 1.1 mehr als 3 weitere erhöhte Anforderungen, so empfiehlt es sich, die für den nächsthöheren Lastfall geeignete Zusatzmaßnahme unter Beachtung von Abschnitt 1.1.3.2 zu wählen.
(Fachregel für Dachdeckungen mit Dachziegeln und Dachsteinen, 12/2012, Abschnitte 1.3.2 und 3.4.2)

Im gegebenen Fall waren für das Gaubendach 3 erhöhte Anforderungen anzusetzen:

- Kapillarschwäche der unverfalzten Dachsteine (siehe Kapitel Wassereintrieb bei nur seitlich verfalzten Deckwerkstoffen)
- Nutzung des Dachgeschosses zu Wohnzwecken
- Unterschreiten der Regeldachneigung um mehr als 6°

Selbst bei Einhalten der Höhenüberdeckung – die hier nicht mehr überprüft werden musste – wäre das Gaubendach nicht regelkonform. Die Regensicherheit und der Schutz der Dachkonstruktion gegen Durchfeuchtung waren nicht ausreichend gegeben.

Tabelle 1.21: Zuordnung von Zusatzmaßnahme außer bei untergeordneten Gebäuden

Unterschreitung der Regeldachneigung	Erhöhte Anforderungen[1)]			
	Nutzung – Konstruktion – klimatische Verhältnisse – technische Anlagen			
	keine weitere erhöhte Anforderung[1)]	eine weitere erhöhte Anforderung[1)]	2 weitere erhöhte Anforderungen[1)]	3 weitere erhöhte Anforderungen[1)]
keine	Klasse 6 3.3 Unterspannung (USB-A)	Klasse 6 3.3 Unterspannung (USB-A)	Klasse 5 2.4. überlappte/verfalzte Unterdeckung (UDB-A; UDB-B, wenn die Indizes [2)], [3)], [4)], [5)] im Produktdatenblatt erfüllt sind) oder Klasse 4 3.2 nahtgesicherte Unterspannung USB-A Unterdeckplatte[3)]	Klasse 4 2.2 verschweißte/verklebte Unterdeckung 2.3 überdeckte Unterdeckung mit Bitumenbahnen 3.2 nahtgesicherte Unterspannung (UDB-A; UDB-B, wenn die Indizes [2)], [3)], [4)], [5)] im Produktdatenblatt erfüllt sind; USB-A) Unterdeckplatte[3)]
bis 4°	Klasse 4 2.2 verschweißte/verklebte Unterdeckung 2.3 überdeckte Unterdeckung Bitumenbahnen 3.2 nahtgesicherte Unterspannung (UDB-A; UDB-B, wenn die Indizes [2)], [3)], [4)], [5)] im Produktdatenblatt erfüllt sind; USB-A) Unterdeckplatte[3)]	Klasse 4 2.2 verschweißte/verklebte Unterdeckung 2.3 überdeckte Unterdeckung Bitumenbahnen 3.2 nahtgesicherte Unterspannung (UDB-A; UDB-B, wenn die Indizes [2)], [3)], [4)], [5)] im Produktdatenblatt erfüllt sind; USB-A) Unterdeckplatte[3)]	Klasse 3 2.1 naht- und perforationsgesicherte Unterdeckung 3.1 naht- und perforationsgesicherte Unterspannung (UDB-A; UDB-B, wenn die Indizes [2)], [3)], [4)], [5)] im Produktdatenblatt erfüllt sind; USB-A) Unterdeckplatte[3)]	Klasse 3 2.1 naht- und perforationsgesicherte Unterdeckung 3.1 naht- und perforationsgesicherte Unterspannung (UDB-A; UDB-B, wenn die Indizes [2)], [3)], [4)], [5)] im Produktdatenblatt erfüllt sind; USB-A) Unterdeckplatte[3)]
über 4° bis 8°	Klasse 3 2.1 naht- und perforationsgesicherte Unterdeckung 3.1 naht- und perforationsgesicherte Unterspannung (UDB-A; UDB-B, wenn die Indizes [2)], [3)], [4)], [5)] im Produktdatenblatt erfüllt sind; USB-A) Unterdeckplatte[3)]	Klasse 3 2.1 naht- und perforationsgesicherte Unterdeckung 3.1 naht- und perforationsgesicherte Unterspannung (UDB-A; UDB-B, wenn die Indizes [2)], [3)], [4)], [5)] im Produktdatenblatt erfüllt sind; USB-A) Unterdeckplatte[3)]	Klasse 3 2.1 naht- und perforationsgesicherte Unterdeckung 3.1 naht- und perforationsgesicherte Unterspannung (UDB-A; UDB-B, wenn die Indizes [2)], [3)], [4)], [5)] im Produktdatenblatt erfüllt sind; USB-A) Unterdeckplatte[3)]	Klasse 3 2 2.1 naht- und perforationsgesicherte Unterdeckung 3.1 naht- und perforationsgesicherte Unterspannung (UDB-A; UDB-B, wenn die Indizes [2)], [3)], [4)], [5)] im Produktdatenblatt erfüllt sind; USB-A) Unterdeckplatte[3)]
über 8° bis 12°	Klasse 2 1.2 regensicheres Unterdach	Klasse 2 1.2 regensicheres Unterdach	Klasse 1 1.1 wasserdichtes Unterdach	Klasse 1 1.1 wasserdichtes Unterdach
MDN	10°			

Die in der Tabelle genannten Zusatzmaßnahmen sind Mindestmaßnahmen unter Berücksichtigung der Tabelle 1 des „Merkblatt für Unterdächer, Unterdeckungen, Unterspannungen".

1) Erhöhte Anforderungen bilden Kategorien gemäß Abschnitt 1.1.3. Weitere erhöhte Anforderungen können sich aus der Gewichtung innerhalb einer Kategorie gemäß Abschnitt 1.1.3 ergeben. Zum Beispiel können klimatische Verhältnisse mehrere erhöhte Anforderungen ergeben.

Lösung

Bei der hier vorgegebenen Dachneigung hätte der Architekt Dachsteine nicht mehr vorschreiben dürfen. Ein Umbau des Daches – wie nach Tabelle 1.1 aus den Fachregeln gefordert – mit wasserdichtem Unterdach hätte wohl den Wetterschutz der Dachdecke sichergestellt, nicht jedoch die Haltbarkeit der Decklattung. Es wäre sicher damit zu rechnen, dass die Latten durch Wassereintritt Schaden nehmen.

Als Lösung wurde empfohlen, die Dachdeckung durch eine verklebte Dachabdichtung auf Holzschalung zu ersetzen.

2) Nur zulässig, wenn ein Nachweis hinsichtlich der Funktionssicherheit der verwendeten Produkte einschließlich des Zubehörs (Dichtbänder oder Dichtungsmassen unter Konterlatten, Klebebänder, vorkonfektionierte Nahtsicherung) im Rahmen einer Schlagregenprüfung sowie eines 24-stündigen Beregnungstests bei einer Dachneigung von 15° herstellerseitig erfolgt ist. Andernfalls ist die nächsthöhere Klasse zu wählen.

3) Unterdeckplatten sind gemäß der Klassifizierung im „Merkblatt für Unterdächer, Unterdeckungen und Unterspannungen" zuzuordnen. Herstellerseitige Einschränkungen sind zu berücksichtigen. Hinweise zur Perforationssicherung sind dem Produktdatenblatt zu entnehmen.

(Fachregel für Dachdeckungen mit Dachziegeln und Dachsteinen, 12/2012, Tabelle 1.1)

1.7 Schwachstelle Dachfenster

Nur ältere Dachdecker kennen noch die Bleieinfassung am Dachfenster. Heute baut man – kritiklos – Eindeckrahmen ein. Der Eindeckrahmen hat seit seiner Einführung in den siebziger Jahren vielfache Entwicklungen und Änderungen erfahren, leider nicht nur vorteilhafte.

1.7.1 Die Kunst des Andeckens

Schaden
Die Dachgeschosse einer Reihenhaussiedlung waren ausgebaut und durch Wohnraumfenster belichtet. Eigentümer beauftragten den Sachverständigen mit der Überprüfung der Fenster.

Analyse
Die Dächer hatten 32° Dachneigung und waren mit Dachsteinen gedeckt. Wohnraumfenster eines deutschen Herstellers waren mit Eindeckrahmen eingebaut.
Der Eindeckrahmen aus Aluminium-Kantblech bestand aus einer Wasserrinne mit Fensterkastenanschlussblech, einem Wassersteg und dem Unterdeckblech mit Seitenfalz und Schaumstoffkeil. Die Dachsteine waren an die Wasserrinne gedeckt und abgetrennt. Nach Verlegeanleitung des Herstellers sollen die Dachsteine den Wassersteg des Rahmens abdecken oder an ihn herangedeckt sein.
Im Dach waren die Dachsteine so beigeschnitten, dass eine offene Fuge von 20 bis 30 mm zum Wassersteg verblieb, das nur 65 mm breite Unterdeckblech war damit nur 35 bis 45 mm weit überdeckt.

Abb. 1.7-1: Eindeckmangel an Dachfenstern.

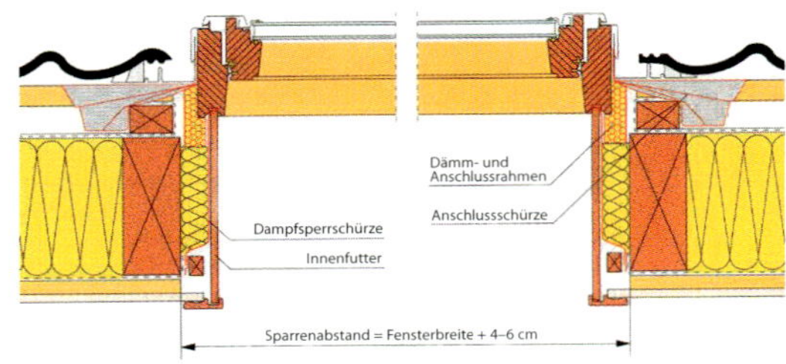

Abb. 1.7-2: Verlegeanweisung.

Die Fachregeln schreiben hier vor:

3.2.9 Anschluss an die Dachdeckung
Anschlüsse an Dachflächenfenster können mit industriell vorgefertigten Teilen oder handwerklich hergestellt werden. Bei handwerklich hergestellten Lösungen sind die Forderungen der „Fachregel für Metallarbeiten im Dachdeckerhandwerk" zu berücksichtigen. Bei industriell hergestellten Eindeckrahmen kann von den Mindestmaßen der „Fachregel für Metallarbeiten im Dachdeckerhandwerk" abgewichen werden, wenn die Funktionsfähigkeit der Eindeckrahmen durch

Abb. 1.7-3: Andeckfehler am Eindeckrahmen: Überdeckung zu gering.

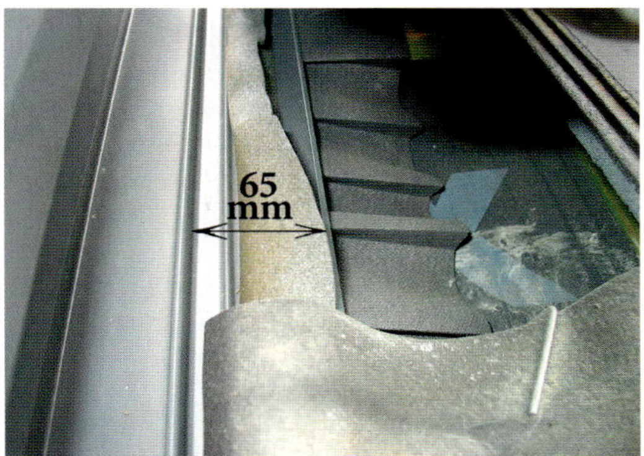

Abb. 1.7-4: Andeckfehler am Eindeckrahmen: Überdeckung zu gering.

praxisnahe Versuche nachgewiesen und durch Langfristerfahrung bewährt.
(Merkblatt Einbauteile bei Dachdeckungen, 07/2013, Abschnitt 3.2.9)

5.3.1.1 Unterliegende Metallanschlüsse
Die Überdeckung der Deckwerkstoffe über unterliegende Metallanschlüsse soll bei profilierten und ebenen Deckwerkstoffen ≥ 100 mm betragen.
(Fachregel für Metallarbeiten im Dachdeckerhandwerk, 03/2011, Abschnitt 5.3.1.1)

Bei handwerklich hergestellten unterdeckten Anschlüssen müsste die Überdeckung im untersuchten Dach mindestens 100 mm betragen haben. Das Unterblech des Eindeckrahmens, allerdings mit Schaumstoff-Dichtkeil, hatte hier nur eine Breite von 65 mm. Unterstellt, der Fensterhersteller könnte die Regensicherheit seines Eindeckrahmens nachweisen, müsste jede Verringerung der Überdeckungsbreite die Sicherheit mindern.
Bereits wenige Zentimeter Abweichung vom Sollmaß reichen, um einen Mängelvorwurf zu rechtfertigen.
Im untersuchten Dach entsprachen die Andeckungen an die Wohnraumfenster nicht den Fachregeln und nicht den Herstellervorschriften: Die Andeckungen waren mangelhaft.

Lösung
Die Dachdeckung um die Wohnraumfenster musste aufgenommen und mit passenden Zuschnitten neu eingedeckt werden.
Vom Fensterhersteller wurde der Nachweis der Regensicherheit angefordert.

Abb. 1.7-5: Der Übergang von seitlicher Wasserrinne zum Brustblech wird bei geringer Dachneigung zum Wassereinträger.

1.7.2 Die Wasserrinne

Schaden
Wasser rann bei Regen auf der Unterspannbahn ab. Der Anschluss an das Dachausstiegsfenster war nicht dicht.

Analyse
Das Ausstiegsfenster mit angeformtem Eindeckrahmen wurde über Kehl- und Anschlussbleche und die Brustschürze entwässert.
Weil das Fenster auf die Lattung aufgelegt und an ihr befestigt war, lagen die seitlichen Wasseranschlüsse in einer Ebene unterhalb der Dachsteine. Die schräg liegende Brustschürze vermittelte den Höhenversprung.
Im ungünstigen Fall – bei geringer Dachneigung – bildet die Brustschürze eine Rinne vor

Abb. 1.7-6: Der Übergang von seitlicher Wasserrinne zum Brustblech wird bei geringer Dachneigung zum Wassereinträger.

Abb. 1.7-7: Besser ausgebildeter Wasserauslauf mit seitlichem Falz.

der oberen Deckreihe; Wasser wird dann über die seitlichen Enden der Schürze nach innen auf die Unterdeckbahn geleitet: Der Fensteranschluss ist undicht.

Lösung
In Dächern ab 30° Neigung reicht es aus, die Brustschürze jeweils seitlich zum Falz umzukanten (siehe Abb. 1.7-7).

Bei flacherer Dachneigung kann Wasser jedoch in die vernietete Brustblecheinfassung eindringen. Das Fenster sollte dann besser leicht angekeilt (unten unterfüttert) eingebaut werden, um die Wassermulde in der Brustschürze zu vermeiden.

1.7.3 Schräg laufende Rinnen zur Wasserableitung an Unterspannung oder Unterdeckung

Schaden
Im neu gedeckten Dach bemängelte der Hauseigentümer den Einbau der Wohnraumfenster, insbesondere, dass die Ableitrinnen fehlten.

Analyse
Die Unterdeckbahn war an den Fensterseiten am Fensterkasten hochgekantet. Im Kehlbereich der Fenster fehlte die nach Fachregel geforderte „schräg laufende Rinne".

3.1.1 Anschluss an eine Unterspannung
(1) Seitlich, firstseitig und traufseitig sind die Unterspannbahnen hochzuführen und auf der Dachlattung zu befestigen.
(2) Firstseitig des Dachfensters muss eine schräg laufende Rinne hergestellt werden, die eventuell auf der Unterspannung über dem Fenster herablaufende Feuchtigkeit am Fenster vorbei in ein benachbartes Sparrenfeld leitet. Die Rinne kann aus dem Werkstoff der Unterspannung, aus Metall oder einem anderen geeigneten Werkstoff hergestellt werden.

Abb. 1.7-8: Für die Regensicherheit ist die Ableitrinne in der Unterdeckbahn über dem Fenster unverzichtbar.

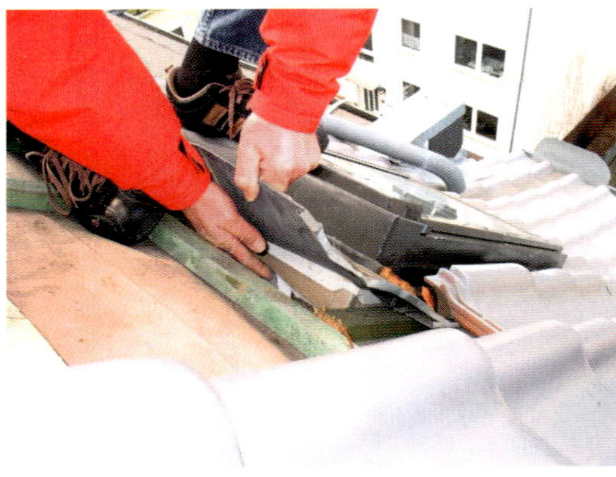

Abb. 1.7-9: Folienaufkantung reicht nicht.

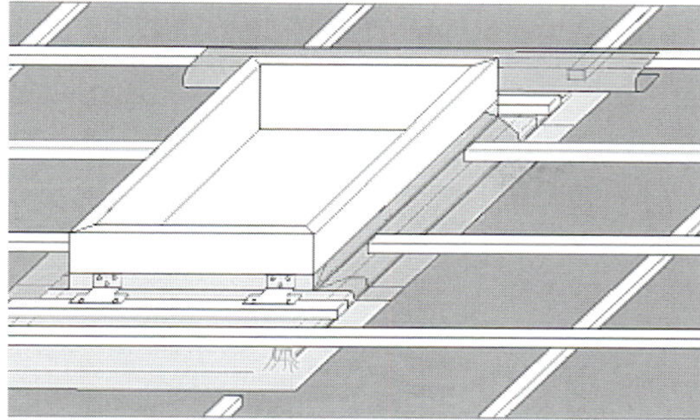

Abb. 1.7-10: Vorschläge aus der Fachregel für die Ableitrinne.

3.1.2 Anschluss an eine Unterdeckung
(1) Unterdeckbahnen für überlappte Unterdeckungen oder überdeckte Unterdeckungen mit Bitumenbahnen sind seitlich, firstseitig und traufseitig des Dachfensters hochzuführen und auf der Dachlattung zu befestigen. Bei überlappten oder verfalzten Unterdeckungen mit Unterdeckplatten erfolgt der Anschluss mit aufliegenden oder unterliegenden eingeklebten Blechen oder mit geeigneten Klebebändern, Dichtungsbändern oder Bahnenstreifen. Der firstseitige Anschluss erfolgt wie in Abschnitt 3.1.1 (2) angegeben.
(Merkblatt Einbauteile bei Dachdeckungen, 04/2015, Abschnitte 3.1.1 und 3.1.2)

Wenn die Unterdeckbahn ihre Aufgabe erfüllen soll, muss unter die Ziegeldeckung gedrungenes Wasser schadenfrei über dem Fenster abgefangen und seitlich am Fenster abgeführt werden. Aufkantungen können diese Aufgabe nicht erfüllen, weil die Eckschnitte am Fensterkasten nicht dauerhaft abgedichtet werden können.

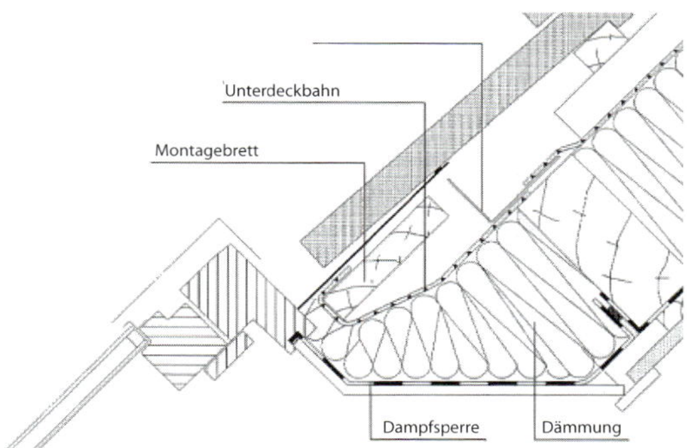

Abb. 1.7-11: Vorschläge aus der Fachregel für die Ableitrinne.

Abb. 1.7-12: Geringe Dachneigung und hoher Laubanfall gefährden Fensteranschlüsse mit unterdecktem Eindeckrahmen.

Das Einfügen einer Ableitrinne stellt den Dachdecker nicht vor Probleme; er muss nur die Konterlatten über dem Fensterkasten trennen. Dann lässt sich ein Streifen Unterdeckbahn einfach unter die nächste Überdeckung schieben und oberhalb des Fensterkastens umschlagen.

Lösung
Die Ableitrinnen mussten nachträglich eingefügt werden. Dazu waren über dem Fenster Dachziegel, Deck- und Konterlatten zu entfernen, Ableitrinnen aus Unterdeckbahn oder Metallblech einzufügen und die Dachöffnungen wieder zu verschließen.

1.7.4 Mit Laub zugesetzte Anschlussrinnen

Schaden
In das mit 18° geneigte Kindergartendach hatte der Dachdecker eine größere Anzahl von Wohnraumfenstern durch neue – hier mit Aufkeilrahmen – ersetzt. Die Freude der Kinder wurde gedämpft, als mit dem Herbst das unwirtliche Wetter auch in die Räume gelangte: Wasser tropfte von der Decke ab. Der herbeizitierte Dachdecker konnte keinen Fehler finden.

Abb. 1.7-13: Geringe Dachneigung und hoher Laubanfall gefährden Fensteranschlüsse mit unterdecktem Eindeckrahmen.

Analyse

Die Dachfenster waren mit handelsüblichen Eindeckrahmen – hier als Aufkeilrahmen – eingefasst; Wasser wurde über Kehl- und Anschlussrinnenbleche um die Fensterkästen herumgeleitet, die Dachziegel überdeckten die seitlichen Anschlussbleche.

Auf dem Grundstück standen hochstämmige Laub- und Nadelbäume, deren Blätter und Nadeln sich auch auf dem Dach ansammelten. Beim Aufnehmen der Anschlussdeckung zeigte sich, dass die Anschlussrinnen der Eindeckrahmen mit Laub zugesetzt waren.

Nach dem Entfernen des Laubs ließ sich der Wasserlauf aus deutlich sichtbaren Wasserspuren rekonstruieren. Durch Rückstau trat Wasser seitlich über die Anschlussbleche und von dort auf das Unterdach aus Unterdeckbahn und Bitumenbahn.

Weil in diesem Fall Folie und Bitumenbahnen des Unterdaches nicht wieder an die Fensterkästen angeschlossen worden waren, konnte das Regenwasser auf direktem Weg nach innen eindringen.

Abb. 1.7-14: Durch Laub zugesetzte Anschlussrinnen und deutlich sichtbare Wasserspuren auf Lattung und Unterdeckbahn.

Lösung

Im geschilderten Fall war die Anschlusstechnik der Fenster der Situation nicht angepasst und entsprechend ungeeignet. Die unterlegten Rinnenanschlüsse waren durch Verschmutzung durch Laub gefährdet.

Da dem Kindergartenbetreiber nicht zugemutet werden konnte, regelmäßig für freien Wasserablauf der Eindeckrahmen zu sorgen, kam nur ein Umbau der Fensteranschlüsse in Frage:

Abb. 1.7-15: Durch Laub zugesetzte Anschlussrinnen und deutlich sichtbare Wasserspuren auf Lattung und Unterdeckbahn.

Die Aufkeilrahmen wurden durch solche aus Zinkblech ersetzt, jedoch ohne Kehle und seitlich unterlegte Anschlussrinnen.

Anstelle der unterlegten Anschlussbleche wurden Bleischichtstücke aufliegend angebracht, und auch die Fensterkehle wurde aus 1,5 mm dickem Bleiblech hergestellt. Im Zuge der Umbauarbeiten wurden auch die Bahnen des Unterdaches sorgfältig an die Fensterkästen angeschlossen.

1.8 Metallarbeiten

1.8.1 Mangelhafte Befestigung von Zinkscharen auf Schalung mit Schattennut

Schaden

Der Eigentümer eines Bürohauses beanstandete die Zinkdeckung auf seinem Dach. Er befürchtete, dass die Zinkblechscharen auf einer Profilbrettschalung nicht sturmsicher befestigt waren.

Analyse

Das 13 m hohe Bürogebäude war am Westrand der städtischen Bebauung – angrenzend an landwirtschaftlich genutzte Flächen – errichtet und mit einem leicht geneigten Pultdach abgedeckt worden. Das Dach ragte an den Seitenrändern um 40 cm über die Außenwände, der Pultdachfirst bildete ein 2 m tiefes Vordach über einer Balkonzeile. Die Dachdeckung bestand aus Zinkblechscharen von 620 mm Breite, die in Dachmitte auf gespundeter Holzschalung von 23 mm Dicke, in den Dachüberständen auf Profilbrettschalung von 19 mm mit Schattennut verlegt waren. Zum Höhenausgleich hatte der Zimmerer 4 mm dicke Hartfaserplatten auf die Profilbretter genagelt.

Die Zinkdachdeckung wurde geöffnet. Die Anzahl der Zinkhaften entsprach mit 4/4/7 Stück je Quadratmeter der durch die Fachregeln für Metallarbeiten vorgegebenen Mindestanzahl; es waren verzinkte Breitkopfstifte der Abmessungen 2,8 x 25 mm verwendet worden.

Nach Berücksichtigen des Trockenschrumpfs entsprachen die Dicke der Holzschalung und

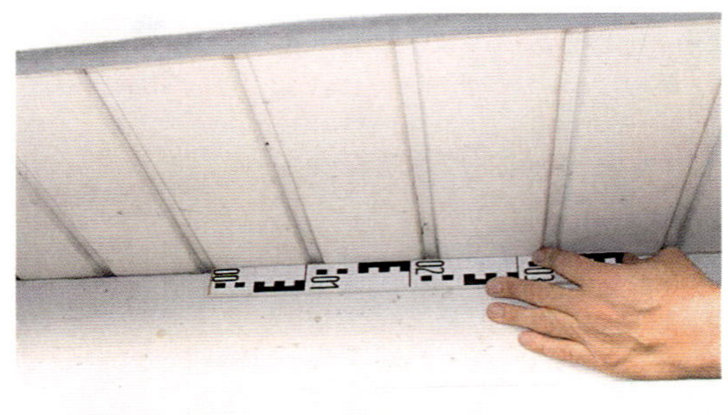

Abb. 1.8-2: Profilbretter mit Schattennut sind kein geeigneter Nagelgrund.

die Befestigung der Zinkscharen in Dachmitte den Fachregeln:

2.4.1 Holz

(3) Holz muss bei der Ausführung mindestens eine Nenndicke von 24 mm aufweisen. Schalungen aus Brettern müssen mindestens der Sortierklasse S 10 nach der DIN 4074-1 entsprechen. Ein Durchstoßen der Nagelspitzen durch die Schalung ist nicht immer zu verhindern.

(4) Die Breite der Bretter oder Bohlen soll zwischen 100 und 160 mm betragen. Bei gekrümmten Dachflächen können schmalere Bretter oder Bohlen erforderlich werden.

2.4.2 Holzwerkstoffe

(3) Schalungen aus Holzwerkstoffen, auf denen eine Dachdeckung direkt befestigt wird, müssen mindestens 22 mm dick sein. Ein Durchstoßen der Nagelspitzen durch die Schalung ist nicht immer zu verhindern.

Abb. 1.8-1: Bürohaus mit Dach aus Zinkscharen.

Abb. 1.8-3: Dachdeckung aus Zinkscharen.

Abb. 1.8-4: Profilbrett 19 mm mit Schattennut.

(4) Die maximale Kantenlänge von 2,50 m darf nicht überschritten werden. Die DIN 68800 ist einzuhalten. Nach DIN 1052 sind Fugen zwischen den einzelnen Platten anzuordnen, da es sonst durch feuchte- und temperaturbedingte Längenänderungen der Platten zu Verwerfungen in der Metalldeckung kommen kann. Die Platten müssen im Verband verlegt werden.

(5) Holzwerkstoffe müssen für die Verwendung als Deckunterlage von Metalldeckungen für eine Verwendung in NKL 2 nach DIN 1052 bzw. „Hinweise Holz und Holzwerkstoffe" und für den Einsatz im Feuchtbereich nach DIN EN 13986 geeignet sein. Folgende Produkte dürfen danach verwendet werden:

- *Massivholzplatten nach DIN EN 13353 (z.B.: SWP 2 tragend),*
- *Sperrholz und Furniersperrholz nach DIN EN 636 (z.B.: Feucht (EN636-2),*
- *OSB nach DIN EN 300 (z.B. OSB/3, OSB/4)*

Abb. 1.8-5: Zinkdeckung mit „Pickeln".

Abb. 1.8-6: Zinkdeckung mit „Pickeln".

- *Spanplatten nach DIN EN 312 (z.B. P5, P7)*
- *Zementgebundene Spanplatten nach DIN EN 634-2 (z.B. Klasse 1,2)*

((?)) Faserplatten nach DIN EN 622-2 (z.B. HB (harte Faserplatten) und DIN EN 622-3 (z.B. MBL, MBH) sind als tragende Unterkonstruktion nicht geeignet.

Der Einsatz von Holzwerkstoffen auch im überdeckten Bereich ist auf mögliche Schimmelpilzbildung und damit Nichteignung zu prüfen.

(6) OSB/3- und OSB/4-Platten nach DIN EN 300 und kunstharzgebundene Holzspanplatten nach DIN EN 312 der Technischen Klassen P5 und P7 dürfen nur bei vollständiger PMDI-Verleimung verwendet werden.

(Fachregel für Metallarbeiten im Dachdeckerhandwerk, 03/2011, Abschnitte 2.4.1 und 2.4.2)

In den Bereichen der Dachüberstände entsprach die 19 mm dicke Schalung jedoch nicht den Mindestanforderungen, auch Spanplatten (und Holzfaserplatten) waren nach der Fachregel nicht als Nagelgrund geeignet.

Die Profilbretter hatten im Raster von 125 mm eine jeweils 12 mm breite und 7 mm tiefe Schattennut, in der Nägel so gut wie keine Auszugsfestigkeit haben. 10 % der Schalungsfläche waren Nutbereiche. Die Befestigung der Zinkscharen war hier mangelhaft.

Lösung

Zinkscharen und Holzfaserplatten wurden in den Bereichen der Dachüberstände entfernt. Da auf die Profilbrett-Ansicht der Dachüberstände nicht verzichtet werden sollte, beließ man diese als Grundschalung.

Als zusätzlicher Nagelgrund wurde eine Lage Sperrholz-Platten von 8 mm Dicke verlegt und verschraubt und nach Aufbringen einer Trennlage die Zinkdachdeckung wiederhergestellt. Als erhöhte Sicherung gegen Wind wurden nicht rostende Stahlhaften mit nicht rostenden Holzschrauben eingebaut und befestigt.

1.8.2 Nagelschäden

Die Prüfung der Unterlage ist besonders bei Metalldeckungen von äußerster Wichtigkeit. Kleine Unachtsamkeiten haben oft erhebliche Folgen.

Schaden
Die Zinkdeckung war seit langem fertiggestellt. Weil noch die Außengerüste standen, konnte der Bauherr das Dach gut einsehen und bemängelte „Pickelbildung" in der Deckung.

Analyse
Das leicht geneigte Dach war 160 m² groß.
In der Zinkdeckung zeigten sich sporadisch 7 kleine Beulen von bis zu 1 cm Durchmesser. Um die Beulen wurde das Zinkblech aufgeschnitten. Unter dem Zink befanden sich eine Schalungsbahn und die Holzschalung aus gespundeten Brettern. In allen Prüföffnungen fanden sich hochstehende Nagelköpfe als Verursacher der Blechpickel.
Ein Nagelkopf war bereits durch das Zink durchgedrückt.
Bauherr und Dachdecker gaben zu Protokoll, dass die Holzschalung vom Zimmerer verlegt wurde; der Dachdecker sollte noch am selben

Abb. 1.8-8: Aus der Dachschalung ragende Nägel als Ursache der Schäden.

Tag die Schalungsbahn als Wetterschutz verlegen. Die beauftragten Handwerker hatten es eilig und achteten nicht auf hochstehende Nägel; die blieben dann auch bei der Zinkverlegung unentdeckt.
Für Hocharbeiten der Schalung und der Nägel unter der fertigen Deckung gab es keinen Hinweis. Der hier aufgetretene Schaden durch hochstehende Nagelköpfe ist für die Nagelung mit Setzgeräten typisch; der Sitz der Nägel wird – anders als beim Setzen mit dem Zimmererhammer – nicht mehr überprüft. Dem Dachdecker verbleiben dann Kontrolle und Nacharbeit der Holzschalung.

Lösung
Die Anzahl der Beulen war im Verhältnis zur Gesamtdachfläche gering. Die Schadensstellen konnten einzeln geöffnet und nach Versenken der Nagelköpfe mit Blechstücken wieder verschlossen und verlötet werden.

Abb. 1.8-7: Aus der Dachschalung ragende Nägel als Ursache der Schäden.

Abb. 1.8-9: Aus der Dachschalung ragende Nägel als Ursache der Schäden.

1.8.3 Korrodierende Fensterbankabdeckung aus Zink

Schaden
Die weit zurückgesetzten Dachgauben eines Mehrfamilienhauses waren mit Zinkblech eingefasst, die Gaubenfensterbänke waren etwa 40 cm tief. Nachdem Wasserschäden unter den Gaubenfenstern und im Drempel auftraten, wurde nach der Ursache gesucht.

Analyse
In Zinkeinfassung und Anschlüssen konnten keine offenen Leckstellen gefunden werden. Beim Überprüfen der Fensterbankabdeckungen wurde der Sachverständige fündig:
Die Zinkoberflächen zeigten in Gruppen geordnete, feine weißliche Pusteln. Durch leichtes Schaben mit dem Prüfstichel trat zu Tage, dass das Zinkblech bereits fleckig zu Zinkhydroxid (Weißrost) zerfallen war.

Abb. 1.8-10: Saugfähige Trennlagen und Wasser haben die Zinkabdeckungen durch Weißrost zerstört.

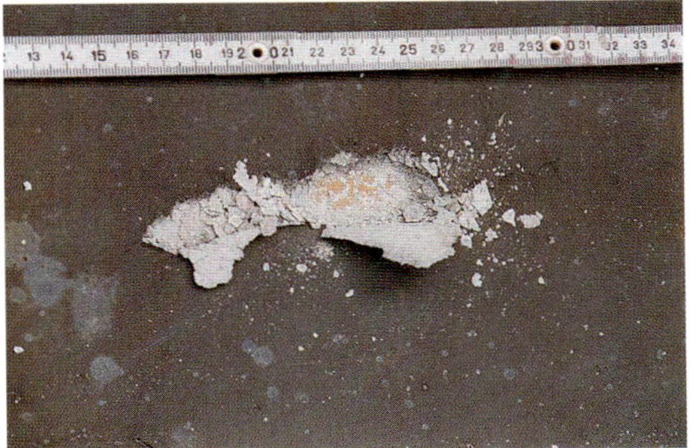

Abb. 1.8-11: Saugfähige Trennlagen und Wasser haben die Zinkabdeckungen durch Weißrost zerstört.

Abb. 1.8-12: Missachtung elementarer Regeln (Neigung, Dehnfähigkeit) ...

Die Ursache für den Zerfall zeigte sich, als das nur noch pulverige Zink beiseitegeschabt wurde. Das Zinkblech war auf eine Faservlies-Unterdeckbahn gedeckt, die hier als Trennlage zur Holzschalung dienen sollte.
Unterdeckbahnen aus Faservlies oder Schaumstoffbahnen speichern Tauwasser. Der direkte Kontakt des dann feuchten Vliesstoffes mit dem Zinkblech löste die Korrosion des Zinks aus, weil das zur Patinabildung notwendige Kohlendioxid fehlte.

Lösung
Wasser speichernde Stoffe sind als Unterlagbahn für Zinkblech ungeeignet. Im untersuchten Schadenfall mussten alle geschädigten Abdeckungen einschließlich der ungeeigneten Unterdeckbahnen entfernt und auf Bitumentrennlagen (besandete Glasvlies-Bitumenbahn) neu aufgebaut werden.

1.8.4 Quetschbrüche an Gaubenflachdächern aus Zinkblech

Schaden
Die Dachgauben in den Dachmansarden waren bis zu 5 m lang.
Der Dachdecker hatte den Auftrag, Mansarden, Gauben und Gaubendächer mit Zink einzudecken.
Nach kurzer Zeit traten Undichtigkeiten an den Gaubendächern auf.

Analyse
Gaubendächer und Mansardanschlüsse waren wie Kehlen in Gaubenlänge hergestellt, sie wa-

Abb. 1.8-13: Missachtung elementarer Regeln (Neigung, Dehnfähigkeit) ...

Abb. 1.8-14: ... führt unweigerlich zu Werkstoffschäden und Leckagen.

Abb. 1.8-15: ... führt unweigerlich zu Werkstoffschäden und Leckagen.

ren lediglich verfalzt mit dem nach außen zeigenden Teil der Abdeckung.
In diesen Zwangslagen mussten die Zinkbleche Quetschbrüche erleiden, weil eine Dehnung in Langrichtung nicht möglich war.

Die gezeigte Ausführung widersprach allen Regeln der Blechdeckung.

Gefällelose Flächen können nur wasserdicht verlötet und in begrenzter Ausdehnung ausgeführt werden.
Mansardfläche und Gaubendach dürfen nicht einteilig hergestellt sein.
Bleche müssen verschieblich (dehnfähig) angebracht sein.

Lösung
Auf Vorschlag des Sachverständigen wurden die flachen Gaubendächer zu Pultdächern mit vorgehängten Rinnen umgebaut.

Tabelle 1.22: Regeldachneigungen bei nicht selbsttragenden Metalldeckungen

Ausführungsart	Regeldachneigung
Doppelstehfalzdeckung	7°
	Bei Sparrenlänge bis zur halben maximalen Scharenlänge nach Tabelle AI.6 können Zusatzmaßnahmen erforderlich werden.

Tabelle 1.23: Zuordnung von Querverbindungen zu Dachneigungen

Dachneigung	Art der Quernähte
≥ 25°	einfacher Querfalz
≥ 10°	Querfalz mit durchgehendem Haftstreifen
≥ 7°	doppelter Querfalz
< 7°	wasserdichte Ausführung

(Fachregel für Metallarbeiten im Dachdeckerhandwerk, 03/2011, Tabellen 5 und 6)

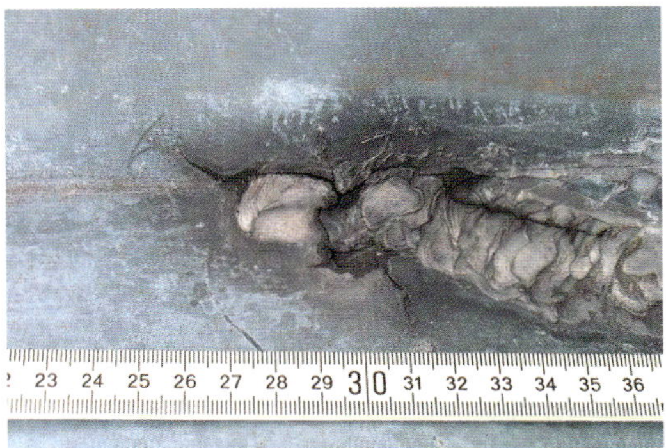

Abb. 1.8-16: Lötzinn kann nicht als Spachtelkitt gebraucht werden.

1.8.5 Rinnenunterblech mit Mängeln

Schaden

Die Abdeckbleche der Mansarde dienten als Unterbleche der Dachrinnen. Eigentümer und Mieter beschwerten sich über Klappergeräusche. Der Ursache sollte nachgegangen werden; daraus wurde ein höchst umfänglicher Schaden.

Analyse

Technische Mängel waren sowohl an der Dachtraufe des Flachdaches als auch am Unterblech der Dachrinne vorhanden.

Die als Rinnenunterblech eingebaute Zinkabdeckung aus 3 m langen Blechen war in Abständen von jeweils 50 bis 80 cm mit Dichtschrauben befestigt. Die Überlappungen waren verlötet, Dehnstücke nicht eingebaut. Durch Wärmedehnung und Wind waren die Schrauben gelockert und die Lötnähte aufgeschert, stellenweise waren Reparaturbleche eingefügt.

Abb. 1.8-17: Abdeckungen und Unterdeckungen müssen verschiebbar und indirekt befestigt sein.

Diese Ausführung entsprach nicht den Fachregeln:

8.2 Abdeckungsarten
(1) Bei selbsttragenden Profilen ist der statische Nachweis der Standsicherheit zu erbringen. Die Befestigung erfolgt indirekt verdeckt mit mindestens korrosionsgeschützten Befestigungsmitteln. Der erforderliche Abstand für den Bewegungsausgleich ist Tabelle AI.6 zu entnehmen. Geeignet sind Bewegungsausgleicher mit oder ohne Abdeckstreifen. (Abb. AIII.09, AIII.09.1 und AIII.11)
(2) Nicht selbsttragende Abdeckungen werden auf flächiger Unterkonstruktion verlegt. Auf Mauerwerk oder Beton wird die Verwendung einer Trennschicht (siehe Abschnitt 2.6) empfohlen. Die Metalldicke ist der Tabelle AI.2 zu entnehmen. Die Befestigung erfolgt indirekt durch mindestens korrosionsgeschützte Hafte, Vorstoßbleche, Haftstreifen u.a. mit geeigneten Schrauben/Nägeln/Stiften auf der Unterkonstruktion. In Ausnahmefällen kann bei Kleinflächen eine direkte Befestigung (siehe Abschnitt 3.4.1) erfolgen. Der Abstand der Hafte, Anzahl und Art der Befestigung richten sich nach dem Bauteil, der Gebäudehöhe und den Windlastannahmen. Auf geeignetem Untergrund sind auch Klebebefestigungen möglich. Die Nahtverbindungen erfolgen werkstoffgerecht nach Abschnitt 3.2. Geeignet sind (Abb. AIII.03, AIII.04, AIII.09, AIII.10 und Abb. AIII.11).

- *einfacher Liegefalz,*
- *einfacher Liegefalz mit durchgehenden Haftstreifen,*
- *Aufkantung mit Abdeckleiste,*
- *Steh- und Doppelstehfalz.*

3.4.1 Direkte Befestigungen
(1) Bei der direkten Befestigung wird das Metall unmittelbar mit der Unterlage verbunden. Sie ist bei Einzellängen mit einer Länge ≤ 3,00 m im geneigten Bereich möglich (für Blei gilt Tabelle AI.7). Dabei sind die Befestigungsmittel mit Hauerbuckeln abzudichten. Bohrlöcher sind mit Übermaß auszuführen.

Abb. 1.8-18: Direktbefestigungen sind nicht dauerhaft dicht und nicht zulässig. Fehlende Dehnmöglichkeit führt zu Naht- oder Quetschbruch.

Abb. 1.8-19: Direktbefestigungen sind nicht dauerhaft dicht und nicht zulässig. Fehlende Dehnmöglichkeit führt zu Naht- oder Quetschbruch.

(2) Schrauben mit Dichtscheiben und andere Befestigungselemente müssen korrosionsbeständig sein und dürfen nur bei wandseitigen Anschlüssen zum Einsatz kommen.

(Fachregel für Metallarbeiten im Dachdeckerhandwerk, 03/2011, Abschnitte . 8.2 und 3.4.1)

Lösung

Die Bleche konnten nicht nachträglich indirekt befestigt werden. Für das Erneuern der Unterbleche mussten die Dachrinnen entfernt werden. Neue Unterbleche wurden auf Vorstoßblech (Hafterwinkel) verschieblich eingebaut und verlötet; in notwendigen Abständen wurden Dehnfalze eingebaut.

1.8.6 Die Wichtigkeit der Unterkonstruktion

Es gibt ein paar einfache Weisheiten, die jedem sofort einleuchten, die in der Praxis aber seltsamerweise oft genug unbeachtet bleiben:
Wenn der Estrich wellig ist, kann der Teppich nicht eben liegen. Wenn der Putz bucklig ist, kann die Tapete nicht glattflächig sein. Wenn die Dachlattung durchhängt, wird dies auch die Ziegeldeckung tun. Wenn die Holzunterkonstruktion wellig ist, kann auch eine Zinkbekleidung nicht geradlinig und ebenflächig sein.

Schaden

Der empörte Anruf des Hauseigentümers kam, kaum dass der Dachdecker das Arbeitsgerüst entfernt hatte.

Der Eigentümer fand die Giebelkantenbekleidung an seinem Haus unschön krumm und verweigerte die Zahlung.

Analyse

Der Eigentümer wünschte neben einem neuen Dach auch mit Zink bekleidete Giebelgesimse; der Dachdecker hatte sich erboten, diese einschließlich der notwendigen Holzunterkonstruktion herzustellen. Dachdecker können mit Zollstock und Richtschnur umgehen, für Holzkonstruktionen fehlt ihnen aber meist Erfahrung – und manchmal auch die notwendige Genauigkeit. Auch in diesem Streitfall lagen die Ursachen für die wenig gelungenen Bekleidungen zuvorderst in einer nicht fluchtgerecht hergestellten Unterkonstruktion: Die Zinkkanten zeigten deutliche Wellung, die – hier nicht ein-

Abb. 1.8-20: Krumme und schiefe Gesimsbekleidung ...

Tabelle 1.24: Richtwerte für die maximalen Abstände von Dehnungsausgleichern für Bleche, Bänder und Metallprofile aus Cu, Zn, Al, S.S und VSt

Metall	Cu	Zn	Al	S.S	VSt	APb
Ausdehungskoeffizient in mm/ mm x K	0,017	0,022	0,024	0,016	0,012	0,029
Formteil					maximaler Abstand	
Mauerabdeckungen; Dachrandabschlüsse außerhalb der Wasserebene; innen liegende, nicht eingeklebte Dachrinnen mit Zuschnitt > 500 mm					8 m	

(Fachregel für Metallarbeiten im Dachdeckerhandwerk, 03/2011, Tabelle AI.6)

gefalzten – Unterbleche lagen verdreht zueinander mit keilförmig offenen Überlappungen. Die handwerkliche Ungenauigkeiten an Dach und Dachkante zeigten sich auch am Firstschnittpunkt mit schief sitzendem Firstziegel und demzufolge schräg sitzendem Blechfalz.

Die Fachregeln bestimmen, dass Blechteile immer miteinander verbunden werden müssen:

3.1 Allgemeines
(1) Die Verbindung von Metallen untereinander muss werkstoffgerecht mit geeigneten Löt-, Schweiß-, Niet-, Schraub-, Klebe- oder Falzverbindungen erfolgen. (...)

3.2.5 Falzen
(1) Falzverbindungen sind formschlüssige Verbindungen. Sie stellen eine regensichere, aber keine wasserdichte Verbindung dar. Je nach Ausführung ermöglichen sie die Aufnahme temperaturbedingter Längenänderungen.

(2) Zum Verbinden von Blechen können verschiedene Falztechniken zur Anwendung kommen. Man unterscheidet:
- *einfacher Liegefalz,*
- *einfacher Liegefalz mit durchgehendem Haftstreifen,*
- *doppelter Liegefalz,*
- *einfacher Stehfalz,*
- *Winkelstehfalz,*
- *Doppelstehfalz.*

(Fachregel für Metallarbeiten im Dachdeckerhandwerk, 03/2011, Abschnitte 3.1 und 3.2.5)

Lösung
Das Giebelgesims konnte nicht symmetrisch hergestellt werden, weil der First neben dem Firstscheitelpunkt saß.

Abb. 1.8-21: ... Ursache ist die nicht fluchtrechte Holzunterkonstruktion.

Abb. 1.8-22: Überlappungen nicht verfalzt.

Abb. 1.8-23: Überlappungen nicht verfalzt, Stehfalze schief.

Abb. 1.8-24: Fachgerechte Gesimsbekleidung.

Voraussetzung für eine Mängelbeseitigung waren hier das Umdecken des Daches und die Montage des Dachfirstes exakt über dem Firstscheitel.

Die Giebelgesimse mussten komplett abgebaut, und auf neuer – exakt ausgerichteter – Unterkonstruktion neu hergestellt werden. Unter- und Stirnbleche mussten mindestens einfach miteinander verfalzt sein. Üblich sind aber Winkelfalzausführungen der Stirnbleche, wobei der geübte Blechklempner die Winkelfalze lotrecht anbringt (siehe Abb. 1.8-24).

1.8.7 Bei Giebelziegel Einzelfall entscheidend

Schaden
Die Zinkbekleidung an den Giebeln wurde bemängelt. Der Wetterschutz sei nicht gewährleistet, behauptete der Hauseigentümer.

Analyse
Die Wetterschenkel der Giebelziegel lagen an der Unterkonstruktion dicht an. Wetterschenkel und Stirnbleche der Bekleidung überdeckten einander etwa 1 cm in der Höhe mit lichtem Abstand von etwa 2 bis 3 cm.

4.2 Ortgang
(4) Der Überstand von Doppelwulstziegeln, Schlusssteinen oder Flächenziegeln/-steinen über Außenkante Giebelwand bzw. Außenkante Holzunterkonstruktion soll mindestens 3 cm betragen. Bei Ortgangziegeln/-steinen soll der Abstand zwischen Innenkante Ortganglappen und Außenkante Giebelwand bzw. Außenkante Bekleidung mindestens 1 cm betragen. Ortgangkonstruktionen, die über die Giebelwand deutlich hinausragen, sind zu bevorzugen (...).
(Fachregel für Dachdeckungen mit Dachziegeln und Dachsteinen, 12/2012, Abschnitt 4.2)

Für das Maß des lotrechten Überstands von Dachziegel/Dachstein und äußerer Giebelbekleidung gibt es keine Vorschrift. Die Regel für die Giebelüberdeckung bei Metallarbeiten (5/8/10 cm) können hier nicht angewendet

Abb. 1.8-25: Überdeckungsmaße an Giebelkanten sind nicht geregelt.

Abb. 1.8-26: Überdeckungsmaße an Giebelkanten sind nicht geregelt.

werden. Selbst bei Giebelziegeln/Giebelsteinen ohne Dachüberstände (Putzanschluss) sind sie nicht gefordert und nicht anwendbar, weil die Mehrzahl der auf dem Markt befindlichen Giebelziegel und Giebelsteine nur geringere Höhenüberdeckungen zulassen.

Lösung
Da Vorschriften für das Höhenüberdeckungsmaß nicht existieren, ist das Verhalten der Deckung im besonderen Fall maßgebend.
Die Ausführung war technisch nicht zu beanstanden.

1.8.8 Die Dichtschraube – geliebt, aber nicht immer geeignet

Sachverständigen und versierten Blechklempnern war und ist die „Dichtschraube" schon immer ein Dorn im Auge, von vielen Dachdeckern ist sie aber geradezu geliebt. Geschätzt war und ist die Dichtschraube von kritischen Bauherren, die in ihr ein beliebtes Mittel zum Mängelvorwurf sahen und sehen.

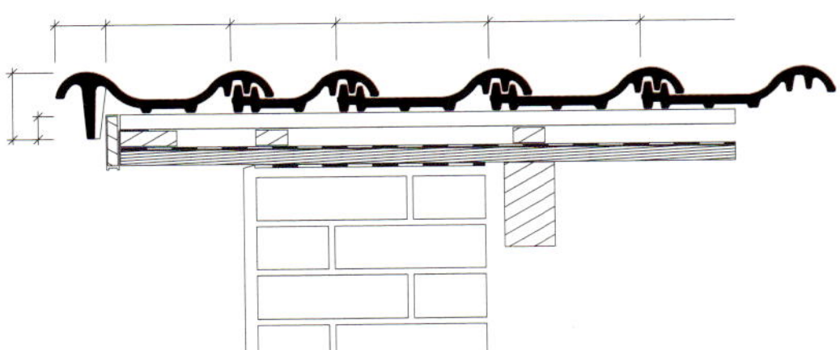

Abb. 1.8-27: Die mögliche Überdeckung der Wetterschenkel ist durch das Profil des Deckwerkstoffes bestimmt.

Schaden
Die aus Dachsteinen neu hergestellte Mansarddeckung eines gepflegten Altbaus benötigte einen Abschluss zum Flachdach und die geschwungene Frontspitze eine Metallabdeckung. Der Dachdecker verwendete die rascheste Methode mittels Blech und Dichtschraube, die der Hauseigentümerin aber nicht gefiel.

Analyse
Die dreifach gekanteten Kupferbleche der Mansard-Abdeckung hatten Abmessungen von 20/160/40/20 mm, waren lose verlegt und in Abständen von 60 bis 80 cm mit blanken Dichtschrauben befestigt. Die Eckstücke waren offen oder mit Klebeband überklebt, Überlappungen nicht verfalzt.
Auf der Mansardseite waren die Dachsteine nur 4 cm weit überdeckt.
Die Kupferblech-Mauerabdeckung war ebenfalls mit Dichtschrauben festgesetzt, Abkantungen waren nicht umgefalzt, Schnitte nicht abgedeckt, Hartlotnähte verbrannt und stellenweise offen.

Für die Abdeckungen waren insbesondere die Fachregeln zu beachten:

5.2.1 Traufseitige Anschlüsse bei Deckungen
(1) Traufseitige Anschlüsse überdecken den Deckwerkstoff und werden am aufgehenden Bauteil hochgeführt:

(5) Die Anschlussbleche sollen die Deckwerkstoffe bei Dachneigungen

Abb. 1.8-28: Die Dichtschraube als Dachdeckers Lieblingsbefestiger ist auf Mauer- und Randabdeckungen nicht erlaubt.

Abb. 1.8-29: Die Dichtschraube als Dachdeckers Lieblingsbefestiger ist auf Mauer- und Randabdeckungen nicht erlaubt.

- *≥ 22° mindestens 100 mm,*
- *< 22° mindestens 150 mm,*
- *< 15° mindestens 200 mm*

überdecken.

3 Verbindungs- und Befestigungstechniken
3.1 Allgemeines
(1) Die Verbindung von Metallen untereinander muss werkstoffgerecht mit geeigneten Löt-, Schweiß-, Niet-, Schraub-, Klebe- oder Falzverbindungen erfolgen.

(2) Bei Verbindungen unterschiedlicher Metalle muss die Werkstoffverträglichkeit (Kontaktkorrosion) beachtet werden.

8.2 Abdeckungsarten
(2) Nicht selbsttragende Abdeckungen werden auf flächiger Unterkonstruktion verlegt. Auf Mauerwerk oder Beton wird die Verwendung einer Trennschicht (siehe Abschnitt 2.6) empfohlen. Die Metalldicke ist der Tabelle AI.2 zu entnehmen. Die Befestigung erfolgt indirekt durch korrosionsgeschützte Hafte, Vorstoßbleche, Haftstreifen u.a. mit geeigneten Schrauben/Nägeln/Stiften auf der Unterkonstruktion. In Ausnahmefällen kann bei Kleinflächen eine direkte Befestigung (siehe Abschnitt 3.4.1) erfolgen. Der Abstand der Hafte, Anzahl und Art der Befestigung richtet sich nach

Abb. 1.8-30: Unfertige und mangelhaft hergestellte Randabdeckung.

dem Bauteil, der Gebäudehöhe und den Windlastannahmen. Auf geeignetem Untergrund sind auch Klebebefestigungen möglich. Die Nahtverbindungen erfolgen werkstoffgerecht nach Abschnitt 3.2. Geeignet sind (Abb. AIII.03, AIII.04, AIII.09, AIII.10 und Abb. AIII.11):

- *einfacher Liegefalz,*
- *einfacher Liegefalz mit durchgehenden Haftstreifen,*
- *Aufkantung mit Abdeckleiste,*
- *Steh- und Doppelstehfalz.*

(Fachregel für Metallarbeiten im Dachdeckerhandwerk, 03/2011, Abschnitte 3.1, 5.2.1 und 8.2)

Die Fachregeln haben vor März 2006 Direktbefestigungen mit Dichtschrauben für Kurzlängen noch erlaubt:
In Ausnahmefällen ist eine direkte sichtbare Befestigung mit Schrauben und Hauerbuckel oder

Abb. 1.8-31: Die Dichtschraube als Dachdeckers Lieblingsbefestiger ist auf Mauer- und Randabdeckungen nicht erlaubt.

Abb. 1.8-32: Musterbeispiel mangelhafter Blechtechnik.

Schrauben mit Dichtscheiben bei Bauteilen mit einer Länge ≤ 3,00 m im geneigten Bereich möglich Der Befestigungsabstand ist auf die Beanspruchung und Lage des jeweiligen Bauteils abzustimmen.

Ab März 2006 sind offene Befestigungen mit Dichtschrauben nur noch im senkrechten Teil von Anschlüssen (z.B. Kapp- und Pressleisten) erlaubt:

3.4.1 Direkte Befestigungen
(1) Bei der direkten Befestigung wird das Metall unmittelbar mit der Unterlage verbunden. Sie ist bei Einzellängen mit einer Länge ≤ 3,00 m im geneigten Bereich möglich (für Blei gilt Tabelle AI.7). Dabei sind die Befestigungsmittel mit Hauerbuckeln abzudichten. Bohrlöcher sind mit Übermaß auszuführen.

(2) Schrauben mit Dichtscheiben und andere Befestigungselemente müssen korrosionsbeständig sein und dürfen nur bei wandseitigen Anschlüssen zum Einsatz kommen.

3.4.2 Indirekte Befestigungen
(1) Bei indirekter Befestigung werden temperaturbedingte Längenänderungen aufgenommen und ein sicherer Verbund mit der Unterlage hergestellt.
(2) Zur indirekten Befestigung dienen Halter, Hafte, Haftstreifen, Vorstoßbleche u.Ä. (Abb. AIII.06 und AIII.07.1 bis AIII.07.3 und Tabelle AI.5), die auf der Unterlage befestigt werden. Die Befestigungselemente müssen mindestens korrosionsgeschützt sein.
Haftunterteile aus Werkstoffen mit höherer Festigkeit als das Deckmaterial müssen gerundete Ecken aufweisen.
Bei strukturierten Trennlagen ist die Hafthöhe dem Wirrgelege anzupassen. Die Längenänderung der Scharen, bedingt durch thermische Einflüsse, darf nicht behindert werden. Die Schiebehafte dürfen sich im Gleitbereich nicht verformen.
(3) Der Abstand der Hafte sowie Anzahl und Art der Befestigung richten sich nach dem Bauteil, der Gebäudehöhe und den Windsoglasten (Anhang II , Abschnitt 5 „Windlasten bei Dächern und Fassaden mit Metalldeckungen").
(Fachregel für Metallarbeiten im Dachdeckerhandwerk, 03/2011, Abschnitte 3.4.1 und 3.4.2)

Mansard- und Mauerabdeckungen entsprachen zur Zeit der Ausführung nicht den Fachregeln:

Abb. 1.8-33: Detail aus Abb. 1.8.32.

Abb. 1.8-34: Offene und „verbrannte" Blechüberlappungen und offene (nicht zulässige) Direktbefestigung.

Tabelle 1.25: Befestigungsmittel (Fachregel für Metallarbeiten, Tabelle AI.5)

Werkstoff der zu befestigenden Teile	Hafte	geraute Nägel		Senkkopf-Schrauben	
	Werkstoff Mindest-dicke in mm	Werkstoff	Mindestmaße 1) Durchm. x Länge in mm x mm	Werkstoff	Mindestmaße 1) Durchm. x Länge in mm x mm
Kupfer	Kupfer 0,6	Kupfer	2,8 x 25	Kupfer	4 x 25
	nicht rost. Stahl 0,4	nicht rost. Stahl		Messing	
				nicht rost. Stahl	
Titanzink	Titanzink 0,7	verzinkter Stahl	2,8 x 25	verzinkter Stahl	4 x 25
	nicht rost. Stahl 0,4				
	verzinkter Stahl 0,6	verzinkter Stahl		nicht rost. Stahl	
	Aluminium 0,8	nicht rost. Stahl			
Aluminium	verzinkter Stahl 0,6	verzinkter Stahl	2,8 x 25	verzinkter Stahl	4 x 25
	nicht rost. Stahl 0,4				
	Titanzink 0,7	nicht rost. Stahl			
	Aluminium 0,8			nicht rost. Stahl	
nicht rost. Stahl	nicht rost. Stahl 0,4	nicht rost. Stahl	2,8 x 25	nicht rost. Stahl	4 x 25

(Fachregel für Metallarbeiten im Dachdeckerhandwerk, 03/2011, Tabelle AI.5)

Die Abdeckung war mansarddachseitig zu kurz, die Abdeckung nicht indirekt befestigt. Die Befestigungen waren in zu großen Abständen angebracht. Außerdem waren die Befestiger nicht aus Kupfer (oder nicht rostendem Stahl). Die Bleche waren an Stößen nicht verfalzt, die Schnitte in Abkantungen nicht abgedeckt. Waagerechte Teile der Abdeckung waren nicht wasserdicht verlötet und die Lötnähte nicht werkgerecht ausgeführt. Zudem bestanden offene Fehlstellen in den Abdeckungen.

Lösung

Die Abdeckungen waren komplett zu entfernen und durch neue, fachgerecht hergestellte zu ersetzen.
Für die Mansardabdeckungen waren flächiges Auflager, ausreichender Zuschnitt und indirekte Befestigungen zu wählen, Stöße zu falzen, Eckstücke, Kopf- und Anschlussstücke zu verlöten.
Die Mauerabdeckungen konnten verklebt verlegt werden.

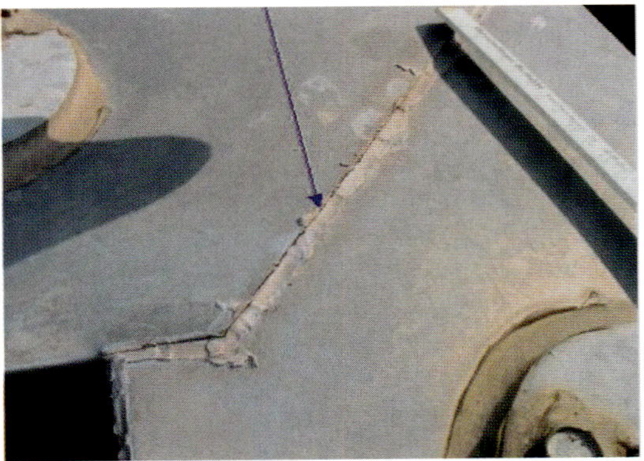

Abb. 1.8-35: Abgelöste Lötnaht wegen fehlerhafter Löttechnik.

1.8.9 Aufgetropft und nachgebessert – die mangelhafte Weichlotnaht

Fragt man Dachdeckerlehrlinge nach der Herstellung einer Weichlotnaht, bekommt man meist Folgendes zu hören:
Das Lot wird flüssig gemacht und auf die Zinknaht gebracht.
Wenn man sich Lötnähte an Zinkrinnen und Zinkabdeckungen anschaut, kommt man zu dem Schluss, dass so oder ähnlich manche Dachdecker gedacht und gearbeitet haben müssen.

Schaden
Die Lötnähte einer Zinkabdeckung lösten sich oder rissen auf, was den Bauherrn zur Mängelrüge veranlasste.

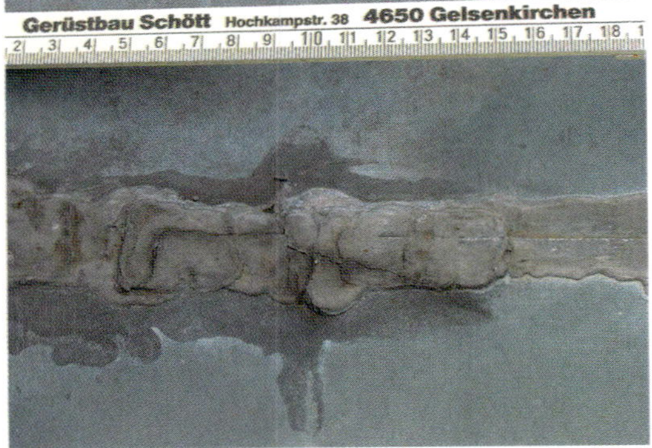

Abb. 1.8-37: Nur kapillar eingetragenes Lot erzeugt dauerhafte Nahtfestigkeit; als Spachtel missbrauchtes Lot ist nicht haltbar.

Analyse
Die Gehrungsnaht der Abdeckung war über die ganze Länge abgerissen; das überdeckende Blechende ließ sich hochheben.
Festzustellen war, dass sich Lötzinn nur vor der Naht befand, der Überlappungsbereich war frei von Lötzinn. An anderen Stellen waren gerissene Lötnähte und auch Blechbrüche mit neuem Lötzinn überspachtelt.
Eine richtige Weichlotnaht hingegen besteht aus einer mindestens 10 mm breiten Blechüberlappung (im lotrechten Bereich mindestens 5 mm) mit kapillar eingefügtem Lötzinn.

3.2.1 Weichlöten
(1) Weichlöten ist eine stoffschlüssige, wasserdichte Verbindung, die unter Einsetzung von Wärme (Arbeitstemperatur bis 450 °C), Flussmittel und

Abb. 1.8-36: Nur kapillar eingetragenes Lot erzeugt dauerhafte Nahtfestigkeit; als Spachtel missbrauchtes Lot ist nicht haltbar.

Abb. 1.8-38: Nur kapillar eingetragenes Lot erzeugt dauerhafte Nahtfestigkeit; als Spachtel missbrauchtes Lot ist nicht haltbar.

Abb. 1.8-39: Nur kapillar eingetragenes Lot erzeugt dauerhafte Nahtfestigkeit.

Lot erstellt wird. Der Grundwerkstoff bleibt in festem Zustand, wobei das Lot in flüssigem Zustand den Lötspalt füllt. In der Naht kommt es in den Berührungsflächen zur Legierungsbildung, die die Festigkeit der Nahtstelle wesentlich mitbestimmt (...).
(2) Beim Weichlöten darf der Lötspalt nicht größer als 0,5 mm sein. Die gebundene Lötnaht darf im waagerechten 10 mm und im senkrechten Bereich 5 mm nicht unterschreiten. Ist eine zusätzliche Nietung erforderlich, beträgt die Überdeckung 30 mm (...).
(Fachregel für Metallarbeiten im Dachdeckerhandwerk, 03/2011, Abschnitt 3.2.1)

Nur das Lot im Lötspalt verbindet und gibt Festigkeit.
Aufgetropftes oder aufgespachteltes Lot ist technisch wertlos und trägt nicht zur Nahtfestigkeit bei.

Lösung
Die Nähte mussten aufgelötet, sprich das Lot entfernt und in Kapillartechnik neu verlötet werden. Da es nutzlos ist, Blechrisse oder -brüche zu überlöten, mussten die Ursachen der Risse oder Brüche beseitigt werden, z.B. durch den Einbau von Dehnmöglichkeiten; meist ist es – so auch in diesem Fall – sinnvoll, gerissene Bleche durch neue zu ersetzen.
Kleinrisse wurden mit aufgelöteten Blechstücken abgedeckt. Das empfiehlt sich aber nicht bei Innenkantungen (Kehle oder Wandanschluss); dort mussten die Bleche erneuert werden.

1.8.10 Zu dünner Kleberauftrag bei geklebter Abdeckung

Schaden
Die Brüstungsabdeckungen der Penthausterrassen waren wellig, Wasser blieb auf der Abdeckung stehen. Mit zusätzlich aufgelöteten Randwinkeln hatte der Dachdecker das Wasserüberlaufen zu verhindern gesucht.

Analyse
Die Zinkblechabdeckungen waren auf dem Untergrund mit ENKE-Blechkleber („Enkolit") verklebt.
Blechklebung anstelle indirekter mechanischer Befestigung ist eine zugelassene Verlegemethode. Es müssen dabei aber die Verlegeregeln des Kleberherstellers beachtet werden:

(4) Die Befestigung mit plastischem bzw. elastischem Kleber erfolgt nach Herstellerangaben.
(Fachregel für Metallarbeiten im Dachdeckerhandwerk, 03/2011, Abschnitt 3.4.2)

ENKE-Verlegeregeln:
Beim Einsatz von ENKOLIT kann der Untergrund z.B. aus Beton, Mauerwerk, Natur- oder Kunststein, Baufurniersperrholz, Faserzement, Schiefer oder kunstharzverleimter Spanplatte bestehen. Worauf Sie unbedingt achten sollten: Der Untergrund muss fest, trocken und sauber sein und darf keine größeren Unebenheiten aufweisen.

ENKOLIT wird mit einem Rillenspachtel vollflächig aufgetragen. Wichtig ist, dass der Materialauftrag in einer Richtung erfolgt, damit die Luft beim Auflegen der Bleche problemlos entweichen kann. Diese vollflächige Verklebung garantiert eine maximale Windsogbeständigkeit und die Unterseite der Metallabdeckung ist gegen Korrosion geschützt. Um eine optimale Klebewirkung zu erzielen, sollte die Verarbeitung nicht bei Temperaturen unter +5 °C erfolgen.

Abb. 1.8-40: Die Verklebung ist in der Metalltechnik eine zugelassene Befestigungsmethode.

Abb. 1.8-41: Verlegevorschriften des Kleberherstellers müssen beachtet werden.

Unmittelbar nach dem Materialauftrag sollte die Verklebung der Metallabdeckung erfolgen. Bei Mauer-, Attika- oder Brüstungsabdeckungen aus mehreren Einzelteilen muss unter die Blechfugen zusätzlich ein mindestens 10 cm breites, dem Blechprofil entsprechendes Unterblech eingeklebt werden. Hierdurch ist der Dehnungsausgleich sichergestellt.

Bei richtig angewendetem Kleber und auf festem Untergrund liegt das verklebte Blech ebenflächig und ohne Beulen. An den hier untersuchten Abdeckungen lag das Zinkblech dagegen beulig, die Beulen ließen sich herunterdrücken. Ursache war ein viel zu dünner Kleberauftrag.

Die ENKE-Verlegeregeln schreiben vor, wie die Dehnungen auszuführen sind. Hier in der Abdeckung waren jedoch Dehnkappen eingebaut, die so in der verklebten Abdeckung nicht hergestellt werden dürfen.

Abb. 1.8-42: Zu geringer Kleberauftrag führt zur Ablösung der Bleche.

Abb. 1.8-43: Zu geringer Kleberauftrag führt zur Ablösung der Bleche.

Nach den Fachregeln sollen Abdeckungen nach innen (z.B. zum Dach) geneigt und mit äußeren Aufkantungen ausgestattet sein:

(2) Zur Anwendung kommen vorgefertigte oder handwerklich hergestellte Profile. Abdeckungen sollen ein ausreichendes Gefälle zur Dachseite aufweisen. Es wird empfohlen, die dachabgewandte Seite mit einer Aufkantung zu versehen. Die Überstände ergeben sich aus Abschnitt 6.3.1. Die Abdeckungen erhalten an den Enden Kopfstücke oder Maueranschlussstücke (...).
(Fachregel für Metallarbeiten im Dachdeckerhandwerk, 03/2011, Abschnitt 8.1)

Je nach Gebäudehöhe sind Mindestüberdeckungen über die Außenwand vorgeschrieben:

In diesem Schadenfall waren die Abdeckungen nicht nach innen geneigt, Wasser blieb an der äußeren Aufkantung stehen und lief über Speier über die Außenwand ab.

Abb. 1.8-44: Fehlerhaftes Dehnstück: Die Verklebung kennt eine eigenständige Dehntechnik, die einzuhalten ist.

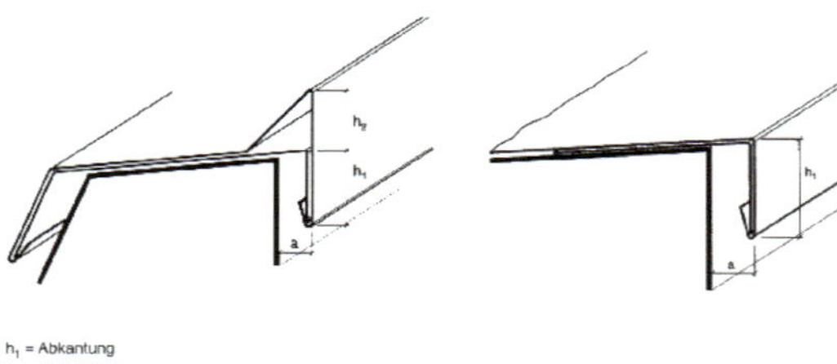

h_1 = Abkantung
h_2 = Aufkantung
a = Tropfabstand

Mindest-Auf-/Abkanthöhen

Gebäude-höhe m	a* mm	h_1 mm	h_2 mm
< 8	20	50	mind. 25
8 – 20	30	80	
> 20	40	100	

* Bei Kupfer mind. 50 mm

Abb. 1.8-45: Vorgabe der Fachregel für Mauerabdeckungen.

Die Terrassenbrüstung lag 11 m über Boden. Die äußere Abkantung überdeckte das Brüstungsmauerwerk in der Höhe um 5 cm.
Die Brüstungsabdeckungen entsprach in Lage, Randüberdeckung, Befestigung (Klebung) und Dehnfugenausbildung nicht den Fach- und Verlegeregeln.

Lösung

Die Herstell- und Verlegemängel konnten nicht einzeln beseitigt werden. Die Brüstungsabdeckungen mussten entfernt, eine neue nach innen geneigte Unterkonstruktion z.B. aus Sperrholz- oder OSB-Platten musste montiert und neue Blechabdeckungen mit größerem lotrechten Überstand mussten eingebaut werden.

1.8.11 Dachrand ohne Auflager

Selbsttragende Metallabdeckungen benötigen keine vollflächige Unterkonstruktion. Hafterwinkel und Stoßverbinder müssen dagegen weitgehend flächig aufliegen, um ihre Funktion zu erfüllen.

Schaden

Mauerabdeckungen aus Aluminiumblech wurden bemängelt, weil Wasser zwischen Abdeckung und Stoßverbindern nach innen eindrang und Wasserschäden verursacht hatte.

Analyse

Die gekanteten Aluminiumabdeckungen waren auf Haltewinkeln verlegt und eingekantet. Haltewinkel und Riffelprofile als unterlegte Stoßverbinder waren, außenseitig mit Lattenklötzchen unterlegt, auf der Brüstungswand verankert.

Abb. 1.8-46: Mangelhafte Befestigung und Auflager der Mauerabdeckung.

Winkel und Stoßverbinder hingen nach unten durch, da sie nicht flächig unterlegt waren (Abb. 1.8-47 und 1.8-48). Stoßverbinder können aber nur dann zuverlässig absichern, wenn ihre seitlichen Gummidichtungen gegen die Abdeckbleche gepresst sind.
Wenn, wie im Baustellenbetrieb unvermeidbar, ein Arbeiter auf die Abdeckung tritt, biegt er Abdeckung und Stoßverbinder durch; die nötige Anpressung wird damit beseitigt, und offene Fugen zwischen Blech und Verbinder entstehen. Die notwendige Regensicherheit der Abdeckung ist dann nicht gewährleistet.

Lösung

Die Abdeckungen mussten aufgenommen und Halter sowie Stoßverbinder dauerhaft flächig unterlegt werden.
Danach konnten die Abdeckungen wieder angebracht werden.

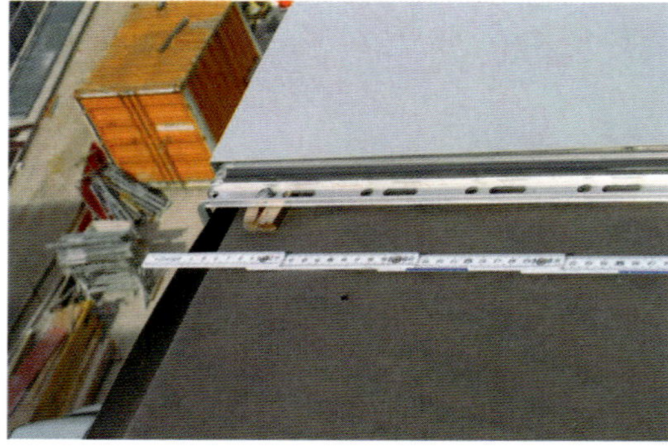

Abb. 1.8-47: Durchbiegung der Klemmhalter führt zu Undichtigkeit.

1.8.12 Falscher Kupferblechanschluss am Ortgang

Schaden
Dachüberstände und Giebelabschlüsse am Dach des mehrgeschossigen Wohnhauses waren mit Blenden und Ortganganschlüssen aus Kupferblech ausgestattet; die Dachdeckung bestand aus Dachsteinen auf Lattung und Unterdeckbahn. Bei Regen und windigem Wetter tropfte Wasser aus dem Dachüberstand. Nachdem der Dachdecker an der Dachdeckung keinen Schaden finden konnte, wurde der Sachverständige um Rat gebeten.

Analyse
Am Traufen-/Giebel-Eckpunkt wurden die Dachsteine entfernt.
Die unterdeckten Ortganganschlüsse aus Kupferblech waren 11 cm breit mit Aufkantung von 1 cm Höhe; das Blech lag auf der Decklattung auf. Die Dachstein-Doppelkrempen überdeckten das Anschlussblech in einer Breite von 6 cm. Dachlatten und Unterdeckbahn zeigten deutliche Wasserlaufspuren.
Fehlerhaft waren hier Anlage und Einbau der Anschlussrinnen.

5.3.1.1 Unterliegende Metallanschlüsse
(1) Bei dem unterliegenden Anschluss erfolgt die Deckung auf dem Metall.
(2) Die Anbringung der unterliegenden Metallanschlüsse erfolgt auf vollflächiger Deckunterlage oder auf Lattung mit einem Traglattenabstand < 170 mm.
(3) Anschlüsse aus Blei erfordern immer eine vollflächige Unterlage.

Abb. 1.8-48: Durchbiegung der Klemmhalter führt zu Undichtigkeit.

Abb. 1.8-49: Fehlerhafter Randabschluss und unzureichende Unterdeckung.

(4) Unterliegende Metallanschlüsse können mit Schichtstücken (Nocken) oder als durchgehende unterliegende Metallbleche ausgeführt werden (siehe Abb. 17).
(6) Anschlüsse mit durchgehend unterliegenden Blechen können ausgeführt werden als:
- *einfache Anschlüsse mit Wasserfalz (nur bei geringer Wasserbelastung anzuwenden),*
- *vertiefte Anschlüsse,*
- *Sonderkonstruktionen (z.B. mit Steg).*

Die untergelegten Bleche werden im oberen Bereich der Höhenüberdeckung genagelt und an der Längsseite mit Haften befestigt. Die dachseitige Längsseite ist mit einem mindestens 15 mm breiten Wasserfalz zu versehen.
Der freie Wasserlauf zwischen wandseitiger Aufkantung und Deckwerkstoff oder Steg muss mindestens 40 mm betragen. Bei Ausführungen der Anschlüsse mit Steg kann die Deckung bis zum Steg herangeführt werden. Beim unterliegend vertieften Anschluss muss die Vertiefung eine Mindesttiefe von 20 mm und eine Mindestbreite von 40 mm aufweisen.
(8) Die Überdeckung der Deckwerkstoffe über unterliegende Metallanschlüsse soll bei konturierten und ebenen Deckwerkstoffen 100 mm betragen.
(Fachregel für Metallarbeiten im Dachdeckerhandwerk, 03/2011, Abschnitt 5.3.1.1)

Abb. 1.8-50: Fehlerhafter Randabschluss und unzureichende Unterdeckung.

Die Ortganganschlüsse waren konstruktiv falsch.
Dem Kupferblechanschluss fehlte die Lattenunterlage im Höchstabstand von 17 cm, wie nach Fachregel gefordert.
Die Überdeckung der Dachsteine betrug nur 6 cm anstelle der geforderten 10 cm.
Die dachseitige Aufkantung war 1 cm breit und heruntergedrückt; erforderlich war eine 1,5 cm hohe Aufkantung (Wasserfalz).

Lösung

Ein Beiarbeiten der Deckung an die Anschlüsse war nicht möglich, da zwischen Ortgangblende (Aufkantung) und Dachstein ein mindestens 4 cm breiter Wasserlauf frei bleiben musste.
Die Dachdeckung musste an Dachrändern aufgenommen und die Anschluss- und Ortgangbleche mussten entfernt werden.
Zusätzliche Stützlatten wurden eingefügt, neue Blenden-/Anschlussbleche mit 14 cm breitem Anschluss und Aufkantung von 1,5 cm wurden eingebaut, bevor die Deckung wieder geschlossen werden konnte.

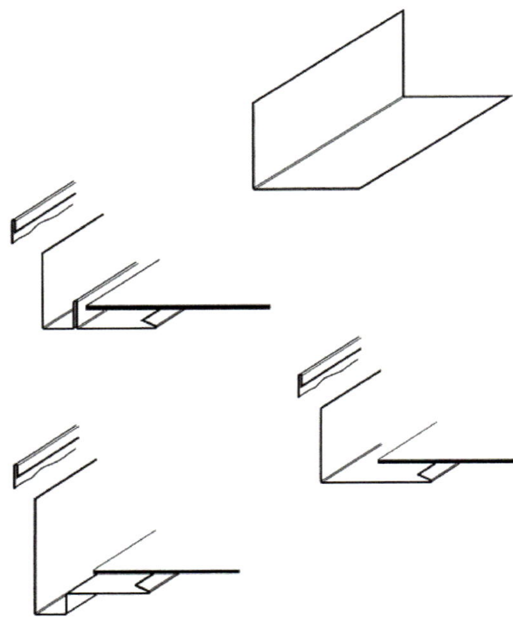

Abb. 1.8-51: Vorschläge aus der Fachregel.

1.8.13 Der vermeintlich hässliche Zinkgiebel

Schaden

Bei Fertigstellung der Zinkbekleidung waren Dachdecker und Auftraggeber zufrieden. Das änderte sich, als an der neuen Bekleidung, wie der Eigentümer meinte, „hässliche Flecke" auftraten; jedenfalls fand er dies nicht hinnehmbar und forderte umgehend eine neue, saubere und fleckenfreie Bekleidung.

Analyse

Die Oberfläche der Zinkbekleidung war frei von Säurespuren, wie Finger- und Handabdrücken oder Zinkhydroxid.
Die zur Zeit der Aufnahme etwa 8 Wochen alte Zinkbekleidung zeigte den üblichen und typischen Übergang von der metallisch silbernen Oberfläche des reinen Zinks zum mattgrauen Zinkkarbonat. Die Umwandlung geht je nach Wetterrichtung und Zusammensetzung der Luft langsam oder rascher vonstatten und ist allgemein nach 8 bis 12 Monaten optisch weitgehend abgeschlossen. Leider bildet sich die Schutzschicht des Zinks (Zinkkarbonat (Patina)) immer fleckig.

Abb. 1.8-52: Vom Bauherrn gerügte Zinkbekleidung.:

Dies verursacht das für den Nichtfachmann „unschöne Aussehen" der Zinkoberfläche während des ersten Jahres.

Lösung

Die vorübergehende Fleckigkeit der Zinkoberfläche war im untersuchten Fall nicht zu beanstanden. Der Bauherr musste diese zeitbegrenzte Erscheinung als üblich und unvermeidbar hinnehmen.
Der Dachdecker hätte sich viel Ärger ersparen können, wenn er seinen Auftraggeber rechtzeitig auf das Verhalten von Zink hingewiesen hätte oder direkt vorbewittertes Material verwendet hätte.

1.8.14 Kupferläufer wegen zu geringen Abtropfabstands

Schaden

Die Drempel- und Gaubenbekleidungen an einer größeren Wohnanlage waren aus Kupferblech hergestellt; die Außenwände waren verklinkert. Unter den Kupferbekleidungen bildeten sich grüne Kupferläufer.

Analyse

Kupferkarbonat war abgeschwemmt worden und hatte sich in den Poren der Klinker festgesetzt.
Die Kupferbekleidungen waren auf einer hinterlüfteten Holzkonstruktion an der tragenden Außenwand verankert.
Die Klinkerschale trat gegenüber der Kupferbekleidung um 20 mm zurück; die Bekleidung hatte also einen Abtropfabstand von 20 mm.
Die Fachregeln beachten das Problem der Kupferläufer und legen für Randabdeckungen, Fensterbänke und Bekleidungen aus Kupfer einen erhöhten Abtropfabstand von mindestens 50 mm fest:
Die Abtropfabstände entsprachen in diesem Fall nicht dem Mindestabstand von 50 mm. Die Ausführung war mangelhaft.

Lösung

Es hätte eine Radikallösung mit Erneuerung sämtlicher Bekleidungen gegeben, wobei auch alle Dachränder, Fenster- und Türanschlüsse und Gauben- und Dachrandabdeckungen einbezogen hätten werden müssen.

Abb. 1.8-53: Es wird die Fleckigkeit bemängelt.

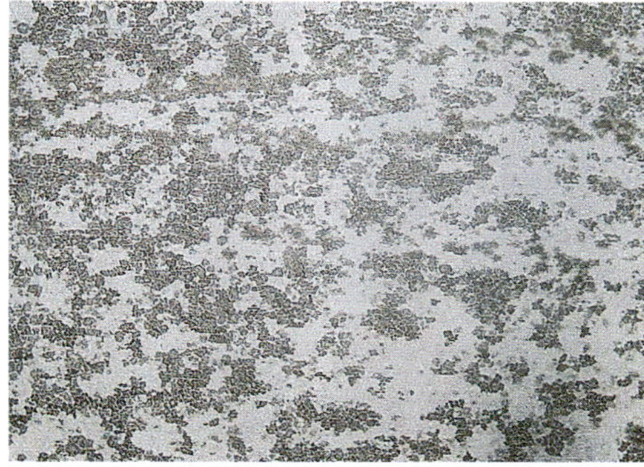

Abb. 1.8-54: Die Zinkpatina bildet sich immer fleckig aus (hier Mikroskopbild).

Mit dem Sachverständigen wurde eine kleine Lösung erarbeitet, in der geneigte Abweisbleche an den Fußlinien der Bekleidungen angebracht wurden. Die optische Abweichung zum ursprünglichen Zustand wurde akzeptiert, nachdem der Dachdecker den Umbau sorgfältig und sauber hergestellt hatte.

1.8.15 Denkmalschutz hat eigene Regeln

Schaden
Das Kegeldach der romanischen Basilika St. Cyriakus in Gernrode erhielt einen neuen Kupferhelm. Architekt und Denkmalbehörde verzichteten auf eine Turmdachrinne, weil der ursprünglich vorhandene Zustand wiederhergestellt werden sollte. Im Zuge der Sanierung der Kirche wurde auch die Sandsteinfassade gereinigt und instand gesetzt, sodass sie – anders als vorher – wieder hell und freundlich leuchtete. Nach wenigen Monaten der Bewitterung traten grüne Kupferschlieren auf der Fassade auf, die bald einen großen Teil des Turms färbten.

Abb. 1.8-55: Nicht gewünschte Kupferschlieren.

Abb. 1.8-56: Auslöser ist der zu geringe Abtropfabstand.

Analyse
In schwefelhaltiger Luft bilden sich an der Kupferoberfläche Kupfersulfatsalze, in kohlensäurehaltiger Luft Kupferkarbonat, die einerseits die schützende Patina bilden, zum Teil aber abgewaschen werden und sich auf porigen Oberflächen absetzen können.
Im üblichen Hochbau werden Kupferläufer auf Fassaden als Mangel bewertet; Gleiches gilt für den Verzicht auf die Turmrinne.

Lösung
Weil aus denkmalpflegerischer Sicht auf die Turmrinne verzichtet werden musste, trat der Mangel der Kupferläufer hinter den formalen Gestaltungswillen zurück:
In diesem Ausnahmefall war er kein Mangel, sondern unvermeidbar.

Abb. 1.8-57: Ein seltener Fall, dass ein Baumangel wie Kupferschlieren hingenommen wird.

Abb. 1.8-58: Detailansicht.

Tabelle 1.26: Mindest-Auf-/Abkanthöhen (nach Fachregel für Metallarbeiten)

Gebäudehöhe m	a* mm	h_1 mm	h_2 mm
< 8	20	50	mind. 25
8 – 20	30	80	
> 20	40	100	

* Bei Kupfer mindestens 50 mm

h_1 = Abkantung

h_2 = Aufkantung

a = Tropfabstand

1.9 Blechprofildeckungen

Leichtdeckungen aus industriellen Walzprofilen werden zunehmend verwendet wegen geringer Werkstoffkosten und ihrer angeblichen Nutzbarkeit auch bei flachen Dachneigungen und der vorgeblich einfachen Verlegung. Technische Probleme treten hingegen bei sehr flachen Dachneigungen und an Dachöffnungen und Anschlüssen auf. Unerfahrene Verleger erzeugen auch Mängel in der Dachfläche selbst.

1.9.1 Falsche Befestigung eines Tribünendaches aus Stahltrapezprofilen

Schaden

Das Tribünendach eines Sportstadions war auch mehrere Jahre nach Fertigstellung noch nicht abgenommen, weil immer wieder Undichtigkeiten am Dach auftraten.
Schließlich einigten sich Bauherrin und Unternehmer auf das Urteil des Sachverständigen.

Analyse

Wie nicht anders zu erwarten, findet sich an großen Dächern meist auch eine Vielzahl technischer Mängel. In diesem Beitrag sollen nur selektierte Mängel gezielt benannt werden.
Das Tribünendach hatte eine Neigung von 3,5°, die Dachdeckung bestand aus Stahltrapezprofil auf Stahlunterkonstruktion.
Die *Profilstöße* waren 20 cm weit überlappt, mit Dichtband unterlegt und in der Überlappung verschraubt; exakt an den Stößen traten immer wieder Undichtigkeiten auf; die Stöße wurden deshalb mit Silikon „abgedichtet“.

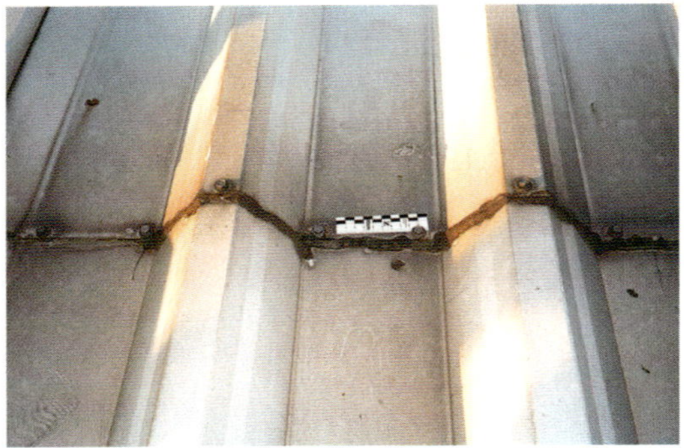

Abb. 1.9-2: Undichtigkeiten durch direkte Befestigung im Wasserlauf.

Dichtschrauben waren gelockert, eine Dichtwirkung der Dichtscheibe war hier – wie auch sonst – nicht vorhanden.
Auch wenn Profilhersteller sie immer wieder anpreisen:
Schraubbefestigungen in der Tiefsicke (Wasserlauf) sind nicht dauerhaft dicht und deshalb ein konstruktiver Mangel.
Die genannte Regel gilt grundsätzlich für jede Art der Blechbedachung und deshalb auch für ebene Bleche.
Profilstöße sollen gemäß Verlegerichtlinien mit doppeltem Dichtband unterlegt sein. Nach wenigen Jahren versagen jedoch, wie auch in diesem Fall, solche Dichtbänder ihren Dienst; kapillare Undichtigkeiten sind die Folge.

Die Überlappungen von *Blechabdeckungen* waren mit Blindnieten verbunden.
Blindniete können nicht wasserdicht sein, ebenso nicht wasserdicht sind einreihige Vernietungen.

Abb. 1.9-1: Tribünendach aus Trapezprofilen.

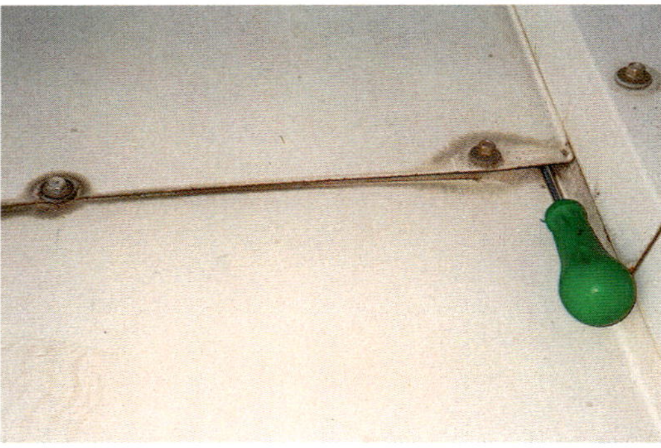

Abb. 1.9-3: Gelockerte Verschraubung.

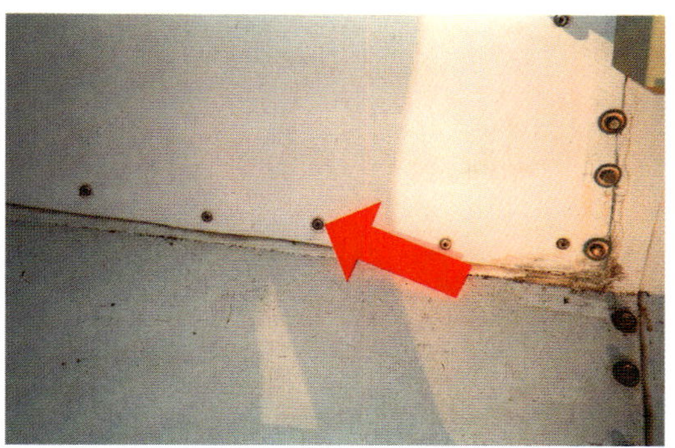

Abb. 1.9-4: Blindniete können nicht wasserdicht sein.

Wasserdichte Nietverbindungen müssen mit Dichtbeilage und mit Bechernieten (Dichtnieten) doppelreihig ausgeführt werden.

Werden Trapezprofile als Dachdeckung (wasserführende Schale) verwendet, so ist die Querstoßüberdeckung in Abhängigkeit von der Dachneigung nach Tabelle zu wählen. Bei Dachneigung unter 15° sind geeignete Dichtbänder vorzusehen. (Richtlinie für die Montage von Stahlprofiltafeln für Dach-, Wand- und Deckenkonstruktionen, 04/2002)

Danach dürfen die hier untersuchten Dächer mit 3,5° Neigung mit Querstoß ausgeführt werden.
Die Mängel des Daches liegen in Art und Anordnung der Stoßverbindungen.

Lösung
Die Stoßschrauben wurden entfernt, Blechstöße doppelreihig mit Bechernieten und mit Dichtbeilage vernietet. Alle in Tiefsicken angebrachte Verschraubungen wurden durch Nieten oder verdeckte Schiebeanker ersetzt.

1.9.2 Das Problem mit der bauaufsichtlichen Zulassung

Eine Wohneigentümergemeinschaft hatte einen Architekten mit der Planung und Herstellung eines „wartungsfreien Daches" beauftragt. Der Architekt plante schließlich ein Metallprofildach über leicht geneigter Holzunterkonstruktion und nutzte dabei die vorhandenen Attikahöhen des ursprünglichen Daches für den Unterbau. Der Streit unter den Beteiligten entzündete sich an Wasserschäden während der Umbauzeit. Es wurde ein Sachverständiger beauftragt, festzustellen, ob das neue Dach fachgerecht hergestellt sei.

Schaden
Der Schaden durch eindringendes Wasser erledigte sich mit Austrocknung und durch Malerarbeit. Gleichwohl sollte der Sachverständige die fachgerechte Herstellung des Daches überprüfen.

Analyse
Das Dach war mit leichter Neigung und nach den Vorgaben der bauaufsichtlichen Zulassung

Tabelle 1.27: Mindestdachneigung

Dachaufbau		Überdeckungslänge mm
Trapezprofile als Dachdeckung		
Dachneigung		
Grad	Prozent	
bis 3	< 5	ohne Querstoß
3 bis 5	5 bis 9	200
5 bis 20	9 bis 36	150
über 20	> 36	100

(gemäß Tabelle 6 aus DIN 18807-3 – Mindestdachneigung –)

Abb. 1.9-5: Profilblechdeckung mit Lüfterkaminen.

Abb. 1.9-7: Wasser steht hinter den Kaminanschlüssen.

des Herstellers der Dachprofile konzipiert. Diese fordert eine Mindestdachneigung (ohne oder mit geschweißten Querstößen) von 1,5°, bei überlappten Querstößen mit Dichtprofilen eine von 2,9°. Da im Dach in versetzter Reihe Lüfterschornsteine stehen, ergab sich das Problem des Anschlusses. Architekt und Handwerker entschieden sich für verschweißte Anschlusswinkelbleche und eine konstruktive Dachneigung von 1,5°.

Die örtliche Besichtigung des Daches und die Nachmessung der Dachneigungen zeigten folgendes Bild:

- Die tatsächliche Dachneigung, gemessen auf den Falzrippen der Profile, lag zwischen 1,0 und 1,7°, insbesondere infolge Ungenauigkeiten in der Unterkonstruktion und Durchbiegen der Profile.
- Der Wasserlauf der Profile hatte infolge des Durchbiegens stellenweise geringere Neigung und über den Kaminkehlen und über der Traufe sogar Gegenneigung mit stehendem Wasser.
- Prüföffnungen zeigten, dass die Schweißnähte an den Winkelblechen offensichtlich dicht waren: Es trat kein Wasser nach innen ein.

DIN 18807-9 Trapezprofile im Hochbau – Teil 9: Aluminium-Trapezprofile und ihre Verbindungen – Anwendung und Konstruktion legt folgende Neigungsregeln fest:

4 Bestimmungen für die Ausführung
4.1 Profiltafeln
Die Profiltafeln müssen an jeder Randrippe durch halter mit der Unterkonstruktion verbunden werden. Zur Fixierung der Profiltafeln bei Wärmebewegungen und zur Übertragung des Dachschubs bei geneigten Dächern sind Festpunkte gemäß Anlage 4 vorzusehen. Querstöße sind nur zulässig, wenn auch unter Vollbelastung noch ein einwandfreier Wasserablauf möglich ist.

Abb. 1.9-6: Geöffnete Profildeckung.

Abb. 1.9-8: Kaminanschlüsse und stehendes Wasser.

Abb. 1.9-9: Anschlussblech und Schweißnaht (Brustanschluss).

Querstöße, die die mit den in den Anlagen 2.1 bis 2.3 dargestellten Profiltafeln erfolgen, müssen direkt über einem Auflager ausgeführt werden, wenn der Stoß an einem Festpunkt erfolgt. Andernfalls sind die Profiltafeln kurz oberhalb eines Auflagers zu stoßen. Bei Dachneigungen bis 17° (30 %) muss die gegenseitige Überlappung der Profiltafeln mindestens 20 cm, bei größeren Dachneigungen mindestens 15 cm betragen.
Bei Verwendung der Profiltafeln als wasserführende Außenschale von Dächern sind folgende Mindestdachneigungen einzuhalten:
Für Dächer ohne Querstöße und mit geschweißten Querstößen beträgt die Mindestdachneigung 1,5° (2,6 %). Die erforderliche Mindestdachneigung erhöht sich bei Dächern mit eingedichteten Querstößen und/oder Durchbrüchen(z.B. Lichtkuppeln) auf 2,9° (5 %).
Auf die bei Dachdurchbrüchen – z.B. für Lichtkuppeln – geforderte Erhöhung der Mindestdachneigung darf unter gleichzeitiger Ergüllung folgender Voraussetzungen verzichtet werden:
Es werden komplett geschweißte Dachaufsatzkränze verwendet.
Die Dachaufsatzkränze aus Aluminium werden mit der Dachoberschale aus den Profiltafeln so verschweißt, dass eine absolute Dichtigkeit erreicht ist.

Abb. 1.9-10: Schweißnaht.

Der Mindestneigung von 1,5° bzw. 2,9° setzt die Fachregel für Metallarbeiten im Dachdeckerhandwerk entgegen:

4 Metalldeckungsarten
4.2 Selbsttragende Metalldeckungen

4.2.1 Anforderungen an selbsttragende Metalldeckungen

(1) Selbsttragende Metalldeckungen bestehen aus maschinell vorgeformten Blechbahnen unterschiedlicher Länge und Breite, die auf Grund ihrer Profilierung oder Verfalzung in der Lage sind, auftretende Beanspruchungen in Form von Wind-, Schnee-, Verkehrslasten aufzunehmen und zu übertragen. Sie erfordern daher keine vollflächigen Deckunterlagen. Der Abstand der Auflager muss entsprechend den Werkstoffdicken, der Biegefestigkeit des verwendeten Metalls und der Form und Höhe des Profils oder der Verfalzung ausgeführt werden. Zur Aufnahme von Punktbelastungen sind ggf. geeignete Maßnahmen vorzusehen.
(2) Bestehende Verarbeitungsrichtlinien der Systemhersteller sind zu beachten. Die Tragsicher-

Tabelle 1.28: Zuordnung und Überdeckung bei Deckungen mit selbsttragenden, großformatigen Elementen

Regeldachneigung	Überdeckung
≥ 7°	200 mm
≥ 12°	150 mm
≥ 22°	100 mm

Mindestdachneigung 3° ohne Querstoß, ohne Durchdringungen und mit zusätzlichen regensichernden Maßnahmen.

(Fachregel für Metallarbeiten im Dachdeckerhandwerk, 03/2011, Abschnitt 4.2.1)

heit und Gebrauchstauglichkeit ist vom Hersteller nachzuweisen.

Die in den Fachregeln geforderte Mindestneigungen von 3° bzw. >7° stehen in deutlichem Gegensatz zur DIN 18807 und der gleichlautenden bauaufsichtlichen Zulassung. Zur Verwirrung trägt auch der Hinweis in der Fachregel bei:

Bestehende Verarbeitungsrichtlinien der Systemhersteller sind zu beachten.
(Fachregel für Metallarbeiten im Dachdeckerhandwerk, 03/2011, Abschnitt 4.2.1)

Architekt und Handwerker stellten sich auf den Standpunkt, die bauaufsichtliche Zulassung sei maßgebend und nicht die Fachregel.

Es schälen sich hier 2 Problempunkte heraus:
- Welche Neigungsregel ist anzuwenden?
- Welchen technischen Wert haben geschweißte Anschlüsse bei Aluminiumdachprofilen?

1. Dachneigung
Die Neigungsregel in der Fachregel beruht auf jahrhundertealter und bewährter Regel in der verfalzten Blechabdeckung, denn daher stammen die Regeln auch für das Profilblechdach. Diese Neigung wird als „erfahrungsgemäß regensicher" angesehen.

Die Neigungsregeln in DIN 18807 stammen aus verhandelten Kompromisszahlen zwischen Herstellern, Verbraucherschutzverbänden und sonstigen Beteiligten. Sie wurden niemals auf Tauglichkeit untersucht, und es gab hierzu kein Prüfverfahren.

Die Neigungs- und Überlappungsregeln in der bauaufsichtlichen Zulassung stammen aus der o.g. DIN 18807, wurden von den beantragenden Herstellern vorgegeben und ohne weitere technische Prüfung in die bauaufsichtliche Zulassung übernommen.

Fazit zu 1:
Neigungs- und Überlappungsregeln in bauaufsichtlichen Zulassungen sind keine geprüften Vorgaben und ohne Verlass darauf, ob sie überhaupt angemessen und sicher sind.

Das Deutsche Institut für Bautechnik, das bauaufsichtliche Zulassungen ausstellt, überprüft immer nur die statische und öffentliche Sicherheit: Das geprüfte Bauteil darf niemanden beeinträchtigen. Insofern werden nur die Festigkeiten der Klammhalter und der Einklemmung, die Lastabtragung und das Biegeverhalten bei Auflasten geprüft. Ob die Profildeckung und ihre Anschlüsse regensicher sind, wird nicht überprüft.

Insofern sind die Neigungsregeln in DIN 18807 und in der bauaufsichtlichen Zulassung für Planer und Handwerker ohne praktischen Wert. Sie sollten nicht angewendet werden, wenn Regensicherheit der Dachdeckung gefordert ist.

2. Geschweißte Anschlüsse
Aluminium (Dachprofile) verschweißt man im *wig*-Verfahren (Wolfram-Inert-Gasschweißen) mit Wolframschweißnadel mit Gasschweißflamme unter Schutzgas (Argon-Gas). Das Schutzgas wird wie eine Gasglocke eingesetzt und soll den Luftsauerstoff verdrängen. Ohne Schutzgas – unter Umgebungsluft – verbrennt das Aluminium.

Hochwertige Alu-Schweißnähte sind nur in geschlossenen Räumen möglich. Im Freien kann Windzug das Schutzgas verdrängen und die Schweißflamme das Metall verbrennen. Wegen der Problematik der Freiluftschweißung erreicht man bei Blechschweißnähten keine definierte Festigkeit.

Deshalb sind bei Schweißungen im Freien – auf dem Dach – keine hochwertigen Schweißnähte möglich, bzw. das Schweißen ist immer mit Risiken verbunden (Bruch der Schweißnaht).

Fazit zu 2:
Stehendes Wasser vor Anschlüssen fordert von der Dachdeckung keine Regensicherheit, sondern Wasserdichtigkeit. Beim untersuchten Dach hängt die Dichtigkeit einzig von der Dauerhaftigkeit der Schweißnahtanschlüsse ab. Freiluftschweißnähte sind immer mit hohem Risiko verbunden, eine dauerhafte Dichtigkeit kann nicht angenommen werden.

Zusammenfassung und Lösung
Anschlüsse und Querstöße in Blechdachdeckungen unter 7° Dachneigung sind technisch hochriskant. Beim untersuchten Dach kann auch die Dachdeckung nicht aufgenommen und

Abb. 1.9-11: Undichtes Hallendach aus Verbundprofilen.

wiederverwendet werden, weil die Profilbleche dann ihre Zulassung verlieren. Eine größere Dachneigung wäre mit erheblichen Umbaukosten an Außenwänden und Kaminen verbunden, sodass auch aus dieser Sicht ein Umbau ausscheidet. Einzig sinnvolle Lösung ist der Umbau in ein wasserdichtes Flachdach. Hierzu müssen alle Dachbleche entfernt werden. Zwischen die Dachpfetten werden Sparren in Balkenschuhen eingehängt, eine Holzschalung verlegt und darauf eine Dachabdichtung aufgebracht.

1.9.3 An Traufe und Oberlicht undichtes Hallendach

Schaden

6 Lager- und Werkstattgebäude waren mit Stahltrapezverbundprofilen (Sandwichplatten) eingedeckt und durch Oberlichtbänder belichtet. Die Dächer waren im Besonderen im Bereich der Dachtraufen und der Oberlichter undicht.

Abb. 1.9-12: Fehlerhafte Traufausbildung.

Abb. 1.9-13: Fehlerhafte Traufausbildung.

Analyse

Die Dächer hatten unterschiedliche Neigungen von 3,5° bis 6°. Die Verbundprofile waren mit Kalotten in den Obergurten verschraubt. Die Profile entwässerten über Traufenkantbleche in vorgehängte Kastenrinnen. Die Traufenbleche waren 25 cm breit und nach innen nicht aufgekantet, die Verbundbleche überdeckten die Traufenbleche um 12 bis 17 cm.
Zwischen *Traufenblech* und Verbundprofil trat Wasser kapillar nach innen ein, gefördert durch die niedere Dachneigung; von innen durch das Blech ragende Schrauben waren dabei noch das kleinere Übel.
Die notwendige Schutzabdeckung fehlte.
Profildeckungen – auch Verbundprofile – müssen an den Traufen frei abtropfen können, deshalb müssen Profildeckungen grundsätzlich mit Überstand in die Dachrinne gedeckt werden und an der Trauflinie abgekantet sein.

Abb. 1.9-14: Wasser tritt kapillar zwischen Profil und Traufe ein; Schraubspitzen durchbohren das Traufblech.

Abb. 1.9-15: Wasser tritt kapillar zwischen Profil und Traufe ein; Schraubspitzen durchbohren das Traufblech.

Schutzabdeckungen an der Traufe sind notwendig.
Als *Oberlichter* waren Stegdoppelplatten eingebaut, deren seitliche Anschlüsse durch Blechstreifen mit unterlegten Klebedichtbändern hergestellt waren.
Mit aufliegenden Blechstreifen können aber keine regensicheren Anschlüsse an Glas- oder Kunstglasplatten hergestellt werden; es fehlte sowohl an einer Dichteinpressung wie auch an der bei Glasanschlüssen unverzichtbaren Profilrinne.

Lösung
Die Profildeckungen konnten an Traufen und Oberlichtern nicht regensicher sein. Da die Dachtraufen nicht umgerüstet werden konnten (Gefällestufe), mussten die zu kurzen Verbundprofile durch längere ersetzt, an den Traufen in die Dachrinnen geführt und abgekantet und dort mit Schutzblechwinkel abgedeckt werden. Stegdoppelplatten sind im System der Verbundplatten ungeeignet und nicht eindichtungsfähig. Ihre Verwendung hätte einen kastenförmigen Aufbau mit seitlichen Dachanschlüssen vorausgesetzt.
Die Stegdoppelplatten mussten durch Lichtprofilplatten im Format der Verbundplatten ersetzt werden.

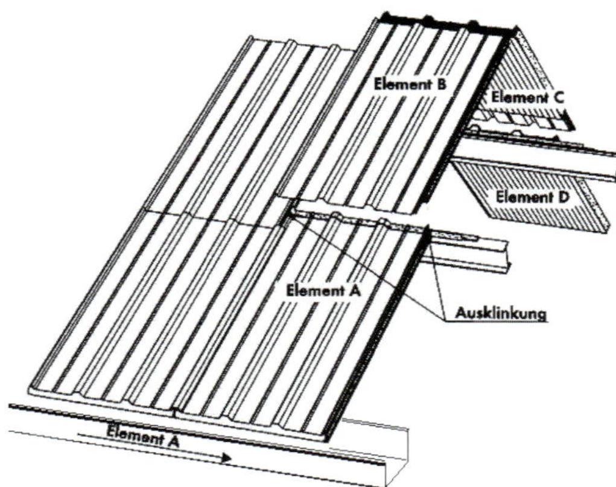

Abb. 1.9-16: Systemskizze zur Deckung mit Verbundprofilen: immer mit Überstand in die Dachrinne.

1.9.4 Undichtes Blechdach aufgrund konstruktiver und verlegetechnischer Mängel

Schaden
Die Betondecke des mehrgeschossigen Bürohauses hatte ein aufgeständertes Leichtdach aus Kalzip-Aluminium-Klemmprofilen. Wegen des trapezförmigen Grundrisses hatte der Planer eine etwa 4 m breite, tief liegende Innendachfläche und seitliche Hauptdachflächen konzipiert. Die Innendachfläche war mit 2 % in Richtung auf ein Aufzugmaschinenhaus geneigt. Niederschlagswasser sollte in 50 cm breiten Kastenrinnen um das Maschinenhaus herumgeleitet werden.
Der Bauherr bemängelte Wasserschäden unter der Innendachfläche.

Analyse
Die Kalzip-Klemmprofile überlappten in eine aus Aluminiumblech hergestellte Kehle mit anschließenden Kastenrinnen. Weil der Dachdecker hier die Ursache für Undichtigkeiten ausmachte, wurde die Überlappung mit Flüssigkunststoff nachbehandelt.

Abb. 1.9-17: An der Traufe müssen die Bleche abgekantet werden.

Abb. 1.9-18: Hohlkammerstegplatten als Oberlichtverglasung können nicht durch einfache Blechüberlappung eingedichtet werden.

Als damit die Undichtigkeiten nicht abgestellt waren, wurde das Dach vom Sachverständigen untersucht.
Die Nachbehandlung mit Flüssigkunststoff war ein hilfloser und untauglicher Versuch, den konstruktiven Fehler der Überlappung von Blechprofil und Kehlblech zu beheben.
Sinnvoll wäre hier lediglich eine vertieft liegende Rinne gewesen, jedoch mit dem Risiko des Wasserrückstaus.
Da die Innenfläche rund 40 m lang war, mussten transportbedingt Einzelprofillängen eingebaut werden, die an den Stößen 16 bis 20 cm weit überlappten.
Die Überlappungen waren vernietet und nach Vorgabe des Profilherstellers mit Silikon verklebt.

Abb. 1.9-19: Hohlkammerstegplatten als Oberlichtverglasung können nicht durch einfache Blechüberlappung eingedichtet werden.

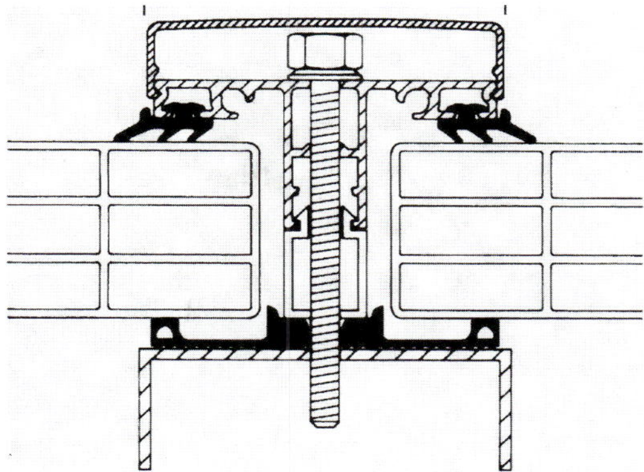

Abb. 1.9-20: Glasscheiben und Hohlkammerstegplatten bedürfen immer der Einfassung in doppeltes Profil mit Rinne und Lippendichtungen.

Die Fachregeln schreiben für Dachdeckungen aus selbsttragenden Profilen eine Regeldachneigung und Überdeckung nach Tabelle 1.26 vor.

Tabelle 1.29: Zuordnung von Überdeckungen bei Deckungen mit selbsttragenden, großformatigen Elementen

Regeldachneigung	Überdeckung
> 7°	200 mm
≥ 12°	150 mm
≥ 22°	100 mm

Mindestdachneigung 3° ohne Querstoß, ohne Durchdringungen und mit zusätzlichen regensichernden Maßnahmen.

(Fachregel für Metallarbeiten im Dachdeckerhandwerk, 03/2011, Tabelle 2)

Danach dürfen Profile erst bei Neigungen ab 3° und erst bei Neigungen über 7° mit überlappendem Stoß hergestellt werden.
Der Profilhersteller lässt jedoch bereits Neigungen ab 2,5° zu und schreibt für die Überlappung die Silikon-Verklebung mit Nietheftung vor.
Die Verlegeregeln des Profilherstellers widersprechen in allen ihren Teilen geltenden Fachregeln.
Ausreichende Regensicherheit kann nicht erwartet werden.

Abb. 1.9-21: Kalzip-Dach mit innen liegender Ablaufrinne.

Lösung

Um die Überlappungen wasserdicht herzustellen, hätte es doppelreihiger Vernietung in Nietabständen von nicht mehr als 15 mm bedurft. Das jedoch ist bei Klemmprofilen infolge der Stegprofilierung technisch nicht möglich. Verschweißungen sind nur unter Schutzgas und im Freien sehr eingeschränkt möglich und erfordern hohes Können und Erfahrung.
Als Mängelbeseitigung wurde deshalb der Umbau der Innendachfläche zu einer wasserdichten Dachabdichtung auf tragender Leichtkonstruktion empfohlen. Einbezogen werden mussten die beiden Kastenrinnen mit Dachabläufen ebenso wie sämtliche An- und Abschlüsse dieses Daches.

Abb. 1.9-22: Fehlerhaft geplanter Anschluss an die Rinnenkästen und Notlösung mit Flüssigkunststoff.

Abb. 1.9-23: Profilüberlappung mit Silikon und Nieten nach Vorstellung des Profilherstellers.

1.9.5 Garagendach aus Trapezprofilen

Schaden

2 von 3 Eigentümern einer Dreifachgaragenzeile beschlossen die Erneuerung der Garagendächer. Ausgerechnet der Eigentümer der mittleren Garage widersetzte sich der Dacherneuerung. So wurden die ehemals auf Holzschalung mit Bitumenbahnen abgedichteten äußeren Dächer entfernt und stattdessen Dachdeckungen aus Aluminium-Trapezprofilen eingebaut. Nach Fertigstellung trat Wasser unter der Traufe aus.

Analyse

Die Dächer hatten Neigungen von 1,2°. Der Traufeneinhang war durch Zinkwinkelprofil gebildet, die Traufbleche endeten etwa 5 cm vor der Blechabkantung. Anstelle eines Rückfalzes hatte der Dachdecker eine Kittschnur zwischen Traufblech und Trapezblech eingelegt. Der Übergang zum verbliebenen mittleren Bitumendach war durch ein Abschlussblech und aufgeschweißte Bitumenbahnstreifen hergestellt.

Die Fachregeln für Metallarbeiten legen fest:

(4) Die Verwendung von großformatigen Deckelementen ist abhängig von der Dachneigung. Für die Überdeckung ist Tabelle 2 zu berücksichtigen. Bei selbsttragenden großformatigen Metalldeckungen über ausgebauten Dächern sind als zusätzliche regensichernde Maßnahme zum Schutz der Wärmedämmung gegen abtropfendes Wasser sowie gegen Flugschnee und Treibregen mindestens Unterspannungen (siehe „Merkblatt Unterdächer, Unterdeckungen und Unterspannungen") einzubauen.

Tabelle 1.30: Zuordnung von Überdeckungen bei Deckungen mit selbsttragenden, großformatigen Elementen

Profiltafeln als Dachdeckung	
Dachneigung in Grad	**Überdeckungslänge in mm**
3 (Mindestneigung) bis 5	ohne Querstoß und ohne Durchdringungen
5 bis 7	200 mit zusätzlichen Maßnahmen
7 (Regeldachneigung)	200
≥ 7	200
≥ 12	150
≥ 20	100

Bei Dachneigungen ≤ 15° sind geeignete Dichtbänder vorzusehen (IFBS-Fachinformationen 1.02, 1.03 und 4.02).

(Fachregel für Metallarbeiten, 03/2011, Abschnitte 4.2.1 und Tabelle 2)

Das Dach zeigte folgende technische Abweichungen von der regelgerechten Ausführung:

- Bei der hier vorhandenen Dachneigung von nur 1,2° hätte die Metalldeckung nicht ausgeführt werden dürfen.
- Eine Überlappung an der Traufe wäre nur bei mindestens 7° Dachneigung, mindestens 200 mm Überdeckung und mit zugelassenem doppeltem Dichtband fachgerecht auszuführen gewesen.
- Das Abschlussblech darf nicht mit Dichtschrauben befestigt werden.

Abb. 1.9-24: Die Dachtraufe im Trapezprofildach; Wasser sammelt sich auf dem Einhangblech und läuft seitlich und nach hinten in das Dach ein.

Abb. 1.9-25: Untauglicher Dichtversuch durch Unterlegen mit Kittschnur.

- Auf Blech verklebte Anschlüsse bedürfen besonderer Vorbehandlung. Sie benötigen Dehnstücke, Schleppstreifen und eine lagenversetzte mehrlagige Anschlussdichtung. Von allen diesen Maßnahmen war hier abgewichen worden.

Lösung

Die Metalldächer waren technisch nicht haltbar und die notwendige Regensicherheit nicht herstellbar.

Selbst eine Neudeckung mit längeren, bis in die Dachrinne ragenden Blechen wäre außerhalb der Fachregel (Dachneigung) gewesen und hätten einen hohen Aufwand der Anschlüsse an das Bitumendach erfordert: Aufkantung, Ankeilung, Anschluss und Abdeckprofil.

Weil größere Dachneigung nicht herstellbar war, mussten die Metalldeckungen ausgebaut

Abb. 1.9-26: Wasser rinnt hinter der Dachrinne an der Wand herunter.

Abb. 1.9-27: Untauglicher Dachanschluss aus Bitumenbahnstreifen auf Abdeckblech.

und der ursprüngliche Zustand einer mehrlagigen Abdichtung auf Holzschalung wieder hergestellt werden.

1.9.6 Das luftdurchlässige Hallendach

Wer eine Produktionshalle baut, beschäftigt Mitarbeiter und muss dafür sorgen, dass diese im Winter nicht frieren. Bei heutigen Energiekosten darf das Aufheizen der Hallenluft nicht allzu viel kosten, weswegen auf den Wärmeschutz und die Luftdichtheit von Außenwänden und Dach besonders geachtet wird.

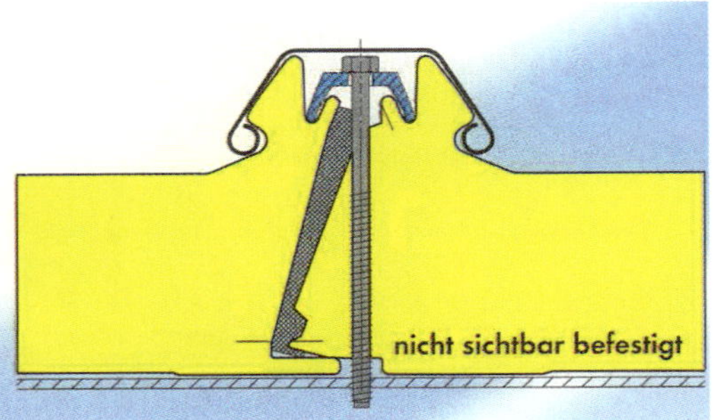

Abb. 1.9-29: Vorgaben für fugendichte Elementverbindung.

Schaden

Ein Hersteller von Großwaschmaschinen hatte ein Grundstück mit Halle erworben und ließ diese für eine Produktion seiner Geräte um- und ausbauen. Das alte Wellplattendach kam herunter. Um Wetterschutz und Wärmeschutz sicherzustellen, beauftragte sein Architekt eine Dachbaufirma mit der Montage von Verbundelementen („Sandwichelementen") auf Dach und Giebelwänden. Eine Satteldachseite war nicht ganz fertiggestellt, als dem Bauherren – selbst Techniker – Bedenken kamen, ob das fertige Dach „dicht" sein könne.

Analyse

Die auszubauende Halle hat eine Grundfläche von 54 x 31 m² und besitzt ein Holzbindersatteldach von 10° Dachneigung mit einer Flächengröße von ca. 1.890 m². Dachflächen und

Abb. 1.9-28: Hallendach mit Verbundprofilen.

Abb. 1.9-30: Luftoffene Langfuge.

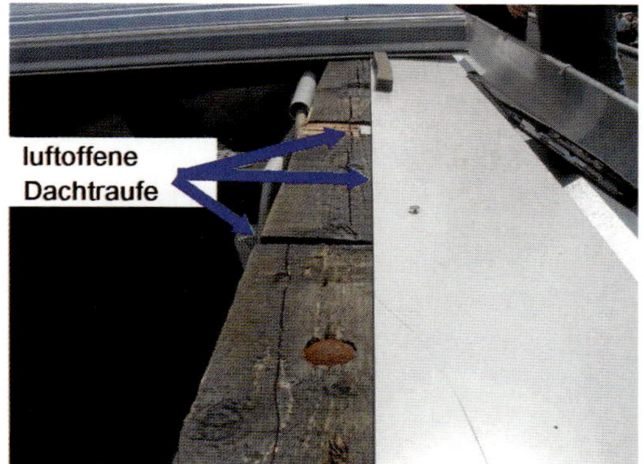

Abb. 1.9-31: Luftfugen an der Traufe.

Giebelwände wurden mit Verbundprofilen (ISO-Elementen) eingedeckt und bekleidet.

Die Dachelemente in der Nenndicke von 60 mm sind außen- und innenseits mit profilierten Stahlprofilblechen beplankt und besitzen einen integralen Dämmkern aus Polyurethanhartschaum. Die Profile sind jeweils in voller Sparrenlänge auf dem Dach und in voller Wandhöhe an der Außenwand verlegt. Seitliche Überlappungen sind profiliert und mit jeweils 3 Schaumstoffdichtbändern ausgestattet. Die Profilüberlappungen sollen Regensicherheit der Außenschale und Luftdichtheit der Innenschale sicherstellen.

Profilhersteller, IFBS-Montagerichtlinien und Produktzulassungen verlangen fugendichtes

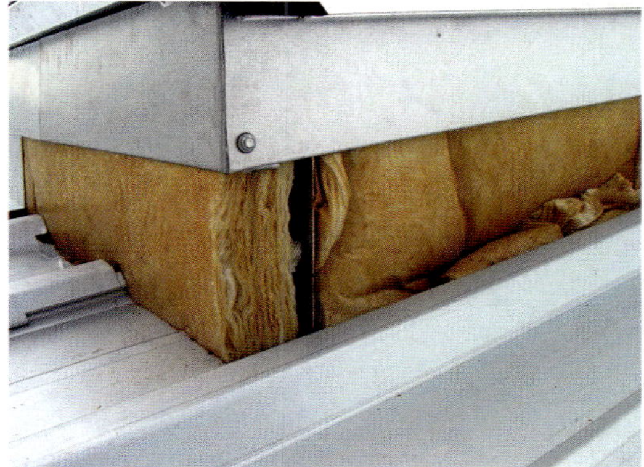

Abb. 1.9-33: Luftoffener Anschluss am Oberlicht.

Verbinden der Elemente und fugen- und luftdichte Anschlüsse untereinander.

Die Überprüfung am zum Teil fertiggestellten Dach ergab:

- klaffend luftoffene Langfugen der Deckelemente,
- luftoffene Fugen an der Dachtraufe,
- luftoffene Fugen am Anschluss zur Giebelbekleidung,
- luftoffener Übergang zum Dachoberlicht.

Die Dachdeckung selbst war durch Regenabweisprofile regensicher, aber nicht luftdicht. Die Anschlüsse waren nicht regensicher.

Abb. 1.9-32: Bauübliche offene Fuge zwischen Giebelbekleidung und Dach.

Abb. 1.9-34: Langfuge nach Neuherstellung: Profilfuge ist nach wie vor in Langrichtung luftoffen und auch mit Pressdichtband nicht zu schließen.

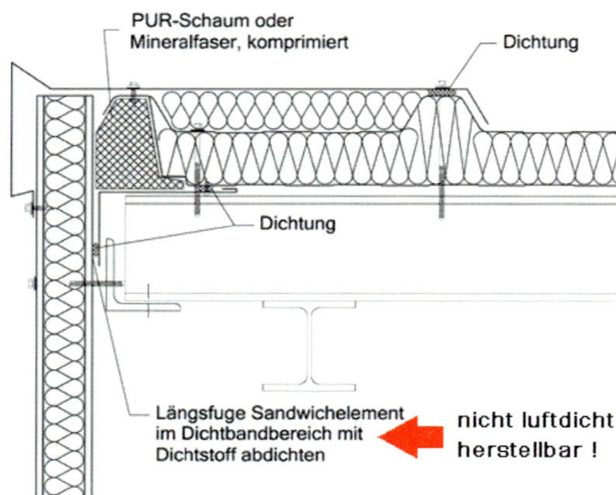

Abb. 1.9-35: Der Vorschlag aus der IFBS-Montagerichtlinie für den Anschluss an die Wandbekleidung ist nach DIN 4108-7 nicht erlaubt (PUR-Schaum/Mineralwolle) und bewirkt grundsätzlich nicht die geforderte Dichtheit.

Bauherr, Architekt, Profilhersteller und Unternehmer kamen überein, das Dach abzunehmen und neu herzustellen. Bei der Neudeckung verwendete der Unternehmer Klemmzwingen, die jeweils auf den Pfetten verschraubt wurden und mit deren Hilfe die Profilfugen dicht verpresst werden sollten. Das so fertiggestellte Dach zeigte tatsächlich enge Langfugenverschlüsse – also anzunehmende Luftdichtheit in Vertikalrichtung –, jedoch ließen sich offene Luftkanäle in Langfugen der Elemente nicht vermeiden. Ebenso wenig wurden luftdichte Anschlüsse an Dachtraufe, Giebelwände und Oberlicht erreicht. Auch der Dachfirst blieb luftoffen.

Lösung
Herstelleranweisungen und IFBS-Montagerichtlinien geben Hinweise für Dichtungsanschlüsse. Alle diese Vorschläge funktionieren nur zweidimensional. Überträgt man sie in die Raumdimensionalität, wird schnell deutlich, dass auch sie nicht zu befriedigender Lösung taugen: Luftdichtheit nach den Regeln deutscher Normen lässt sich mit ISO-Dach- und Wandprofilen nicht herstellen.

Der Bauherr muss entweder hinnehmen, dass Luftdichtheit im Sinne unserer Bauvorschriften nicht erreichbar ist, oder er muss sich einer anderen Dach- und Wandkonstruktion bedienen.

1.10 Dachrinnen

1.10.1 Mängel an der Hängedachrinne

Schaden
Dach und Dachrinnen am bestehenden Altbau sollten erneuert werden. Vor Fertigstellung stoppte der Bauherr die Handwerker und ließ die Arbeiten vom Sachverständigen überprüfen.

Ein Teil der Überprüfungen bezog sich auf die Dachrinnen.

Analyse
Angebracht waren halbrunde Hängedachrinnen Nenngröße 333 aus Titanzink mit Einlaufblechen.

Die Ausführung mit Rinneneinlaufblech sieht vor, dass die Unterkanten der Dachziegel/Dachsteine oberhalb des Einlaufblechwulstes enden, damit der Rinnenquerschnitt frei bleibt. Das dient der besseren Kontrolle und Reinigung der Dachrinne.

Am überprüften Objekt hatten die Dachdecker die unterste Deckreihe eines Schleppdaches in die Rinne hineinragen lassen, sodass diese fast zugestellt war. Die Rinne war zur falschen Seite hin geneigt, am – dem Ablauf gegenüberliegenden – Rinnenende stand 4 cm hoch Wasser.

Die Rinnenhalter waren mit je einer Schnellbauschraube an einem 22 mm dünnen Traufbrett befestigt.

Die Rinne war kürzer als die Ziegeldeckung. Die Deckung ragte am Kopfstück seitlich bis zu 12 cm über das Rinnenkopfstück hinaus.

Die Rinneneinlaufbleche waren an den Rinnenenden zu kurz und nicht aufgekantet. Wasser konnte seitlich am Rinnenkopfstück abfließen.

Sowohl für die Befestigung der Rinnenhalter wie auch für den Einbau der Dachrinne gelten Fachregeln des Dachdecker- und des Klempnerhandwerks:

10.1.2.1 Vorgehängte Dachrinnen
(3) Die vorgehängten Dachrinnen können mit oder ohne Gefälle zu den Abläufen verlegt werden.

Die Rinnen müssen also kein Gefälle in Richtung der Abläufe haben. Im Rinnenquerschnitt muss aber der verbleibende Rinnenquerschnitt für die Wasserabführung voll ausreichen.

Das heißt: Ein zur Hälfte mit Wasser gefüllter Rinnenquerschnitt darf nur mit der halben Entwässerungsleistung angesetzt werden.

(6) Die Rinnenhalter werden mit mindestens zwei geeigneten korrosionsgeschützten Nägeln/Schrauben in den Dachsparren/Traufbohlen befestigt.

Als geeignet gelten Rinnenhalternägel oder Schrauben von mindestens 4 x 60 mm, die in ganzer Länge im Holz (Sparren oder Vollholzbohle) versenkt sein müssen.

6.2.1.1 Anforderungen an Traufausbildungen bei Deckungen

(1) Die Dachdeckung kann mit oder ohne Traufblech beginnen. Für die Traufausbildung bei Abdichtungen siehe Kapitel 5.5.
(2) Das Traufblech hat die Funktion als Rinneneinlauf- oder Tropfblech (siehe Abb. 12 bis 15).
(4) Traufbleche sollten an der Vorderkante zusätzlich befestigt werden. Dies kann erfolgen durch ein zusätzliches Vorstoßblech oder beim Rinneneinlaufblech durch Einhängen in den hinteren Rinnenwasserfalz bzw. in die Feder des Rinnenhalters.
(5) Bei Dachdeckungen > 22° Dachneigung werden die Traufbleche in Abhängigkeit von der Einbausituation und den klimatischen Verhältnissen mindestens wie folgt untereinander verbunden:

Abb. 1.10-1: Wasser steht hoch in der Rinne.

- *Dachdeckungen bis Vorderkante Traufblech: mindestens einfache Überdeckung > 50 mm,*
- *Dachdeckungen bis 50 mm zurückspringend: mindestens einfache Überdeckung > 100 mm,*
- *Dachdeckungen bis 400 mm zurückspringend: mindestens einfacher Liegefalz,*
- *Dachdeckungen über 400 mm zurückspringend: mit Stehfalz (siehe Abb. 4).*
- *Bei Dachneigungen < 22° können zusätzliche Maßnahmen erforderlich werden.*

(6) Zur Berücksichtigung der Windsogkräfte im Traufbereich sind die Abstände der Falze und Hafte aus der Tabelle 8 einzuhalten.
(7) Die Überdeckungen der Deckwerkstoffe auf das Traufblech betragen in Abhängigkeit von der Dachneigung:

- *bei Traufblechen unmittelbar unter der Dachdeckung und bei Unterdeckungen und Unterspannungen*
  - *> 22° mindestens 100 mm,*
  - *< 22° mindestens 150 mm,*
  - *< 15° mindestens 200 mm.*

  (Der Überstand der Deckung kann bei der Überdeckung angerechnet werden.)
- *bei Traufblechen an Unterdächern und bei verklebten oder verschweißten Unterdeckungen müssen Nähte entsprechend Kapitel 5.5 oder systemgerecht wasserdicht hergestellt werden.*

6.2.1.2 Rinneneinlaufblech und Tropfblech
(1) Das Rinneneinlaufblech dient zum Ableiten des Regenwassers in die Dachrinne (siehe Abb. 12).
(Fachregel für Metallarbeiten, 03/2011, Abschnitte 10.1.2.1 und 6.2.1.1)

Das Rinneneinlaufblech muss das Regenwasser – sicher – in die Dachrinne ableiten. Dazu muss das Blech mindestens die seitliche Ausdehung der Dachdeckung haben und an seinen Enden aufgekantet sein.

Die überprüften Dachrinnen hatten demzufolge folgende technische Mängel:

- Die Rinnenhalter waren nicht ausreichend befestigt.
- Das in der Rinne einstehende Wasser verringert den verbleibenden Entwässerungsquerschnitt unzulässig.
- Die Dachdeckung ragt in die Rinne hinein.

Abb. 1.10-2: Rinneneinlaufblech ist zu kurz und nicht aufgekantet.

Abb. 1.10-3: Wasserstand am Gegenkopfstück ca. 4 cm.

Abb. 1.10-4: Rinne an Brett geheftet.

- Die Rinnen sind zu kurz. Wasser von der Ziegelmulde wird seitlich am Rinnenende vorbei und nicht in die Rinne geleitet.
- Die Rinneneinlaufbleche leiten an den Rinnenenden das Regenwasser nicht in die Rinne.

Lösung
Die Schleppdachdeckung musste umgedeckt werden, sodass die Dachziegel nicht in die Rinne hineinragen. Dachrinnen und Traufbretter mussten demontiert und die Rinnen auf neuen Traufbohlen neu angebracht werden. An ihren Enden wurden sie auf das Ziegelüberstandsmaß gebracht (= Außenkante Giebelziegel). Die Rinneneinlaufbleche wurden ergänzt und mit seitlichen Aufkantungen ausgestattet.

1.10.2 Wasser in der Dachrinne

In Köpfen von Bauherren und Architekten ist oft die Meinung verankert, in Dachrinnen dürfe kein Wasser stehen bleiben. Architekten kennen die Regel, dass Dachrinnen „mit Gefälle“ zu verlegen seien. Bauherren sind der Ansicht, wenn Wasser nicht abfließt, reinigt sich die Rinne nicht; stehen bleibendes Wasser ist also „Schuld“ an der Verschmutzung der Dachrinne.

Dachdecker und Klempner haben bei solchen Vorhaltungen einen schweren Stand.

Schaden
Vor Ende der Gewährleistung ließen die Eigentümer die Dachrinnen prüfen und ließen sich bestätigen, dass das Wasser – unzumutbar – in den Dachrinnen stehe. Der noch in der Gewährleistung stehende Dachdecker wurde umgehend zur Mängelbeseitigung – sprich Rinnenerneuerung – aufgefordert.

Analyse
Das Objekt bestand aus einem Hauptgebäude mit Sattelsteildach und einem Flachdachanbau. Beide Dächer wurden in Hängerinnen der Nenngröße 333 entwässert.

Nach Regenschauern blieb in den Dachrinnen des Satteldaches bis zu 12 mm hoch Wasser stehen einschließlich geringer Schmutzeinlagerung. Die Rinne des Anbauflachdaches war an ihrem Ende 3 cm und 1 m vor dem Ablauf 1,6 cm hoch mit Wasser gefüllt. Höchststand zwischen diesen Meßpunkten war 2,2 cm.

Die Inhalte der Fachregeln ändern sich im Laufe der Zeit. Richtig ist, dass in früheren Regeln Rinnengefälle generell von 0,1% der Rinnenlänge (= 1 mm/m) gefordert war.

Abb. 1.10-5: Dachrinne am Satteldach mit stehen bleibendem Restwasser.

Bereits im Entwurf der Metallregeln 1997 und bis heute gilt jedoch:

(3) Die vorgehängten Dachrinnen können mit oder ohne Gefälle zu den Abläufen verlegt werden.

Dagegen gilt für nicht selbsttragende (innen liegende) Dachrinnen:

Abb. 1.10-6: Wasserstand bis 12 mm hoch.

Abb. 1.10-7: Dachrinne am Flachdach mit stehen bleibendem Wasser.

(7) Nicht selbsttragende Dachrinnen werden auf mit Gefälle hergestellten, flächigen Unterlagen verlegt und mit Haften befestigt.

Darüber hinaus wird aber darauf hingewiesen, dass durchaus Wasser in Rinnen stehen kann:

(4) Durch nicht zu verhindernde Veränderungen in der Unterkonstruktion und auch durch den Einbau von Bewegungsausgleichern ist ein behinderter Wasserablauf und stehendes Wasser möglich.

(Fachregel für Metallarbeiten, 03/2011, Abschnitte 10.1.2.1 und 10.1.1)

Architekten weisen dann auf die „notwendige Selbstreinigung der Rinne durch Gefälle“ hin. Sie verwechseln dabei die für Abwasserkanäle geltenden Regeln, die ein eng begrenztes Gefälle als Bedingung der Freispülung tatsächlich vorschreiben. Für Dachrinnen gelten jedoch ganz andere Bedingungen, insbesondere die, dass Laub und Schmutz auch in Trockenzeiten sich in der Rinne sammeln, dort verbacken oder verschlammen und dann von gewöhnlichem Niederschlagswasser nicht mehr weggespült werden können: Die „Selbstreinigung der Rinne“ funktioniert also nicht.

Es verbleibt die Frage nach der Funktionsfähigkeit der Dachrinne auch bei stehen bleibendem Wasser.

Eine Sachverständigentagung hat dazu folgenden Leitsatz formuliert:

In Dachrinnen stehenbleibendes Wasser ist erst dann ein Mangel, wenn der verbleibende Rinnenquerschnitt zur Regelabführung des Wassers nicht mehr ausreicht.

Nach dieser Maxime waren die untersuchten Dachrinnen zu bewerten:

- Das in den Satteldachrinnen stehende Wasser vermindert den Rinnenquerschnitt nur unerheblich, es bedarf keines besonderen Nachweises.
- Für die Anbaudachrinne gilt:
  Der Regelquerschnitt der Dachrinne von 92 cm^2 wird bei 3 cm hoch stehendem Wasser an dieser Stelle um 25,5 cm^2 auf 66,5 cm^2, vor dem Ablauf auf 92 – 10 = 82 cm^2, und in Rinnenmitte auf 92 – 16 = 76 cm^2 verringert. Für die Rinne verbleibt ein statistischer Restquerschnitt von (66,5 + 82 + 76): 3 = 74,8 cm^2. Entwässert wird eine Grundfläche von 90 m^2 in eine 12 m lange Dachrinne mit einem Regenrohr Nenngröße 100.

Abb. 1.10-8: Wasserstand am Rinnenende 3 cm.

Für den Standort Kassel ergibt die Berechnung:

Erforderliche Entwässerungsleistung
Q Soll = 2,46 l/s

Entwässerungsleistung
Q Ist = 1,43 l/s

Resultat: Q Ist < Q Soll -> Die Entwässerung ist unzureichend dimensioniert.

Lösung
Außer regelmäßiger Reinigung musste an den Satteldachrinnen nichts verändert werden.

Die Flachdachrinne ist infolge stehenden Wassers unzureichend dimensioniert. Da ein weiterer Regenablauf nicht möglich war, musste diese Dachrinne neu angebracht werden.

1.10.3 Dachtraufe ohne Traufblech

In weiten Teilen Süddeutschlands und im ländlichen Raum sind Dachtraufen ohne Traufblech (Rinneneinlaufblech) üblich.Die Dachdeckung ragt dann in die Rinne hinein. Nach den Fachregeln sind Ausführungen mit und ohne Traufblech möglich und fachgerecht. Im Rahmen exzessiver Einsparung wird vermehrt davon Gebrauch gemacht.

Schaden
In einem Siedlungsbauvorhaben hatten die Handwerker halbrunde Zinkdachrinnen anzubringen, weitere Details nannte die Leistungsbeschreibung nicht. Aus Ersparnisgründen verzichtete der Dachdecker auf Rinneneinlaufbleche und verlängerte die Dachdeckung entsprechend in die Dachrinne. Die Bauherren beschwerten sich jedoch umgehend, weil an der Traufe die Unterspannbahn sichtbar herunterhing.

Analyse
Die Dachsteine ragten 5 bis 6 cm weit in die Dachrinne hinein. Die Unterspannbahn war über die Traufbohle geführt und lose in die Dachrinne hineingehängt. Stellenweise war sie aus ihrer ursprünglichen Lage gerutscht und hing hinter der Rinne nach unten heraus.

Zur Notwendigkeit von Traufblechen formulieren die Fachregeln:

Abb. 1.10-9: Gesimsuntersicht bei Ausführung ohne Traufblech.

Abb. 1.10-10: Unterspannbahn hängt hinter der Rinne heraus.

4.1 Traufe
(2) Die Deckung an der Traufe kann mit Überstand über die Traufkonstruktion, bündig oder zurückgesetzt, erfolgen. Die Ausführung richtet sich nach der Einteilung der Dachfläche, den klimatischen Verhältnissen und der Dachrinnenkonstruktion.
(3) Die Vorderkante der Dachdeckung ist so festzulegen, dass die Entwässerung in die Rinne sichergestellt ist. Bei hochhängenden Rinnen soll die Deckung nicht mehr als 1/3 der Rinnenbreite, waagerecht gemessen, in die Dachrinne ragen. Bei tiefhängenden Rinnen ist die Deckung i.d.R. zurückzusetzen
(4) Wird die Deckung bündig oder mit weniger als 5 cm Überstand über die Traufkonstruktion gedeckt, ist ein Traufblech zum Schutz der Holzunterkonstruktion erforderlich. Für die Ausführung von Traufkanten in Verbindung mit Dachrinnen sind die „Regeln für Metallarbeiten im Dachdeckerhandwerk" zu beachten.

(Fachregel für Dachdeckungen mit Dachziegeln und Dachsteinen, 12/2012, Abschnitt 4.1)

4.2 Traufe
(1) Die Ausführung von Unterdach, Unterdeckung und Unterspannung an der Traufe erfolgt unter Berücksichtigung der Traufkonstruktion und der eventuell erforderlichen Unterlüftungen. Darüber hinaus ist die Ebene des Hauptwasserlaufs bzw. die Wasserbelastung von Unterdach oder Unterdeckung zu berücksichtigen.
(2) Die Verwendung von Traufblechen oder anderen geeigneten Zubehörteilen zur Wasserableitung ist erforderlich.
(3) Die Traufbleche können als Rinneneinlauf- oder Tropfblech ausgebildet werden.
(4) Traufbleche sind grundsätzlich unter der Zusatzmaßnahme einzubauen.
(5) Bei Unterdächern kann die Abdichtung die Funktion des Traufbleches z. B. bei Verwendung eines Stützbleches übernehmen. In diesem Fall muss die Bahn UV-beständig oder geschützt sein.

Abb. 1.10-11: Unterspannbahn ist hinter die Rinne gerutscht.

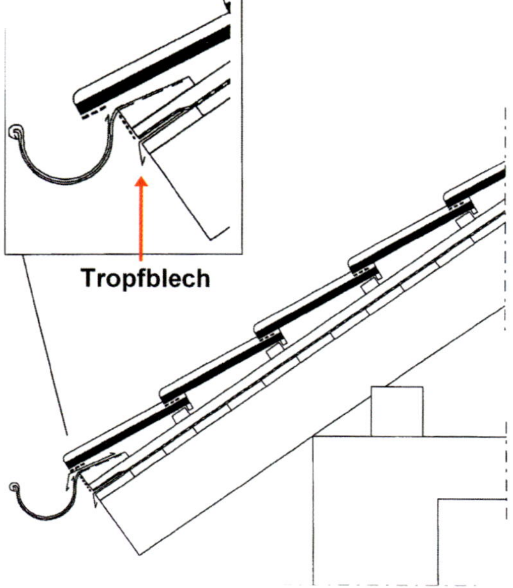

Abb. 1.10-12: Tropfblech nach Vorschlag der Fachregel bei Unterdach/Unterspannung unter der Traufbohle.

(6) Die Lagesicherheit der Zusatzmaßnahme im Traufanschluss ist herzustellen. Dazu können die Bahnen auf den Blechen verklebt werden. Bahnen, die nicht von der Dachdeckung abgedeckt sind, müssen verklebt und UV-beständig sein oder geschützt werden.
(7) Bei Unterspannungen ist darauf zu achten, dass sich im Traufbereich keine Wassersäcke bilden. Hierfür sind Keilbohlen oder andere Maßnahmen erforderlich. Bei belüfteten Konstruktionen sind Zuluftöffnungen erforderlich (siehe Merkblatt Wärmeschutz bei Dach und Wand").
(Merkblatt für Unterdächer, Unterdeckungen und Unterspannungen, 01/2010, Abschnitt 4.2)

Bei Unterspannbahnen und allen Unterdächern fordern die Fachregeln Abtropf- oder Traufbleche. Loses Hängen an der Traufe ist nicht fachgemäß. Selbst wenn Unterdächer und Unterspannungen unter der Traufbohle enden, müssen sie hier auf ein Abtropfblech geführt werden.

Lose in die Rinne gelegte Unterspannbahnen sind nicht lagesicher und verrotten sehr schnell.

Lösung
In diesem Schadenfall half dem Dachdecker nicht, dass er den Überstand der Dachsteine in die Rinne richtig bemessen hatte.

Da Unterdächer und Unterspannungen immer eines Abtropf- oder Traufbleches bedürfen, mussten die notwendigen Traufbleche nachträglich eingebaut werden.

1.10.4 Kapillarwasser am Traufblech

Schaden
Das Dach war neu eingedeckt. Der Dachdecker hatte sorgsam dreifach verfalzte Dachziegel verwendet, und trotzdem tropfte Wasser aus der Dachtraufe und lief an der Wandbekleidung herunter. Der Dachdecker fand keinen kaputten Dachziegel und auch sonst keine Ursache für die Undichtigkeit.

Analyse
Das Ziegeldach hatte eine Dachneigung von 14,2°.

Die Zinkdachrinne war mit einem Rinneneinlaufblech (Traufblech) aus Zink ausgestattet.

Abb. 1.10-13: Kapillarwasser dringt zwischen Traufblech und Unterdeckbahn ein.

Abb. 1.10-14: Wasserränder auf der Traufbohle als Nachweis für hier eingedrungenes Regenwasser.

Unterdeckbahn und Dachziegel überlappten das Einlaufblech. Dachziegel und Unterdeckbahn entwässerten in die Dachrinne.

Durch die Keilform der Traufbohle hatte das Einlaufblech nur noch eine Neigung von 6,4°.

Zwischen Unterdeckbahn und Einlaufblech wurde Regenwasser trotz der überdeckenden Dachziegel kapillar eingezogen und drang über die Traufbohle in den Drempelbereich ein. Die Wasserspuren auf dem Blech und auf der Traufbohle waren deutlich sichtbar.

Lösung
Der Einbau eines wasserdichten Unterdaches wäre hier die bessere Lösung gewesen. Der technische Fehler lag aber in der zu geringen Neigung von Traufbohle und Einlaufblech und dessen zu geringer Breite.

Um den technischen Mangel zu beseitigen, musste die Traufe umgestaltet werden: Dachrinne, Traufbohle, Teile der Deck- und Konterlattung sowie der obere Teil der Wandbekleidung wurden ausgebaut und zwischen die Sparrenköpfe eine 70 cm breite oberflächenbündige Traufschalung verlegt.

Ein Abtropfblech wurde angebracht und im Traufbereich eine neue Unterdeckbahn eingebaut. Konter- und Decklattung wurden wieder eingebaut, Blocktraufbohlen mit Einlaufblech von 40 cm Breite, Rückfalz und Verlötung angebracht und die unterste Ziegelreihe auf eingefügte Lüfterprofile abgestützt.

1.10.5 Mängel am Traufblech

Ein Bauträger hatte für 2 Familien ein Doppelwohnhaus mit Satteldach errichtet. Wie heute üblich ließen die Eigentümer ihr Haus und auch das Dach auf mögliche Mängel untersuchen. Der Sachverständige musste u.a. die Dachrinnen überprüfen.

Schaden
Wasserschäden wurden nicht beklagt. Dagegen wurde die Ausführung der Traufbleche (Rinneneinhangbleche) in Augenschein genommen, deren Ausführung die Eigentümer überprüft haben wollten.

Analyse
Das Satteldach hat auf Straßen- und Gartenseite Dachneigungen von 44°, die Dachdeckung besteht aus Dachsteinen. Die Dächer werden über Rinneneinhangbleche in vorgehängte Zinkdachrinnen entwässert.

An der Eingangseite (Straßenseite) sind die Traufbleche (Rinneneinhangbleche) von der Dachsteindeckung vollständig überdeckt: Niederschläge tropfen von den Dachsteinen direkt in die Dachrinne ab.

Art und Ausführung der Traufbleche sind an dieser Dachseite technisch ohne Belang.

An der Rückseite werden Niederschläge über das Traufblech in die Dachrinne geleitet. Das Traufblech hat hier Wasser ableitende Funktion.

Die Überdeckbreite der Dachsteine auf das Traufblech beträgt 78 bis 89 mm, die Abstände

Abb. 1.10-15: Traufreihe entwässert direkt in die Rinne.

Abb. 1.10-16: Überdeckung auf das Traufblech an dieser Stelle 73 mm.

zwischen Dachdeckung und Vorderkante Traufblech betragen etwa 48 mm. Die Traufbleche sind an der Prüfstelle seitlich etwa 70 mm weit überlappt.

Die Überlappung ist verlötet, die Lötnaht aber aufgeschert.

An einer weiteren Prüfstelle beträgt die Überdeckbreite der Dachsteine auf das Traufblech 70 bis 81 mm, die Abstände zwischen Dachdeckung und Vorderkante Traufblech 60 mm. Die Traufbleche sind an der Prüfstelle seitlich etwa 70 mm weit überlappt. Die Überlappung ist verlötet, auch hier ist die Lötnaht aufgeschert.

Die Fachregeln des Dachdeckerhandwerks schreiben vor:

6.2.1.1 Anforderungen an Traufausbildungen bei Deckungen

(1) Die Dachdeckung kann mit oder ohne Traufblech beginnen. Für die Traufausbildung bei Abdichtungen siehe Kapitel 5.5.

(2) Das Traufblech hat die Funktion als Rinneneinlauf- oder Tropfblech (siehe Abb. 12 bis 15).

(5) Bei Dachdeckungen > 22° Dachneigung werden die Traufbleche in Abhängigkeit von der Einbausituation und den klimatischen Verhältnissen mindestens wie folgt untereinander verbunden:

- *Dachdeckungen bis Vorderkante Traufblech: mindestens einfache Überdeckung > 50 mm,*
- *Dachdeckungen bis 50 mm zurückspringend: mindestens einfache Überdeckung > 100 mm,*
- *Dachdeckungen bis 400 mm zurückspringend: mindestens einfacher Liegefalz,*

(7) Die Überdeckungen der Deckwerkstoffe auf das Traufblech betragen in Abhängigkeit von der Dachneigung:

- *bei Traufblechen unmittelbar unter der Dachdeckung und bei Unterdeckungen und Unterspannungen*
- *> 22° mindestens 100 mm*

(Fachregel für Metallarbeiten, 03/2011, Abschnitt 2.1.1)

Danach hätte die Dachdeckung an der Rückseite das Traufblech mindestens 100 mm weit überdecken und die seitlichen Überlappungen der Traufbleche mit einfachem Liegefalz ausgestattet sein müssen.

Lösung

Die Traufbleche an der Rückseite des Hauses mussten durch solche mit größerer Breite, Überdeckung und weiterer Überlappungen ersetzt werden.

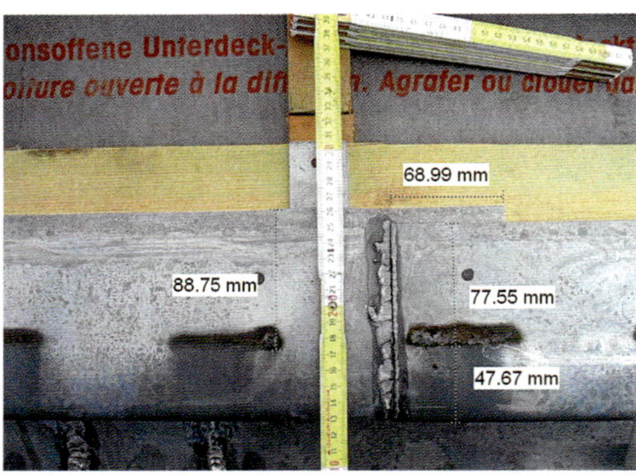

Abb. 1.10-17: Überdeck- und Überlappungsmaße am Blechstoß.

1.10.6 Edelstahl-Dachrinne

Der Umgang mit nicht rostendem Stahl verlangt vom Handwerker tiefer gehende Kenntnis und Erfahrung in der Metallkunde.

Gewohnte Techniken der Zink- und Kupferbearbeitung müssen zum großen Teil beiseitegelegt werden.

Der Handwerker, der seinem Kunden eine Dachdeckung oder auch nur Dachrinnen aus nicht rostendem Stahl (NR-Stahl) verkaufen möchte, sollte sich über mindestens Folgendes im Klaren sein:

- Schon die Bezeichnung „nicht rostender Stahl" täuscht: Selbstverständlich rosten alle Stähle, die NR-Stähle aber nicht unter allen Bedingungen und langsamer als gewöhnlicher Stahl.
- NR-Stähle neigen zum Ansatz von Flugrost: Ursprünglich glänzende Oberflächen können sich mit rostfarbenen Belägen überziehen.
- Bohren und Schneiden von NR-Stahl kann Rostflecken hinterlassen, wenn Bohr- und Schneidstaub nicht gründlich entfernt werden.
- Schweißen von NR-Stahl verlangt gesonderte Ausbildung und hohes Können, und insbesondere anschließende Passivierung der Schweißstellen im Beizbad oder mit Beizpasten aus Fluss- und Salpetersäure.

Um dem Handwerker den Umgang mit NR-Stahl leichter zu machen, stellt die Industrie NR-Stahl-Dachrinnen auch mit beidseitiger Verzinnung her. Solche Rinnen lassen sich ähnlich Zinkrinnen mit 30- bis 40%igem Lötzinn weich verlöten.

Schaden
Der Dachdecker hatte seinem Kunden Dachrinnen aus verzinntem NR-Stahlblech an seinem Wohn- und Geschäftshaus angebracht.

Nachdem das Arbeitsgerüst entfernt war, beklagte der Bauherr bräunliche Verfleckung an der Dachrinne. Die wollte er nicht hinnehmen, hatte er doch eigens Edelstahlrinnen bestellt, die nach landläufiger Meinung rost-(und fleckenfrei) zu sein haben.

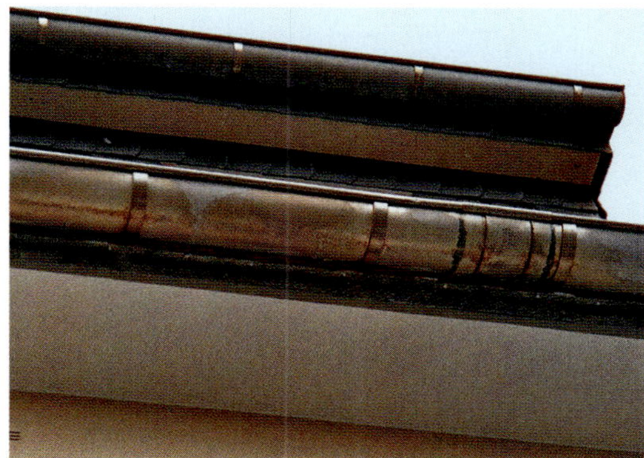

Abb. 1.10-18: Rostflecken an der Unterseite der Edelstahlrinne.

Analyse
Beim Verlöten der NR-Stahlrinnen müssen die Lötbereiche mit Lötwasser vorbehandelt werden. Das Lötwasser muss in diesem Fall chloridfrei sein. Chlorhaltiges Lötwasser veranlasst auch üblichen NR-Stahl zum Rosten und bildet außerdem mit der Verzinnung Verbindungen die wie bräunliche Beläge aussehen.

Die Nahaufnahmen der Roststellen zeigen Korrosion insbesondere an den Blechüberlappungen. Es stellte sich heraus, dass tatsächlich der Handwerker das falsche Lötwasser benutzt hatte.

In diesem Fall hätte eine sofortige Reinigung mit klarem Wasser und einem Kunststoff-Reinigungsschwamm das Schlimmste verhindert. Stattdessen hatte er – viel zu spät – versucht, die bräunlichen Beläge mit Haushaltsreiniger und Stahlwolle abzuschleifen. Dabei zerstörte er aber nur die Zinnschicht und beförderte durch den Stahlwolleabrieb weitere Rostbildung.

Lösung
Einzelbraunstellen (Lötnähte) können – wenn die Reinigung vergessen wurde – noch mit einer Blechblende abgedeckt werden. Das vollständige Beseitigen der Braunbeläge ist nicht mehr möglich.

Im vorliegenden Schadenfall war aber die Zinnschicht flächig zerstört und bereits teilflächige Oberflächenrostung vorhanden. Die Braunbeläge konnten nicht mehr beseitigt werden.

Abb. 1.10-19: Rostränder an einem Rinnendehnstück.

Der Schaden hat 2 Seiten:

- Technisch sind die Braunfärbungen ohne Belang, Kantenrost und Braunfleckbildung beeinträchtigen nicht oder nur unerheblich die übliche Haltbarkeit der NR-Stahl-Dachrinne.
- Die Braunflecke sind deutlich sichtbar. Nach seinem Verständnis hätte der Bauherr eine rostfreie Dachrinne erwarten können. Bei richtiger Anwendung können NR-Stahl-Dachrinnen wohl verschmutzen, sind aber nicht mit Braunflecken verunziert.

Somit hatte der Bauherr Anspruch auf eine rostfreie und damit neue Dachrinne.

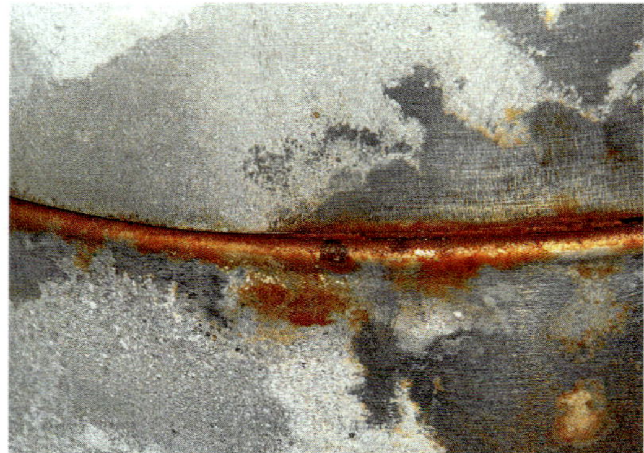

Abb. 1.10-20: Reinigungsversuche mit Stahlwolle vergrößern den Schaden.

1.10.7 Schrägdachrinne ohne Rinnenhalter

Das besichtigte Wohnhaus wurde in 2003 über schiefwinkligem Grundriss errichtet. Das Satteldach besitzt schräg laufende Traufen. Der Kläger baute an den Traufen Kehlrinnen aus Zinkblech ein, die anschließend von außen von einem Zimmermann mit Brettschalung bekleidet wurden. Die Rinnen entwässern in Rinnensammelkästen.

Schaden

Nach Schneefall im Januar und Februar 2004 wurde festgestellt, dass die Rinnen sich verbogen hatten.

Die Parteien stritten um die Ursachen der Verbiegungen. Der Dachdecker gab die Schuld der Schneelast und dem Architekten, der keine Schneefanggitter hatte anbringen lassen.

Analyse

Die Regenrinnen an Schrägtraufen und Giebeln sind aus gekantetem Zinkblech als vertiefte Rinnen mit Unterdeck- und Abweisblech hergestellt. Die vertiefte Zinkrinne hat die in Abb. 1.10-25 dargestellte Abwicklung.

Die Abkantungen haben die Abmessungen (von innen nach außen in mm): 20-100-30-80-130-50-70-30-10.

Das Rinnenblech ist 0,7 mm dick.

Die Rinne zeigt sich im oberen Bereich stark verbogen, die Ausweichung liegt in der Rinnenkante bei etwa 8 cm, an der unteren Abtropfkante infolge Verdrehung bei etwa 3 bis 4 cm.

Abb. 1.10-21: Schrägrinnen am untersuchten Wohnhaus.

Abb. 1.10-22: Die Ausweichung der Rinne ist deutlich sichtbar.

Nachträglich und zusätzlich ist eine versteifende Kappe aus Aluminiumblech angebracht.

Die gekanteten Rinnenbleche liegen auf Lattung auf und sind mit Heftstreifen (Hafter) an diesen befestigt. Eine tragende Unterkonstruktion aus Holzschalung oder Rinnenhalter aus Stahl sind nicht vorhanden. Die Rinnenbleche sind nur durch Kantung und Blechdicke ausgesteift.

Die Fachregeln des Dachdeckerhandwerks 03/2011 (Metallfachregeln) schreiben vor:

10.1. Dachrinnen

10.1.1 Allgemeines

(5) Dachrinnen können ausgeführt werden:
- *selbsttragend, in Rinnenhaltern verlegt,*
- *nicht selbsttragend, auf flächigen durchgehenden Unterlagen,*
- *Sonderformen.*

(6) Rinnen und Rinnenhalter müssen so aufeinander abgestimmt sein, dass eine ausreichende Befestigung gewährleistet wird.
(7) Nicht selbsttragende Dachrinnen werden auf mit und ohne Gefälle hergestellten, flächigen Unterlagen verlegt und mit Haften befestigt.

Abb. 1.10-23: Rinne ist als Blechkantung mit Haften an der Lattung befestigt.

10.1.2.2 Aufliegende Dachrinnen

(1) Aufliegende Dachrinnen (Liegerinnen/Aufdachrinnen) sind Sonderformen und werden mit und ohne Gefälle zu den Abläufen verlegt. (Abb. AIII.28).
(2) Der auf der Dachfläche liegende Schenkel besitzt einen Wasserfalz, der lotgerecht gemessen oberhalb der Wulsthöhe liegt.
(3) Befestigung und Abstand der Rinnenhalter erfolgen wie in den Abschnitten 10.1.2.1 (6) und (7) angegeben.
(4) Unterhalb der Aufdachrinne bis zur Traufkante wird die Deckung mit Metall oder dem Deckwerkstoff der Fläche weitergeführt. Unter der Aufdachrinne ist ein Unterdeckblech anzuordnen, das den Deckwerkstoff mindestens gemäß dessen Höhenüberdeckung überdeckt.

10.1.3 Innen liegende Dachrinnen

(1) Innen liegende Dachrinnen (Abb. AIII.30) werden in Haltekonstruktionen oder auf durchgehenden Unterlagen verlegt. Damit bei erhöhtem Niederschlag oder verstopften Abläufen kein Wasser in das Gebäudeinnere dringen kann, müssen
- *unabhängige Abläufe, ausreichende Notabläufe sowie*
- *eine Sicherheitsrinne mit eigener Entwässerung*

vorgesehen werden, die für sich allein die gesamte anfallende Niederschlagsmenge ableiten können.
(2) Innen liegende Dachrinnen können mit oder ohne Gefälle zu den Abläufen verlegt werden. Wasserrückstände sind bei waagerecht verlegten Rinnen, insbesondere bei Dehnungsausgleichern,

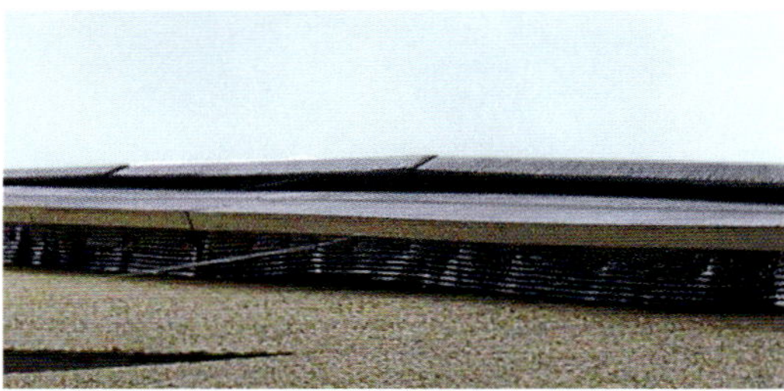

Abb. 1.10-24: Ausweichung der Rinnenabtropfkante.

nach einem Regenereignis unvermeidbar und stellen keinen Mangel dar.
(3) Dem Auftraggeber sollte der Einbau einer thermostatgesteuerten Rinnenheizung empfohlen werden.
(Fachregel für Metallarbeiten im Dachdeckerhandwerk, 03/2011, Abschnitte10.1.1, 10.1.2.2 und 10.1.3)

Für die Dachrinnen hat der Architekt keine Vorgaben gemacht. Der Dachdecker hatte angeboten: „Zinkblechkantung für Wasserlauf an schrägen Orten, Abwicklung 410 mm, liefern und einbauen."

Technisch gesehen hat der Dachdecker aufliegende Dachrinnen wie unter 10.1.2.2 der Fachregel dargestellt ausgeführt.

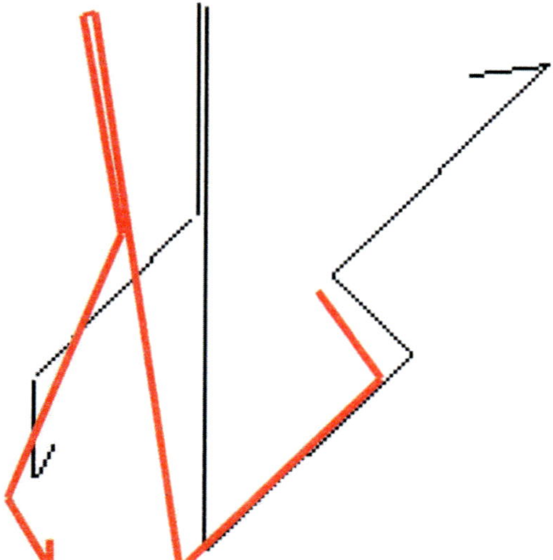

Abb. 1.10-25: Rinnenabkantung und Ausweichung im Schnitt.

Diese Dachrinnen werden in Rinnenhalter aus Stahl eingehängt und mit einem zusätzlichen Unterblech als Traufen- oder Gesimsabdeckung ausgestattet.

Möglich ist aber auch, dass innen liegende Dachrinnen nach 10.1.3 ausgeführt werden sollten. Diese müssen auf vollflächiger Unterlage (Holzschalung) verlegt werden.

Jede der genannten Rinnentypen wird durch eine besondere Konstruktion gehalten und abgestützt (Rinnenhalter oder Holzschalungskasten).

Die untersuchten Rinnen sind ohne die nach Fachregeln notwendigen Halterungen und Abstützungen verlegt.

Die gekanteten Bleche allein sind nicht ausreichend formstabil und können bereits durch Wärmedehnung aus ihrer Lage geraten.

Lasten beispielsweise aus Schnee können die Bleche ohne Stützkonstruktion nicht auffangen. Das Blech wird unvermeidbar deformiert und aus seiner ursprünglichen Lage gedrückt.

Lösung
Den Rinnen fehlt die notwendige Abstützung durch Rinnenhalter oder Holzunterlage.

Eine Schadens- und Mängelbeseitigung ist nur möglich durch Umbau der Dachrinnen mit notwendiger Abstützung durch Rinnenhalter oder konstruktivem Holzschalungskasten.

1.10.8 Balkonrinne in Einfachausführung

Die Eigentümerin eines Mehrfamilienhauses hatte einen Architekten mit der Sanierung der Balkone beauftragt. Dieser gab den Auftrag an einen Dachdecker, der für die Balkonrinnen eine Einfachlösung parat hatte.

Schaden
Der Schaden bestand in Form einer Tropfstelle an einer der Balkonrinnen und am Mangelvorwurf wegen stehenden Wassers in den Rinnen.

Der Sachverständige untersuchte Rinnen und Schaden.

Abb. 1.10-26: Balkonbelag und hinter dem Geländer liegende Balkonrinne.

Analyse
Die Rinne eines der Balkone ist über die Langseite und eine schräge Stirnseite der Balkonplatte angebracht und etwa 6,50 + 2,10 = ca. 8,60 m lang.

Die Rinne besteht aus einem 3fach gekanteten Zinkblechprofil mit einem Rinnenquerschnitt von etwa 70/55 mm. Die Einzellängen des Rinnenprofils sind miteinander verlötet. Der balkonseitige Blechschenkel ist auf der Balkonplatte befestigt und von der Flüssigkunststoffabdichtung der Balkonplatte überdeckt (siehe Abb 1.10-27).

Rinnenhalter sind nicht vorhanden.

Die Rinne ist sichtbar ohne Gefälle oder nur mit Teilgefälle angebracht. Wasser bleibt in der Rinne stehen; am linken Rinnenende stand am Besichtigungstag das Wasser etwa 5 mm hoch.

2 der Lötstellen sind offen und offen undicht; Wassertropfen hängen unter der Lötstelle.

Die Fachregeln legen für Dachrinnen fest:

10.1 Dachrinnen

10.1.1 Allgemeines

(5) Dachrinnen können ausgeführt werden:
- *selbsttragend, in Rinnenhaltern verlegt,*
- *nicht selbsttragend, auf flächigen durchgehenden Unterlagen,*
- *Sonderformen.*

(6)Rinnen und Rinnenhalter müssen so aufeinander abgestimmt sein, dass eine ausreichende Befestigung gewährleistet wird.

(7) Nicht selbsttragende Dachrinnen werden auf mit Gefälle hergestellten, flächigen Unterlagen verlegt und mit Haften befestigt.

10.1.2.1 Vorgehängte Dachrinnen

(3) Die vorgehängten Dachrinnen können mit oder ohne Gefälle zu den Abläufen verlegt werden.

(4) Durch nicht zu verhindernde Veränderungen in der Unterkonstruktion und auch durch den Einbau von Bewegungsausgleichern ist ein behinderter Wasserablauf und stehendes Wasser möglich.
(Fachregel für Metallarbeiten, 03/2011, Abschnitt 10.1)

Rinnenhalter
Die Rinnen sind ohne die nach Fachregel vorgeschriebenen Rinnenhalter angebracht. Rinnenbleche benötigen zwingend ein Stützauflager aus Rinnenhaltern oder vollflächiger Tragkonstruktion (Holzschalungskasten). Das Fehlen der Rinnenhalter ist ein technischer Mangel.

Blechverbindungen
Die Blechverbindungen sind nicht vollständig hergestellt.

Die offenen Blechverbindungen sind handwerkliche Mängel.

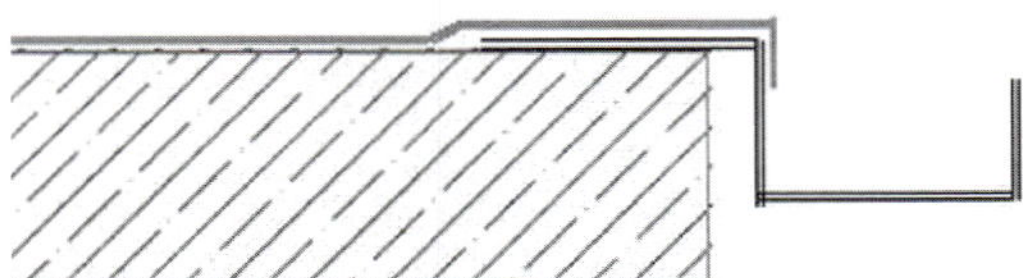

Abb. 1.10-27: Prinzip der gekanteten Zinkrinne.

Abb. 1.10-28: Wasser steht in der Rinne, die Rinnennaht ist offen.

Abb. 1.10-29: Wasser tropft aus der undichten Rinnennaht.

Stehendes Wasser
ist bei schmutzfreier Rinne ein Nachweis für fehlendes oder in Teilen fehlendes Rinnengefälle.

Nach Fachregeln können Dachrinnen auch ohne Gefälle angebracht werden (siehe 10.1.2.1 Vorgehängte Dachrinnen (3)).

Das Angebot des Dachdeckers enthält jedoch die Formulierung:

... m Kastenrinne aus Zink nach Gefälle gekantet liefern und fachgerecht anbringen.

Danach war die Rinne mit Gefälle (zum Ablauf) herzustellen.

Die Rinne weicht in Bezug auf stehendes Wasser nicht technisch, sondern rechtlich von der geforderten Ausführung ab.

Lösung
Zum Einbau der nach Fachregeln notwendigen Rinnenhalter müssen der Nutzbelag aufgenommen und die Balkonabdichtung vor der Traufe aufgetrennt werden.

In Abständen von nicht mehr als 74 cm sind Einlassnuten in die Betonoberfläche zu schneiden und die notwendigen Rinnenhalter im Gefälle anzubringen. Anschließend können Rinnenbleche mit separaten Einhangtraufblechen wieder eingebaut werden.

Als Alternativlösung ist der Einbau einer Flächenunterstützung aus verzinktem Stahlblech möglich.

Die Blechüberlappungen sind dauerhaft zu verlöten. Empfohlen wird eine zusätzliche Vernietung mit Dichtnieten.

Anschließend ist die Abdichtung über der Traufe instand zu setzen und der Nutzbelag wieder einzubauen.

1.10.9 Dachrinne und Putzanschluss

Schaden
Eigentümer einer Neubausiedlung beanstandeten Wasserflecke in den Giebelwänden ihrer Häuser. Die Wasserschäden traten jeweils in den Obergeschossen der versetzt zueinander stehenden Einfamilienhäuser auf. Überprüfungen der Dachdeckung brachten keine Erklärung für das Feuchtephänomen.

Abb. 1.10-30: Dachrinne und Giebelanschluss.

Abb. 1.10-31: Putzanschluss mit Silikon „gedichtet".

Abb. 1.10-32: Durchnässte Dämmung hinter dem Rinnenkopfstück.

Analyse
Der Sachverständige untersuchte zunächst Dachdeckung, Unterdeckbahn, Wandanschluss und Dampf-/Luftsperre ohne Ergebnis. Fündig wurde der Sachverständige am Rinnenkopfstück:

Der Dachdecker hatte Dachrinne und Rinnenkopfstück mit dem vom Architekten vorgegebenen Abstand zum Giebel des Hauses angebracht und dann mit der Dachdeckung und dem Giebelwandanschluss seine Arbeit beendet. Anschließend hatte der Stukkateur den Wärmedämmputz aufgebracht. Wie in solchen Fällen üblich hatte der Architekt dem Dachdecker aber nur die Dicke der Wärmedämmschicht als einzuhaltendes Abstandmaß genannt. Folglich konnte der Stukkateur seinen Außenputz hinter dem Rinnenkopfstück nicht mehr anbringen und putzte das Kopfstück von allen Seiten ein.

Leider ist diese Ausführung aber nicht regensicher: Wasser dringt zwischen Kopfstück und Putz ein und überwindet die Fugen der Wärmedämmplatten und auch das Giebelmauerwerk.

Lösung
Die Dachrinne muss gekürzt, das Rinnenkopfstück um die Putzschichtdicke und einen zusätzlichen Dehnabstand, insgesamt 3 cm zurückgesetzt werden. Der Putz wird in Höhe des Wandanschlusses abgetrennt und der Wandanschluss als Abweiser bis zur Außenkante der Dachrinne verlängert. Danach wird das Kopfstück hinterputzt und der Anschluss beigeputzt.

2 Dachgeschossausbau

2.1 Die scheinbare Leichtigkeit des Holzbaus

Dachdecker haben ihr Herz für den Holzbau entdeckt, und Zimmerer versuchen sich an der Dachdeckerei. Im Prinzip ist das alles möglich. Vergessen wird dabei meist nur, dass auch der Holzbau fundierte Kenntnisse, auch die der Mathematik, voraussetzt, über die der Dachdeckermeister nicht ohne Weiteres verfügt.
So wird von Dachdeckern gern auch das Errichten hölzerner Dachgauben mit übernommen. Wenn notwendige Kenntnisse und Erfahrungen fehlen, führt ein solcher Versuch meist zum Streit.

2.1.1 Fehlkonstruktion eines Gaubendaches

Schaden
Der Bauherr eines mehrstöckigen Wohnhauses hatte einem Dachdecker den Auftrag zur Erneuerung seines Daches erteilt. Gleichzeitig wollte er 2 Dachgauben eingebaut haben, zu deren Errichtung sich der Dachdecker ebenfalls anbot. Bei der Rohbauabnahme kam es zum Fiasko, da der Vertreter der örtlichen Baubehörde die Abnahme wegen schwerwiegender Mängel verweigerte.

Analyse
Der Bauherr beauftragte den Sachverständigen mit der Überprüfung der Dachgauben.
Dieser stellte folgende Mängel fest:

- Die Fensterbrüstungen hatten Höhen von nur 74 cm anstelle der nach LBO geforderten Mindesthöhe von 80 cm; der Dachdecker hatte das Gaubenfachwerk in der Werkstatt zugerichtet, ohne den Fußbodenaufbau aus schwimmendem Estrich zu berücksichtigen.
- Die Gaubenpfosten waren zu kurz geschnitten mit klaffenden Fugen zwischen Schwelle/Pfosten und Pfosten/Rähm.
- Zugfeste Holzverbinder waren nicht angebracht, Winkelverbinder waren dafür nicht geeignet.
- Das Gaubenfachwerk war nicht ausgesteift; es fehlte die Schubplatte zwischen den mittleren Gaubenpfosten.
- Für das Auflager der Stichsparren des Hauptdaches fehlt eine konstruktive Pfette; das auf Winkeln aufliegende Kantholz reichte nicht

Abb. 2.1-1: Dachgaube, deren Mängel man erst bei näherem Hinsehen entdeckt.

Abb. 2.1-2: Mängel in Brüstungshöhe, Auflager und Holzverbindungen; fehlende Schubsicherung und ungeeignetes Bauholz.

Abb. 2.1-3: Angenageltes Kantholz ist kein Auflager für Stichsparren.

aus, die Stichsparren waren nicht verankert, Hilfssparren lagen auf Winkelverbindern auf.

- Die Gaubensparren hatten kein Kervenauflager, es fehlten doppelte Sparrenpfettenanker.
- Gaubendach und Wangen hatten keine Schubsicherung; anstelle einer notwendigen Spundschalung wurden besäumte Schalbretter verlegt.
- Anstelle von Bauholz der SK S10 wurde ungeprüftes Kantholz verwendet.

Lösung

Die Gaubenkonstruktion konnte wegen der Vielzahl konstruktiver Mängel, insbesondere wegen des ungeeigneten Holzes und der zu kurzen Gaubenpfosten, nicht nachgebessert werden. Der Sachverständige hat empfohlen, die Gauben abzubrechen und fachgerecht neu herzustellen.

Abb. 2.1-4: Breite Auflagerfuge und ungeeigneter Stützenanschluss.

Abb. 2.1-5: Hilfssparrenauflager aus Winkelverbinder und Anschlussfuge zwischen Schwelle und Stütze als technische Ausführungsmängel.

Die bereits verlegten Gaubenabdichtungen und -bekleidungen mussten dabei zerstört und neu wiederhergestellt werden.
Die Fenster konnten wiederverwendet werden.

2.1.2 Lebensgefährlicher Holzanbau

Schaden

Der Bauherr wünschte sein Wohnhaus um einen nach hinten gerichteten zweigeschossigen Anbau mit Ziegeldach zu erweitern. Der Dachdecker erbot sich, im Rahmen der Dacherneuerung auch den Anbau gleich mit zu errichten. Nachdem das Holzwerk des Anbaus aufgestellt und das Dach mit Dachziegeln eingedeckt war, kamen dem Bauherrn Bedenken. Der Sachverständige musste die Holzkonstruktion überprüfen.

Abb. 2.1-6: Gaubendächer müssen ausgesteift sein; Blockschalung ist nur bei zusätzlicher Rispenaussteifung zulässig.

Analyse
Schon beim ersten Blick auf das Bauwerk mussten Dachdecker und Bauherr kleinlaut zugeben, dass weder eine Baugenehmigung eingeholt noch eine Baustatik erstellt waren.
Der „dachdeckermäßig" errichtete Anbau würde hier nicht vorgestellt, wenn an ihm nicht exemplarisch die wichtigsten Fehler beim Holzbau gezeigt werden könnten:

Baustatik
Bauwerke, die dem Aufenthalt von Menschen dienen, und solche mit Auswirkungen auf die öffentliche Sicherheit bedürfen grundsätzlich eines rechnerischen Nachweises ihrer Standfestigkeit (Baustatik). Dass diese tunlichst aufgestellt sein sollte, bevor mit der Errichtung begonnen wird, sollte selbstverständlich sein.

Weil vor Arbeitsbeginn eine Baustatik nicht vorlag, fehlten dem Dachdecker die notwendigen Vorgaben für das Ständersystem des Anbaus.

Fundament und Auflager
Kein Bauwerk ohne Fundament, i.d.R. immer als Streifenfundament aus Beton. Holzständerwerk (Fachwerk) darf man weder auf Asphaltbelag noch auf vorhandener Gartenmauer oder auf Glasbausteinwände aufstützen.

Holzwerk
Nur gütegesichertes Bauholz – mindestens SK 10 – darf verwendet werden. Tragende Holzstützen werden mindestens im Querschnitt 12/12 bemessen.
Am untersuchten Anbau wurden einheitlich Kanthölzer 10/10 cm verwendet, die allenfalls für nicht tragende Leichtbauwände verwendet werden könnten.

Stützensystem
Das tragende System wird entweder mit durchlaufenden Holzstützen (Fundament bis Pfette) oder als ausgesteifte Fachwerk-/Rahmenkonstruktion hergestellt.
An diesem Anbau standen kurze Stützen jeweils gegeneinander versetzt auf hierfür viel zu

Abb. 2.1-7: Eigenkonstruktion eines Anbaus durch unwissenden Dachdecker.

Abb. 2.1-8: Der „Anbau" musste umgehend notabgestützt und anschließend abgebrochen werden.

schwachen Riegeln, wobei sowohl die Stützen selbst wie auch die Riegel am Knotenpunkt gestoßen waren; eine Todsünde im konstruktiven Holzbau.

Aussteifung
Aussteifungen sind im Holzbau unverzichtbar; im Fachwerk werden sie üblich durch Schrägstreben erzeugt. Schrägstreben müssen konstruktiv an den Knotenpunkten mit Stützen und Riegeln verbunden sein, entweder durch Versatz und doppelte Nagelplatten oder durch Verzapfung mit Holznagel. Die Verbindung muss also auf Druck und auf Zug belastbar sein.
Hier lagen Streben lose angelehnt und waren nur mit Stichnagel gegen Verrutschen geheftet.

Pfetten
Fuß-, Mittel- und Firstpfetten werden auf Durchbiegung belastet, sie tragen die komplette Dachlast und müssen diese zwängungsfrei in das Stützwerk einleiten.

Abb. 2.1-9: Der „Anbau" musste umgehend notabgestützt und anschließend abgebrochen werden.

Mittel- und Firstpfetten werden daher immer in lotrechtem Rechteckquerschnitt lotrecht stehend eingebaut, sie müssen auf Riegeln oder Stützen waagerecht auflagern.
Am Anbau hatte der Dachdecker Kanthölzer mit viel zu kleinem Querschnitt schräg liegend angebracht; erhebliche Durchbiegung und aufgesplittertes Auflager zeigten die Überlastung.

Holzverbinder
Holzverbinder müssen zwischen Sparren und Pfetten bzw. zwischen Pfetten und Riegeln/Stützen auch Zugkräfte übertragen (Sicherung gegen Windsog). Sparren werden dazu an der Pfette mit je 2 versetzt angebrachten Sparrenpfettenankern gesichert. Korrektes Sparrenauflager erreicht man durch Kerveneinschnitte von etwa 3 cm Tiefe.
Am Anbau waren Sparren und Pfetten mit Heftnägeln verbunden, die Sparren lagen entweder ohne Kerve oder mit viel zu weiter Ausnehmung auf den Pfetten auf.
Pfettenauflager werden durch doppelseitige Nagelbleche gesichert.
Am Anbau sollte hier ein Winkelverbinder mit Stichnagel reichen.

Abb. 2.1-10: Stoß einer tragenden Stütze ist eine Todsünde im Holzbau; Rähme oder Riegel dürfen nicht auf Winkelverbinder aufgestützt werden.

Abb. 2.1-11: Gegen die Stütze gelehnte Strebe ist keine Aussteifung.

Riegel und Rähm

Riegel und Rähme übernehmen Lasten und müssen deshalb entweder auf Stützen aufliegen oder mit ihnen konstruktiv verbunden sein (Verkämmung oder Schrauben und Dübel).

Am Anbau besteht das Auflager lediglich aus einem Winkelverbinder. Die Anbaukonstruktion war in höchstem Maße instabil, direkt einsturzgefährdet und damit lebensgefährlich.

Lösung

Der Anbau musste von einem Fachbetrieb notabgestützt werden.
Sodann wurden die Ziegel abgedeckt und die Holzkonstruktion komplett abgetragen und entfernt, bevor nach Anfertigen einer Baustatik eine neue standfeste Konstruktion aufgestellt werden konnte.

Abb. 2.1-13: Völlig ungenügendes „Pfettenauflager" mit Bruch der Anschlusszonen.

2.1.3 Fehler bei der Brettbekleidung

Schaden

2 vom Dachdecker aufgestellte Dachgauben waren mit Schiefer-Bogenschnitt-Schablonen und gehobelten Stirn- und Leibungsbrettern bekleidet. Der Bauherr bemängelte die Holzbekleidungen der beiden Gauben.

Analyse

Stirn-, Riegel- und Leibungsbekleidungen waren aus gehobelten Fichtebrettern hergestellt. Anstelle durchlaufender Bretter waren Brettstücke eingebaut worden.
Deutlich sichtbar waren die Bretter gegeneinander verdreht, befestigt mit wenigen Schnellschrauben mit vorstehenden Schraubenköpfen. Die Bretter waren stark mit Ästen durchzogen. Nach Demontage der Bretter zeigte sich, dass sie nur auf den Außenseiten einen einfachen Lasuranstrich erhalten hatten.

Abb. 2.1-12: Stark durchgebogene Pfetten und Sparren viel zu kleiner Querschnitte aus Kanthölzern.

Abb. 2.1-14: Sparren-Pfetten-Anschluss mittels Stichnägeln.

Abb. 2.1-15: Zu knappes Firstpfettenauflager der zu schwachen Firstpfette und zu weit ausgenommener Dachsparren mit viel zu geringem Querschnitt.

Holzbekleidungen dürfen nur mit getrockneten oder abgelagerten Bretter der GKl. I hergestellt werden. Nur die Kernseite der Bretter darf nach außen hin verlegt werden.

Abb. 2.1-16: Misslungener, nicht tragfähiger Knoten am Pfetten- und Rähmanschluss.

Abb. 2.1-17: Auch Bekleidungen bedürfen fachlicher Kenntnisse.

Sichtbar bleibende Bretter einer Außenbekleidung benötigen dreifachen Schutzlasuranstrich, wobei auch die Brettrückseiten behandelt werden müssen. Dies gilt auch für Unterbretter an Dachüberständen (siehe BFS-Merkblatt Nr. 18 „Beschichtungen auf Holz und Holzwerkstoffen im Außenbereich", 03/2006). Befestigt werden Bretter mindestens zweireihig mit nicht rostenden Stauchkopfnägeln oder Schrauben, wobei diese auf Linie zu setzen sind; übliche Senkkopf-Dachlattennägel oder Schnellschrauben sind ungeeignet.
Selbstverständlich dürfen Bretter einer Bekleidung nicht gestoßen werden. Wo dies unumgänglich ist, muss der Stoß mit einer Stoßleiste abgedeckt werden. Stöße bei lotrecht angebrachten Brettern sind überhaupt nicht zulässig. Brettstöße führen zum Wassereinzug und zum Faulen der Bretter. Fehlender Holzschutz der Rückseiten begünstigt Schimmelbildung, Vergrauen und Abblättern der Sichtflächen. In diesem Sinn widersprachen die gezeigten Bekleidungen allen geltenden Handwerksregeln.

Lösung

Die allen Regeln widersprechenden Bekleidungen mussten komplett erneuert werden.

Abb. 2.1-18: Ungeeignete, nicht maßgerechte Bretter, mangelhafter Holzschutz und ungenügende Befestigung.

Abb. 2.1-19: Ungeeignete, nicht maßgerechte Bretter, mangelhafter Holzschutz und ungenügende Befestigung.

Abb. 2.1-20: Lotrechte Brettbekleidungen dürfen nicht gestoßen werden.

2.1.4 Gaubenausbau eines Daches

Das 2 ½-geschossige Wohnhaus aus dem Jahr 1970 ist mit einem Kehlbalkendachstuhl als gleichhüftiges Satteldach abgedeckt. Die Dachdeckung besteht aus Dachsteinen auf Lattung. Das Dachgeschoss ist zu Wohnzwecken ausgebaut, der Spitzboden wird nicht genutzt. Die Kehlbalkenlage ist mit einem Bretterfußboden abgedeckt.

Für die Gartenseite wurde eine großformatige Dachgaube geplant. Ein Dachdecker übernahm den Auftrag und trennte dafür die Dachsparren in diesem Bereich heraus.

Schaden
Die vorher nicht informierte Baubehörde verlangte anschließend vom Bauherrn Nachweise, u.a. der Standsicherheit (Baustatik). Ein hinzugezogener Baustatiker ließ umgehend das Dachgespärre notabstützen und das Dachgeschoss räumen. Der geschockte Bauherr verklagte daraufhin den Dachdecker wegen des entstandenen Schadens.

Analyse
Kehlbalkendächer bilden aus Sparren, Geschossdecke und Kehlbalken selbstaussteifende, selbsttragende unverschiebliche Dreiecke, die ohne Stützkonstruktion auskommen. Waagerecht zwischen den Sparren angeordneten Kehlbalken sichern jeweils 2 gegenüberliegende Sparren gegen Durchbiegung. Die Sparren wirken als Durchlaufträger mit hohem Biegemoment an den Kehlbalkenanschlüssen.

Trennt man auf einer Seite einen Sparren heraus, fallen Druck- und Biegespannung dieses Sparrens aus. Es verringert sich die Druckspannung im Kehlbalken und der Gegensparren erfährt ein erhöhtes Biegemoment.

Trennt man mehrere Sparren heraus, droht der Einsturz der Konstruktion.

Der konstruktive Holzbau (dazu gehören Dachgauben) muss nach Vorgaben der DIN 1052 behandelt werden. In dieser Norm sind Regeln für den Umgang mit Holz und Verbindungsmitteln festgelegt.

Der konstruktive Holzbau unterliegt ferner den Bestimmungen der Bauordnungen der Länder

Abb. 2.1-21: Die neu aufgestellte Dachgaube im Kehlbalkendach.

und detaillierten Angaben über einzuhaltende Regeln (auch) im Holzbau.

Danach dürfen tragende Teile nur nach vorherigem Tragfähigkeitsnachweis verändert werden, und diese Veränderungen müssen von der örtlichen Baubehörde genehmigt sein.

Im Kehlbalkendach darf kein Sparren ohne vorherigen Tragfähigkeitsnachweis durchtrennt oder entfernt werden. Ausnahmen sind Einzelsparren dicht unter dem Firstgelenk, z.B. für einen Fenstereinbau.

Unterhalb der Kehlbalken müssen schon bei Austrennen eines einzelnen Dachsparrens beide Nachbarsparren verstärkt werden. Wenn mehr als ein Sparren entfernt werden soll, muss der Dachstuhl mit einer Stützkonstruktion aus Mittelpfetten und Stützen zum Pfettendach umgebaut werden.

Der vorhandene Dachstuhl enthält 2 Längsträger aus Bauholz in Form verschobener Mittelpfetten. Diese liegen auf den Kehlbalken auf und befinden sich parallel über Trennwänden des Dachgeschosses. Der befasste Dachdecker mag geglaubt haben, einen Pfettendachstuhl vor sich zu haben.

Die Längsträger waren aber ursprünglich nicht mit den Kehlbalken verbunden und hatten außer ihrem Eigengewicht keinerlei Funktion. Sparrenpfettenanker wurden erst nachträglich auf Veranlassung des Statikers eingebaut.

Im untersuchten Dach hing eine Dachseite buchstäblich in der Luft. Dass der Dachstuhl in diesem Fall nicht einstürzte, ist nur dem Umstand zu verdanken, dass die Kehlbalken auf 2 parallel zur Langachse verlaufenden Trennwänden aufliegen, die aber hierfür nicht konstruiert sind und nicht belastet werden dürfen.

Lösung

Das Heraustrennen der Dachsparren verlangte zwingend den Umbau des Daches in ein durch Längsträger und Stützen gebildetes Pfettendach. Dieser Umbau hätte vor Einbau der Dachgaube geschehen müssen.

Die Konstruktionsanweisung des Statikers sah Folgendes vor:

- Verankerung der Längsträger mit den Kehlbalken
- Einbau von 2 neuen Mittelpfetten aus Profilstahl IPE 220, aufgelagert auf Giebeln und zusätzlichen Stahlstützen
- Einbau von 2 Kragträgern aus Profilstahl HEB 320 in Querrichtung über Pfetten und Längsträgern
- Aufhängen der Mittelpfette an den Kragträgern
- Anbringen verschweißter Laschen auf den Mittelpfetten und Vernageln mit Dachsparren als Schubsicherung
- Hölzer und Stahlträger mussten miteinander verbunden, und Horizontalverbindungen eingebaut werden
- Für die Mittelpfetten waren 4 St. Mauerauflager in Giebelmauerwerken zu stemmen und zu vermauern und Betonpolster auf Treppenhauswänden anzulegen.

Abb. 2.1-22: Notabstützung im Dachgeschoss.

Abb. 2.1-23: Einer der Längsträger ohne tragende Funktion.

Für diesen Umbau mussten die Dachflächen großflächig auf- und wieder eingedeckt und ein Baukran beigestellt werden.

2.1.5 Der Streit um den Holzschutz

Der Handwerksbetrieb bestellt sein Bauholz üblicherweise beim Sägewerk nach Schnittklassen, Abmaßen und meist gleich mit einer Tauchimprägnierung. In der Regel hat er danach keine Probleme wegen des Holzschutzes; in Einzelfällen aber doch.

Schaden
Das Bauvorhaben bestand aus 38 1½-geschossigen Reihensiedlungshäusern mit Steildächern und der üblichen Dachdeckung aus Dachpfannen über Lattung und Unterspannbahn. Die Sparrengefache waren mit Mineralfasermatten ausgefüllt. Die Deckenbekleidung bestand aus Sperrfolie, Gipskartonplatten und Raufasertapete mit Anstrich.

Weil einige Erwerber den Innenausbau selbst – und schlecht – ausführten, kam es in deren Dachgeschossen zu Feuchteschäden mit Pilzbesatz. Ein herbeigerufener Fachmann zweifelte das Vorhandensein des Holzschutzes im Dachgebälk an, und das Unheil für den Handwerker und den Architekten nahm seinen Lauf: Ein vom Gericht bestellter Sachverständiger sollte feststellen, ob ein Holzschutz überhaupt vorhanden, und wenn ja, ob er ausreichend sei. Bohrproben aus mehreren Dachstühlen wurden analysiert. Das Prüfinstitut stellte fest, dass die Menge der gemessenen Schutzsalze niedriger war als der Zulassungsbescheid des Holzschutzmittels vorgab.

Der Sachverständige folgerte aus dem Analyseergebnis: Wenn die nachgewiesene Schutzsalzmenge geringer als die Zulassungsmenge sei, wäre ein ausreichender Holzschutz nicht vorhanden.

Analyse
- Es gibt keine Regel oder Vorschrift, die festlegt, welche Holzschutzmittelmenge in eingebautem Bauholz – auch nach längerer Standzeit – nachzuweisen sein muss.
- Die Zulassung für die Holzschutzmittel beschreibt lediglich die Einbringmenge je m² bei der Tauch-(oder Druck-)tränkung.
- Holzschutz kann während des Transports des Bauholzes, der Lagerung, des Einbaus und der Standzeit verloren gehen.
- Das Materialprüfungsamt Eberswalde hat beispielsweise bestätigt, dass in kaum einer überprüften Holzprobe aus einem bestehenden Dachstuhl die Zulassungsmenge nachgewiesen werden könne.

Das Problem liegt auf der Hand. Die Gerichte sind geneigt, den einfachen Vergleich der Messwerte mit der Zulassungsmenge zur Beurteilungsgrundlage für einen Mangel zu machen. Leider werden sie in der Regel dabei von Sachverständigen unterstützt. Das bedeutet in der Folge das vollständige Abdecken des Daches und das Nachtränken oder – wie in einem Fall gefordert – den Austausch einer Un-

Abb. 2.1-24: Holzschutzmittel sind mit Signalfarben versetzt: hier getauchte Hölzer und nicht behandeltes Bauholz.

Abb. 2.1-25: Holzoberfläche mit Schimmelpilzbesatz

Abb. 2.1-26: Holzoberfläche ohne Holzschutz mit Schimmelpilzbesatz.

terdeckbahn gegen eine solche mit größerer Dampfdurchlässigkeit.

Lösung
Die Patentlösung gibt es nicht, lediglich Hinweise zum Umgang mit dem Holzschutz sind möglich:

- Werkstoffnormen und Zulassungen beziehen sich immer auf die Herstellung des Produktes, sie dienen ausschließlich dem Vergleich des hergestellten Produktes mit vorgegebenen Mindest-(oder Höchst-)werten. Das tatsächliche Verhalten der Baustoffe in eingebautem Zustand kann und wird in der Regel von diesen Parametern abweichen. Das gilt auch für Tränkmengen im Bauholz.
- In der Gefährdungsklasse 0 (DIN 68800) kann auf chemischen Holzschutz insgesamt verzichtet werden, wenn die dort vorgegebenen Bedingungen eingehalten sind. Eine der Bedingungen ist, dass die Holzfeuchte dauerhaft unter 20 % liegt (denn dann ist Pilzwachstum nicht mehr möglich). Weiterhin müssen die Bedingungen des Feuchteschutzes nach DIN 4108-3 erfüllt und gegen Insekten muss das Holzwerk allseitig geschlossen abgedeckt werden.

Es kommt also im Streitfall darauf an, ob der Bestand des Holzwerks auch bei vermindertem chemischem Holzschutz gesichert ist. Das kann durch bauphysikalische Rechnung für den Regelquerschnitt nachgewiesen werden. Von Bedeutung ist darüber hinaus noch, dass Luftdichtheit gegeben sein muss.

Im oben beschriebenen Schadenfall ergaben die Berechnungen Schadenfreiheit für das Dach, sodass es weder einer Nachtränkung noch eines Austausches der Unterdeckbahn bedurfte.

Tipp
Um überhaupt nicht in Gefahr zu kommen, wegen ungenügenden chemischen Holzschutzes zur Verantwortung gezogen zu werden, empfiehlt sich dringend, die Eintragmenge mit dem Sägewerker vertraglich zu vereinbaren und bestätigen zu lassen.

2.2 Luftdichtheit ist doch kein Problem

Jede Dekade hat ihr technisches Hauptproblem. Dampfdiffusion und Dampfsperre haben lange die Fachdiskussionen beherrscht. Mittlerweile ist sich die Fachwelt bewusst, dass in der Missachtung der Luftdichtheit ein weitaus größeres Schadenspotenzial liegt, auch für Dachdecker.

2.2.1 Klebebänder in Sperrschichten

Wie wichtig luft- und dampfdichte Schichten im Dach sind, wissen der Planer und der Dachhandwerker. Welche Schäden durch undichte Sperrschichten auftreten können, meistens auch. Dennoch wird oft übersehen, dass die Dichtigkeit auch dauerhaft sein muss.

Für die Dichtigkeit offerieren Industrie und Handel Folien, Kombivliese und Bauplatten mit zugehörigen Klebe- und Dichtbändern. Der Dachhandwerker bemüht sich dann, Sperrschichten mittels Klebebändern an- und abzudichten.
Aus unterschiedlichen Materialien ergeben sich verschiedene Eigenschaften:

Klebebänder
Klebebänder bestehen aus einer Trägerfolie und einer Beschichtung aus physikalisch abbindenden Kunststofflösungen, z.B. Polyvinylether oder Polyisobutylen geringen Molekulargewichts, unvulkanisiertem Butylkautschuk, PVC-Kompendien mit Haftvermittler, Polyacrylderivaten oder weich eingestellten Elastomerbitumen (Flash- und Repa-Band). Die

Abb. 2.2-1: Ablösung des Klebebandes aus Eigenlast der Sperrfolie.

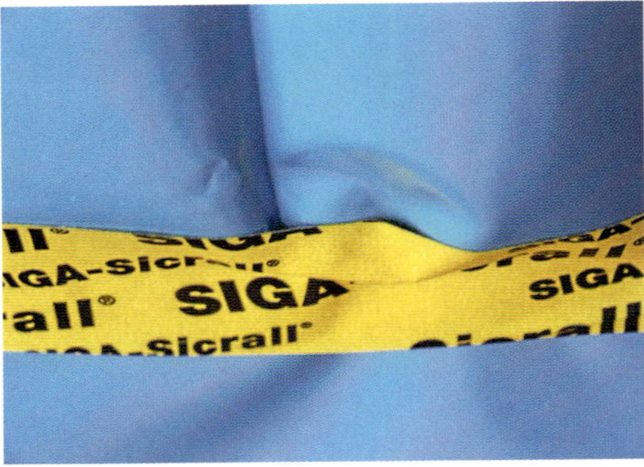

Abb. 2.2-2: Klebebandablösung aus Faltenspannung der Sperrfolie.

Klebefilme haften durch Adhäsion nach Auswandern der Lösemittel, sie bleiben wegen ihres niederen Molekulargewichts klebrig. Die Haftfähigkeit von Klebebändern wird durch Wärme und Anpressdruck erhöht, dennoch bleiben sie generell ablösbar (siehe Qualitätssicherung klebemassenbasierter Verbindungstechnik für die Ausbildung der Luftdichtheitsschichten, Bau- und Wohnforschung F 2559, Fraunhofer IRB Verlag 2010).
Die Trägerfolien der Klebebänder bestehen meist aus weich gemachten Kunststofffolien, z.B. Polypropylen (PP), die durch Lösemittelverlust schrumpfen, oder Kraftpapieren, die durch Feuchteaufnahme quellen und beim Austrocknen schrumpfen. Die dabei erzeugten Zugspannungen können zum Ablösen der Klebebänder führen. Metallbedampfte Folienbänder

Abb. 2.2-3: Klebebandablösung aus Schrumpf des Klebebandrückens.

Abb. 2.2-4: Klebebandablösung aus Bewegungen des Fensterprofils.

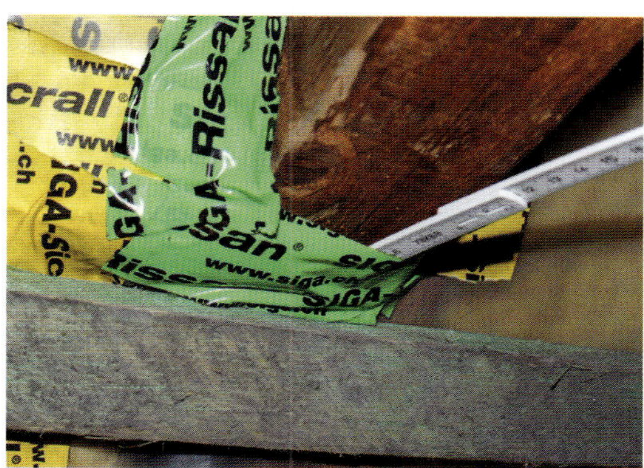

Abb. 2.2-5: Dauerhafte Verklebung auf Bauholz ist nicht möglich.

wie Alu-Klebebänder sind in dieser Hinsicht weniger gefährdet.

PE-Sperrfolien
Polyethylen (PE) begegnet uns im Bauwesen als hartes Niederduck-Polyethylen in Form von Platten und Rohren und als weiches Hochdruck-Polyethylen in der gewöhnlichen Baufolie. Weich-Polyethylen ist klar, milchig-transparent oder eingefärbt, bis zu 50 % kristallin mit weitgehend gesättigten unpolaren Molekülen. Es ist von glatter Oberfläche, mit Fremdstoffen kaum bindungsfähig und mit geringer Adhäsion. Auch hochwertige Klebebänder lösen sich leicht ab. Eine dauerhafte Verklebung auf PE ist praktisch nicht möglich.

Andere Kunststofffolien
Polypropylen(PP)- und Polytetrafluor-Folien (PTF) sind ebenfalls weitgehend unpolare Kunststoffe und verhalten sich beim Kleben ähnlich wie Polyethylen.
Kleben von und auf Kunststofffolien ist nur mittels energetischer Veränderung der Oberfläche durch Plasma- oder Wärmebehandlung und Oberflächenpfropfung mit sofortiger anschließender Klebung möglich. Dabei entstehen Fügevernetzungen zwischen Kunststoff und Klebstoff, die dauerhaft haltbar sind. Solche Klebemethoden sind industriell möglich, aber am Bau undenkbar, weil dort nicht anwendbar und zu teuer.
Klebungen auf unveränderter Kunststoffoberfläche mit Klebebändern haben deshalb nur begrenzte Haltbarkeit.

Metallfolien
Auf Aluminium-Folien ist die Klebe- und Haftwirkung besser als auf Kunststoff; Ablösung ist aber auch hier möglich.

Holz- und Holzwerkstoffe
Auf Holz und faserigen Holzwerkstoffen ist mit Klebebändern generell keine dauerhafte Klebung möglich. Ursache ist der faserige Aufbau des Holzes und sein Feuchtewechsel. Die Klebeschichten werden von Feuchtigkeit unterwandert und allmählich abgelöst.

Metalle und Hartkunststoffe
Dauerhafte Klebung auf Metalloberflächen und Hartkunststoffen ist nur mit Reaktions- und Kontaktklebstoffen möglich. Klebebänder haften nicht dauerhaft auf Metall. Ausnahmen sind metallbedampfte Bitumenklebebänder, die auf angewitterten Metalloberflächen gut haften, nicht jedoch auf walzblankem Metall. Auf Hartkunststoffen haften Butylklebebänder.

Gipskarton
Klebungen auf Gipskarton lösen sich infolge Feuchteunterwanderung wieder ab, ähnlich bei Gipsfaserplatten.

Putz und Beton
Auf festen (nicht sandigen oder körnigen) mineralischen Untergründen haften Butylklebebänder.

Für die Anwendung von Klebebändern gilt allgemein:

Die Anfangshaftung von Klebebändern auf den Klebeflächen kann durch Druck (Anpressen, Anrollen etc.) und Wärme (Handwärme, Föhn etc.) gesteigert werden. Die Voraussetzung, dass ein Klebeband überhaupt haftet, ist eine feste Unterlage. Auf weicher Dämmung oder über einer Tiefsicke und ohne Anpressdruck können Klebebänder keine ausreichende Adhäsion erzeugen und nicht haften.
Da Klebflächen sich insbesondere durch Abschälen ablösen, müssen Zug- und Schälkräfte zwischen Klebeband und Untergrund verhindert werden. Dies kann sicher nur durch Anpressen der Klebung erreicht werden.
Fazit: Umdenken ist gefordert.

- Klebstoffe (Klebebänder) können als Dichtstoff verwendet werden, nicht jedoch als Haftmittel: Klebstoffe halten Scher- und Schälkräften nicht stand.
- Kleben ist nur auf druckfestem Untergrund möglich. Über weichen Schichten (Dämmung) oder Hohlräumen (Tiefsicken) muss ein Stützprofil (Stahlblech, Latte, druckfester Sickenfüller etc.) unterlegt werden.
- Die Klebebänder sollen angerollt (angerieben, etc.) und leicht angewärmt (Handballen, Föhn etc.) werden.
- Für Anschlüsse auf Holz und Holzwerkstoffen verwendet man besser komprimierbare selbstklebende Dichtbänder.
- Klebebänder und Klebeanschlüsse müssen grundsätzlich mittels verschraubter Leisten oder Profile angepresst werden, um Schälkräfte auf die Klebstelle zu vermeiden.
- Anschlüsse auf Metall und Hartkunststoff verklebt man ausschließlich mit Reaktionsharzklebern.

Für die Anwendung am Bau bedeutet dieses zweifellos ein Umdenken und einen erheblich höherer Aufwand (siehe hierzu auch Gebäude-Luftdichtheit, Band 1, FLIB Fachverband Luftdichtheit im Bauwesen e.V. 2012).

2.2.2 Leichtbauwände und Luftdichtheit

Dachgeschossausbauten sind ein technisches Problem, wenn die Reihenfolge der notwendigen Arbeitsschritte ungeplant durchgeführt wird. Dann stehen Planer und Handwerker vor oft unlösbaren Problemen.

Abb. 2.2-6: Leichtbauständerwerk darf nicht vor Einbringen der Luftdichtheitsschicht aufgestellt werden.

Schaden
Der Bauherr hatte sein Dachgeschoss zu Wohnzwecken ausbauen wollen. Der Planer hatte dafür die notwendigen Trennwände und Drempel entworfen und Anweisungen für Installationen und Innenausbau gegeben. Nachdem diese fertiggestellt waren, sollten der Wärme- und Feuchteschutz des Daches hergestellt werden. Der damit befasste Trockenbauer mühte sich nun, die notwendigen Wärmedämmbahnen und Sperrfolien an- und unterzubringen. Dem Bauherrn kamen jedoch Bedenken, die der Sachverständige unverzüglich teilte.

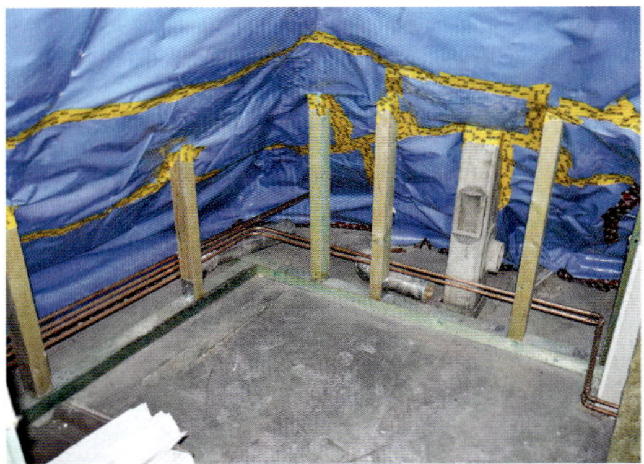

Abb. 2.2-7: Ständerwerk lässt sich nicht luftdicht abschließen. Leichte Trennwände und Drempel dürfen erst gesetzt werden, wenn Wärmeschutz und Sperrfolien vollständig verlegt sind (Raumschalenlösung).

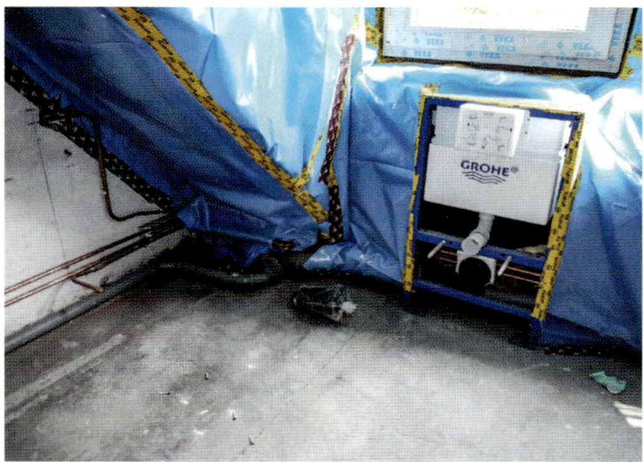

Abb. 2.2-8: Kabelleitungen und Rohre gehören in eine eigene Installationsebene und sollen die Sperrschicht nicht durchdringen.

Analyse

Luft- und dampfdichte Anschlüsse von Sperrfolien an Bauhölzer sind grundsätzlich nicht möglich und mindestens nicht dauerhaft, ebenso wenig das luftdichte Einfassen von Leichtprofilen und Kanthölzern. Rohre und Kabel dürfen die Sperrschicht nicht durchdringen. Die nach DIN 4108-7 herzustellende Luftdichtheit wird auf keinen Fall erreicht.

Lösung

Beim Dachgeschossausbau mit leichten Trennwänden und Drempeln müssen immer Wärmeschutz und Sperrschichten flächig unter dem Tragwerk eingebaut werden (➔ Raumschalenlösung). Trennwände und Drempel werden dann mittels Querhölzern oder –riegeln unter der Sperrschicht angebracht und verschraubt. Auf diese Weise vermeidet man undurchführbare Anschlüsse an Trägersysteme.
Rohre, Kabel, Heizkörper und WC-Kästen setzt man grundsätzlich von innen vor die Sperrschicht, aufgehängt an einem eigenständigen Traggerüstrahmen.
Im untersuchten Dachgeschoss mussten alle Einbauten, Rohrleitungen, Kabel sowie die Hölzer der Trennwände und Drempel wieder ausgebaut werden. Anschließend wurde zunächst eine neue Sperrfolie verlegt und gedichtet. Erst danach konnten Trennwandkonstruktionen und die übrigen Installationen und Einbauten wiederhergestellt werden.

2.2.3 Kalte Füße im Dachgeschoss

Der Wärmeschutz des Hauses spielt insbesondere im Neubau eine geradezu überragende Rolle, vor allem im Hinblick auf die erwartete Energie-Einsparung. So bemühen sich Planer und Handwerker, ihrem Bauherrn ein mollig warmes Haus hinzustellen.

Schaden

Im neu errichteten Einfamilienhaus mit bewohntem Dachgeschoss und ausgebautem Spitzboden hatte sich die Frau des Hauses ein kleines Büro unter dem Dachfirst eingerichtet. In den nach dem Einzug folgenden Wintermonaten beklagte sie sich über kalte Füße und konnte nicht verstehen, weshalb sie in ihrem mit so großem Aufwand wärmegeschützten Haus frieren musste.

Analyse

Für die Ursachenforschung war es unerlässlich, Teile der Deckenbekleidungen im Dachgeschoss zu öffnen. Der Wärmeschutz des Daches bestand aus MF-Matten, die zwischen die Dachsparren und auch zwischen die Kehlbalken geklemmt waren. Der Feuchteschutz war nach Art der Zellenlösung von innen hergestellt, die Sperrfolien von innen an den Dachsparren geheftet und unterhalb der Kehlbalken bis zur nächstliegenden Trennwand geführt. Neben den üblichen Mängeln in der Dampf- und Luftsperrfolie, Tackerklammerlöchern, offenen Foliennähten und abgelösten Wandanschlüssen fand der Sachverständige heraus, dass an Drempel, Giebelwand und Trennwänden die

Abb. 2.2-9: Giebelansicht mit Dachgeschoss und Dachspitze.

Abb. 2.2-10: Prüfstelle am Kehlbalkenanschluss.

Abb. 2.2-12: Zustand des Sperrfolienanschlusses an die Bodenplatten.

Folien mit Klebepaste angeklebt, aber nicht luftdicht waren.
Im darüberliegenden Spitzboden war ähnlich verfahren worden, die Sperrfolie war hier aber an die im Raum liegende Mittelpfette und die Verlegeplatten angetackert. Der Fußboden im Spitzboden bestand aus Laminat auf Verlegeplatten, die direkt auf die Kehlbalken aufgeschraubt waren.
Damit war die Ursache für die ausgekühlten Füße gefunden: Die Kehlbalkengefache waren dachseits luftoffen, sodass trotz der eingelegten Dämmmatte kalte Außenluft in das Kehlbalkengefach strömen konnte. Die eingelegte Dämmung war für den Fußboden nutzlos.

Abb. 2.2-11: Büroraum im Spitzboden.

Lösung
Die Bedingung bestand darin, kalten Luftzustrom in das Kehlbalkengefach und damit in den Fußboden zu verhindern.
Die Einfachlösung wäre gewesen, die Kehlbalkengefache mit Stellbrettern zu verschließen.
Da die Kehlbalken jedoch als Zangen beidseitig an die Dachsparren verschraubt waren, wäre eine wirksame Luftsperre nicht möglich gewesen: Fugen zwischen den Zangenanschlüssen wären immer noch offene Luftlöcher gewesen.

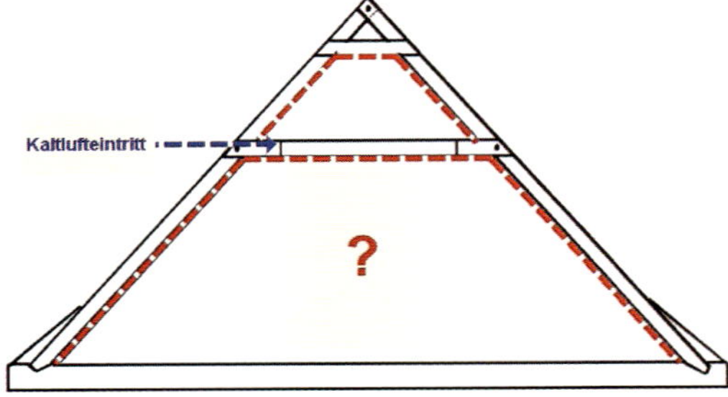

Abb. 2.2-13: Schema des Kaltlufteintritts in Kehlbalkengefache bei Feuchteschutz durch Zellenlösung; hier gezeigt am Kehlbalkendachstuhl.

Außerdem war der Fußboden im Spitzboden nicht luftdicht und ein luftdichter Anschluss der Spitzbodenschrägdecke an den Fußboden war damit nicht möglich.
Einzige verbleibende Lösung zur Mängelbeseitigung ist die Indachlösung von außen in Form der eingeschlauften Sperrfolie. Die diese geschlossen auch über die Kehlbalkenzagen hinweggeführt werden kann, wäre der Wind-, Luft- und Dampfdurchgang in das Kehlbalkengefach gesperrt, und die Füße der Bauherrin wären wieder warm.

2.2.4 Wasserschaden trotz regensicherer Dachdeckung

Schaden
Die abgehängten Decken in einer Stadthalle im Sauerland wurden in unregelmäßigen Zeitabständen von hässlichen Wasserflecken verunziert. Der herbeigerufene Dachdecker konnte an der Dachdeckung weder Schäden noch Mängel finden.

Abb. 2.2-14: Wasserschäden durch abgetropftes Tauwasser.

Analyse
Die Erklärung fand sich nach Öffnen der Deckenbekleidung:
Der Wärmeschutz der Dachdecke war als Gefachfüllung des Dachgespärres und durch Folienunterspannung konzipiert.
Die Ausführung scheiterte aber an einer Vielzahl technischer Probleme und insbesondere an einer Verkennung der technisch-handwerklichen Möglichkeiten:

- Die Abhänger der Deckenbekleidung waren seitlich an den Dachsparren befestigt und durchdrangen regelmäßig die Sperrfolie.
- Kabelstränge und Rohrleitungen waren in den Sparrengefachen verlegt und durchdrangen an vielen Stellen ebenfalls die Sperrfolie.
- Die Sperrfolie selbst war mit Tackerklammern an den Sparren befestigt; eine handwerkliche Todsünde.
- Bei Wandanschlüssen begnügten sich die Handwerker mit Klebebändern ohne mechanische Anpressleisten; die Klebeanschlüsse lösten sich ab.

Luft- und Dampfundichtheiten führten zu Kondenswasseranfall und zu den beklagten Wasserschäden in der Deckenbekleidung.

Lösung
Die Dampf- und Luftdichtheit mussten dauerhaft hergestellt werden.
Dazu wurden die Deckenbekleidungen und Sperrfolien entfernt, die Deckenabhänger wurden ausgebaut. Alle Kabel und Leerrohre wurden aus den Gefachen herausgenommen und zunächst vorläufig gesichert. Wo dies nicht oder nur mit hohem Aufwand möglich war, wurden die Kabel durch Hüllrohre geführt und die Kabel in ihnen verschäumt.
Neue gitterverstärkte Sperrfolien wurden verlegt und mit verzinkten Breitkopfstiften (Pappnägeln) befestigt. Als Anpressung der Befestigung und für die Deckenabhängung wurden Montageleisten unter die Sparren geschraubt. Alle Wandanschlüsse wurden mit Pressdichtband oder Dichtkitt hinterlegt und mit verdübelten Latten angepresst. Noch verbliebene Durchgänge (Hüllrohre) wurden einzeln mit Folienmanschetten abgedichtet.

Abb. 2.2-15: Wärme- und Feuchteschutz als Sparrenzwischendämmung mit Sperrfolie.

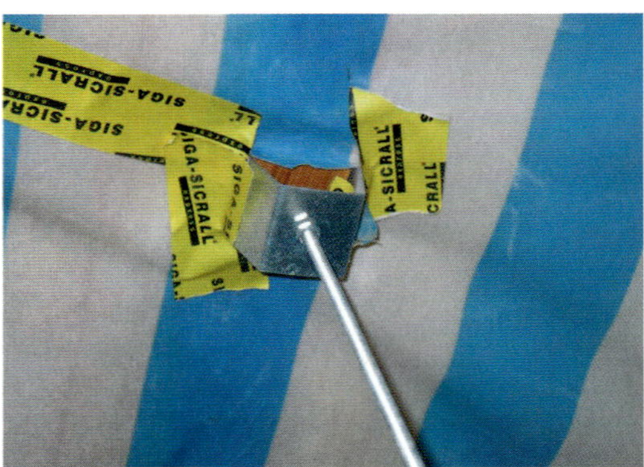

Abb. 2.2-16: Offene Luftleckagen.

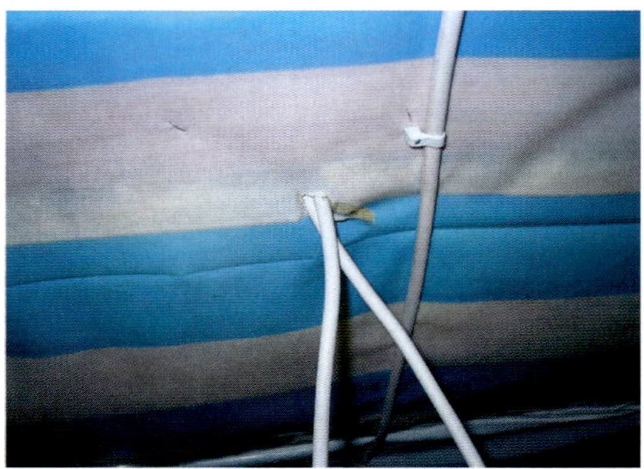

Abb. 2.2-17: Offene Luftleckagen.

Nach Wiedereinbau der Deckenbekleidungen war die Sanierung erfolgreich beendet.

Abb. 2.2-18: Die Todsünde: Befestigung mit Tackerklammern.

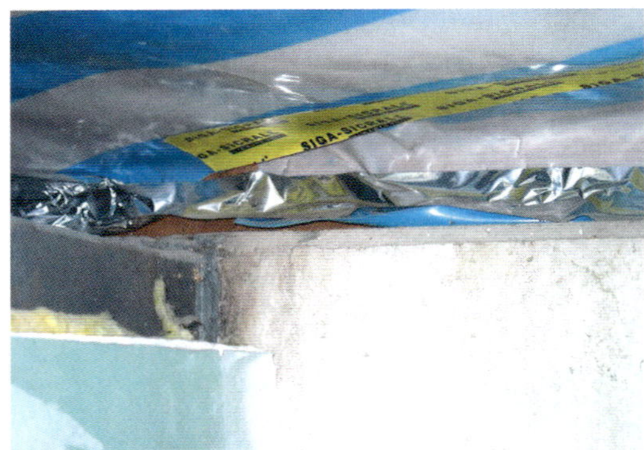

Abb. 2.2-19: Anschlüsse müssen dauerhaft verklebt und verleistet sein.

2.2.5 Randleistenmatten als Dampfsperre

Dass Randleistenmatten als Dampfsperre fungieren könnten, wurde über lange Jahre hin von einem führenden Dämmstoffhersteller propagiert und von vielen Dachdeckern geglaubt.

Schaden

Die Dachdeckung auf dem Altbaudach war etwa 12 Jahre alt. Der Dachdecker hatte damals die Sparrenzwischenräume mit Randleistenmatten ausgelegt und diese auch im Spitzboden zwischen den Sparren verarbeitet.
Im Laufe der Jahre traten Wasserflecke an den Schrägdecken auf; der nachforschende Hausbesitzer musste entsetzt feststellen, dass Dachsparren und Unterspannbahn dicht mit Wassertropfen und Pilz besetzt waren.

Abb. 2.2-20: Randleistenmatten als Dampfsperre ...

Analyse

Die Kaschierung der Randleistenmatten besteht nicht, wie immer angenommen, aus Aluminium, sondern aus Papierbahnen mit dreitausendstel Millimeter dünner Aluminiumfolie. Nach Herstelleranweisung sollten die Ränder der Bahnen überlappt und unter den Sparren befestigt werden. Viel später wurde diese Anweisung dadurch ergänzt, dass die Ränder mit Klebeband abzukleben wären.

In keinem Fall ist die aluminiumfarbig verblendete Papierbahn eine Dampfsperre und erst recht keine luftdichte Schicht. In diesem Schadenfall gelangte warme Luft aus dem Treppenhaus in den Spitzboden und durchströmte die Randleistenmatte, an deren kalter Außenseite dann Tauwasser entstand. Wasser und Pilz wurden nicht nur im Spitzboden gefunden; nach unten rinnendes Tauwasser hatte auch die Gefache über den Wohnungen durchnässt und dort ähnliche Schäden verursacht.

Abb. 2.2-21: Randleistenmatten als Dampfsperre ...

Abb. 2.2-22: ... sind nicht geeignet: umfangreicher Feuchteschaden und Pilzbesatz an Holz und Unterspannbahn.

Abb. 2.2-23: … sind nicht geeignet: umfangreicher Feuchteschaden und Pilzbesatz an Holz und Unterspannbahn.

Lösung

Alle Deckenbekleidungen im Dachgeschoss und sämtliche Randleistenmatten mussten ausgebaut werden. Das Holzwerk wurde auf die Art des Pilzbesatzes von einem Fachinstitut untersucht und auf dessen Empfehlung mit Pilzschutz behandelt, einige stark angefaulte Holzteile mussten ersetzt werden. Nach Austrocknung des Holzwerks wurden neue Mineralwollmatten und eine Dampf- und Luftsperrfolie mit einem Sperrwert von s_d 120 eingebaut und luftdicht angeschlossen. Danach konnten neue Deckenbekleidungen angebracht werden.

2.2.6 Dachausbau und Feuchteschutz

Ein hoher Dachraum sollte in einen Wohnraum mit Galerie im Spitzboden bei teilweise sichtbar bleibenden Dachstuhlhölzern verwandelt werden. Der Dachdecker hatte bereits die Dachdeckung erneuert und von innen eine Gefachdämmung zwischen den Sparren und eine Sperrfolie eingebaut.

Abb. 2.2-24: Innenansicht des Dachbodenraumes.

Schaden

Ein Schaden war noch nicht eingetreten, aber die Maßnahmen der Feuchteschutzes – Luftdichtheitsschicht und Dampfsperre – erwiesen sich als nicht haltbar.

Analyse

Der Dachraum ist durch Fuß-, Mittel- und Firstpfetten in jeweils 2 Abschnitte geteilt, Kehlbalken verbinden Mittelpfetten und Sparren, Kehlsparren bilden einen Übergang vom Altbau zum anschließenden Neubau.

Anordnung der Sperrfolien

In dieser Konstruktion ist eine von innen eingebaute Dampf- und Luftsperre technisch nicht luftdicht herstellbar, weil luftdichte Anschlüsse an Bauhölzer grundsätzlich nicht möglich sind.

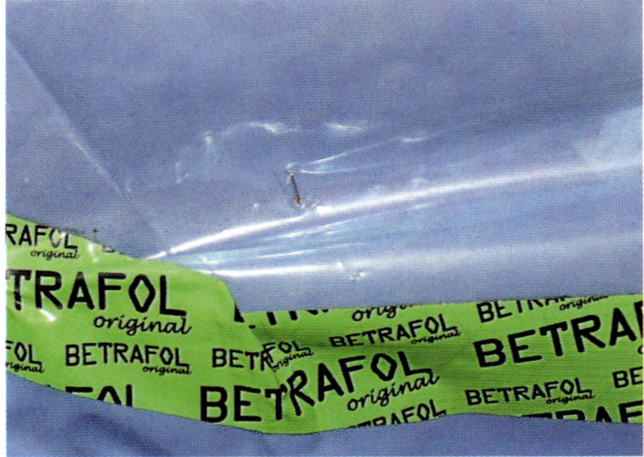

Abb. 2.2-25: Klammerperforierung und gelöstes Klebeband.

Abb. 2.2-26: Folienperforierung durch Klammern.

Abb. 2.2-27: Klebeanschlüsse an rohes Mauerwerk sind nicht luftdicht herstellbar.

Abb. 2.2-28: Luftleckagen durch gelöste Klebebänder.

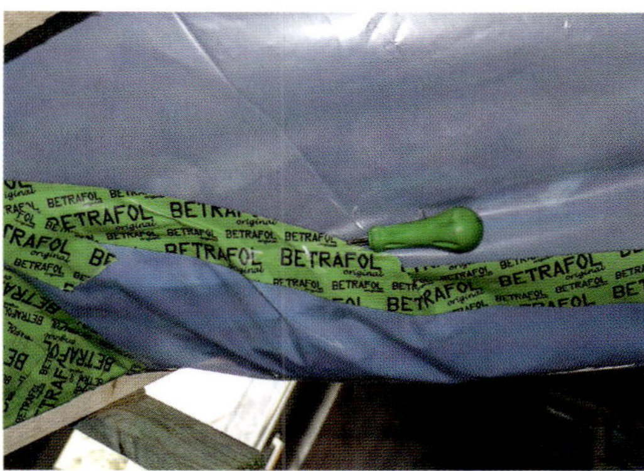

Abb. 2.2-29: Luftleckagen durch gelöste Klebebänder.

Abb. 2.2-30: Luftdichte Anschlüsse an Bauholz sind nicht herstellbar.

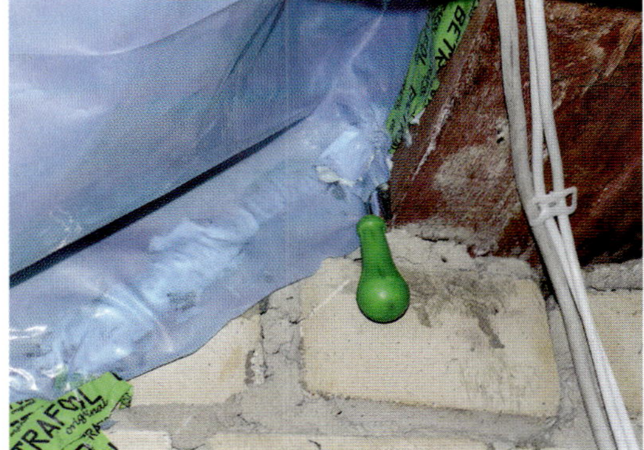

Abb. 2.2-31: Luftdichte Anschlüsse an Bauholz sind nicht herstellbar.

Sperrfolienbefestigung

Die Sperrfolie ist von innen an den Dachsparren mit Klammern befestigt.

Klammern hinterlassen je 2 Löcher oder reißen aus und sind eine handwerkliche Todsünde: Die nach DIN 4108-7 geforderte Luftdichtheit wird

Abb. 2.2-32: Luftdichte Anschlüsse an Bauholz sind nicht herstellbar.

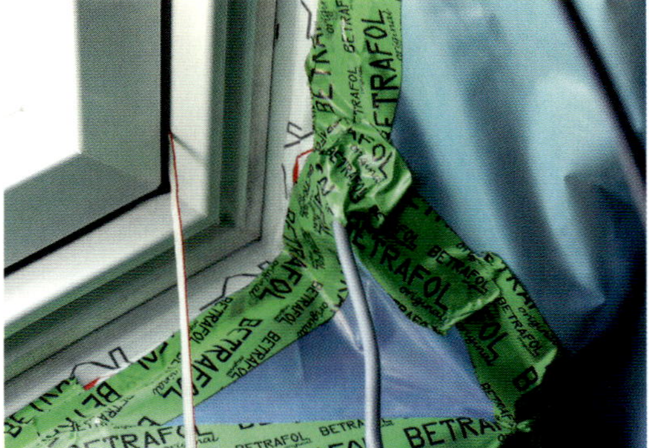

Abb. 2.2-33: Klebeflickwerk am Dachfenster führt nicht zu luftdichten Anschlüssen.

mit vorsätzlich perforierten Sperrfolien nicht erreicht.

Klebenähte
Nahtklebungen sind nach wissenschaftlichen Erkenntnissen mit physikalisch bindenden Klebstoffen unter Baustellenbedingungen nicht dauerhaft herstellbar. Die verklebten Foliennähte lösen sich an vielfachen Stellen bereits jetzt. Weitere Klebeablösungen werden sicher eintreten. Die nach DIN 4108-7 geforderte Luftdichtheit wird mit Klebenähten sicher nicht erreicht.

Klebeanschlüsse
Verklebte Anschlüsse an Bauholz, rohes Mauerwerk, Kabeldurchgänge, Flex-Lüfterrohre und rohen Beton sind nicht dauerhaft herstellbar. Die nach DIN 4108-7 geforderte Luftdichtheit wird mit angeklebten Sperrfolien nicht erreicht.

Lösung
Im Pfettendachstuhl mit Kehlsparren und Kehlbalken sind Innensperren nicht luftdicht herstellbar. Die geforderte Luftdichtheit kann nur mit einer weitgehend ungestörten Sperrschicht hergestellt werden. Da das Holzwerk im Dachstuhl mindestens stellenweise sichtbar bleiben soll, ist als Mängelbeseitigung nur eine Indach- oder Aufdachlösung möglich. Dazu müssen Dachdeckung, Lattung, Unterdeckung und Dämmstoffe ausgebaut und eine Sperrschicht und Wärmedämmschicht von außen neu eingebaut werden. Traufen und Giebelwände sind so umzugestalten, dass luftdichte Anschlüsse möglich sind (Glättputz und Kopfdämmung).

2.2.7 Gaubenkehle macht Probleme

Schaden
Der Dachdecker hatte mit der Dachneudeckung auch den Auftrag für die Erneuerung des Wärmeschutzes am Dachgeschoss eines Mehrfamilienhauses übernommen. Da das Dachgeschoss bewohnt und die Schrägdecken von innen bekleidet waren, verlegte der Dachdecker eine Luft- und Dampfsperrfolie in die Sparrengefache und über die Dachsparren hinweg; die Sparrenzwischenräume selbst füllte er mit Mineralwollmatten aus. Die Eigentümer beklagten sich über Zugerscheinungen an den Dachgauben und verlangten Nachbesserung.

Abb. 2.2-34: Dachgauben bieten größte Probleme beim Wärme- und Feuchtschutz.

Abb. 2.2-35: Der Dachdecker konnte den Übergang der Luftdichtheitsschicht vom Dach zur Gaubenkehle nicht lösen.

Analyse

Der Blick in den Sparrenzwischenraum zeigt den Dachaufbau mit Sperrfolien und eingelegten Dämmmatten.
Erst der Blick unter die Gaubenkehle macht das technische Problem deutlich: Ein luft- oder dampfdichter Anschluss der Sperrfolie an das Gaubendach ist überhaupt nicht möglich und demzufolge auch nicht hergestellt.

Lösung

Eine Lösung für diesen Anschlusspunkt gibt es nicht.
Mittelpfette, Gaubensparren und Gaubenschalung vereiteln jede Anschlussmöglichkeit.
Selbst wenn man Gaubendach und Gaubenschalung entfernen würde, könnte zwar die Gaubendecke wie das Schrägdach mit Sperrfolie

Abb. 2.2-36: Der Dachdecker konnte den Übergang der Luftdichtheitsschicht vom Dach zur Gaubenkehle nicht lösen.

Abb. 2.2-37: Ein Anschluss der Sperrfolie an die Gaubenkehle ist technisch nicht lösbar.

abgedeckt werden; Anschlüsse an Gaubenwangen und Gaubenstirnfläche sind dann aber weiterhin luftoffen.
Die Konsequenz aus diesem Problem ist, dass man Sperrschichten entweder konsequent von innen oder konsequent von außen als Aufdachkonstruktion verlegen muss.
Die Lösung von innen – die Zellenlösung – findet von der Raumseite her statt: Jeder Raum wird für sich mit Sperrfolie bestückt.
Bei der Lösung von außen – Aufdachlösung – müssen Sperrfolien und Dämmung nicht nur an der Dachschräge, sondern auch an Gauben und Aufbauten von außen angebracht werden.
Im hier untersuchten Fall wurde zur Zellenlösung geraten:
Decken und Gaubenaußenwände wurden mit Sperrfolien ausgestattet und diese an Massiv-Außen- und Trennwände und Bodenbelag angeschlossen. Damit verbunden war die Erneuerung der Decken- und Wandbekleidungen.

2.2.8 Dachelemente: Problemfall Nr. 1

Das Wunderdachelement – billig, einfach in der Handhabung und im Nu verlegt – gibt es leider nicht.
Hersteller aller Himmelsrichtungen versprechen aber immer wieder Wunder an Einsparung in Zeit und Geld, wenn man nur ihrer Idee folgen würde.
Dabei sollte jeder Fachmann sofort hellhörig werden, wenn bunte Firmenprospekte und schnellsprechende Handelsvertreter die Multifunktion ihres wunderbaren Dachelements ver-

Abb. 2.2-38: Dachelemente sind nur vordergründig einfach zu handhaben.

sprechen. Auch sollte man sich daran erinnern, dass selbst führende Dachbaustoff- und Dachelemente-Hersteller in Deutschland in dieser Hinsicht furchtbar Schiffbruch erlitten haben. Schiffbruch erlitt leider auch ein Handwerker in einem größeren Siedlungsbauvorhaben in Westfalen.

Schaden

Ein Erwerber eines der zweigeschossigen Siedlungshäuser bemängelte:

- Eintropfen bei Regen
- Zugluft bei Wind
- Das Dachgeschoss wird trotz Heizung im Winter nicht warm.
- Verkehrslärm dringt in das Dachgeschoss.
- Im Sommer treten laute Knackgeräusche auf.

Analyse

Die Dachdecken bestanden aus Holzleimträgern und zwischen diesen eingepassten Verbundelementen aus Polystyrolhartschaumplatten mit Außen- und Innenkaschierung aus Holzwerkstoff; die Innenkaschierung war mit einer weißen Kunststofffolie beklebt. Die Holzleimträger waren über Fuß- und Firstpfetten eingekervt, sodass auch die Verbundelemente auf den Pfettenkanten auflagen.

Der Hersteller verlangte, dass Verbundelement und Holzträger luftdicht ineinander geschoben werden müssten und dass zwischen Element und Fußpfette ein Dichtband einzulegen sei. Eine solchermaßen hergestellte Dachdecke soll laut Hersteller

- in der äußeren Kaschierung wie ein Unterdach wirken,
- im Deckenquerschnitt den Wärmeschutz sicherstellen,
- eine luft- und dampfdichte Hülle im Dachbereich bilden,
- den notwendigen Luftschallschutz sicherstellen,
- als Tragkonstruktion für Decklattung und Dachpfannen dienen und
- die sonst notwendige Innenbekleidung ersetzen.

Das Systembauteil soll demzufolge 6 verschiedene Funktionen erfüllen, für die normalerweise 6 unterschiedliche Funktionsschichten erforderlich sind.

Das Dachsystem wurde untersucht. Festzustellen war:

- Durch Überlappungen der Dachsteindeckung eindringendes Wasser rann an den Holzträgern entlang und sickerte zwischen Träger und Verbundplatte nach innen ein.
- Der Kontaktschluss zwischen Holzträgern und Verbundplatten wurde nicht erreicht: Es waren Fugen von mehr als 1 mm Breite entstanden.
- Aus der technologischen Kenntnis für Polystyrolhartschaum ergibt sich, dass die

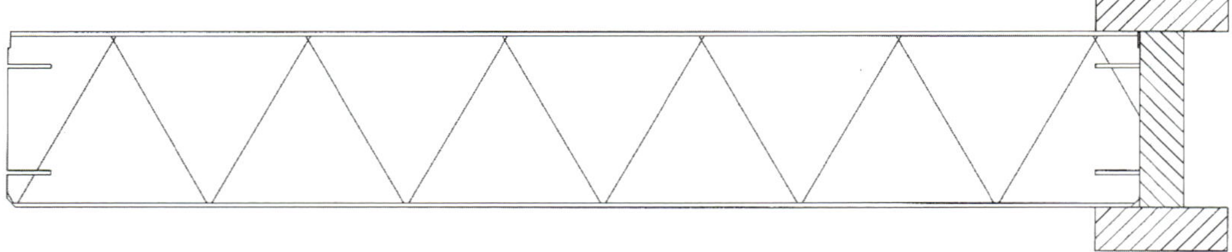

Abb. 2.2-39: Konstruktionsprinzip des Elementdaches.

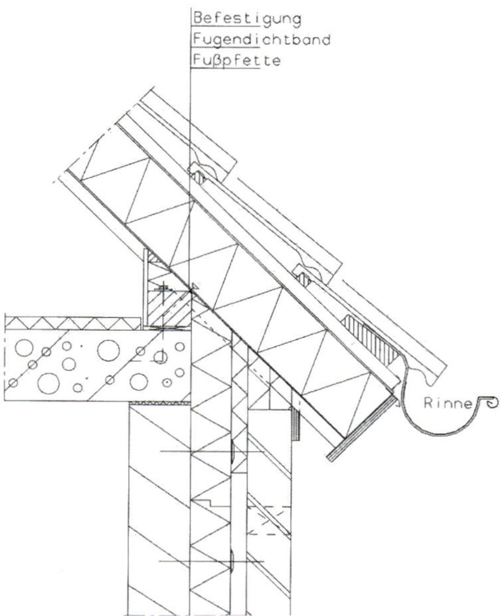

Abb. 2.2-40: Konstruktionsprinzip des Elementdaches.

121 cm breiten Verbundelemente auch nach angenommener sechswöchiger Ablagerung des Hartschaums noch um 0,6 bis 1,0 mm in der Breite schwinden.

- Polystyrol hat einen sehr hohen Wärmedehnkoeffizienten zwischen 50 bis 70 x 10^{-6}. Ein Dämmelement bei 10 °C eingebaut verkürzt und längt sich wie folgt:

Außentemperatur	Breite 121 cm	
- 10°	1,2–1,7 mm	Kürzung
+ 30°	1,2–1,7 mm	Dehnung

Abb. 2.2-41: Äußere Schale als Unterdach.

Abb. 2.2-42: Fugenbildung gestattet Luft-, Dampf- und Schalldurchgang.

Kürzung und Schwindung können zu Fugenbreiten bis 2,7 mm kumulieren; die Elementdecke konnte infolge der entstehenden Fugen nicht luft-, dampf- oder schalldicht und auch nicht Wasser ableitend sein.

- Ein Dichtanschluss an die Fußschwelle, wie der Hersteller ihn sich vorstellt, ist technisch ebenfalls nicht möglich: Schon das Pfettenholz selbst und sein Auflager waren nicht luftdicht. Ein auf die Holzkante aufgelegtes Dichtband war durch Elementbewegungen herausgerutscht.
- Die beiderseitigen Holzwerkstoffplatten quellen bei Feuchtigkeitsaufnahme um bis zu 2 mm je Meter Plattenbreite oder -länge. Unterschiedliche Quellungen der Außen- und Innenbeplankung führen zu Bombierung (Beulung) des Verbundelements. Mit den be-

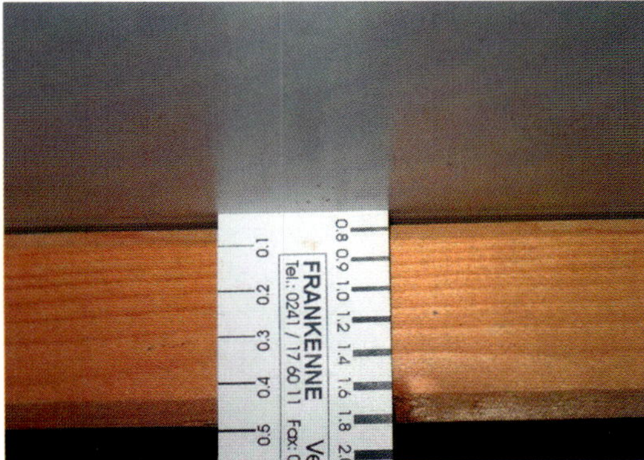

Abb. 2.2-43: Fugenbildung gestattet Luft-, Dampf- und Schalldurchgang.

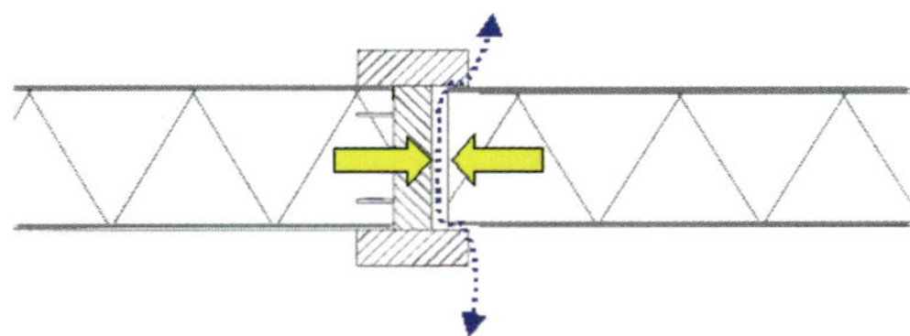

Abb. 2.2-44: Fugenbildung gestattet Luft-, Dampf- und Schalldurchgang.

reits beschriebenen Dehnungen und Verkürzungen erzeugen solche Bewegungen impulsartige Knackgeräusche.

Lösung
Die Mängelbeseitigung hätte die Funktionsschichten nachträglich herstellen müssen. Dazu wäre aber bereits das Entfernen der Dachpfannen und der Lattung notwendig gewesen, um die notwendige Schutzmaßnahme (Unterspannbahn oder Unterdeckung) einbauen zu können. Zur Herstellung der Luft-, Dampf- und Schalldichtigkeit hätten Sperrfolien und eine Deckenbekleidung eingebaut werden müssen. Die Knackgeräusche wären aber auch damit nicht zu beseitigen gewesen.
Für eine umfassende Sanierung war es hier notwendig, das Dachsystem gänzlich zu entfernen. Allenfalls die Holzträger konnten als Dachsparren wiederverwendet werden.
Alle Funktionsschichten, von der Deckenbekleidung bis zur Dachsteindeckung, wurden dann in der konventionellen Bautechnik neu hergestellt.

Nachsatz:
In einem vergleichbaren Streitfall war der Bauträger während des gerichtlichen Streits in Konkurs gegangen.
Der Erwerber hatte nicht das Geld für eine umfassende Sanierung.
Weil in diesem speziellen Fall das Maß der Wasserschäden vernachlässigbar war, arbeitete der Sachverständige einen Plan für eine schalldämmende, luft- und dampfdichte Deckenbekleidung aus; mit dem Ergebnis konnte der Erwerber leben.

2.2.9 Dachelemente: Problemfall Nr. 2

Schaden
Klappdachelemente waren als tragende, dämmende und luftdichte Dachschale gedacht. Leider tropfte Wasser in nicht unerheblicher Menge aus den Fugen der Klappelemente.

Analyse
Die 3,20 m breiten Klappelemente bestanden aus Holzfachwerkrahmen mit MW-Gefachfüllung, Unterdeckbahn außen und Holzwerkstoffbeplankung mit einliegender PE-Sperrfolie innen.
In den Elementfugen sollten nach Herstelleranweisung die herausragenden Folienränder luftdicht miteinander verklebt werden. Die Baustellenpraxis zeigte aber, dass dies handwerklich nicht möglich war: Man hatte das Verkleben erst gar nicht versucht.

Abb. 2.2-45: Fugen- und Anschlussdichtungen waren für den Handwerker nicht lösbar.

Abb. 2.2-46: Elementfuge am Klappdachelement.

Abb. 2.2-47: Fugen- und Anschlussdichtungen waren für den Handwerker nicht lösbar.

Stattdessen wurde die Fuge von außen mit Ortschaum geschlossen, jedoch bei dem 24 cm dicken Element nur 2 bis 3 cm tief.
Da die Klappelemente über die Außenwände als Dachüberstände hinausragten, bildeten die Elementstöße ideale Luftkanäle.
Wie schon im vorigen Fall waren auch hier die Anschlüsse an die Fußschwelle ebenfalls nicht luftdicht.

Abb. 2.2-48: Schaumfüllung der Fuge.

Abb. 2.2-49: Aufdachdämmung und Dachdeckung.

DIN 4108-7 verwirft Ortschaum als Dichtmittel, er ist zur Herstellung von Luft- und Dampfdichtheit nicht zulässig.
Das Verkleben der Folienränder ist aber handwerklich nicht möglich. Luftdichte Anschlüsse an das Schwellenauflager sind ebenfalls nicht herstellbar.

Lösung
Die Elementdecken wurden um eine innen angebrachte Foliensperre mit luftdichten Anschlüssen und eine zusätzliche Deckenbekleidung ergänzt. Die Elementfugen wurden von innen mit Mineralwolle ausgestopft. An den Traufen erhielten die Elemente Abdeckbretter, die Elementfugen dort wurden mit Passleisten sorgfältig geschlossen.

2.2.10 Zugluft bei Aufdachdämmung

Trotz aufwendiger Dachdämmung mit PUR-Dämmelementen beklagten sich Anwohner über Zugluft, Geräusche und Gerüche aus der Umgebung der Nachbarwohnungen.

Abb. 2.2-50: Stumpfer Stoß der Dämmelemente an aufgehende Wand ohne Fugendichtung.

Abb. 2.2-51: Stoßausbildung des Dämmelementes.

Schaden
Das Dach eines Mehrfamilienhauses erhält eine Aufdachdämmung aus PUR-Hartschaumplatten mit beidseitigen Deckschichten aus Aluminiumfolie. Die Dämmelemente sind über Dachsparren, Drempel und Giebelmauern hinweggeführt und enden an Giebeln auf Außensparren. Konterlatten sind durch die Dämmplatten verschraubt, Dachsteine auf Decklatten bilden den Wetterschutz. Die Deckenbekleidungen bestehen aus Holzwerkstoffprofil mit Nut und Feder.

Die Bewohner beklagen Zugluft aus der Deckenbekleidung, Geräusche und Gerüche von außen und aus Nachbarwohnungen.

Analyse
Die 3,20 m langen und 62,5 cm breiten Dämmelemente sind verfalzt und ineinandergefügt. Durch werkstoffbedingten Schrumpf, Verlegefehler und Maßungenauigkeiten sind jedoch Plattenfugen bis zu 8 mm und Anschlussfugen zu Nachbargiebeln und Gaubenseiten vorhanden. Die Anschlussfugen an Dachfenster sind mit Mineralwolle zugestopft. Stellenweise waren Fugen mit Ortschaum verschäumt.

Auf der Außenseite sind Plattenstöße mit Klebebändern überklebt worden. Die Klebebänder haben sich jedoch weitgehend wieder abgelöst oder sind abgerissen, ebenso die Anschlussklebebänder an Kaminen und Dachfenstern.

Hartschaumdämmstoffe leiten Schall infolge ihrer steifen Zellstruktur. Wenn Hartschaumdämmplatten über Wände hinweg verlegt werden, leiten und verstärken sie Luftschall in beiden Richtungen. Das gilt auch für Verkehrslärm, der dann über Außenwände hinweg in die Wohnungen geleitet wird. Offene Fugen wirken nicht nur im Düseneffekt für Luftdurchgang, sie leiten auch Schall.

Die Aufdachdämmung war in dieser Form nur ein theoretischer Schutz. Offene Elementfugen und Verlegefehler waren die Ursache für die beklagten Mängel.

Lösung
Dämmelemente, gleich welcher Art, mögen noch so wärmedämmend sein, wirksamen Schutz bieten sie nur in Verbindung mit zusätzlichen Dampf- und Luftsperrschichten.

Dämmelemente sollten niemals über Außenwände in Traufen- und Giebelüberstände hinweggeführt werden. Sie müssen immer spätestens an Außenflächen enden und dort abgeschottet sein.

Dämmelemente müssen an Wohnungstrennwänden gestoßen und dort mit Weichdämmstoff abgekoffert sein, um Schalllängsleitung zu unterbinden. Auch der Brandschutz verlangt zwingend die Trennung über Wohnungstrennwänden.

Weil man die Aufdachdämmung nicht beseitigen wollte, wurde von innen eine zusätzliche Deckenbekleidung aus Dampf- und Luftsperrfolien angebracht. Die Dachdeckung wurde abschnittweise aufgenommen, offene Fugen grundiert und mit Kaltselbstklebe-Bitumenbahnstreifen abgeklebt. Über Trennwänden wurden die Dämmplatten 24 cm weit getrennt, die Zwischenräume mit festen Mineralwolldämmplatten ausgekoffert und ebenfalls abgeklebt.

Die Anschlüsse an den aufgehenden Wänden, Gauben, Kaminen und Fenstern wurden ebenfalls grundiert und mit Kaltselbstklebe-Bitumenbahnstreifen abgeklebt. Die Giebelüberstände wurden aufgenommen, die Dämmelemente dort entfernt und durch eine Untersichtbekleidung ersetzt.

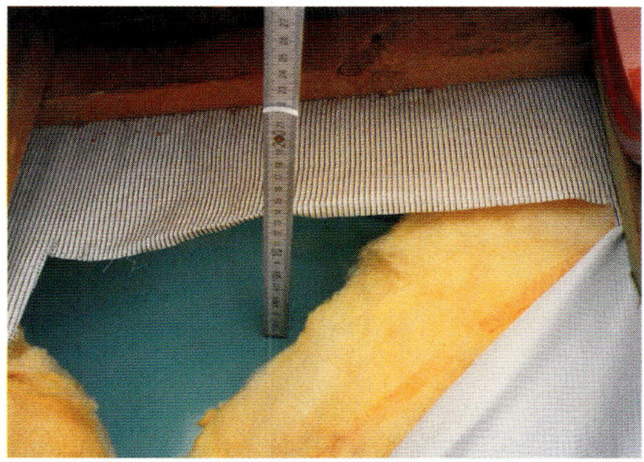

Abb. 2.2-53: Wohnhausdach mit geschlaufter Sperrfolie und Zwischensparrendämmung.

2.2.11 Dämmung in der Hängematte

Schaden

Im Zuge der Neudeckung hatte der Dachdecker auch den Wärmeschutz eines Mansarddaches erneuert und dabei eine Dampfsperrfolie in die Sparrengefache und über die Sparren verlegt und die Gefache selbst mit Mineralwollmatten ausgefüllt.
Im nicht ausgebauten Spitzboden war dabei dasselbe System weitergeführt worden. Nun hingen dort aber Folie und Dämmung hängemattenartig durch, was den Bauherrn zur Mängelrüge veranlasste.

Analyse

Das Prinzip der eingeschlauften Dampf- und Luftsperre, bei dem die Sperrfolie von außen verlegt und über die Sparren hinweggeführt wird, ist eine bewährte und sichere Methode. Voraussetzung ist dabei, dass die Folien dicht am Sparren verlegt werden. Dass dabei im oberen Sparrenbereich Tauwasser anfallen kann, ist unschädlich, es trocknet nach innen wieder aus. (Diese Methode soll nicht bei frischem, feuchtem Holz angewandt werden.)
Voraussetzung für die eingeschlaufte Sperre ist ein Auflager (Deckenbekleidung), das hängemattenartiges Durchhängen von Sperrfolie und Dämmung verhindert.
Im Spitzboden fehlt es meist an dieser Deckenbekleidung; Dämmung und Folie hängen nach innen durch. Dadurch fällt auch an den Sparrenflanken Tauwasser an, und der Wärmeschutz im Gefach ist deutlich gemindert.

Lösung

Die eingeschlaufte Dampf- und Luftsperre benötigt ein Auflager. Dazu reichen bereits unter den Sparren angebrachte Dachlatten, je nach

Abb. 2.2-52: Wohnhausdach mit geschlaufter Sperrfolie und Zwischensparrendämmung.

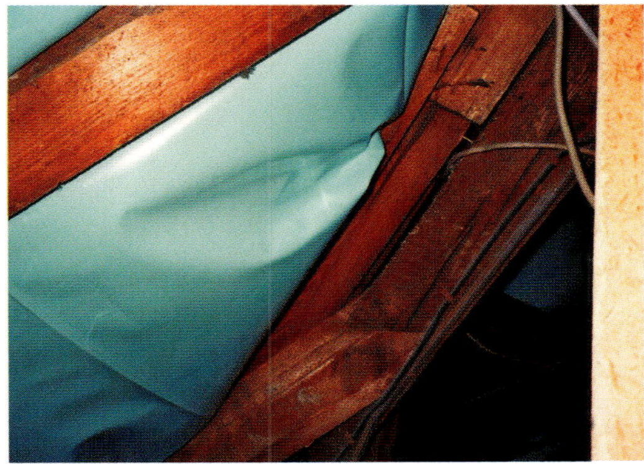

Abb. 2.2-54: Im Spitzboden hängen Folie und Dämmung hängemattenartig durch.

Abb. 2.2-55: Lösung mit Stützlatten.

Abb. 2.2-56: Lösung mit Stützlatten.

Steifigkeit der Dämmmatte in Abständen zwischen 30 und 50 cm.

Im vorliegenden Fall waren Dachdeckung, Wärmedämmung und Sperrfolien im Spitzbodenbereich aufzunehmen, Dachlatten als Auflager von innen anzubringen und Sperrfolien glatt aufliegend und an Sparren dicht anliegend einzubauen.

Anschließend konnten Dämmung und Dachdeckung wiederhergestellt werden.

Abb. 2.2-57: Massiver Feuchteschaden durch undichte Dampf- und Luftsperre.

2.3 Tücken im Detail

Wo Menschen wohnen, verlangen sie auch nach Licht, Wärme, Wasser und Unterhaltung, und sie brauchen Entsorgung von Abluft und Abgasen. All das bedarf des Transportes in Kabeln oder Rohrleitungen. Deutschen Häuserbauern ist vor allem die Optik wichtig, weswegen Leitungen dieser Art möglichst unsichtbar versteckt werden müssen. Im Leicht- und Holzbau bieten sich dem Bauplaner Gefache zwischen Ständerwerk und Sparren als geradezu ideale Versteckmöglichkeiten an. Deshalb findet man Kabel, Leitungen und Rohre fast immer versteckt in solchen Hohlräumen. Dass sie aber gerade dort nicht hingehören, muss man Eigentümern, Planern und Handwerkern erst beibringen!

2.3.1 Sperrfoliendurchgänge als Wasserleiter

Schaden
Ein öffentliches Gebäude im östlichen Westfalen zeichnete sich durch eine ungewöhnliche Gefäßsammlung aus Blumentöpfen, Eimern und Kinderbadewannen im Obergeschoss aus. Die findigen Angestellten hatten sich des von der Decke tropfenden Wassers zu wehren gewusst; nicht so der Bauplaner, der sich bereits auf den Dachdecker als vermeintlichen Verursacher des Übels eingeschossen hatte.

Analyse
Die Deckenplatten der abgehängten Decke zierten Wasserflecke.

Abb. 2.3-1: Tauwasserschaden aus Dachraum.

Die Decke wurde geöffnet. Der Dachzwischenraum war belegt mit Metallrohren der Klimaanlage. Kabelbäume, Lüfter- und Klimaleitungen durchdrangen unkontrolliert vielfach die

Abb. 2.3-2: Problem: luftdichte Anschlüsse.

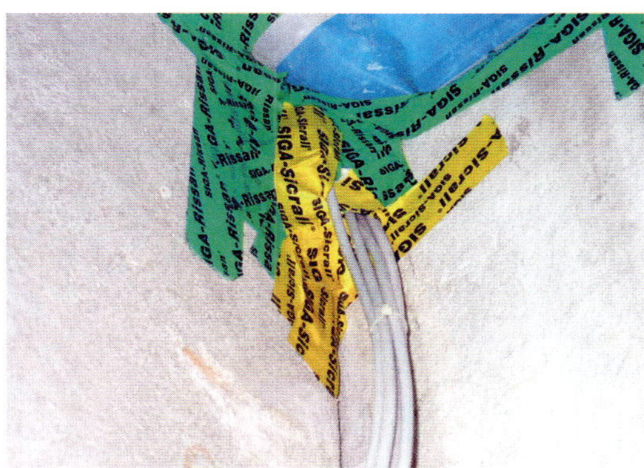

Abb. 2.3-3: Keine Abdichtungsmöglichkeiten bestehen bei solchen Kabel- und Rohrgeschlingen.

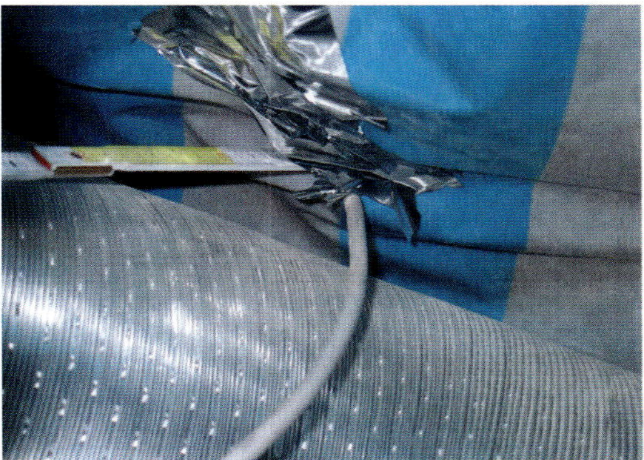

Abb. 2.3-4: Keine Abdichtungsmöglichkeiten bestehen bei solchen Kabel- und Rohrgeschlingen.

Abb. 2.3-5: Keine Abdichtungsmöglichkeiten bestehen bei solchen Kabel- und Rohrgeschlingen.

Abb. 2.3-7: Keine Abdichtungsmöglichkeiten bestehen bei solchen Kabel- und Rohrgeschlingen.

Dampf- und Luftsperre: Geplantes Abdichten ist handwerklich unmöglich.
Nach DIN 4108-7 soll die Luftdichtheitsschicht nach Möglichkeit nicht von Kabeln und Rohrleitungen durchbrochen werden. Die Norm fordert, Kabel und Rohre innerhalb der Sperrschicht zu verlegen, notfalls in einer eigens anzulegenden Installationsebene. Für einfache Kabel bietet sich beispielsweise die Ebene der Unterkonstruktion der Decken- oder Wandbekleidung an. Für Rohrleitungen muss die Installationsebene vergrößert oder es muss eine eigenständige Umkleidung vorgesehen werden. Elektrosteckdosen dürfen die Sperrschicht nicht durchdringen.

Lösung

Mit Einzelmaßnahmen war diesem Problem nicht beizukommen:

Die Installationen mussten grundsätzlich neu geplant und neu verlegt werden. Dazu wurden alle Kabel und Rohre gelöst oder ausgebaut, die ohnehin schadhaften Sperrfolien entfernt. Sodann wurden unverzichtbare Dachdurchgänge mit eigenen Hüllrohren ausgestattet, die als Leerrohrhülsen an die neu verlegte Sperrfolie angeschlossen werden mussten.
Für Kabel- und Rohrleitungen wurden Montageleisten unter den Sparren (innerhalb der bereits verlegten Sperrfolie) angeschraubt und alle Kabel und Rohrleitungen an eigenen Abhängern neu verlegt.
Die Durchgänge durch die Hüllrohre wurden mit geeigneten Dichtstoffen verpresst.
Nach erfolgtem Umbau waren die ehemals 192 Sperrfoliendurchgänge auf insgesamt 18 eingedichtete Hüllrohre vermindert. Die Angestell-

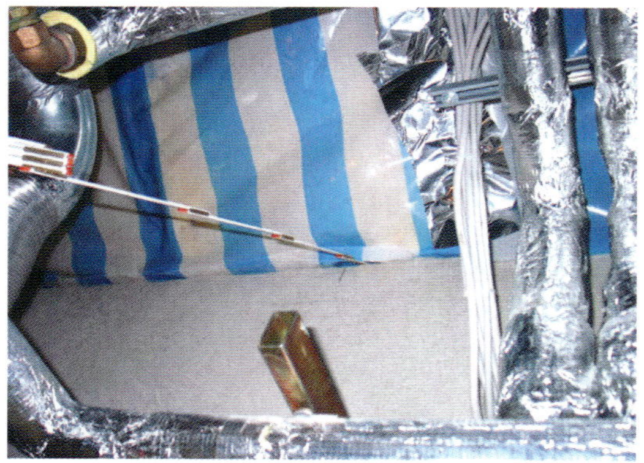

Abb. 2.3-6: Keine Abdichtungsmöglichkeiten bestehen bei solchen Kabel- und Rohrgeschlingen.

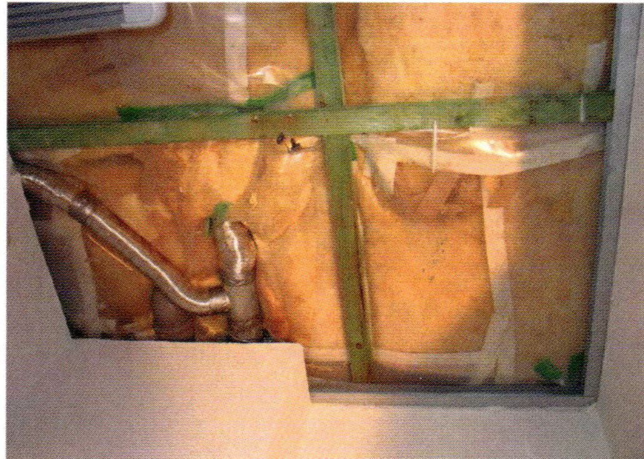

Abb. 2.3-8: Kabel- und Rohrführungen bedürfen eigener Planung und Führung in eigenen Installationsebenen oder -kanälen.

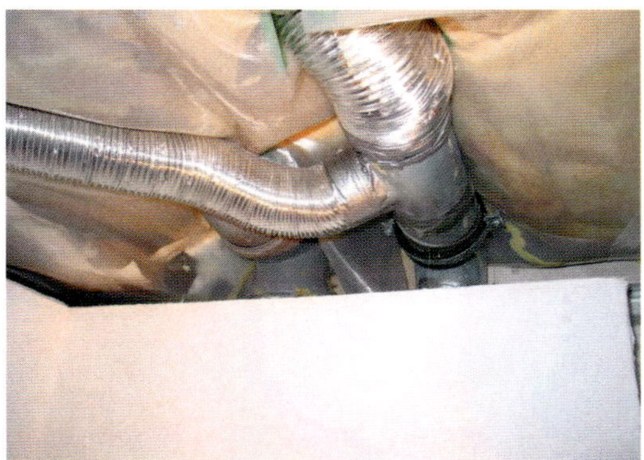

Abb. 2.3-9: Keine Abdichtungsmöglichkeiten bestehen bei solchen Kabel- und Rohrgeschlingen.

Abb. 2.3-11: Fenstersturzbekleidungen sollen nur waagerecht ausgeführt werden.

ten konnten ihre Eimer und Blumentöpfe wieder nach Hause mitnehmen.

2.3.2 Fehler bei Deckenbekleidungen

Dachdecker erledigen gern auch kleinere Innenbekleidungen mit, beispielsweise wenn Dachfenster durch neue ersetzt werden. Im Altbau stößt der Dachdecker üblicherweise auf einen Deckenaufbau, der nicht den heutigen Erkenntnissen von Wärme- und Feuchteschutz entspricht.
Konstruktionsweisen werden dann häufig übernommen, auch wenn sie geltenden Bauvorschriften widersprechen. Und Arbeitsweisen werden bedenkenlos nachgemacht, auch wenn sie unweigerlich zu Schäden führen. Der nachfolgend beschriebene Fall zeigt, welche Fehler selbst beim Einbau eines Dachfensters gemacht werden können.

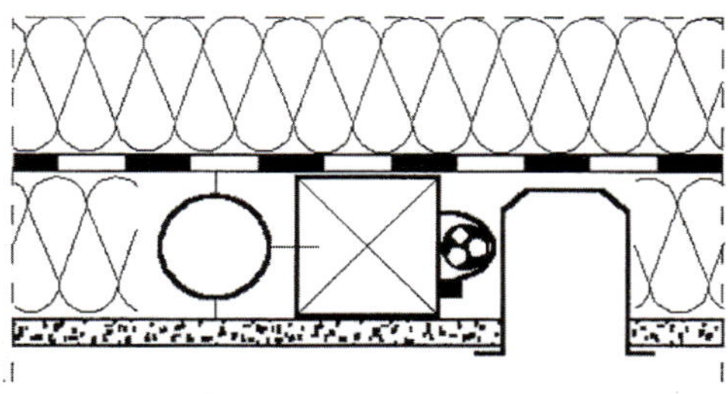

Abb. 2.3-10: Kabel und Rohre gehören in die Installationsebene: Vorschlag aus DIN 4108-7.

Schaden

Der Dachdecker hatte schadhafte Dachfenster durch neue ersetzt und dabei auch Teile der Deckenbekleidung erneuert.
Die Fenster wurden jedoch vom Hauseigentümer bemängelt.
Der beklagte deutliche Zugluft um die Fenster, Risse in den Deckenbekleidungen und die Sturzeinfassung der Fenster.

Analyse

Beim Fenstereinbau wurden die Fensterkästen auf die ursprünglich vorhandenen Leibungs- und Sturzeinfassungen gesetzt und letztere teilweise belassen oder in ursprünglicher Form wiederhergestellt. Da einer der Sturzwechsel zu tief saß, wurde dort die Sturzbekleidung senkrecht zum Sparren, die Innenkante schief zum Fensterkasten hergestellt.

Abb. 2.3-12: Fenstersturzbekleidungen sollen nur waagerecht ausgeführt werden.

Abb. 2.3-13: Tauwasserflecke infolge Luftoffenheit am Fensterkasten.

Lichteinfall und praktische Nutzbarkeit des Fensters sind stark gemindert.
Die Altbaudecke enthielt keine Luft- und Dampfsperre. Die Innenbekleidungen waren in die Fugen der Fensterkästen eingefügt, das dichtete aber gegen Luft- und Dampfdurchgang nicht ab; Tauwasserflecke waren sichtbar.
Teile der Deckenbekleidung wurden erneuert, Anschlüsse und Kanten verspachtelt. Beispielskizzen in Fachpublikationen und selbst in Fachregeln sehen dies so vor.
Dies führt aber regelmäßig zu Eckabrissen, kaschiert allenfalls von dehnfähiger Tapete.

Lösung

Dampfsperre

Nach der Fachregel muss im Deckenaufbau eine Dampfsperrfolie eingebaut sein, die mindestens einschließlich Deckenbekleidung und Tapete dem siebenfachen s_d-Wert von Gefachfüllung mit Unterdeckbahn entspricht. Wem

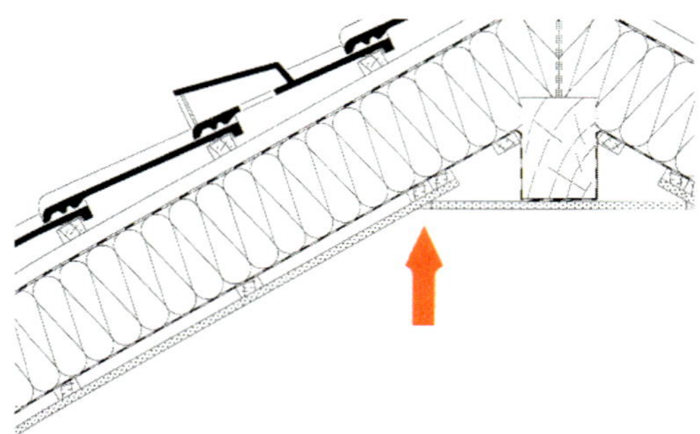

Abb. 2.3-14: Ungeeigneter Vorschlag für den Deckenanschluss; rissgefährdet.

Abb. 2.3-15: Einfaches Zuspachteln von Deckenanschlüssen führt meist zu Abrissen.

dies zu kompliziert ist, baut eine Sperrfolie von s_d>100 m ein und ist damit immer auf der sicheren Seite.
In diesem Fall waren die Deckenbekleidungen gänzlich zu entfernen, notwendige Sperrfolien einzubauen und dann die Deckenbekleidung wiederherzustellen.
Experten greifen zum Rechner und berechnen Feuchtedurchgang und anfallendes Tauwas-

Abb. 2.3-16: Einfaches Zuspachteln von Deckenanschlüssen führt meist zu Abrissen.

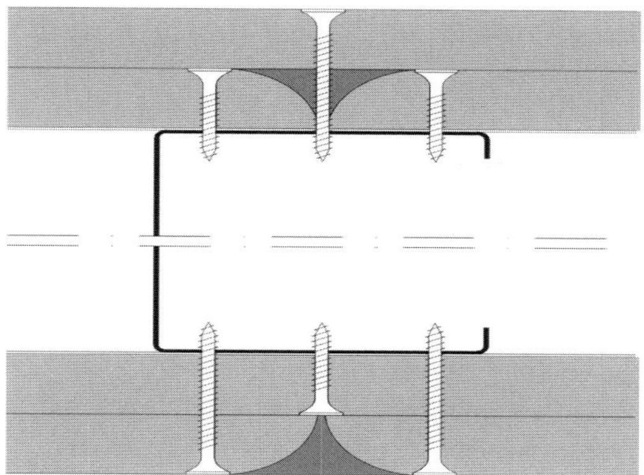

Abb. 2.3-17: Beispiel richtiger Fugenausbildung.

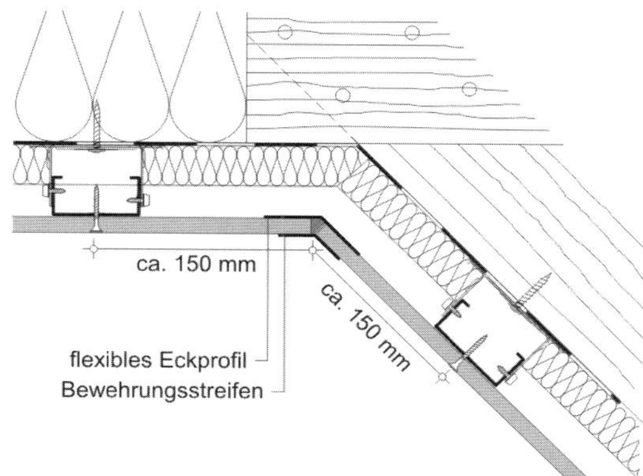

Abb. 2.3-19: Gegen Anschlussabrisse helfen nur verschraubte Eckaussteifungen.

ser in den Bauteilschichten und kommen somit zu ganz exakten Vorgaben, die u.U. vom vorher Gesagten abweichen.

Luftdichtheitsschicht
Luftdichtheit kann nicht nur durch Folien, sondern auch durch Bauplatten (z.B. Gipskarton) hergestellt werden; vorausgesetzt, alle Stöße, Fugen und Anschlüsse sind dauerhaft luftdicht hergestellt. Diese Ausführung ist aber nur etwas für Experten und für den Normalhandwerker nicht realisierbar.
Im Normalfall kann die Luftdichtheit mit einer sorgfältig eingebauten und angeschlossenen Dampfsperre sichergestellt werden.

Plattenfugen
Die Ausführung der Plattenfugen hängt von der Lagesicherheit der Unterkonstruktion ab. Bei ausreichend steifer Unterkonstruktion wird die GK-Fuge 5 bis 7 mm breit angelegt und entweder mit Fugenspachtel und Spachtelband oder mit Flexspachtel geschlossen.

Ist die Lagesicherheit zweifelhaft (z.B. Lattenunterkonstruktion an Leibungsbekleidungen), müssen Plattenfugen mit Acrylspachtel geschlossen werden.

Anschlussfugen
Anschlussfugen sollte man immer als offene Schattenfuge ausbilden; nur die garantiert optische Rissefreiheit.

Eckfugen
Eckfugen bleiben nur dann rissefrei, wenn sie mit Eckwinkel hinterlegt sind. Die Fuge sollte mit Acrylspachtel geschlossen werden.

Sturzbekleidung
Die Sturzbekleidung muss immer waagerecht angelegt sein.
Im untersuchten Fall mussten dazu das Fenster wieder ausgebaut und der Wechselsparren nach oben versetzt werden.

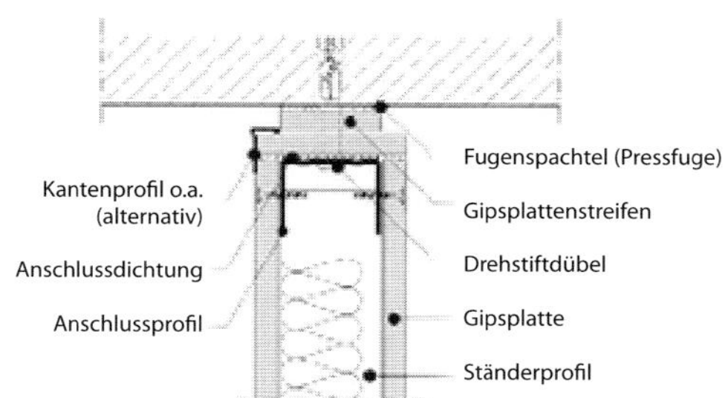

Abb. 2.3-18: Beispiel richtiger Fugen- und Anschlussausbildung.

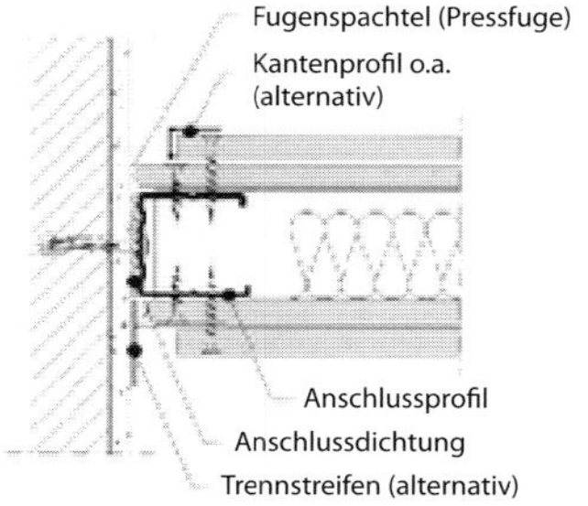

Abb. 2.3-20: Beispiel richtiger Fugen- und Anschlussausbildung.

3 Dachabdichtungen von flachen Dachkonstruktionen

3.1 Wasserdichtigkeit beim Flachdach

Grundregel für Dachdeckungen, Abdichtungen und Außenwandbekleidungen

Anforderungen
Dachabdichtungen müssen bis zur Oberkante der An- und Abschlüsse wasserdicht sein. Dies erfordert auch wasserdichte Anschlüsse an Dachdurchdringungen sowie die Einhaltung bestimmter Anschlusshöhen.

Fachregel für Dächer mit Abdichtungen

1.2.9 Dachabdichtung
Eine Dachabdichtung ist ein flächiges Bauteil zum Schutz eines Bauwerks gegen Niederschlagswasser. Sie besteht aus einer über die gesamte Dachfläche reichenden, wasserundurchlässigen Schicht. Zur Dachabdichtung gehören auch Anschlüsse, Abschlüsse, Durchdringungen und Fugenausbildungen.

„Wasser hat einen spitzen Kopf", sagten schon unsere Vorfahren. Wasser nutzt erbarmungslos jede kleinste Lücke, und eine Dachabdichtung verträgt auch nicht die geringste Unachtsamkeit. Kenntnis der Eigenschaften und Wirksamkeit der Dichtstoffe sind Voraussetzung für jegliche Arbeit an der Abdichtung, ebenso der sorgfältige Umgang mit ihnen.

3.1.1 Warum ein mehrlagiges Bitumendach undicht sein kann

Schaden
Der Sachverständige sollte einen Schadenfall aufklären, bei dem ein kürzlich saniertes Flachdach aus Elastomerbitumen-Schweißbahnen undicht war.
Die Handwerker hatten sauber gearbeitet, und das Dach machte einen mindestens optisch ordentlichen Eindruck.
Deshalb war der Dachdecker in Not, wo und wieso sein Flachdach undicht sein sollte.

Analyse
Ein Sachverständiger begnügt sich nicht mit dem optischen Eindruck: Erst das Vordringen in die Tiefe bringt für ihn Erkenntnisse zu den Ursachen des Malheurs.
Verschiedene Prüföffnungen zeigten, dass die mit der Sanierung beauftragten Gesellen zwar die vorgesehenen 2 Schweißbahnlagen verlegt, jedoch beide Lagen untereinander nicht vollflächig (homogen), sondern nur die Überlappungen miteinander verschweißt hatten. Zwischen beiden Lagen stand Wasser.
Der Dachdecker war zunächst ungehalten. Seiner Meinung nach hatten seine Gesellen al-

Abb. 3.1-1: Optisch saubere Ausführung und dennoch undicht.

Abb. 3.1-2: Dachöffnung zeigt die Ursache: Die Schweißbahnlagen sind nicht vollflächig verschweißt.

Abb. 3.1-3: Dachöffnung zeigt die Ursache: Die Schweißbahnlagen sind nicht vollflächig verschweißt.

les richtig gemacht und tatsächlich 2 Lagen Schweißbahnen verlegt.
Wo also lagen Fehler und Ursache des Wasserschadens?
Dies wird klar, wenn man sich den Aufbau der Elastomerbitumen-Schweißbahn vergegenwärtigt:
Unter der Schieferbesplittung der Oberlagsbahn befindet sich eine 0,9 bis 1 mm dicke Deckschicht aus Elastomerbitumen auf einer bitumengetränkten 2 mm dicken Trägereinlage (Polyesterfaservlies) und einer Bitumenschmelzschicht von 0,6 mm Dicke.
Auf- und Abrollen der Schweißbahn und Bewitterung bewirken Brüche in der oberen Deckschicht der Schweißbahn.
Überlappungen an Kopfenden und an Flickstücken können vom Wasser kapillar unterwandert werden.
Bituminöse Abdichtungen erhalten ihre Dichtwirkung durch homogenes Verschmelzen mehrerer Dach- oder Schweißbahnen miteinander.
Die geforderte Dichtwirkung wird nur erreicht, wenn mindestens 2 Dichtbahnlagen vollflächig und ohne Hohlräume miteinander verschmolzen sind.

Abb. 3.1-4: Aufbau der Elastomerbitumen-Schweißbahn.

Abb. 3.1-5: Deckschicht einer Elastomerbitumen-Schweißbahn nach Kaltlagerung und Abrollen.

Lose aufeinanderliegende oder nur teilweise verschmolzene Dicht- oder Schweißbahnen der oberen Dichtschichten fördern kapillaren Wassereinzug und Unterläufigkeiten der Dichtungsbahnen und gelten nach den Fachregeln für Dächer mit Abdichtungen nicht als Dachabdichtung.
Erst die homogene Verschmelzung mehrerer Schweißbahnen untereinander erzeugt also die geforderte dauerhafte Wassersperr- und Dichtwirkung.
Flachdächer, auf denen die Bitumenbahnen nicht vollflächig verklebt (verschweißt) sind, können daher nicht dauerhaft wasserdicht sein.

Lösung
Abdichtungen mit eingeschlossenem Wasser sind für jeden weiteren bituminösen Dachaufbau ungeeignet.
Im untersuchten Schadenfall blieb als Lösung nur der Ausbau der verlegten Dichtlagen und

Abb. 3.1-6: Deckschicht einer Elastomerbitumen-Schweißbahn nach Kaltlagerung und Abrollen.

deren Neuaufbau. Weil sich in diesem Fall die Abdichtung nicht schadenfrei von der Dämmschicht lösen ließ, musste auch diese erneuert werden.
Auf der neu verlegten Klappdämmbahn wurde eine erste Lage Elastomerbitumen-Schweißbahnen punktweise mit voll verschweißten Nähten, Überlappungen und Anschlüssen und als zweite Lage eine schieferbesplittete Elastomerbitumen-Schweißbahn vollflächig verschweißt eingebaut. Stöße wurden 15 cm weit überlappt, die Überlappung im Nahtbereich schräg abgetrennt. Die Schieferbesplittung im Überlappungsbereich wurde angewärmt und mit der Kelle vorsichtig entfernt.
Nach erfolgter Neuverlegung war das Flachdach wasserdicht.

3.1.2 Schmelzschäden bei Bitumen-Kaltselbstklebebahn

Die bei einschaligen Flachdächern mit bituminöser Abdichtung übliche Schichtenfolge besteht aus Dampfsperre, Wärmedämmplatten, Bitumenkaltselbstklebebahnen und Oberlagsbahn. Die Anwendung erscheint einfach und problemlos, auch bei wärmeempfindlichen Polystyrol-Hartschaumdämmungen. Jedoch können Unachtsamkeiten oder Unkenntnis zum Verhalten der Dichtstoffe dennoch trotzdem zu Schäden führen. Nachfolgend stelle ich 3 unterschiedlich gelagerte Schadenfälle vor:

Schaden 1
Kaltselbstklebebahn und Elastomerbitumen-Oberlagsschweißbahn sind auf EPS-Gefälledämmung verlegt. Auf dem Dach zeichnen sich tellerförmige Eindellungen ab. Prüföffnungen zeigen, dass der Dämmstoff schüsselförmig eingeschmolzen ist (siehe Abb. 3.1-8).

Schaden 2
Auf einem Neubaudach wurde kurz vor Wintereintritt das Flachdach fertiggestellt. Die Dachdecker waren in Eile und versuchten mit erhöhtem Brennereinsatz die Oberlagsschweißbahn so rasch wie möglich aufzuflämmen. In Nahtüberlappungen taten sie des Guten zu viel, und die Schweißflamme erhitzte den darunterliegenden Hartschaum so stark, dass das Polystyrol zu sintern und einzusinken begann: Der Hartschaum war an diesen Stellen zerstört (siehe Abb. 3.1-9 bis 3.1-11).

Schaden 3
Auf dem Dach eines Schulgebäudes wurden Polystyrol-Hartschaumdämmplatten, eine Bitumenkaltselbstklebebahn und eine Plastomerbitumenschweißbahn als Oberlage verlegt. Schon während der Verlegung der Oberlagsbahn wurden rillenförmige Einsenkungen, meist neben der Nahtüberlappung, sichtbar. Prüföffnungen zeigten, dass sich das Klebebitumen der Kaltklebebahn verflüssigt und den Dämmstoff eingeschmolzen hatte (siehe Abb. 3.1-12 und 3.1-13).

Analyse
Im Schadenfall 1 waren Unaufmerksamkeiten des Verlegers die Schadensursache: Der Dach-

Abb. 3.1-7: Überlappung vom Wasser kapillar unterwandert.

Abb. 3.1-8: Einschmelzung aus punktförmiger Überhitzung.

Abb. 3.1-9: Dämmstoffsinterung unter Nahtüberlappung.

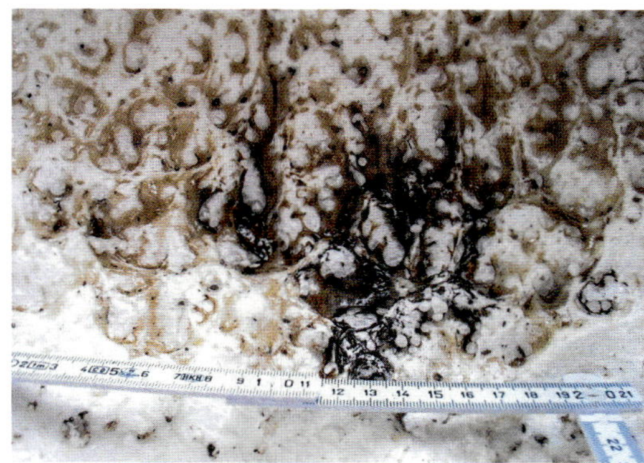

Abb. 3.1-11: Dämmstoffsinterung unter Nahtüberlappung.

decker hatte die Brennerflamme zeitweise auf einen Punkt gehalten.

Im Schadenfall 2 war die Schadensursache die besonderen Eile: Der Dachdecker meinte, mit größerer Brennerflamme die Verlegung beschleunigen zu können. Dabei hatte die höhere Brennertemperatur jedoch den Dämmstoff zum Sintern gebracht. Große Brennerflamme schädigt auch den eingelagerten Kautschuk des Elastomerbitumens und sintert außerdem die Vliesträgereinlage. Der Aufschmelzvorgang kann grundsätzlich nicht durch größeren Brennereinsatz beschleunigt werden.

Im Schadenfall 3 wurden Proben des Dichtungsaufbaus einem Werkstofflabor zur technischen Analyse übergeben. Festgestellt werden sollte, ob die verwendeten Bahnen (Kaltselbstklebebahn und PYP-Oberlagsbahn) kombinierbar waren.

Für die Kaltselbstklebebahn stellt das Labor eine marktübliche Ausführung in PYE-Qualität (Elastomerbitumen) fest. Die obere Beschichtung mit 41 % Kalksteinmehl als Füllstoff hatte einen Erweichungspunkt von 114 °C. Der Erweichungspunkt der ungefüllten Klebeschicht lag niedriger als 114 °C. Die Viskosität (Fließfähigkeit) des Bitumens war mit 13.000 mPa*s bei 170 °C sehr hoch.

Die Oberlagsbahn aus Plastomerbitumenschweißbahn hatte einen Erweichungspunkt von 154 °C und eine Viskosität von 9.500 mPa*s bei 170 °C (geringere Fließfähigkeit).

Aufschweißvorgang

Den Oberlagsbahnen fehlten Schweißraupen und jede Anzeichen einer Oberflächensinterung. In den Schmelzmulden der Hartschaumstoffe fehlten auch Sinterspuren, wie sie bei zu hoher Brennertemperatur oder übermäßigem

Abb. 3.1-10: Dämmstoffsinterung unter Nahtüberlappung.

Abb. 3.1-12: Einschmelzung aus Bitumenverflüssigung.

Abb. 3.1-13: Einschmelzung aus Bitumenverflüssigung.

Flammeinsatz typisch wären. Die Schmelzschäden waren also nicht durch falschen Brennereinsatz verursacht.

Hartschaumdämmstoff
Der thermoplastische (E)PS-Hartschaum ist begrenzt temperaturbeständig (75 bis 85 °C), eine kurzzeitige Erwärmung darf 100 °C nicht überschreiten (siehe Walter Holzapfel: Baustoffe für Dach und Wand, 13. Auflage 2011).
Je niedriger das Raumgewicht des Hartschaums ist, desto rascher treten Schmelzschäden ein.

Kaltselbstklebebahn
Die Oberlagsbahn benötigt eine höhere Schmelztemperatur als die Kaltselbstklebebahn, Letztere hat bei niedrigerer Schmelztemperatur ein weitaus höheres Fließverhalten. Die Unterseite der Selbstklebebahn zeigte deutliche Sinterspuren. Das Klebebitumen ist also flüssig abgetropft, und die flüssigen Bitumentropfen haben den Hartschaum angeschmolzen.

Oberlagsbahn
Die Polymerbitumenbahn benötigt zum Aufschweißen höhere Schmelztemperaturen. Sind diese erreicht, fließt das APP-Bitumen dünnflüssig. Dabei werden aber die Schmelztemperaturen der Kaltselbstklebebahn überschritten, und dessen Klebebitumen wird zum Sintern gebracht.
Die verwendeten Werkstoffe sind nicht kompatibel, da die Schmelztemperaturen der verwendeten Dachbahnen stark voneinander abweichen. Eine fachgerechte Herstellung der Dachabdichtung wäre im hier vorgegebenen Schichtenaufbau nicht möglich.

Lösung
Im Schadenfall 1 konnten die örtlichen Schmelzschäden einzeln beseitigt werden.
Im Schadenfall 2 war eine flächige Schädigung von Dämmstoff und Schweißbahnen feststellbar. Die Mängelbeseitigung erforderte daher den Komplettausbau von Dämmschicht und Abdichtung und deren Erneuerung. Dabei war zu beachten:
Elastomerbitumen lässt sich nur langsam aufschmelzen. Dazu sind eine kleine Brennerflamme und höherer Zeitaufwand notwendig. Das Verschweißen von Elastomerbitumen-Schweißbahnen braucht also seine Zeit, die schon bei der Zeit- und Preiskalkulation berücksichtigt werden muss.
Im Schadenfall 3 bestand die Mängelbehebung entweder aus dem Abbruch aller Schichten und dessen Neuaufbau oder der Verlegung einer zusätzlichen Klappdämmbahn mit Oberlagsschweißbahn. Die verwendeten Schweißbahnen müssen dabei wärmetechnisch kompatibel sein.

Grundsätzlich ist zu beachten:
- Bitumenkaltselbstklebebahnen mit flächiger Kleberschicht sind problematisch in der Kombination mit aufzuschweißenden Oberlagsbahnen, weil das ungefüllte Klebebitumen einen deutlich niedrigeren Schmelzbereich hat als das Bitumen von Mittel- und Oberlagsbahnen.
- Zu empfehlen sind Kaltselbstklebebahnen mit Kleibestreifen, weil bei ihnen die Gefahr der Schmelzsinterung weniger besteht.
- Bitumenkaltselbstklebebahnen können üblich nicht mit Plastomerbitumen-Oberlagsschweißbahnen kombiniert werden, weil deren Schmelzbereiche weit auseinanderliegen und das Klebebitumen der Kaltselbstklebebahn sintert, bevor das Plastomerbitumen verflüssigt ist.

3.1.3 Sanierung ohne Dachuntersuchung

Schaden
Aus der Dachdecke eines erst kürzlich sanierten Flachdaches einer Schule trat Wasser aus, typischerweise immer kurz nach Regenfällen.

Abb. 3.1-14: Trockene Wasserspuren an EPS.

Die Bauleitung wusste keinen anderen Rat, als alle Überlappungen der bituminösen Dachabdichtung mit Flüssigkunststoff abzudichten. Die Wasserschäden ließen sich damit jedoch nicht beseitigen.
Ein Sachverständiger sollte untersuchen, weshalb das Flachdach undicht war.

Analyse
Die Dachdecke bestand aus Leichtbetonplatten mit aufliegendem Alt-Schichtenaufbau aus Dampfsperre, EPS-Dämmplatten und mehrlagiger Bitumenabdichtung. Als Dachsanierung waren auf dem alten Schichtenaufbau eine kaschierte EPS-Gefälledämmung und eine mehrlagige Abdichtung aus Plastomerbitumen-Schweißbahnen verlegt. Die Bauleitung hatte angeordnet, dass alle Dachabläufe und Sanitärlüfter zu erneuern seien; außerdem waren Absturzsicherungen (Securanten) eingebaut.

Abb. 3.1-16: durchnäßter EPS-Dämmstoff.

Das Dachschichtenpaket wurde an Tief- und Hochpunkten bis zur Dachdecke geöffnet.
Die neu eingebaute EPS-Dämmung zeigte die typischen Flächenverfärbungen, die eintreten, wenn Wasserfilme an den Grenzflächen zwischen Dämmung und Dichtbahnen entstehen; die Dämmung selbst war jedoch trocken.
Die Alt-EPS-Dämmung unter der Altabdichtung war wassergesättigt, der ausgebaute Dämmkern steinschwer mit intensiver Braunfärbung.
Wäre die Neuabdichtung undicht gewesen, hätte auch die Neudämmung mindestens an den Tiefpunkten deutlich durchfeuchtet sein müssen. Da dies nicht der Fall war, musste die Ursache an anderer Stelle gesucht werden.
Die Ursache der Wasserschäden war mit einer weiteren Überprüfung der Einbauteile geklärt: Die Altabdichtung war bereits undicht und nun auch an den Einbauteilen nicht mehr intakt.

Abb. 3.1-15: Notüberklebung der Nähte an undichtem Flachdach.

Abb. 3.1-17: Wasserdichte Dachabdichtung und dennoch Wasserschäden.

Das Altdach einschließlich seiner Dämmung war bereits vor Sanierungsbeginn massiv durchfeuchtet.
Mit dem Einbau der Securanten, der neuen Dachabläufe und Rohrlüfter wurde die alte Dampfsperre beschädigt und durchlöchert und verlor damit weitgehend ihre Funktion als Notdichtung.
Bei trockenem Wetter diffundierte Wasserdampf in die Neudämmung und verursachte die dort gefundene Grenzflächenfeuchte.
Bei Regen drückte die Auflast des Wassers die Dämmschichten zusammen und presste das in der Altdämmung eingeschlossene Wasser heraus, das dann über Leckagen in der Dampfsperre nach innen austrat.
Eine Untersuchung des Altdaches vor Sanierungsbeginn hätte die Durchfeuchtung zu Tage gebracht mit der Folge, dass ein weiterer Dachaufbau auf dieses Altdach dann wohl unterblieben wäre.

Lösung
Die weitgehende wassergesättigte Durchfeuchtung des Altdaches ließ Nachbesserungen nicht zu.
Der Flachdachaufbau musste bis zur Rohdecke abgetragen und neu aufgebaut werden.

3.1.4 Wenn es aus der Trennwand tropft

Schaden
Die Mieter in einem erst wenige Jahre alten Wohnhaus beklagten, dass Wasser aus einer Trennwand ihrer unter dem Flachdach gelegenen Wohnung austrat. Der Dachdecker konnte in der Abdichtung keinen Fehler finden; seiner Ansicht nach war das Dach absolut dicht.
Der Sachverständige sollte feststellen, welche Ursache der Wassereintritt hatte. Dazu wurden Kunststoffabdichtung und Dachschalung über der betroffenen Trennwand geöffnet.

Abb. 3.1-19: Prüföffnung: verfaulte Dachschalung über Trennwand.

Analyse
Das Dach bestand aus einer Holzschalung auf Deckenbalken und Gefällekeilen, Mineralwolle-Dämmung zwischen den Deckenbalken, PE-Folie als Dampf- und Luftsperre unter den Balken und Deckenbekleidung mit Tapete und Anstrich.
Die Dachabdichtung bestand aus Kunststoff-Dachbahnen über einer Trennlage aus Polyesterfaservlies.
Die betroffene Trennwand aus Kalksandstein war 24 cm dick und bis unter die Holzschalung

Abb. 3.1-18: Prüföffnung: verfaulte Dachschalung über Trennwand.

Abb. 3.1-20: Dampf-/Luftsperre sind intakt; die Ursache liegt in der Kapillarität der Trennwand.

Abb. 3.1-21: Wasserschäden trotz wasserdichten Daches.

hochgeführt. Im Bereich über und neben der Trennwand waren Holzschalung und Gefällekeile durchnässt und verfault. Nach dem Entfernen der Mineralwolle zeigte sich die Dampfsperrfolie einschließlich ihrer Anschlüsse intakt. Der Architekt hatte die Trennwände bis unter die Holzschalung hochmauern lassen, Feuchtesperre und Mauerkopfdämmung waren nicht eingebaut worden.
Bauphysikalische Berechnungen nach DIN 4108 und nach EN ISO 13788 zeigten, dass selbst im Decken- und im Trennwandbereich die Tauwassermenge nicht die zulässigen Grenzwerte erreichte; auch die Temperaturabsenkung in den Anschlusszonen Deckenbekleidung/Trennwand, der f_{Rsi}-Wert, lag mit 0,87 im zulässigen Bereich.
Als Ursachen für den Wasseraustritt waren vor allem die Hygroskopien des Kalksandstein-Mauerwerks und der Polyestervlies-Trennlage zwischen Holzschalung und Kunststoff-Dachbahn auszumachen. Zusätzlich zum üblichen Dampfstrom beförderte der Kalksandstein Wasser unter die Holzschalung, das stark saug- und speicherfähige Polyestervlies hielt Wasser unter der Dachhaut gespeichert. Von unten und oben benetzt, konnte die Holzschalung nicht anders: Sie faulte.

Lösung
Die verfaulten und durchfeuchteten Holzteile mussten ausgebaut und durch neue ersetzt, angrenzende verbleibende Hölzer nachträglich imprägniert werden. Die Trennwände mussten um eine Mauerschicht (11 cm) gekürzt und Wandsperrfolien und Mauerkopfdämmung eingebaut werden. Die Polyestervlies-Trennlage wurde durch Glasvlies ersetzt. Danach konnte die Abdichtung wieder geschlossen werden.
Der Schaden zeigt, dass man sich bei der Untersuchung nicht nur auf bekannte Muster beschränken darf und oft tiefer auch in die Bauphysik einsteigen muss.

3.1.5 Dachundichtigkeit von innen

Schaden
Ein Fensterhersteller beklagte wiederkehrende Wassereinbrüche in seine Ausstellungs- und Fertigungshallen. Der Hersteller der Leichtflachdächer konnte die Wassereinbrüche nicht abstellen.

Analyse
An Kunststoff-Abdichtung, Anschlüssen und Dachattiken wurden keine Leckstellen gefunden.
Also wurde die Attikabdichtung an mehreren Stellen geöffnet. Festgestellt wurde, dass die Dampfsperrfolie an der Attika hochgeführt, aber dort nicht dampf- und luftdicht angeschlossen war. Die hochgeführte Sperrfolie lag lose an der Außenwand an.
Da auch die Abdichtung lose über die Attika geführt und dort nur von einer Metallabdeckung überdeckt war, konnte Feuchte tragende Warmluft aus dem Gebäude zwischen Außenwand und Abdichtung nach draußen strömen; das dabei entstehende Tauwasser lief nach innen zurück und verursachte die Wasserschäden.

Abb. 3.1-22: Die Ursache liegt in luftoffenem Anschluss der (schwarzen) Dampfsperrfolie.

Abb. 3.1-23: Schubfalten und Anschlussabrisse; Abdichtung „wandert".

Lösung

Die Beseitigung des Mangels lag in der Herstellung der Dampf- und Luftdichtheit der Dachränder. Sämtliche Attiken und Anschlüsse mussten aufgenommen werden. Die Mauerfugen wurden mit Epoxidmörtel dicht geputzt und die Sperrfolien mit Dichtband und Pressleisten luftdicht angeschlossen.
Danach konnten Attiken und Anschlüsse neu hergestellt werden.

3.1.6 Das wandernde Dach

Schaden

Das Flachdach eines großen Einkaufsmarktes war zum wiederholten Mal repariert worden, die Undichtigkeiten und Wasserschäden nahmen jedoch weiter zu. Der Grundstückseigner rief deshalb den Sachverständigen zu Hilfe; der sollte feststellen, weshalb immer wieder Undichtigkeiten auftraten.

Abb. 3.1-25: Schubfalten und Anschlussabrisse; Abdichtung „wandert".

Analyse

Das Flachdach war als verklebtes wärmegedämmtes Leichtdach auf Stahltrapezprofildecke verlegt und zur Besichtigungszeit etwa 6 Jahre alt.
Die bituminöse Abdichtung zeigte schräg verlaufende Schubfalten, Abläufe waren seitlich verkantet und Dachrandanschlüsse mehrfach überklebt.
Anschlüsse waren herausgerissen.
Das Dach wurde geöffnet. Die EPS-Dämmplatten waren mit Bitumenkleber auf die Obergurte der Stahltrapezprofile verklebt. Die Dämmplattenstöße, ursprünglich mittig der Obergurte verlegt, waren zur Seite gewandert. Das Dach „wanderte" und entfernte sich von Dachrändern und Anschlüssen; Rand- und Anschlussverklebungen rissen ab.

Weshalb Flachdächer wandern, dafür gibt es eine Vielzahl von Theorien:

Abb. 3.1-24: Schubfalten und Anschlussabrisse; Abdichtung „wandert".

Abb. 3.1-26: Schubfalten und Anschlussabrisse; Abdichtung „wandert".

Abb. 3.1-27: Ursache ist Gleiten der Dämmschicht auf plastischen Klebestreifen.

Erstmals auffällig wurden Schäden durch Wandern im Zusammenhang mit Stahltrapez-Profildachdecken, weshalb man zunächst im Stahltrapezprofil die Ursache vermutete und möglichen Schädigungsmechanismen nachspürte. Die Mehrzahl unterschiedlicher Erklärungsversuche lässt sich wie folgt zusammenfassen:

a) Durchhangtheorie
Gegenüber dem ideal ebenen Dach biegen Dachdecken jeglicher Art, also auch Betondecken, zwischen ihren Auflagern durch. Das Maß der Durchbiegung ist von der Steifigkeit (Trägheitsmoment) der Deckenkonstruktion, seiner Spannweite, seinem Auflager- und Spannsystem und von seiner Eigen- und Auflast abhängig. Während die meisten Parameter variabel konstruierbar und nach der Herstellung fest sind, variiert die Auflast mit den Wetterbedingungen. Stehendes Wasser und Schnee- oder Eislasten, Winddruck und -sog verändern die Deckendurchbiegung.

Abb. 3.1-28: Ursache ist Gleiten der Dämmschicht auf plastischen Klebestreifen.

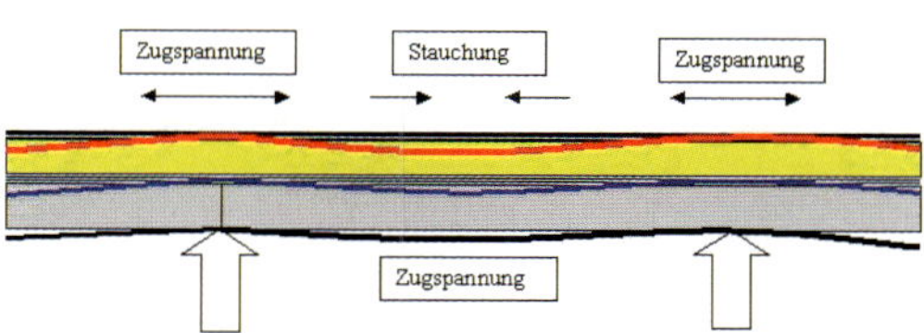

Abb. 3.1-29: Theorien zur „Dachwanderung": Durchhangtheorie.

Im mehrschichtigen Flachdachaufbau verändern sich mit der Durchbiegung auch die Längen der Einzelschichten. In der Dachhaut treten Zugspannungen über den Auflagern und Stauchungen in Feldmitte auf, in der Dampfsperre liegen Zugspannungen eher in Feldmitte. Hierdurch treten Scherspannungen innerhalb des verklebten Dachsystems auf, die dann zu Verschiebungen der Schichten Dachdecke – Dampfsperre – Wärmedämmschicht – Dachhaut untereinander führen.

b) Theorie des elastoplastischen Systems
Das übliche wärmegedämmte Flachdach zeichnet sich dadurch aus, dass Dachdecke, Dampfsperre und untere Dämmschichthälfte weitgehend eine stabile Temperatur – annähernd der Gebäudeinnentemperatur – besitzen, während die Temperatur von Dachhaut und oberer Dämmschichthälfte entsprechend der Außentemperatur und Strahlungswärme sehr stark schwankt. Je nach Lage und Art bzw. Farbe der Dachhaut können Temperaturunterschiede zwischen +70 und –20 °C ohne Weiteres auftreten. Dachhäute aus plastischem Bitumen setzen Temperaturdehnung nicht in Längenänderung, sondern in Quellung um, es ent-

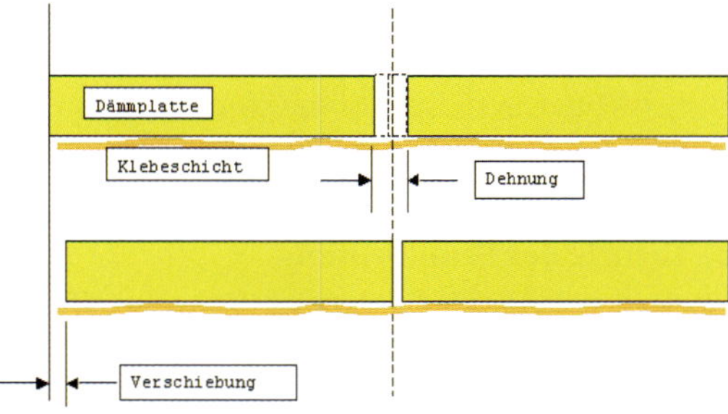

Abb. 3.1-30: Theorien zur „Dachwanderung": Dämmstoffwanderung.

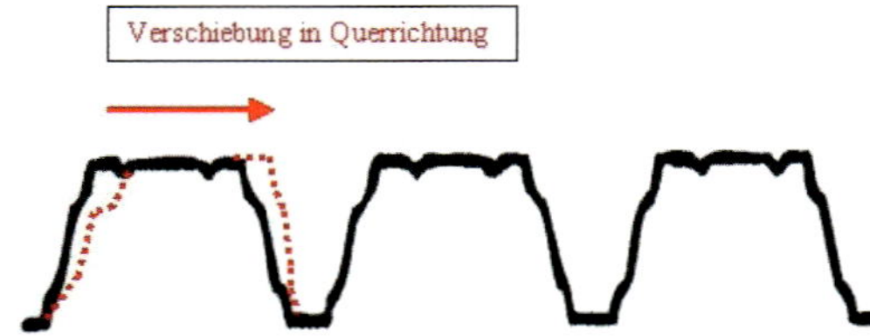

Abb. 3.1-31: Theorien zur „Dachwanderung": Profilbeulung.

stehen kissenförmige Aufwerfungen in der Bitumenoberfläche.
Nach Abkühlung versteift das Bitumen und bildet die Quellkissen nicht vollständig zurück.
Es bauen sich Zugspannungen und Scherkräfte zum Dämmstoff auf, die umso größer sind, je schneller die Abkühlung vonstattengeht. Diese Kissenbildung ist an älteren Bitumenoberflächen durch Craquelé-ähnliche Zeichnung direkt nachweisbar.

c) Theorie der Dämmstoffwanderung
Wärmespannungen in Hartschaum-Dämmstoffen wirken sich in direkter Längenänderung und im Fall der Dachdämmstoffe auch in Bombierungen (beulenförmigen Aufwerfungen) aus. Hartschäume schwinden durch Auswandern der Treibmittel.
Temperaturdehnung und Schwindung sind zwar grundsätzlich gegensätzlich wirkende Prozesse, im Dach haben sie jedoch auch kumulierende Auswirkung.
Temperaturdehnung erhöht zunächst den Druck auf benachbarte Dämmplatten. Wenn diese durch Schwinden gleichzeitig in der Dimension abnehmen, kann aus der Dehnung eine Lageänderung der Dämmplatte werden. Voraussetzung hierfür ist jedoch eine verschiebbare Haftschicht (Klebeschicht) zwischen Untergrund und Dämmplatte oder das Versagen dieser Haftschicht.
Verschiebbar in diesem Sinne sind alle plastisch bleibenden Kleber, wie beispielsweise bitumige Klebebänder oder bituminöse Adhäsivkleber.

d) Theorie der Profilbeulung
Ein sich selbst aussteifendes System sind Stahltrapezprofile nur in Vertikal- und Längsrichtung (Spannrichtung). In Profilquerrichtung sind sie außerordentlich labil und in ihrer Dimension veränderbar.
Bewegungen der Dachdecke aus Durchbiegung, Einzellasten oder Windsog führen in aller Regel auch zu (meist) reversiblen Änderungen (Verschiebungen)des Profilquerschnitts.
Einfach ausgerückt können die Profilstege seitlich ausweichen und die Obergurte sich gegen- oder voneinander wegbewegen. Dabei kann ein „Raupeneffekt" zum darüber verklebten Dachaufbau eintreten: Der Dachaufbau wird in Querrichtung der Gurte verschoben.

Verschiebungen im Dachaufbau, das „Wandern" des Daches, haben meist mehrere Ursachen. Diese Ansicht ist bestärkt durch die Erkenntnis, dass Verschiebungen auch über Betondecken auftreten.
Im untersuchten Schadenfall wurde die Dachverschiebung begünstigt durch den verwendeten weichplastischen Bitumenkleber.

Lösung
Zunächst musste das Dach lagesicher stabilisiert werden.
Das ging nur mittels mechanischer Verankerung.
Im Einzelnen wurden die geschädigten Anschlüsse aufgenommen und fehlende Dämmung ersetzt. Falten in der Abdichtung wurden abgestoßen. Um im bituminösen System zu bleiben, wurde eine G200DD-kaschierte Klappdämmbahn von 40 mm Dicke verlegt und mit Tellerankern befestigt. Die Anker wurden für die komplette Sogkraft bemessen.
Eine zweilagige Abdichtung aus Polymerbitumen-Schweißbahnen – die erste Lage punktweise, die Oberlage vollflächig verschweißt – wurde aufgebracht. Alle Abläufe, Lüfter und Anschlüsse mussten erneuert werden.

3.1.7 Dämmstofffugen durch Wanderung und Schrumpf

Die Ursache für einen Baumangel ist i.d.R. material- oder montagebedingt. Es kann aber auch beides zutreffen.

Schaden
Der Bauherr eines größeren Objektes bemängelte sichtbare Fugenabzeichnungen in seinem Flachdach. Er vermutete zu breite Dämmstofffugen und dadurch Wärmeverluste in der Dach-

Abb. 3.1-32: Überbreite Fugen in der Dämmschicht.

decke und forderte vom Dachdecker Beseitigung des Schadens.

Analyse

Die Dachabdichtung wurde an verschiedenen Stellen aufgenommen und das Fugenbild überprüft. Der Dachaufbau bestand aus einer selbstklebenden Dampfsperrbahn auf Stahltrapezprofil, EPS-Dämmplatten als kaschierte Klappbahnen, verklebt mit Bitumenkaltkleber, und Elastomerbitumen-Schweißbahnen als oberste Dichtlage.

Dämmstofffugen wurden in unterschiedlichen Breiten von 7 bis 20 mm in Dachmitte, an Dachrändern und Anschlüssen mit bis zu 7 cm Breite festgestellt. Die Breiten der Dämmstoffplatten wurden gemessen, die Hartschaumstoffplatten waren an allen Prüfstellen 99,4 cm breit. Die Fugen in der Dachdämmung hatten 2 völlig unterschiedliche Ursachen:

- Verlegefehler
  Die Klappbahnen waren in plastisch bleibenden Bitumenkaltkleber verlegt, dadurch Verschiebungen unterworfen und nicht lagesicher. Das Dachschichtenpaket „wanderte". Dabei traten Fugen in der Dämmschicht auf, an den Dachrändern stellten sich typischerweise bis zu 7 cm Fugenbreiten ein.
- Materialfehler
  EPS-Hartschaum schwindet – je nach Dichte – unterschiedlich. EPS soll mindestens 3 Wochen ablagern und erst dann zugeschnitten werden. Im vorliegenden Schadenfall zeigte das Abmaß der Dämmplatten eine Schrumpfung von 6 mm, was auf eine nicht ausreichende Ablagerung hindeutet.

Lösung

Die Mängelbeseitigung musste die Lagesicherheit des Daches herstellen, den Wärmeverlust der Fugen vermindern und die latente Fugenverkrallung der Dachhaut in den Dämmfugen beseitigen.

Hierzu wurden zunächst die breiten Fugen an Rändern und Anschlüssen freigelegt und mit Dämmstoff verfüllt. Auf das Dach wurden eine zusätzliche Klappdämmbahn mit 30 mm EPS-Dämmstoff und eine Hochpolymer-Dachbahn lose verlegt und das gesamte Dachschichtenpaket mechanisch mit Tellerankern befestigt. Wand- und Randanschlüsse erhielten zusätzliche Linienverankerungen.

Abb. 3.1-33: Eine der Ursachen: Dämmstoffwanderung durch plastischen Kleber.

Abb. 3.1-34: Überbreite Fugen in der Dämmschicht.

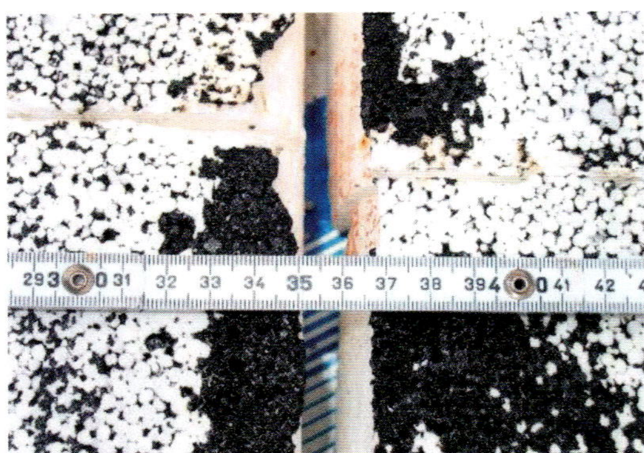

Abb. 3.1-35: Überbreite Fugen in der Dämmschicht.

3.1.8 Misslungene Flüssigkunststoffabdichtung

Die Angebotspalette der Flüssigkunststoffe ist unübersehbar groß. Undurchschaubar ist selbst für den Fachmann deren Qualität, Anwendungsbereich und Verarbeitungstechnik. Hochwertige Flüssigkunststoffe erkennt man daran, dass sie aus mehreren (bis zu 3) Komponenten vor Ort in einem festgelegten Mengenverhältnis angemischt werden müssen. Die Applikation solcher Harze setzt trockenen Untergrund voraus (muss durch Feuchtemessung überprüft werden!), gründliche Vorbehandlung (z.B. Abschleifen) des Untergrunds, Grundierung (Primern) und Auftragen in mehreren Schichten mit einzulegendem Kunststoffvlies. Die Anwendung erfordert hohes Können und große Sorgfalt.

Abb. 3.1-36: Hofdeckabdichtung aus Flüssigkunststoff mit Wasserschaden.

Abb. 3.1-37: Dehnfugen, nicht unterstützt und nicht verstärkt; Folgen: Brüche und Abrisse.

Schaden

Die Decke einer Tiefgarage diente als begehbarer Vor- und Spielplatz und Eingangsbereich. Ein Dachdecker hatte auf diese Decke eine Flüssigkunststoffabdichtung und als Nutzschicht eine Sand-/Kunststoffabstreuung aufgebracht. Die Eigentümer beklagten, dass es in die Tiefgarage hineinregnete.

Analyse

Die Garagendecke hatte Dehnfugen. Die Abdichtung war ursprünglich einfach über die Dehnfugen hinweggeführt; nachdem Risse auftraten, wurde ein Verstärkungsstreifen aufgezogen. Die Risse entstanden neben der Verstärkung neu.

Abb. 3.1-38: Dehnfugen, nicht unterstützt und nicht verstärkt; Folgen: Brüche und Abrisse.

Die Abdichtung hob sich blasig ab.
Nachträglich aufgebrachte flächige Anschlussdichtungen lösten sich wieder ab.
Die Anschlüsse waren nicht vorbehandelt, nicht hoch genug geführt und direkt undicht.
Der als Nutzbelag gedachte Sand-/Kunststoffaufstrich war in stark unterschiedlicher Auftragsdicke streuselartig aufgebracht.
Die Sandschicht war als Nutzbelag für den Eingangs- und Spielbereich völlig ungeeignet. Dehnungen hätten einer verstärkten Ausbildung auf Stützblech bedurft. Risse dürfen nicht einfach mit einer neuen Kunststoffschicht überklebt werden.
Die gesamte Dichtschicht bedurfte der hohlraumfreien Verlegung und diese wiederum einer abgestimmten Vorbehandlung.

Lösung
Die Flüssigkunststoffabdichtung war misslungen und unbrauchbar; ein Nachbessern war nicht möglich.
Die Abdichtung musste neu hergestellt werden.

3.1.9 Kompaktdach auf EPS-Dämmung

Schaden
Das erst 2 Jahre alte Flachdach einer Finanzverwaltung wurde bemängelt. Es zeigten sich Falten im Dach und Wasserflecken an Decken und Entlüftungen.

Analyse
Das Flachdach war auf Betondachdecke neu aufgebaut und bestand aus bituminöser verklebter Dampfsperre, EPS-Klappbahn mit Dämmplattenkaschierung aus V100-Dachbahn in PU-Kleber verlegt und 2 Lagen Elastomerbitumen-Schweißbahnen, die beide vollflächig aufgeschweißt waren.
Die Abdichtung zeigte Stauchfalten in Längsrichtung exakt über den (nicht verklebten) Überlappungsstreifen der Dämmstoffkaschierung und Stauchfalten senkrecht zur Dämmstofflage. Die Dämmschicht wurde untersucht: Sie war lagesicher und zeigte keine Verschiebung.

6.5 Dampfdruckausgleich und/oder Trennschicht
6.5.1 Anforderungen
Die Dampfdruckausgleichschicht ist eine zusammenhängende Luftschicht unter der Dachabdichtung. Sie hat die Aufgabe, örtlichen Dampfdruck, der aus eingeschlossener oder einwandernder Feuchtigkeit bei Erwärmung entsteht, zu verteilen und dadurch zu entspannen sowie die Eigenbe-

Abb. 3.1-40: Undichter Anschluss infolge fehlerhafter Herstellung.

Abb. 3.1-39: Dehnfugen, nicht unterstützt und nicht verstärkt; Folgen: Brüche und Abrisse.

Abb. 3.1-41: Undichter Anschluss infolge fehlerhafter Herstellung.

Abb. 3.1-42: Dachdecker-Bäckerei: Nutzschicht nach Art des Streuselkuchens.

Abb. 3.1-44: Wasserschaden unter Flachdach.

weglichkeit der Dachabdichtung bei Temperaturschwankungen zu ermöglichen und die Übertragung von Bewegungen und Spannungen aus den darunterliegenden Schichten zu vermindern.

(Fachregel für Dächer mit Abdichtungen 1991/92, Abschnitt 6.5.1)

Der Gesamtinhalt des vorgenannten Textes einschließlich der geforderten Eigenbeweglichkeit der Dachabdichtung war lange Stand und Regel der Technik. Er wurde von der Mehrzahl der Fachleute in dieser Form akzeptiert und umgesetzt.
Wohl unter dem Einfluss der Dichtstoffhersteller und der Aufwand- und Kosteneinsparung ging ein Teil dieser Regel offensichtlich verloren. In der heute gültigen Fachregel 10/2008–2011 lautet dieser Abschnitt neu:

(1) Dampfdruckausgleich soll durch eine zusammenhängende Luftschicht erreicht werden, wenn mit Feuchtigkeit unter der Dachabdichtung gerechnet werden muss, deren Wasserdampfdruck sich nicht verteilen kann. Dazu kann die erste Lage der Dachabdichtung punkt- oder unterbrochen streifenweise aufgeklebt oder lose verlegt werden.

(Fachregel Abdichtungen, 10/2008 (mit Änderungen 05/2009 und 12/2011), Abschnitt 2.5.5)

Wo ist der Hinweis auf einen notwendigen Bewegungsausgleich geblieben? Im nachfolgenden Regeltext wird weiter relativiert:

(1) Dachabdichtungen aus Bitumen- oder Polymerbitumenbahnen werden in der Regel mehrlagig ausgeführt.
(5) Die erste Lage kann lose verlegt oder teilflächig verklebt werden. Auf geeigneter Unterlage, z.B. Beton oder kaschierter Wärmedämmung, kann die erste Lage vollflächig aufgeklebt werden. Auf unkaschierten Schaumglasplatten ist die vollflächige Verklebung im Gießverfahren oder auf Bitumenheißabstrich auszuführen.

Abb. 3.1-43: Stauchfalten in Lang- und Querrichtung.

Abb. 3.1-45: Stauchfalten über Langfugen der Klappdämmbahn.

Abb. 3.1-46: Stauchfalten in Lang- und Querrichtung.

(Fachregel Abdichtungen –Flachdachrichtlinie, 10/2008 (mit Änderungen 05/2009 und 12/2011), Abschnitt 2.5.6.2)

In der Praxis arbeiten Dachdecker tatsächlich mit vollflächigen Verklebungen, meist aus Selbstklebebahnen, oder sie verwenden die Kaschierungen der Roll- oder Klappbahnen gleich als erste Lage. Nach vorliegendem Fachregeltext kann dies sogar so ausgeführt werden.
Ein Bewegungsausgleich zwischen Dämmschicht und Dachabdichtung ist damit nicht mehr möglich.
Im genannten Schadenfall traten trotz lagesicherer Dämmschicht die Schub- und Stauchfalten in der Dachabdichtung auf, die Schubfalten exakt über Dämmstofffugen, die Stauchfalten waren senkrecht dazu regellos ausgebildet.
Solche Beispiele sind auf die vollflächige Verklebung der ersten Abdichtungslage auf der Dämmschicht zurückzuführen.
Aus etlichen untersuchten ähnlichen Schadenfällen lässt sich feststellen:

- Die Dampfdruckausgleichschicht muss auch bewegungsausgleichend wirken.
- Vollflächige Verklebung der ersten Dichtlage auf einer Dämmschicht ist technisch falsch (Ausnahme Schaumglasaufbau).
- Auch die Kaschierung einer Roll- oder Klappbahn darf nicht mit den nächsten Lagen der Abdichtung vollflächig verklebt sein (Ausnahme MW-Dämmplatten).

Lösung
Die Lagen der Abdichtung einschließlich der Kaschierung wurden abgeschält (was in Probeöffnungen zuvor als möglich festgestellt worden war). Als Dampfdruckausgleichschicht wurde eine Bitumenkaltklebebahn mit Klebestreifen verlegt und dadurch der notwendige Bewegungsausgleich zur Dämmschicht sichergestellt. Anschließend konnten 2 Elastomerbitumen-Schweißbahnen als neue Abdichtung voll verklebt aufgebracht werden. Anschlüsse, Abläufe und Lüfter wurden erneuert.

3.1.10 Klappdämmbahn und Windsogfestigkeit

Schaden
Die Frühjahresstürme des Jahres 2007 hatten große Teile eines Fabrikdaches weggeweht. In diesem speziellen Schadenfall waren Teile der Abdichtung aus Elastomerbitumen-Schweißbahnen einschließlich der Kaschierung der EPS-Klappdämmbahnen vom Dach gerissen worden. Die Dämmplatten selbst, mit PUR-Kleber verlegt, waren liegen geblieben. Die Sturmversicherung vermutete Verlegefehler und verweigerte den Schadenersatz.

Analyse
Das gefällelose Werkhallenflachdach war etwa 1.200 m² groß, die Dachrandhöhe lag 11 m über Grund. Die Dachdecke bestand aus Holzschalung über Holzpfetten und Stahlgitterbindern mit einer Altabdichtung aus verklebten Bitumendachbahnen.

Das Dach war etwa 2 Jahre vor dem Sturmereignis saniert worden mit einer verklebten EPS-Klappdämmbahn mit G200-Kaschierung und aufgeschweißter Elastomerbitumen-Schweißbahn.

Von dem etwa 1.200 m² großen Flachdach war die mehrlagige Abdichtung einschließlich Dämmplattenkaschierung in 2 Teilflächen von insgesamt 400 m² weggerissen, gemeinsam mit Dachrandblenden und Teilen der Randbohlen selbst. Bis auf kleinere Einzelflächen war die Dämmschicht liegen geblieben.

Überprüfung an abgerissenen Teilen der Abdichtung zeigte, dass die Lagen der Abdichtung vollflächig verklebt (verschweißt) waren. Verankerungen waren nicht vorhanden.

Nach geltenden Fachregeln ist bis zu einer Dachrandhöhe von 20 m (25 m nach Gelbdruck Flachdachrichtlinie 11/2007) Heißverklebung von mindestens 40 % der Fläche selbst in Eck-

Abb. 3.1-47: Flachdach nach dem Sturm.

bereichen ohne zusätzliche mechanische Verankerung möglich. Die Abdichtung ist also theoretisch lagesicher.

Dem Dachdecker war in dieser Hinsicht kein Mangel zu unterstellen.

Die Dachränder wurden überprüft. Die Dachrandkonstruktion bestand aus verschraubten Holzbohlen und Randbohlen aus 22 mm dicken Sperrholzplatten, ebenfalls verschraubt. Diese waren stellenweise aus der Verschraubung herausgebrochen.

Die mehrteiligen Dachrandblenden waren in den Schadbereichen aus ihren Haltern herausgerissen.

Die Dachabdichtung, die auf der Randbohle verklebt und mit zusätzlicher Anschlussbahn in die Randblende eingeklemmt war, wurde von der Holzbohle weggerissen und die Abdichtung vom Dachrand ausgehend abgeschält.

Der Schaden zeigt eine Systemschwäche der Dämmplattenkaschierung auf: Kaschierungen werden werkseitig und meist vollflächig auf den EPS-Dämmplatten verklebt. Diese Verklebungen sind erfahrungsgemäß jedoch nicht ausreichend windsogfest, insbesondere nicht gegen Abschälen.

Die Hersteller verweisen in diesem Zusammenhang auf die „notwendige Nachverklebung“ durch das Aufschweißen der Oberlage. Auch dieser Effekt tritt jedoch nicht ein.

Lösung

Die Verlegung der Abdichtung auf der Klappdämmbahn und am Dachrand entsprach den Vorgaben der Fachregeln in Bezug auf die Windsogfestigkeit. Die Flächenhaftung hät-

Abb. 3.1-48: Rückseiten der weggeklappten Kaschierung und Dachabdichtung.

Abb. 3.1-49: Unterseite der abgerissene Kaschierung und Abdichtung.

te ausreichend sein müssen auch bei Beschädigung des Dachrandes. Dass sie dies nicht war, hatte ihren Grund in ungenügender Klebehaftung der Dämmplattenkaschierung.

An den noch liegenden Teilen des Daches konnte nachgewiesen werden, dass sich Abdichtung und Kaschierung mit geringem Aufwand von der Dämmschicht abschälen ließen. Überprüfungen an EPS-Dämmplattenkaschierungen zeigen immer wieder, dass sich die Kaschierung mit geringem Aufwand abziehen lässt. Daran ändern auch nachträglich aufgeschweißte Bahnen nichts.

Zur Schadenbeseitigung und Schadenvorbeugung wurde die gesamte Abdichtung zusätzlich mechanisch verankert und mit einer zusätzlichen Dichtlage versehen.

Abb. 3.1-50: Kaschierung und Abdichtung sind vollflächig verschweißt.

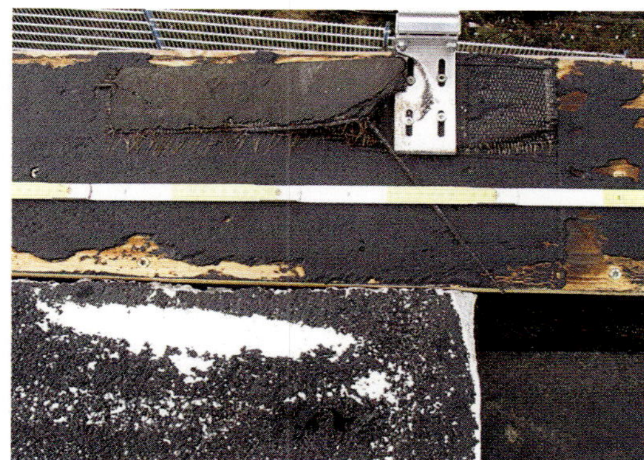

Abb. 3.1-51: Der Dachrand mit Resten abgerissener Dachbahnen.

Tipp
Um Schäden ähnlicher Art vorzubeugen, sollten Dachdecker ihre Dämmplattenbestellung mit der Forderung ausreichender Haftfestigkeit der Kaschierlage verbinden.

3.1.11 Mängelbeseitigung an falsch hergestelltem Wohnhausflachdach

Das in Hanglage errichtete 2-/3-geschossige Gebäude ist auf 2 Ebenen mit Flachdächern abgedeckt. Die Flachdächer sind mit Attiken eingefasst und werden über Abläufe durch die Außenwände entwässert. Die Dachabdichtung ist aus EPS-Gefälledämmung und Bitumenschweißbahnen hergestellt, die Attikaabdeckungen sind noch nicht fertiggestellt.

Der Bauherr vermutet, dass die Dächer stark mängelbehaftet sind.

Technischer Zustand der Abdichtung
Die Dachabdichtung besteht aus zweilagigen Bitumenschweißbahnen, die Oberlage aus Elastomerbitumen-Schweißbahnen mit Schiefersplittauflage.

Die Abdichtungen zeigen unübliche Mulden und Gräben. Ausgebaute Teile der Hartschaumdämmschicht zeigen Schmelzschäden. Offensichtlich sind die Schweißbahnen mit zu großem Brenner und zu großer Schweißflamme verlegt worden, und die Dämmschicht ist angeschmolzen. Sicher anzunehmen ist auch, dass durch die Schweißfehler die Schweißbahnen selbst überhitzt wurden und sowohl das Kautschukbitumen wie auch der wärmeempfindliche

Abb. 3.1-52: Dacheinsenkung durch Schmelzschaden.

Abb. 3.1-54: Dacheinsenkung durch Schmelzschaden.

Polyesterfaservliesträger Schaden genommen haben. Die Einsenkungen und Schmelzschäden finden sich flächig verteilt in beiden Dachflächen und sind nicht nur auf Teilflächen beschränkt. Damit ist die Dachabdichtung in ihrer Grundstruktur stark geschädigt.

Wärmedämmschicht
In Ober- und Unterdach wurden Prüföffnungen angelegt. In allen Prüföffnungen fand sich stehendes Wasser auf der Dampfsperre. Der Dämmstoff war feucht bis nass.

Ebenso waren in allen Prüföffnungen Schmelzschäden am Polystyrol-Hartschaum festzustellen, in der Vielzahl der Prüföffnungen sogar gesintertes Polystyrol. Selbst an Attika-Seitenflächen fanden sich Einsenkungen.

Die Dämmschicht ist stark geschädigt und in dieser Form nicht mehr brauchbar.

Attiken
Die bituminöse Dachabdichtung ist an den Attiken scharfkantig hochgeführt; Kehlausrundungen oder Keile fehlen. Infolge der fehlenden Ankeilungen sind Überlappungen der Abdichtungsbahnen in der Aufkantung unvollständig verschweißt und offen undicht: Wasser kann unter die Abdichtung eindringen.

Schmelzschäden finden sich sowohl in der Abdichtung wie auch in der seitlich angebrachten Dämmschicht.

Dachabläufe
Zur Dachentwässerung sind Attika-Abläufe eingebaut. Die Abläufe besitzen einen winklig gekanteten Klebeflansch mit eingefügtem Regenrohr. Die Dichtlage ist auf den winkligen Klebeflansch aufgeklebt und dabei scharfwinklig geknickt.

Abb. 3.1-53: Dacheinsenkung durch Schmelzschaden.

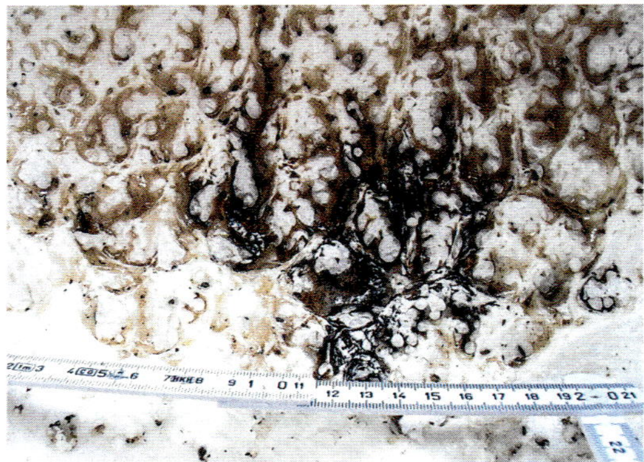
Abb. 3.1-55: Gesinterter EPS-Hartschaum.

Abb. 3.1-56: Offene Klebenaht infolge fehlender Ankeilung (Übersicht).

Abb. 3.1-57: Offene Klebenaht infolge fehlender Ankeilung (Detailansicht).

Abb. 3.1-58: Ab- und Überlauf mit scharfwinkligem Klebeflansch.

Ähnlich wie im Attikaanschluss sind auch hier Anschlussklebungen nach außen offen undicht.

Abb. 3.1-59: Der Anschluss an den Ablauf ist offen undicht.

Abb. 3.1-60: Beispiel für Attika-Ablauf mit Eckankeilung

Bitumenbahnen und Bitumenschweißbahnen dürfen nicht scharfwinklig geknickt, sondern müssen über ausgerundete oder angekeilte Innenecken verlegt werden. Die scharfwinklige Einklebung kann sich lösen, oder die Dichtungsbahn kann in der Winkelecke brechen.

Die Abläufe und deren Anschluss entsprechen somit nicht den Vorgaben der Flachdachrichtlinie und sind insbesondere nicht dauerhaft sicher.

Mängelbeseitigung

Eine Mängelbeseitigung durch Einzelausbesserungen ist nicht möglich. Abdichtung, Dämmschicht und Attikaabdeckung müssen erneuert werden. Auch Dachabläufe und Notüberläufe müssen erneuert werden. Deren Anschlussflansche müssen angekeilt oder ausgerundet sein. Abläufe aus Zinkblech dürfen nicht verwendet werden.

3.1.12 Mängelbeseitigung an falsch hergestelltem Industrieflachdach

Die Industriehalle eines Pneumatikherstellers ist mit einem Leichtflachdach aus Stahltrapezprofil und einer Dachabdichtung aus Sperrfolie, MW-Dämmplatten und PVC-Dachdichtungsbahnen abgedeckt. Der Dachaufbau ist mechanisch verankert. Die leicht geneigten Dachsättel sind von den umlaufenden Wandbekleidungen aus Sandwichprofilen eingefasst, die Dachflächen innen entwässert. Der Bauherr beklagt Wasserabtropfen unter seinem neuen Dach.

Feststellungen

Dachabdichtung und Anschlüsse zeigten keine direkten Undichtigkeiten.

Flachdachaufbau und Außenwandanschlüsse wurden an insgesamt 12 Stellen geöffnet. Festzustellen war, dass die Dampf- und Luftsperre aus einer PE-Folie von 0,22 mm lose liegend und in Überlappungen mit zwei- oder einseitigen und in Anschlüssen mit einseitigen Klebebändern verklebt war. Quernähte waren lose über Tiefsicken geführt. In 6 der Prüfstellen wurde auf der Sperrfolie stehendes Wasser oder in den Tiefsicken der Trapezprofile Wasser oder Wasserspuren gefunden. Alle Klebestellen zeigten sich an- oder abgelöst oder in Auflösung begriffen, und keine Klebestelle war dicht. Problemstellen zeigten sich auch an Außenwänden: Die an den Außenwandprofilen hochgeführten Sperrfolien waren nicht voll verklebt und wurden von der Innenraumluft aufgebläht und hinterspült.

Abb. 3.1-61: Nahtklebestelle der Sperrfolie.

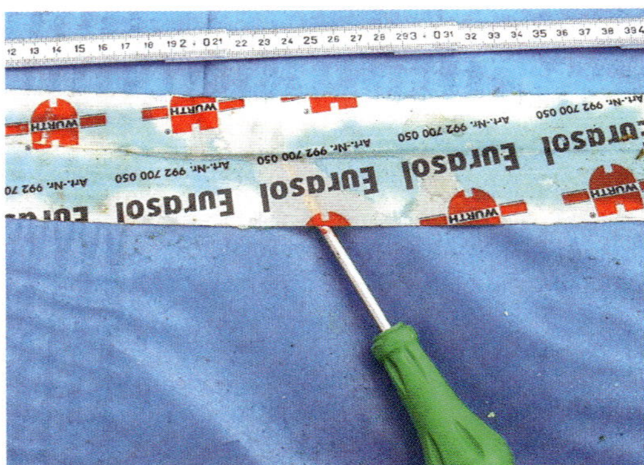

Abb. 3.1-62: Klebefehlstelle.

Ursachen der Wasserschäden

Die Prüföffnungen zeigen, wie stark die Sperrfolie durch Innenluftdruck aufgeblasen wird (Abb. 3.1-61). Wenn dann Leckstellen in Klebenähten vorhanden sind oder Innenluft hinter die hochgeführten Sperrfolien gelangt, muss Tauwasser entstehen. Dieses Tauwasser bewirkt nicht nur Wasserläufer unter dem Anschluss, sondern führt auch zur Verseifung und Ablösung der Klebebänder.

Schaden- und Mangelbeseitigung

Eine undichte Dampf- und Luftsperre kann man nur instand setzen, wenn man den Dachaufbau einschließlich der Wärmedämmschicht und allen Anschlüssen aufnimmt. Die Dämmschicht kann wiederverwendet werden. Abdichtungsbahnen, Abläufe und Lüfter sowie die Dampf- und Luftsperre müssen erneuert werden.

Abb. 3.1-63: In Auflösung befindliches Klebeband.

Abb. 3.1-64: Durch Feuchte verseiftes Klebeband.

Abb. 3.1-66: Attika-Anschluss nicht voll verklebt.

Als Dampf- und Luftsperre sollten Bitumenkaltselbstklebebahnen verwendet werden, deren verklebte Überlappungen und Anschlüsse dauerhaft dicht hergestellt werden können. Längsnähte müssen dabei auf den Obergurten der Trapezprofile liegen, Quernähte sind druckfest durch Sickenfüller (oder Metallprofile) zu unterstützen. Alle Abläufe, Lüfter, Aufbauten und Außenwände müssen luftdicht angeschlossen werden. Um Tauwasserbildung an den Außenwänden zu vermeiden, darf die Sperrschicht nur bis zur Oberkante der Dachdämmung geführt werden. Sie ist dort dicht zu verkleben und zusätzlich mit verschraubten Flachleisten zu sichern. Dämmung und eine neue Dachabdichtung müssen anschließend verlegt werden.

Abb. 3.1-65: Offenstelle in überlappt verklebter Foliennaht.

Schaden- und Mangelbeseitigung

Alternativ-Vorschlag

Aus Kostengründen – der Dachdecker war inzwischen insolvent – konnte die Mängelbeseitigung nach klassischer Methode nicht durchgeführt werden. Eine Alternative ist dann möglich, wenn das Dach ohne Dampfsperre, jedoch mit Luftdichtheitsschicht funktioniert. Die Luftdichtheitsschicht muss aber nicht innen liegen: Auch eine luftdichte Dachabdichtung erfüllt denselben Zweck.

Zunächst musste berechnet werden, ob das Dach ohne Dampfsperre auskommt. Dazu wurden vom Bauherrn vorgegebene Innenraumparameter rechnerisch bewertet, hier beispielsweise eine Innentemperatur von 15 °C bis 16 °C im Winter und Klimadaten für den Raum des Bauvorhabens (hier Hannover). Die Berechnung nach DIN EN 13788 ergab: Unter diesen Bedingungen bildet sich im Regelschichtenaufbau mit Dampfsperrfolie nach EN ISO 13788 kein Tauwasser. Ein angenommener Dachaufbau ganz ohne Dampfsperre ergibt für die Monate Jan./Febr. 260/415 g Tauwasser je m^2. Diese Werte liegen noch unter dem nach DIN 4108 zulässigen Höchstwert von 500 g/m^2.

Bewertung

Unter den hier angenommenen Bedingungen würde das Dach der Werk- und Lagerhalle selbst ohne Sperrfolie feuchtetechnisch noch hinnehmbar funktionieren. Ein Zustand mit Sperrfolie und offenen Sperrfolienüberlappungen würde Tauwassermengen unterhalb der errechneten Mengen verursachen und wäre damit feuchtetechnisch ebenfalls funktionsfähig.

Nicht erfasst sind Zustände, wie sie bei Nutzungsänderungen oder in Zeiten überdurchschnittlich tiefer Außentemperaturen auftreten könnten. Im letzteren Fall wäre zeitweises Abtropfen von Tauwasser nicht auszuschließen, im ersteren Fall, insbesondere wegen der Rinnenwirkung der Trapezprofile, wäre dies wahrscheinlich.

Die Dachsanierung ist dann unter den nachfolgenden Bedingungen durchführbar:

- Die Luftdichtheit der Dächer ist nicht verzichtbar.
- Luftdichtheit kann (in Ausnahmefällen) auch durch eine luftdichte Dachabdichtung hergestellt werden. Dazu muss die Dachabdichtung selbst luftdicht sein und luftdicht an Außenwände und Aufbauten angeschlossen sein.

Temperaturverlauf und Diffusionsberechnung

Bauteil: Flachdach FD; **Dachaufbau ohne Sperrfolie;;**

Klimabedingungen Werk- und Lagerhalle 15 °C bis 16 °C, Trockenraum; Diffusionswiderstände

Schicht	μ_{min} [-]	μ_{max} [-]	μ_{min}*s [m]	μ_{max}*s [m]	s_d [m]
1 Mineralfaser 040	1	1	0,16	0,16	0,16
2 Kunststoffdachbahn DIN 16730	10.000	30.000	15,0	45,0	<– 45,0
					Σ μ*s = 45,16

Tauwasserbildung im Bauteilinneren nach EN ISO 13788:2001

Außentemperatur t_e [°C] und relative Luftfeuchte t_e [%] für Hannover; Raumtemperatur t_i [°C] und relative Luftfeuchte t_i [%] für Werk- und Lagerhalle; p_{sat} nach EN ISO 13788 mit Formelbezügen E.7 / E.8

	Jan.	Feb.	Mär.	Apr.	Mai	Jun.	Jul.	Aug.	Sep.	Okt.	Nov.	Dez.
h	744	672	744	720	744	720	744	744	720	744	720	744
θ_i °C	16,0	16,0	16,0	15,0	15,0	18,0	20,0	20,0	18,0	16,0	15,0	15,0
θ_e °C	0,7	1,3	4,0	7,8	12,8	15,7	17,2	16,4	13,5	8,9	4,5	1,9
φ_i %	40	40	40	40	50	60	60	50	50	50	40	40
φ_e %	88	85	81	75	73	74	76	78	81	85	87	87
p_i Pa	726	726	726	681	852	1.237	1.401	1.168	1.031	908	681	681
p_e Pa	565	570	658	793	1.078	1.318	1.490	1.453	1.252	968	732	609

Tauwasserbildung bei sd = 0,16 m „Mineralfaser 040 – Kunststoffdachbahn DIN 16730 (PVC-P)"

Tauwassermenge g_c und Akkumulation M_a in [g/m²]

	Jan.	Feb.	Mär.	Apr.	Mai	Jun.	Jul.	Aug.	Sep.	Okt.	Nov.	Dez.
g_c	260	155	–409	–1.133								
M_a >	**260**	**415**	**6**									
	Jan.	**Feb.**	**Mär.**	**Apr.**	**Mai**	**Jun.**	**Jul.**	**Aug.**	**Sep.**	**Okt.**	**Nov.**	**Dez.**

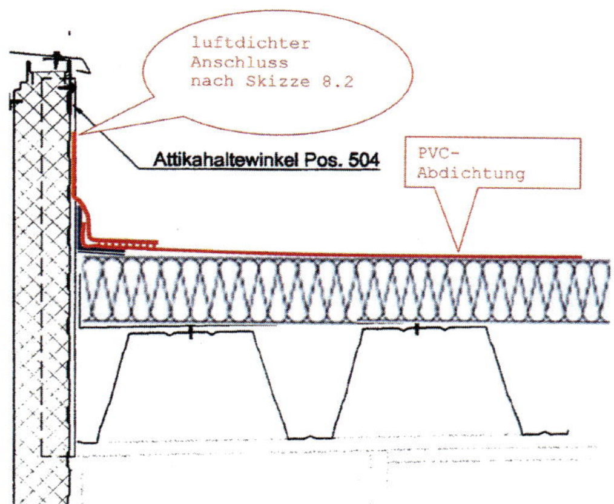

Abb. 3.1-67: Skizze zum luftdichten Außenwandanschluss der Dachabdichtung.

- Der Feuchteschutz des Werkhallendaches kann unter den angenommenen Bedingungen auch mit Leckagen in der vorhandenen Sperrfolie funktionieren.
- Unter den Prämissen zu a) und b) müssen Abdichtung und Dämmung nicht flächig ausgebaut werden.
- Für das Auffinden wassergeschädigter Dämmplatten gibt es keine Patentlösung; zielführend sind großflächige Prüföffnungen in der Abdichtung.
- Wasser- und/oder druckgeschädigte Dämmplatten müssen durch neue ersetzt werden.
- Dachabläufe und Notüberläufe müssen ein- bzw. umgebaut werden.

Eine Bearbeitung der Dächer wie oben beschrieben verspricht unter angenommenen Bedingungen Nutzbarkeit und voraussichtliche Schadenfreiheit. Verzichtet wird dabei auf die Übereinstimmung mit geltenden Fachregeln; bei Nutzungsänderung oder zeitweiligen Tiefstaußentemperaturen können zeitweilige Feuchteschäden eintreten.

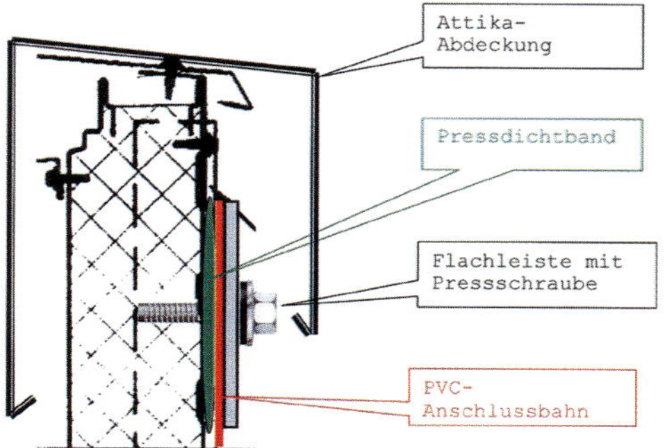

Abb. 3.1-68: Skizze zum luftdichten Außenwandanschluss der Dachabdichtung.

Abb. 3.1-69: Bahnenschrumpf 1 cm mit offener Kapillare.

3.1.13 Schrumpf an Bitumenschweißbahnen

Der Erfolg des Planers und des Dachdeckers hängt immer auch von der technischen Güte und Standfestigkeit der von ihnen vorgesehenen und eingesetzten Werkstoffe ab. Auf Rezepturen, Herstellung und Qualitätskontrolle haben sie keinerlei Einfluss. Nichtsdestoweniger müssen sie für den Erfolg ihrer Leistungen einstehen und nicht selten für Mängel haften, die sie nicht zu vertreten haben.

Schaden

An dieser Stelle soll nicht auf einen spezifischen Fall eingegangen, sondern das Problem am Beispiel von 5 verschiedenen Schadenfällen beleuchtet werden:

- Kurze oder längere Zeit nach der Verlegung einer Dachabdichtung aus Polymerbitumenbahnen stellen sich Fugen an Kopfstößen der verlegten Schweißbahnen heraus, unabhängig von der Art des Deckschichtbitumens.
- Auf einem ein Jahr alten Wohnhausflachdach zeigen die 5-Meter-Elastomerschweißbahnen regelmäßige Schrumpffugen von etwa 1 cm Breite (Abb. 3.1-69).
- Auf einem 3 Jahre alten Flachdach eines Krankenhauses ist mehr oder weniger gleicher Kopffugenschrumpf der Elastomerbitu-

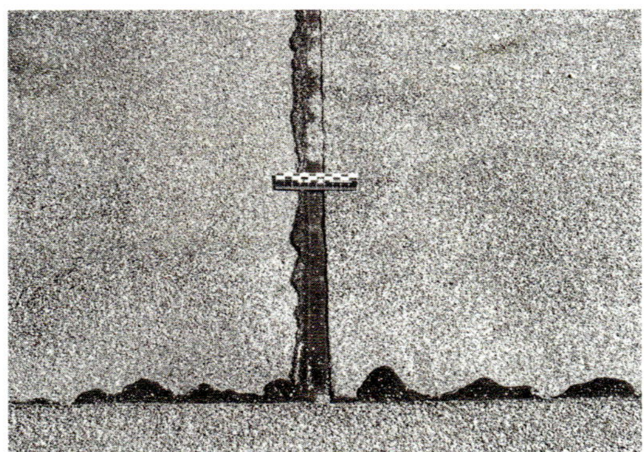

Abb. 3.1-70: Schrumpffuge hier 2 cm.

Abb. 3.1-72: Querschrumpf der Bahn 3,5 cm.

men-Schweißbahnen bis zu 3,5 cm festzustellen (siehe Abb. 3.1-70 und 3.1-71).

- Auf einem nur 6 Monate alten Dach eines Universitätsgebäudes beträgt der Schrumpf der Elastomerbitumen-Schweißbahnen bis zu 6 cm in der 5-Meter-Länge und bis zu 4 cm in der Bahnenbreite (1 m) (siehe Abb. 3.1-72 und 3.1-73).
- Auf dem Hallendach eines Stahlwerkes sind Kopfschrumpffugen an Plastomerbitumen-Schweißbahnen bis zu 5 cm Breite festgestellt (siehe Abb. 3.1-74 und 3.1-75).

Analyse

In allen vorgestellten Schadenfällen war nachweisbar die Verkürzung der Bahnenlänge die Ursache. In einem Fall war sogar die Bahnenbreite um bis zu 4 cm geschrumpft.

Die Ursachen dieser Schrumpf-Schäden liegen in der Dehnfähigkeit der eingesetzten Polyestervlies-Trägereinlagen. Das Problem und die Ursachen der Bahnenverkürzung sind den Herstellern bekannt: Eine Ursache kann eine eingefrorene Dehnung des Rohvlieses bei dessen Herstellung sein; das Vlies wird beim Aufrollen gereckt. Eine weitere Ursache liegt in der Schweißbahnenherstellung selbst: Die beschichtete, noch warme Bahn wird durch die Kühlwalzen und anschließend durch die Hängeanlage geführt. Hier wird die Bahn und mit ihr der Vliesträger gereckt. In diesem Zustand aufgewickelt, taut die eingefrorene Vorspannung auf dem Dach auf und erzeugt die bemängelte Rückstellung (Schrumpf) der Bahn.

Der Bahnenschrumpf ist nicht nur ein optisches Problem. Selbst geringe Kopfschrumpffugen öffnen in der darüberliegenden Bahnenüberlappung eine Kapillare, in die Wasser eindringen kann. Die Kopfüberlappung selbst wird nicht nur verkürzt, sondern u.U. aufgeschält. Man

Abb. 3.1-71: Schrumpffuge hier 2 cm.

Abb. 3.1-73: Querschrumpf der Bahn 3,5 cm.

Abb. 3.1-74: Schrumpf der Plastomerbitumen-Schweißbahn 3 cm.

stelle sich das bei einer einlagigen Abdichtung vor: Die wäre somit umgehend undicht.
Bei mehrlagiger vollflächig verschweißter Abdichtung vermögen Schmelzschichten und Unterlagsbahnen zeitweise die Undichtigkeit zu verhindern. Enthält die Unterlagsbahn jedoch kapillaraktive Glasgewebeträger, so wird auch die Unterlagsbahn binnen kurzer Zeit durchfeuchtet und, einhergehend mit Blasenbildung, zerstört (siehe Abb. 3.1-76).

Lösung

Bisher wurde Bahnenschrumpf nur bei Polyesterfaservliesträgern beobachtet. Bei Bitumenbahnen mit Glasvlies-, Glasglitter-, Glasgewebe- oder Mischgewebe-Einlagen ist ein Schrumpf, zumindest im Zentimeter-Bereich, bisher unbekannt. Die Hinwendung zum Polyesterfaservliesträger entstand in der Konkurrenz mit den

Abb. 3.1-75: Schrumpf der Plastomerbitumen-Schweißbahn 3 cm.

Abb. 3.1-76: Über Schrumpffuge eingedrungenes Wasser zerstört die Glasgewebeschweißbahn der Unterlage.

Kunststoffdachbahnen. Die Bitumenindustrie wollte Erzeugnisse mit ähnlich hoher Dehnfähigkeit vorweisen und propagierte diese dann unter dem Vorzug der Flexibilität. Im gewöhnlichen Flachdach jedoch ist hohe Dehnfähigkeit überhaupt nicht gefordert, nicht einmal auf Leichtdächern. Auch Anschlüsse verlangen keine hohe Dehnfähigkeit, wenn sie fachgerecht über Keil und Schleppstreifen verlegt sind. Und für Dehnfugen gibt es andere Lösungen als die dehnfähige Bitumenbahn.
Die Dehnfähigkeit einer Bitumenbahn ist eher von Nachteil: Im Gegensatz zur flexiblen Kunststoffbahn stellt die „gedehnte" Bitumenschweißbahn sich nicht zurück, sondern kompensiert die Dehnspannung durch plastisches Gleiten und Bahnenschrumpf.
Die Hersteller haben längst erkannt, dass Mischgewebeträger mit Glasvlies, Glasseidenverstärkung, Glasgittergelege oder Glasgewebe nicht oder weit weniger schrumpffähig sind. Viele Hochwertbahnen enthalten deshalb Mischträger (KTG). Französische Schweißbahnen werden schon immer mit Mischträgern hergestellt, ebenso die Klasse der hochwertigen Plastomerbitumen-Schweißbahnen. (Hinweis: Die in Produktdatenblättern ausgedruckten %-Werte für die Dehnung beziehen sich auf zerstörende Werkstoffprüfung und haben nichts mit der praktisch nutzbaren Dehnung der Dachbahnen zu tun!)

Zusammenfassung

Ursachen für den Schrumpf von Polymerbitumen(schweiß)bahnen sind dehnfähige Polyestervliesträgereinlagen. Bitumenabdichtungen müssen im Dach nicht dehnfähig sein. Beweglichkeit bei Anschlüssen und Dehnfugen kann auch konstruktiv hergestellt werden. Unschädlich für Bahnenschrumpf sind nach bisheriger Kenntnis Schweißbahnen mit Mischträgern, die auch Glasvliese, Glasfäden oder -gitter enthalten.

3.1.14 Fehlerhafte Verbundabdichtung

Hier handelt es sich um einen mehrgeschossigen Klinikneubau in Betonständerbauweise mit Ortbetondecken und gefällelosem Flachdach mit umlaufender Dachattika. Geplant ist eine Dachabdichtung mit aufliegender Wärmedämmschicht als Umkehrdach mit Kiesdeckschicht. Ausgeschrieben waren ein Emulsions-Voranstrich, PYE G 200-DD-Elastomerbitumen-Dichtungsbahn im Gieß- und Einrollverfahren verklebt, und eine Elastomerbitumen-Schweißbahn als Oberlage mit Schiefersplittauflage, verschweißt.

Schaden
Die Dachbesichtigung zeigt die hergestellte zweilagige Abdichtung mit großflächig aufstehendem Wasser.

Prüfstellen zeigen, dass die bisher ausgeführte Abdichtung keinen Flächenverbund zur Betondecke hat, die Oberlage nicht vollflächig verklebt und damit nicht wasserdicht ist: Zwischen den Lagen der Abdichtung und unter der Abdichtung wurde Wasser gefunden.

Analyse
Bei größeren Dachflächen sollten gemäß Flachdachrichtlinien Maßnahmen gegen Wasserunterläufigkeit vorgesehen werden. Solche Maßnahmen sind insbesondere bei Umkehrdächern aus technischer Sicht unverzichtbar. Das gefällelose Dach ist in mehrfacher Hinsicht mit erhöhten Anforderungen belastet und verlangt zwingend nach einer über den Mindestanforderungen liegenden Planung und Ausführung.

Die Abdichtung ist gemäß Planung unter einer aufliegenden Dämmschicht und Kiesdeckschicht nicht mehr zugänglich und nicht prüfbar.

Abb. 3.1-77: Abdichtung mit aufstehendem Wasser.

Im gefällelosen Dach bewirken Leckstellen, dass sich eingedrungenes Wasser unter der Abdichtung großflächig auf der Betondecke verteilen und in entfernten Deckenöffnungen oder Fugen nach innen eindringen kann.
Leckortung und Leckbeseitigung sind erheblich erschwert, bei Niederschlägen und Frost generell und vorhersehbar nur durch großflächiges Abräumen der Deckschichten überhaupt möglich.

Als Abläufe waren handelsübliche formgeschäumte Kunststoffabläufe mit integrierter Anschlussmanschette eingebaut. Attika- und Wandanschlüsse waren mit PUR-Keilen unterlegt.

Bewertung
Die Wassersperrwirkung der Bitumenabdichtung wird nur erreicht, wenn bituminöse Lagen

Abb. 3.1-78: Verbund zur Betondecke ist nicht hergestellt.

Abb. 3.1-79: Lagen der Abdichtung sind nicht homogen verklebt.

vollflächig und homogen miteinander verklebt oder verschweißt sind.

Wirksame Maßnahme zur Verhinderung der Wasserunterläufigkeit ist beim bituminösen Umkehrdach die vollflächige Verklebung auf der Betondecke. Diese setzt voraus, dass ein bituminöser Haftgrund und ein vollflächiger Klebeverbund hergestellt werden. Ferner müssen die Lagen der Abdichtung homogen („vollflächig") miteinander verklebt (verschweißt) werden. Anschlusskeile aus Schaumstoff sind wasserunterläufig. Einlagige Anschlussmanschetten an Dachabläufen sind in der Verbundabdichtung ungeeignet.
Die Forderung der Fachregel zur Anwendungskategorie K2 ist nicht erfüllt, weder in Gefällegebung, Werkstoffauswahl noch in der Schichtenfolge. Konstruktiv und gemäß der Fachregel erfüllt die Schichtenfolge der Abdichtung selbst für ein Gefälledach nur die Mindestanforderungen an eine Standardlösung.

Formschaum-Abläufe mit einfacher Anschlussmanschette sind für Umkehrdächer nicht geeignet.

Lösung
Vorschlag Zusatzabdichtung
Bituminöse Abdichtungen erlangen ihre Wassersperrfähigkeit durch das homogene Verschmelzen mehrerer Dichtlagen miteinander. Eine zusätzliche Dachbahn müsste dann mit der vorhandenen Abdichtung homogen verschmolzen werden. Auf schieferbesplitteten Oberlagsbahnen ist aber eine homogene Verklebung (Verschmelzung) nicht oder nicht ausreichend möglich, weil die Schiefersplittauflage eine kapillarintensive Trennschicht ist. Versuche, durch intensiven Brennereinsatz eine Verschmelzung zu erreichen, führen unweigerlich zur Zerstörung des Elastomerbitumens und auch der Trägereinlage.

Die nach Fachregeln erlaubte einlagige Abdichtung ist als Zusatzabdichtung ebenfalls ungeeignet, da sie nur auf Dächern mit mindestens 2 % Gefälle verwendet werden darf.

Vorschlag Standardlösung mit Gefälledämmung
Die m.E. technisch günstigste Lösung ist der Umbau in ein wärmegedämmtes Dach mit Gefälledämmung. Die vorhandenen Dichtlagen übernehmen dann die Funktion der Dampfsperre und müssen – mit Ausnahme evtl. vorhandener Schadstellen – nicht weiter verändert werden.

Vorschlag Neuausführung
Zur Herstellung der ursprünglich geplanten Abdichtung müssen alle bisher aufgebrachten Lagen und Kleberschichten entfernt werden. Vorhersehbar ist das nur mit Einsatz von Estrichschabern, Fräsen oder Kugelstrahlgeräten möglich.

Die Betonoberfläche muss von Zementleim, Zementscherben, Staub und von aufliegender Feuchte befreit werden. Als Voranstrich ist Kaltbitumen zu verwenden.

Die Abdichtung sollte aus hochwertigen Polymerbitumen-Schweißbahnen mit KTG-Trägereinlage bestehen. Eine dritte – zusätzliche Dichtlage – ist zu empfehlen.
Anschlüsse an Dachattika und aufgehende Wände sind mit Verbundmörtel auszurunden, Dichtlagen müssen vollflächig verschweißt sein. Alle Abläufe sind zu erneuern, es sind Abläufe aus Edelstahl oder Stahlguss mit Fest-/Losflanschanschlüssen zu verwenden.

3.1.15 Luftdichtheitsanschluss an Mauerwerk

Gerade im Leichtflachdach ist das Herstellen einer luftdichten Schicht von erheblicher Bedeutung für den Feuchteschutz des Daches. Fehler in der Luftdichtheitsschicht führen zu Tauwasserschäden und Mängelklagen.

Abb. 3.1-80: Freigelegter Wandanschluss auf „Poroton"-Mauerwerk.

Abb. 3.1-82: Der Folienanschluss besteht aus aufgeklebtem Klebeband.

Schaden

Neubau eines Objekts mit Leichtflachdach

Das Objekt ist in Betonständerbauweise erstellt. Die Flachdächer sind auf Stahltrapezprofildecke in leichtem Innengefälle in konventioneller Bauweise mit Dampf- und Luftsperre aus PE-Folie, EPS-Wärmedämmung und PVC-Dachabdichtung hergestellt. Die Außenwände überragen die Dachränder als Brüstungen und sind dachseits mit Aluwellprofilen bekleidet.

Analyse

An Außenwände aus verklebtem Poroton-Ziegelmauerwerk sind die Folien mit Klebeband auf das Mauerwerk aufgeklebt und von der ebenfalls hochgeführten Anschlussbahn der Dachabdichtung überdeckt. Das Ganze ist mit einer verdübelten Anschlussleiste mit Kittfuge abgedeckt.

Abb. 3.1-81: Die Sperrfolie ist lose am Mauerwerk hochgeführt.

Luftdichte Anschlüsse an rohes Mauerwerk sind grundsätzlich nicht möglich, insbesondere nicht bei verklebten Mauersteinen und bei Mauersteinen mit Riefung: Stoßfugen und Riefungen sind offene Luftleckstellen. Die Sperrfolie ist auch nicht flächig angepresst und kann hinterfeuchtet werden. Die Anschlüsse der Luftdichtheitsschicht sind damit planmäßig luftoffen, hinterfahrende Innenluft erzeugt Energieverluste, und mitgeführte Luftfeuchte führt unweigerlich zu Tauwasserausfall.

Lösung

Im Bereich der Mauerwerkswände muss der luftdichte Folienanschluss nachträglich hergestellt werden. Dazu sind die Wandanschlüsse der Dachabdichtung und die hochgeführte Sperrfolie aufzunehmen, das Mauerwerk mit einem Kunststoff-Glättputz zu versehen, die vorhandene (oder eine neue) Sperrfolie flächig aufzukleben, am oberen Rand mit einem Pressdichtband zu unterlegen und der Folienanschluss mit einer verdübelten Pressleiste zu sichern.

3.1.16 Luftdichtheit und Klebebänder

Dampfsperren wirken als Flächengebilde gegen durchwandernde Gas-/Wassermoleküle, kleinere Leckstellen mindern die Sperrwirkung der Dampfsperre nur unerheblich. Ganz anders bei der Luftdichtheitsschicht („Luftsperre"). Bei ihr wirken sich selbst kleinste Leckagen mängelfördernd aus. Das liegt daran, dass in jedem Bauwerk Luftdruckunterschiede herrschen, und unter der Dachdecke ist der Luftdruck fast immer höher als am Boden. Der Luftdruck unter der Dachdecke will sich entspannen und drängt gegen die Sperrschicht: Schon kleine Luftlöcher gestatten großen Luftmengen, und damit auch Wasserdampf, den Durchgang in das Dachschichtenpaket und bewirken damit erhöhten Tauwasseranfall im Dach. Die geschlossene Sperrschicht ist damit von besonderer Bedeutung.

Sperrschichten: Wie wichtig luft- und dampfdichte Schichten im Dach sind, weiß der Dachhandwerker. Welche Schäden durch undichte Sperrschichten auftreten können, meistens auch. Dennoch wird oft übersehen, dass die Dichtigkeit auch dauerhaft sein muss. Industrie und Handel liefern Folien und Sperrbahnen mit den zugehörigen Klebe- und Dichtbändern. Der Dachhandwerker bemüht sich dann, Sperrschichten mittels Klebebändern an- und abzudichten.
Aus unterschiedlichen Materialien ergeben sich verschiedene Eigenschaften:

Bitumenkaltselbstklebebahnen
Bitumen ist ein Stoff mit hoher Netzfähigkeit und Standfestigkeit, was von dessen besonderer Zusammensetzung abhängt: Dünnflüssige Öle dringen selbst in feinste Poren, und die harten Inhaltsstoffe, die Asphaltene, sorgen für dauerhafte Standfestigkeit. Insofern sind Bitumenklebungen – richtig ausgeführt – hochwertige und im Bau bewährte Klebeverbindungen.

Abb. 3.1-84: Über Tiefsicken durchhängend können Sperrfolien nicht luftdicht hergestellt werden.

Klebebänder
Klebebänder bestehen aus Trägerfolie und Beschichtung aus physikalisch abbindenden Kunststofflösungen, z.B. Polyvinylether oder Polyisobutylen geringen Molekulargewichts, unvulkanisiertem Butylkautschuk, PVC-Kompendien mit Haftvermittler, Polyacrylderivaten oder weich eingestelltem Elastomerbitumen (Flash- und Repa-Band). Die Klebefilme haften durch Adhäsion nach Auswandern der Lösemittel.
Sie bleiben wegen ihres niederen Molekulargewichts klebrig. Die Haftfähigkeit von Klebebändern wird erhöht durch Wärme und Anpressdruck, dennoch bleiben sie ablösbar.
Die Trägerfolien der Klebebänder bestehen oft aus weich gemachten Kunststofffolien, z.B. Polypropylen (PP) oder Kraftpapier, die durch Lösemittelverlust schrumpfen oder durch Feuchteaufnahme quellen. Die dabei erzeugten

Abb. 3.1-83: Lose eingelegte Folien sind keine geeignete Luftsperrschicht.

Abb. 3.1-85: Über Tiefsicken durchhängend können Sperrfolien nicht luftdicht hergestellt werden.

Abb. 3.1-86: Klebebänder sind ohne Einpressung nicht dauerhaft.

Abb. 3.1-87: Sickenfüller als Klebeunterlage für Überlappung.

Zugspannungen können zum Ablösen der Klebebänder führen. Metallbedampfte Folienbänder wie Alu-Klebebänder sind in dieser Hinsicht beständiger.

PE-Sperrfolien
Polyethylen (PE) begegnet uns im Bauwesen als hartes Niederduck-Polyethylen in Form von Platten und Rohren und als weiches Hochdruck-Polyethylen in der gewöhnlichen Baufolie. Weich-Polyethylen ist klar, milchig-transparent oder eingefärbt, bis zu 50 % kristallin mit weitgehend gesättigten unpolaren Molekülen. Es ist von glatter Oberfläche, mit Fremdstoffen kaum bindungsfähig und mit geringer Adhäsion. Auch hochwertige Klebebänder lösen sich oft wieder ab. Eine dauerhafte Verklebung ist praktisch nicht möglich.

Sonstige Kunststofffolien
Polypropylen(PP)- und Polytetrafluor-Folien (PTF) sind ebenfalls weitgehend unpolare Kunststoffe und verhalten sich beim Kleben ähnlich wie Polyethylen.
Kleben von und auf Kunststofffolien ist nur mittels energetischer Veränderung der Oberfläche durch Plasma- oder Wärmebehandlung und Oberflächenpfropfung mit sofort anschließender Klebung möglich. Dabei entstehen Fügevernetzungen zwischen Kunststoff und Klebstoff, die dauerhaft haltbar sind. Solche Klebemethoden sind industriell möglich, aber am Bau undenkbar, weil dort nicht anwendbar und zu teuer.

Klebungen auf unveränderter Kunststoffoberfläche mit Klebebändern haben deshalb nur begrenzte Haltbarkeit.

Metallfolien
Auf Aluminiumfolien ist die Klebe- und Haftwirkung besser als auf Kunststoff, Ablösung ist aber auch hier möglich.

Holz und Holzwerkstoffe
Auf Holz und Holzwerkstoffen ist mit Klebebändern generell keine dauerhafte Klebung möglich. Ursache ist der faserige Aufbau des Holzes und sein Feuchtewechsel. Die Klebeschichten werden von Feuchtigkeit unterwandert und allmählich abgelöst.

Metalle und Hartkunststoffe
Dauerhafte Klebung auf Metalloberflächen und Hartkunststoffen ist nur mit Reaktions- und Kontaktklebstoffen möglich. Klebebänder haften nicht dauerhaft auf Metall. Ausnahmen sind metallbedampfte Bitumenklebebänder, die auf angewitterten Metalloberflächen gut haften, nicht jedoch auf walzblankem Metall. Auf Hartkunststoffen haften Butylklebebänder.

Gipskarton
Klebungen auf Gipskarton lösen sich infolge Feuchteunterwanderung wieder ab, ähnlich bei Gipsfaserplatten.

Putz und Beton
Auf festen (nicht sandigen oder körnigen) mineralischen Untergründen haften Butylklebebänder.

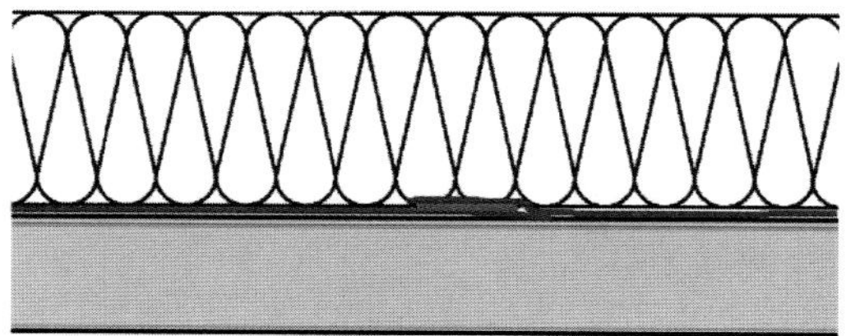

Abb. 3.1-88: Vorschlag für eingepresste Folienüberlappung.

Für die Anwendung von Klebebändern gilt allgemein:

Die Anfangshaftung von Klebebändern auf den Klebeflächen kann durch Druck (Anpressen, Anrollen etc.) und Wärme (Handwärme, Föhn etc.) gesteigert werden. Voraussetzung, dass ein Klebeband überhaupt haftet, ist eine feste Unterlage. Auf weicher Dämmung oder über einer Tiefsicke und ohne Anpressdruck können Klebebänder keine ausreichende Adhäsion erzeugen und nicht haften.

Da Klebflächen sich insbesondere durch Abschälen ablösen, müssen Zug- und Schälkräfte zwischen Klebeband und Untergrund verhindert werden. Dies kann sicher nur durch Anpressen der Klebung erreicht werden.

Fazit
Dampf- und Luftsperren lassen sich sicher mit Bitumenkaltselbstklebebahnen ausführen, wenn Überlappungen auf druckfester Unterlage (Sickenfüller!) durch Verschweißen (Brenner oder Warmgasschweißgerät) verklebt werden. Anschlüsse auf glattem Untergrund müssen vorgestrichen und ebenfalls durch Schweißen verklebt werden. Anpressungen sind im Fall von Dampf- und Luftsperren im Allgemeinen nicht notwendig.

Für Sperrfolien und für die Anwendung von Klebebändern gelten folgende Regeln:
- Kleben ist nur auf druckfestem Untergrund möglich. Über weichen Schichten (Dämmung) oder Hohlräumen (Tiefsicken) muss ein Stützprofil (Stahlblech, Latte, druckfester Sickenfüller etc.) unterlegt werden.
- Die Klebebänder sollen angerollt (angerieben etc.) und leicht angewärmt (Handballen, Föhn etc.) werden.
- Für Anschlüsse auf Holz und Holzwerkstoffen verwendet man besser komprimierbare selbstklebende Dichtbänder und Anpressleisten.
- Klebebänder und Klebeanschlüsse müssen grundsätzlich mittels verschraubter Leisten oder Profile angepresst werden, um Schälkräfte auf die Klebstelle zu vermeiden.
- Anschlüsse auf Metall und Hartkunststoff verklebt man ausschließlich mit Reaktionsharzklebern.

3.2 Geschichten vom „Dachteich"

3.2.1 Zerstörte Abdichtung unter Schmutzschicht

Schaden

In einem Bürogebäude traten zunehmende Dachundichtigkeiten im Bereich der Außenwände auf. Der Dachdecker fand selbst nach intensiver Suche in der Flachdachabdichtung keine Schäden und Leckstellen. Der Sachverständige untersuchte gemeinsam mit dem Dachdecker das Dach.

Analyse

In der Mulde des mit PVC-Dachbahnen abgedichteten Flachdaches stand Wasser. Für Leute vom Fach ein vertrauter Anblick.
An der Dachabdichtung fanden sich auch nach gründlicher Überprüfung keine offenen Nähte, Kapillaren oder sonstigen Mängel.
Schließlich machte sich der Dachdecker daran, das in den Mulden stehende Wasser und angesammelten Schlamm großflächig zu entfernen und die Abdichtung der Muldenrinnen sichtbar zu machen.
Den Fachleuten bot sich der auf den folgenden Abbildungen dokumentierte Zustand:
Kerbbrüche in Geldstückgröße und in unregelmäßigen Abständen.
Schäden dieser und vergleichbarer Art fanden sich im Muldenrinnenbereich in einer Anzahl von etwa 8 bis 14 St./m^2.

Abb. 3.2-1: Übliches Flachdach mit Gefälle, jedoch Wassermulden an den Attiken.

Abb. 3.2-2: Übliches Flachdach mit Gefälle, jedoch Wassermulden an den Attiken.

Ein ausgebautes Probestück aus der Abdichtung zeigte sich gegenüber anderen Probestücken aus der übrigen Dachfläche deutlich verhärtet und spröde, Vliestrennschicht und Dämmschicht waren stark durchfeuchtet.
In der gesamten übrigen Dachfläche fanden sich solche Schäden nicht – außer in Druckmarken von Blitzableiterstützen.
Hagelschäden sind das nicht, mutwillige Beschädigung kann auch ausgeschlossen werden.
Die Ursache für die hier eingetretene Versprödung, Schrumpf- und Spannungskerbbrüche sind Schädigungen durch den so genannten Aktivkohle-Effekt.
In „Baustoffe für Dach und Wand" ist dazu nachzulesen:

Auf PVC-Abdichtungen ablagernde Schmutzschichten schädigen den Kunststoff. Die Schädigung wird als „Aktivkohle"-Effekt bezeichnet und

Abb. 3.2-3: Mulde entwässert und gereinigt.

Abb. 3.2-4: Kerbbruch durch Aktivkohle-Effekt.

äußert sich in beschleunigtem Auswandern monomerer Weichmacher: Durch Weichmacherverlust verhärtet, versprödet und schrumpft die PVC-Dachbahn.

Man sieht, dass Fachregeln durchaus ihren Sinn haben:

4.3 Beanspruchungen durch Umwelteinflüsse
(1) Die Alterung der Werkstoffe und Bauteilschichten führt zu Verfärbungen und zur Änderung von physikalisch-chemischen bzw. mechanischen Eigenschaften.
(2) Bewitterung, Immissionen, Feuchtigkeit, Ablagerungen von Schmutz und Staub, atmosphärische Niederschläge und wechselnde Temperaturen können Verfärbungen und beschleunigte Alterung bewirken.
(3) Veränderungen der Werkstoffe entstehen durch UV-Strahlung, Sauerstoff und Ozon sowie fotochemische Vorgänge.

Abb. 3.2-5: Kerbbruch durch Aktivkohle-Effekt.

Abb. 3.2-6: Kerbbruch durch Aktivkohle-Effekt.

(4) Aggressive Niederschläge entwickeln sich durch in der Atmosphäre auftretende Lösungen von Stoffen und Gasen, z. B. zu „saurem Regen".
(5) Ablagerungen von Staub und Schmutz sind ein guter Nährboden für Pflanzen, Flechten, Moose, Algen, Bakterien und mikrobiologisches Wachstum.
(6) Die Beanspruchungen durch Umwelteinflüsse können unterschieden werden in mäßige oder hohe Beanspruchungen.
(7) Mäßige Beanspruchungen durch Umwelteinflüsse liegen vor, wenn Bauteilschichten oder Werkstoffe durch andere Bauteile oder Schichten vor einer unmittelbaren Einwirkung von Niederschlagsfeuchtigkeit und/oder Sonneneinstrahlung sowie Ablagerungen dauerhaft geschützt werden.
(8) Hohe Beanspruchungen durch Umwelteinflüsse liegen vor, wenn Bauteilschichten oder Werkstoffe den Einwirkungen durch die Umwelt auf Dauer ungeschützt ausgesetzt sind.
(Grundregel für Dachdeckungen, Abdichtungen und Außenwandbekleidungen, 09/1997, Abschnitt 4.3)

2.3.1 Dachneigung, Gefälle
(1) Flächen, die für die Auflage einer Dachabdichtung und/oder den damit zusammenhängenden Schichten vorgesehen sind, sollen für die Ableitung des Niederschlagswassers mit Gefälle von mindestens 2% geplant werden.
(2) Für Dachabdichtungen der Anwendungskategorie K2 ist ein Gefälle von mindestens 2 % in der Abdichtungsebene und mindestens 1 % im Bereich von Kehlen einzuhalten. Bei der Gefälleplanung müssen Toleranzen und/oder Gegengefälle der Unterlage berücksichtigt werden.

Abb. 3.2-7: Kerbbruch durch Aktivkohle-Effekt.

Abb. 3.2-8: Dachmulde mit Schäden durch Kuhfladeneffekt.

(3) Wenn Dächer und/oder Dachbereiche mit einem Gefälle unter 2 % geplant und ausgeführt werden, können diese nur der Anwendungskategorie K1 zugeordnet werden. In diesen Fällen sind besondere Maßnahmen erforderlich, um der höheren Beanspruchung in Verbindung mit stehendem Wasser gerecht zu werden. Die Stoffauswahl für die Dachabdichtung ist nach der Bemessungsregel für die Anwendungskategorie K2 vorzunehmen.

(Fachregel für Abdichtungen, 10/2008 (mit Änderungen 05/2009 und 12/2011), Abschnitt 2.3.1)

Lösung

Stehendes Wasser muss dauerhaft vermieden, Schmutz regelmäßig beseitigt werden.
Zur Mängelbehebung wurden Dämmstoff-Aufkeilungen in die Muldenrinnen geklebt und Mulden und Attiken neu eingedichtet. Regenwasser kann so weitestgehend abfließen.
Die Linien der Blitzableiter wurden mit zusätzlichen PVC-Bahnenstreifen abgeschweißt und die Blitzableiterstützen auf doppelte Glasvliesteller gesetzt.
Für das Flachdach wurde zweimal jährlich Kontrolle und Reinigung eingeplant.

3.2.2 Das Flachdach und der Kuhfladeneffekt

Mitunter ereilt den Dachdecker ein Schadenfall, für den er gar nichts kann, ungeachtet dessen aber für seine Behebung aufkommen muss.

Schaden

Der Schulneubau hatte eine leicht geneigte Flachdachabdichtung aus Elastmomerbitumen-Schweißbahnen, von denen die Oberlage besplittet war. Weil sich die Abnahme längere Zeit hinzog, lag die neue Abdichtung über die Winter- und Frühjahreszeit unbeachtet auf dem Dach. Bei einer Schlusskontrolle wurde festgestellt, dass in Muldenbereichen des Daches die Bitumendeckschicht schollenförmig aufbracht („Krokodilshaut") und sich ablöste: Die Schweißbahnoberfläche war zerstört.

Analyse

Wer in ländlicher Gegend wandert und seine Augen offen hält, stößt auf Asphaltwegen gelegentlich auf Kuhhinterlassenschaften. Wer sich dann die Mühe macht, solche Kuhfladen näher in Augenschein zu nehmen, entdeckt, dass sie sich bei zunehmender Austrocknung tellerförmig aufschüsseln. Und wer eingetrocknete Kuhfladen umdreht, stellt fest, dass nicht selten an ihrer Unterseite ölig glänzende Teile des Asphaltbelages kleben.
Auf dem beschriebenen Dach hafteten an der Unterseite der Schmutzschollen ebenfalls ölige

Abb. 3.2-9: Aufrollen der Bitumendeckschicht.

Abb. 3.2-10: Aufrollen der Bitumendeckschicht.

Teile der Bitumenschweißbahn. Eine Laboranalyse bestätigte, dass sich tatsächlich Teile der Bitumendeckschicht abgelöst hatten: Die Bitumenschweißbahn war also in ihrer Oberfläche geschädigt.
Die Ursache liegt in der chemischen Wechselwirkung zwischen organisch aktiven Ablagerungen, dem Bitumen und dem SBS-Kautschuk des Elastomerbitumens. Die Zersetzung des organischen Materials krackt Öl- und Kautschuk-Moleküle, bricht sie also auf und zerstört sie. Erkennbar ist das an der ölig-schmierigen Konsistenz der anhaftenden Bitumenteilchen. Aufgelöst genügt die Verkrallung der Schmutzschicht, um das Bitumen abzuheben.
Dieser Kuhfladeneffekt tritt nur bei organisch aktiver Schmutzablagerung auf. Abgestorbenes Laub oder Sand- und Staubschichten verursachen diesen Effekt nicht. Der üblicherweise verwendete Begriff „mud curling“ (Schmutz-Aufrollen) trifft deshalb nicht die Ursache und ist hier irreführend.

Abb. 3.2-11: Aufrollen der Bitumendeckschicht.

Abb. 3.2-12: Detailansicht der zerstörten Deckschicht.

Im beschriebenen Schadenfall waren nicht Kühe die Verursacher, sondern Blütenfasern, die sich zusammen mit angewehtem Staub vom benachbarten Sportplatz als geschlossene Schmutzschicht in Muldenpfützen abgelagert und den beschriebenen Effekt ausgelöst hatten. Das Flachdach war an beiden Muldenlangseiten in dieser Form in breiten Streifen zerstört.

Lösung
Die Lösung des Problems und die Behebung des Schadens beginnt mit der Werkstoffanalyse. Ein Fachlabor stellte fest, dass es sich wirklich um eine Deckschichtablösung nach dem oben beschriebenen Effekt handelte. Wenn man davon ausgeht, dass auch in Zukunft ähnliche Ablagerungen zu erwarten sind, muss ein Dichtsystem gefunden werden, das gegen diese Art der Zerstörung unempfindlich ist.
Alkane- und Cycloalkane als Bestandteile des Bitumens reagieren leicht mit Sauerstoff (Oxidation) und Halogenen (Chlor, Brom, Iod). Unter Licht und Wärme werden Wasserstoffatome abgespalten und durch Radikale ersetzt, was zum Aufbrechen (Eliminieren) der Moleküle führt. SBS-Kautschuk als Füllstoff des Elastomerbitumens reagiert ähnlich. Polypropylene sind als langkettige Moleküle beständiger gegen Oxidation und radikalische Substitution:

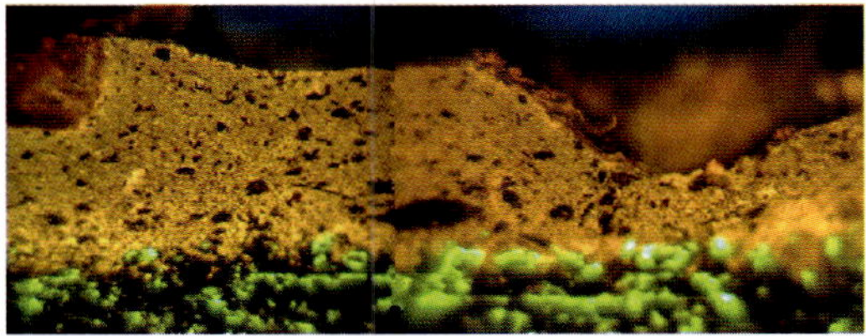

Abb. 3.2-13: Querschnitt der Deckschicht einer Dachbahnprobe (ca. 1 mm dick); die beiden Einbuchtungen zeigen den Deckschichtverlust.

PP-Kunststoffe werden deshalb bei der Lebensmittelverpackung (z.B. Milchflaschen) verwendet. In der Bautechnik setzt man PP-Kunststoffe u.a. als Füllstoff für PYP-Schweißbahnen ein, die damit höhere Beständigkeit gegen Oxidation und radikalische Substitution aufweisen. Ein weiteres Mittel gegen die Zerstörung der Dachbahn ist die Kontakttrennung, z.B. durch eine Kiesdeckschicht.
Im vorliegenden Schadenfall konnte der Schaden nach gründlicher Reinigung und Grundierung durch Aufschweißen von Plastomerbitumen-Schweißbahnen (PYP-/APP-Bahnen) und eine zusätzliche Kiesdeckschicht behoben werden.

Abb. 3.2-15: Bitumen und Kunststoff können nicht dauerhaft verklebt werden (2 Ausnahmen möglich).

3.2.3 Kann Wasser bergauf fließen?

Schaden
2 Eigentümer besitzen jeder eine Doppelhaushälfte. Deren bituminös abgedichtete Flachdächer grenzen höhengleich aneinander.
Einer der Hausbesitzer hatte eine Undichtigkeit an seinem Dach, weswegen er einen Dachdecker um Rat fragte. Der verkaufte im eine neue Abdichtung und machte sich ans Werk. Leider war das Dach danach immer noch undicht. Der Hausbesitzer beauftragte daraufhin einen Sachverständigen mit der Ursachenforschung.

Analyse
Der Dachdecker hatte eine Dachabdichtung aus einer VAE-Kunststoff-Dachbahn verlegt; die Kunststoff-Dachbahn war auf ihrer Unterseite mit einem Polyesterfaservlies kaschiert. Das Vlies dient als Gleitschicht und ermöglicht eine Verklebung auf dem Altdach. Vor das Problem gestellt, einen Anschluss an das Nachbardach zu finden, klebte der Dachdecker einen Dämmstoffkeil und einen Schweißbahnstreifen auf die Gebäudetrennfuge. Dann führte er seine Kunststoff-Dachbahn nebst unterseitiger Vlieskaschierung über den Dämmsattel und klebte die Bahn auf dem Nachbardach fest. Weil ihm dabei Bedenken gekommen sein müssen, überklebte er den Anschluss noch mit einem 50 cm breiten Schweißbahnstreifen.
Die Überprüfung zeigte, dass sich die aufgeklebte Schweißbahn von der Oberfläche der Kunststoffbahn abgesetzt hat.
Über dem Dehnfugensattel wurde die Kunststoffbahn aufgeschnitten; das unterseitige Trennvlies war wassergesättigt. Auf der Dach-

Abb. 3.2-14: Dehnfuge zwischen 2 Dichtungssystemen.

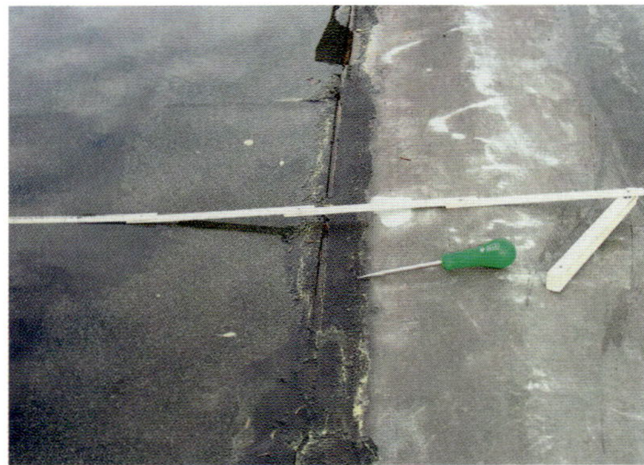

Abb. 3.2-16: Bitumen und Kunststoff können nicht dauerhaft verklebt werden (2 Ausnahmen möglich).

Abb. 3.2-17: Saugfähiges Polyestervlies leitet Wasser über große Flächen.

seite des betroffenen Eigentümers stand das Wasser unter der VAE-Dachbahn.
Weiter wurde festgestellt, dass das Trennvlies über weite Bereiche des Daches wassergesättigt war und Wasser auf der Altabdichtung stand.
Die Trennvlieskaschierung auf der Unterseite der Kunststoffbahn hatte das eindringende Wasser dank ihrer hohen Hygroskopie (Saugfähigkeit) über weite Bereiche des neuen Daches transportiert und die Abdichtung flächig unterfeuchtet.
Von dort drang es wie vor der Dachsanierung in die alten Leckstellen der Anschlüsse am Kamin und an der Dehnfuge ein.
Der Dachdecker meinte, weil die VAE-Kunststoff-Dachbahn vom Hersteller als bitumenverträglich bezeichnet sei, wäre seine Anschlusslösung richtig.
Kunststoffe, ob Thermoplaste, Duroplaste, Elastomere oder Kautschuk, sind oberflächenabweisende Stoffe mit nur geringer Adhäsivneigung. Klebeanschlüsse sind nie dauerhaft, insbesondere nicht unter Wasser.
Das gilt auch für ausgewiesen bitumenbeständige Kunststoffbahnen! Klebedichtungen zwischen Kunststoff-Dachbahnen und Bitumen sind deshalb nicht fachgerecht (abgesehen von 2 Ausnahmen).
Kunststoffvliese wie die Kaschierung der VAE-Dachbahn vermögen hygroskopisch viel Wasser aufzunehmen und über weite Bereiche zu transportieren. Selbst Kleinstleckagen oder frei liegende Bahnenden können so große Schäden verursachen.

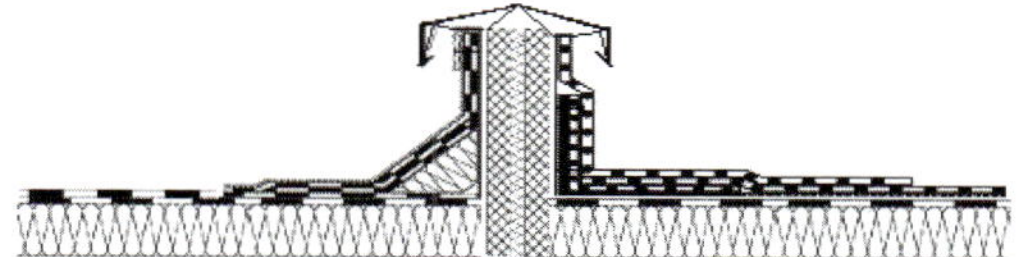

Abb. 3.2-18: Fachgerechte Lösung für die Dehnfuge zwischen 2 Systemen.

Bahnenränder vlieskaschierter Kunststoffbahnen müssen daher immer wetterdicht abgedeckt oder abgeschottet sein.

Lösung
Die Lösung lag in einer Neuanlage der Gebäudetrennfuge.
Wo unterschiedliche Dichtsysteme aneinandertreffen, kann immer mit dem System des überdeckten doppelten Anschlusses gearbeitet werden. Im untersuchten Fall wurden Dehnfugenabklebung und Dehnkeil entfernt, der Dehnfugenbereich getrocknet. Ein verdübeltes Kantholz mit beidseitig hochgeführten Dachbahnen und demontierbarer Metallabdeckung ersetzte die Dehnfugenausbildung.

3.2.4 Kirchendach in Not

Schaden
Eine Kirchengemeinde klagte seit Jahren über zunehmende Undichtigkeiten des Kirchendaches. Mehrere beauftragte Dachdecker hatten sich immer wieder um Abhilfe bemüht, aber ohne Erfolg.
Der Sachverständige wurde schließlich um Hilfe gebeten; ihm bot sich folgendes Bild.

Abb. 3.2-19: Wasser steht auf dem gefällelosen Dach.

Abb. 3.2-20: Brüchige Deckschicht einer Elastomerbitumen-Schweißbahn.

Abb. 3.2-21: Bitumen(schweiß)bahnen mit Glasgewebeträger sind nicht wasserbeständig.

Abb. 3.2-22: Bitumen(schweiß)bahnen mit Glasgewebeträger sind nicht wasserbeständig.

Analyse

Nachdem das aufstehende Wasser abgesaugt und der aufliegende Kies in Teilflächen entfernt worden war, wurde die Dachabdichtung untersucht. Sie bestand aus 2 Lagen Glasgewebebitumen-Schweißbahnen und einer Oberlage aus Elastomerbitumen-Schweißbahnen. Die Deckschicht der Elastomerbitumen-Schweißbahn war brüchig und schollenförmig abgelöst.

Abb. 3.2-23: Bitumen(schweiß)bahnen mit Glasgewebeträger sind nicht wasserbeständig.

Die Glasgewebeträger der beiden Unterlagsbahnen waren wassergesättigt, und die Bitumendeckschichten ließen sich blätterteigartig ablösen.

Aufgeklebte Flickstücke konnten auf dieser Unterlage keinen Halt und keinen Dichtanschluss finden.

Die Dämmschicht war unter Wasser gesetzt, und nur die Dampfsperre bewahrte das Kirchengebäude vor noch größerem Wasserschaden.

Bitumendach- oder Schweißbahnen mit Glasgewebeträger sind unter stehendem Wasser nicht beständig, sie werden durch kapillaren Wassereinzug rasch zerstört. Elastomerbitumen-Schweißbahnen bauen von der Deckschicht her allmählich, aber unvermeidbar ab, speziell unter stehendem Wasser. Unter Wasser wird die Deckschichtablösung noch beschleunigt. Hat Wasser die Deckschicht der oberen Bahn überwunden, geht der Zerfall der darunterliegenden Glasgewebebitumenbahnen rasch vonstatten.

Lösung

Da die Dachabdichtung des Kirchendaches schon zu stark zerstört war, konnte eine Sanierung nicht mehr ins Auge gefasst werden. Die Kirche musste ein neues Dach bekommen, wobei regelgerecht auf ein Gefälle von mindestens 2 % zu achten war, um stehendes Wasser des zu vermeiden.

Abb. 3.2-24: Wasser steht großflächig vor dem Attika-Ablauf.

Abb. 3.2-26: Auch Absenken von Dämmung und Abdichtung verhindern nicht die Wasserpfützen.

3.2.5 Der Attika-Ablauf

Dachabläufe entwässern Dach- und Abdichtungsflächen und sollen nach Fachregel an Tiefpunkten angeordnet und zweistufig (Grundkörper und Aufstockelement) eingebaut werden. Bei solchen zweistufigen Dachgullys wird nicht nur die Abdichtung entwässert. Im Leckagefall oder bei Wasserrückstau kann auch auf der Dampfsperre stehendes Wasser abgeführt werden. Deshalb soll zwischen Aufstockelement und Grundkörper kein Dichtring eingefügt sein.

Der Attika-Ablauf

Bauplaner vermeiden zunehmend die früher übliche Innenentwässerung und bevorzugen stattdessen die Außenentwässerung über den Attika-Durchbruch in das außen liegende Regenrohr. Diese eigentlich vorteilhafte Wasserableitung stößt aber an das Problem der Durchgangsstelle: Hier sind entweder ein abgewinkelter Dachablauf mit Deckenschlitz und Deckenkasten oder der Direktdurchgang durch die Randaufkantung notwendig. Vermehrt wird auf den vermeintlich günstigeren Attika-Ablauf gesetzt.

Der Attika-Ablauf vereint 2 Nachteile:

a) Vor ihm staut sich immer Wasser zu meist großflächiger Pfütze.
b) Die Dampfsperre kann im Leckagefall nicht entwässert werden.

Nachteil b) ist nicht behebbar, und der Bauherr hat von vornherein damit zu leben, dass die Dampfsperre nicht separat entwässert wird. Ein direkt sichtbarer Mangel zu a) ist oft großflächig vor dem Ablauf stehendes Wasser.

Abb. 3.2-25: Wasser steht großflächig vor dem Attika-Ablauf.

Abb. 3.2-27: Wasser steht 3 cm hoch vor dem Terrassenablauf.

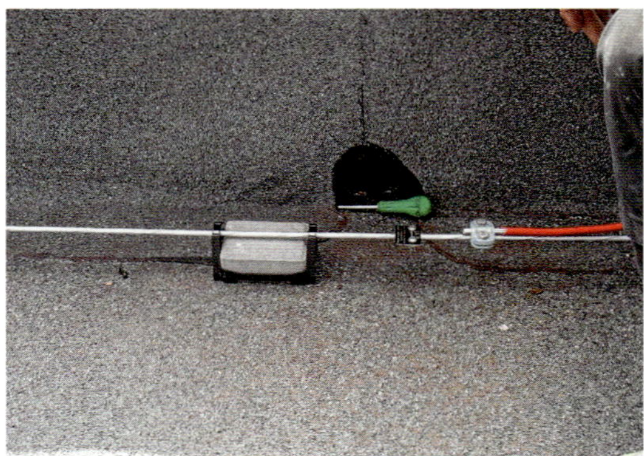

Abb. 3.2-28: Abläufe ohne Ankeilung sind offen undicht.

Abb. 3.2-29: Abläufe ohne Ankeilung sind offen undicht.

In der Bitumenabdichtung ergibt sich ein weiterer Mangel, wenn der Klebeflansch des Attika-Ablaufs scharfkantig hergestellt ist, also keine Ankeilung oder Ausrundung hat. Scharfkantige rechtwinklige Anschlussklebungen sind mit 5 mm dicken Bitumenschweißbahnen kaum wasserdicht herstellbar. Meist verbleiben offene Kapillaren als direkte Undichtigkeiten.

Dazu einige typische Schadenbeispiele:

1. Wasseranstau vor dem Ablauf
Der (fast) unvermeidbare Wasseranstau kann mehrere Ursachen haben:

a) Dachdecken, gleich welcher Bauart, biegen zwischen ihren Auflagern durch. Außenwände sind Auflager, also Hochpunkte.
b) Betonbauern unterläuft regelmäßig der Abzugfehler zu den Dachrändern in der Form, dass die Betonoberfläche zum Dachrand hin immer leicht ansteigt.
c) Leichtdächer aus Stahltrapezprofil haben ebenfalls am Dachrand ihr Auflager, zusätzlich immer eine Randverstärkung aus Stahlblech, durch das Dämmplatten schräg liegend angehoben werden.
d) Überlappungen und Attikaanschlüsse sind immer mit Schweiß- oder Klebewülsten verbunden, vor denen sich Wasser staut.
e) Die Ablaufrohre der Attikaabläufe liegen immer höher als der waagerechte Klebeflansch mit dem Ergebnis der negativen Gefällestufe.
f) Nicht selten haben die Ablaufrohre Gegengefälle; beim Blechablauf wegen Verziehens oder Verdrehens der Klebeflansche oder aus Ungenauigkeiten beim Einbau.

Selbst das Absenken der Dämmung und die Abdichtung vor dem Ablauf verhindert die stehende Wasserpfütze am Ablaufloch nicht. Streit mit dem Bauherrn ist hierbei vorhersehbar. Im untersuchten Fall mehrerer Dachterrassen stand Wasser bis zu 3 cm hoch vor dem Ablauf, weil die Ablaufrohre Gegengefälle hatten.

2. Geplante Undichtigkeit am Ablauf
In der Bitumenabdichtung galt der Grundsatz, Anschlüsse anzukeilen oder auszurunden. Der einleuchtende Grund ist, dass sich Bitumenbahnen und Schweißbahnen nicht scharfwinklig in die Abkantung einfügen lassen.
Etliche Anbieter von Attika-Abläufen verkaufen scharfwinklige Klebeflansche. Nachprüfungen an eingebauten Abläufen ergeben, dass solche Anschlüsse in großen Teilen undicht sind.

Abb. 3.2-30: Beispiel für ungeeigneten Ablauf ohne Ankeilung.

Abb. 3.2-31: Beispiel für geeigneten Ablauf mit Ankeilung.

3. Abläufe aus Metallblech

a) Zinkblech ist für Flachdachabläufe grundsätzlich ungeeignet: Zum einen wegen der Bitumenkorrosion, bei der von Bitumenbahnen abgespülte Säure-Ionen das Zink in kurzer Zeit auflösen können. Zum anderen wegen Feuchtebelastung des Zinks im Wanddurchbruch, die zur Zinkzerstörung durch Bildung von Zinkhydroxid („Weißrost" („Zinkpest")) führt.

b) Kupferblech ist weniger korrosionsgefährdet als Zink, aber grundsätzlich auch durch Bitumenschichten korrosionsgefährdet.

c) Abläufe aus Metallblech sind wenig formstabil, und Ablaufrohre verdrehen oder verziehen sich.

Empfehlungen für den Attika-Ablauf

Attika-Abläufe sollten möglichst vermieden werden. Sind sie unverzichtbar, gelten folgende Regeln:

- Die Abläufe müssen verwindungsfrei (starrer Baukörper) hergestellt sein.

Abb. 3.2-32: Abdichtung mit Flüssigkunststoff auf beschieferter Schweißbahn ist keine fachgerechte Lösung.

Abb. 3.2-33: Neuer Ablauf aus Zinkblech zeigt bereits Korrosion.

- Edelstahlblech aus Chrom-Nickel-Stahl ist grundsätzlich geeignet, wenn das Blech mindestens 1,0 mm dick ist.
- Handgefertigte Attika-Abläufe müssen aus mindestens 1,0 mm dickem Edelstahlblech oder Kupferblech bestehen. Klebeflansche aus dünneren Blechen verwinden und verziehen sich und erzeugen die weiter oben beschriebenen Rückstauprobleme.
- Die Ablaufrohre müssen eine Neigung nach außen haben.
- Abläufe für Bitumendichtungen müssen immer angekeilt oder ausgerundet sein. Dies gilt nicht bei Abdichtungen aus Kunststoffbahnen und Flüssigkunststoff.
- Die Abläufe müssen fest und unverrückbar mit der Tragkonstruktion verbunden sein,

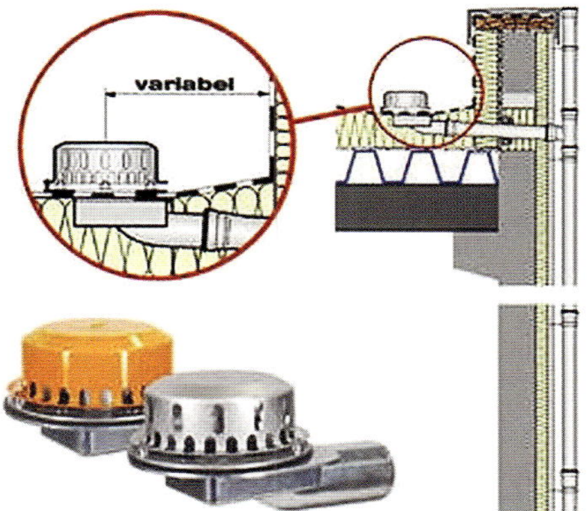

Abb. 3.2-34: Technisch bessere Ausführung in der Dichtebene.

also verschraubt auf Bohlenkranz, sowohl in der waagerechten wie auch in der lotrechten Ebene.

- Dämmung und Abdichtung sollen trichterförmig zum Ablauf hin abgeböscht werden.
- Planer und Bauherr sollen auf den Verzicht der zweiten Entwässerungsebene (Dampfsperre) hingewiesen werden.
- Bessere Ausführung mit höherer Sicherheit bietet der in der Dämmschicht versenkte Rand-Ablauf in der Dichtebene.

3.3 Sparen an der falschen Stelle

Seltsam ist es schon: Geht man zum Autoverkäufer, tut der alles, um einem ein Auto mit mehr Sonderausstattung und schließlich höherem Preis zu verkaufen.
Fragt der Bauherr den Dachdecker nach einem Angebot, erhält er i.d.R. eine Offerte, die eine möglichst preiswerte Ausführung und Werkstoffe niedrigster Qualität miteinander verbindet. Fragt der Bauherr 2 weitere Dachdecker nach deren Vorschlägen, kann er sicher sein, dass die den Vorschlag des ersten Kollegen nochmals technisch abmagern. Dem vierten fällt zum Schluss die billigste aller Möglichkeiten ein.
Kaum einer der Anbieter denkt daran, seinem potenziellen Kunden mehr Sicherheit, größere Lebensdauer, bessere Reparatur- und Wartungsmöglichkeiten seines Daches, von einer hochwertigen, ästhetischen Ausführung ganz zu schweigen, anzubieten.
Beispielsweise kann man erleben, dass in Flachdächer vier- und sechsstöckiger Häuser nicht einmal Dachausstiege eingebaut wurden: Der Zugang für Wartung und Reinigung war nur über Hubsteiger möglich.
Muss für eines der wichtigsten Bauteile – Dach – immer die Mindestanforderung verwirklicht werden?

»So ein billiges Dach spartdoch viel Geld«!
(Aus »House and Home«)

Abb. 3.3-1

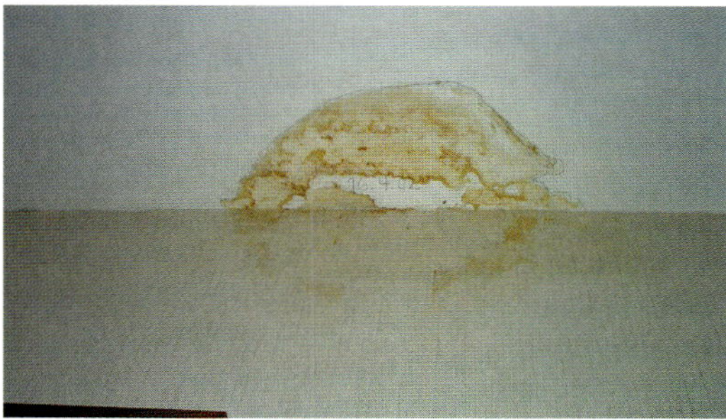

Abb. 3.3-2: Wasserschaden unter Flachdach.

Abb. 3.3-3: Geplante Zerstörung der PVC-Dachbahn durch fehlende Trennlage.

Abb. 3.3-4: Dachabdichtung in Sparausführung.

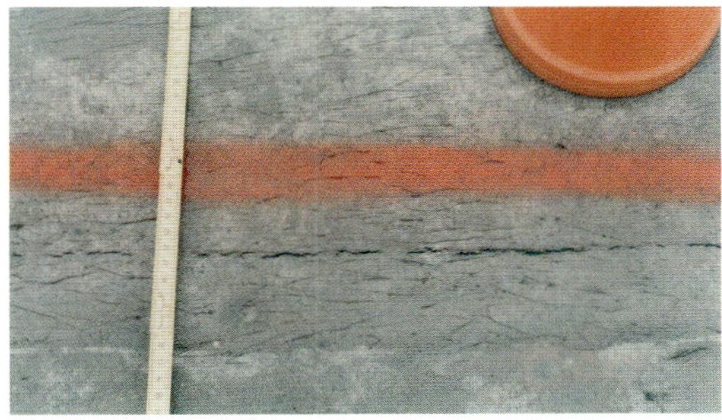

Abb. 3.3-5: Brüche in Altabdichtung setzen sich in Flüssigdichtschicht fort.

3.3.1 Das Fehlen von Trenn- und Schutzlagen zerstört Dachabdichtung

Schaden
Die Eigentümer eines Wohnkomplexes hatten den Sachverständigen mit der Überprüfung ihrer Flachdächer beauftragt. Bemängelt wurden Wasserflecken an den Dachdecken mehrerer Dachgeschosswohnungen.

Analyse
Die Flachdächer waren über Betondachdecken mit Dampfsperren, lose verlegter EPS-Dämmung und Abdichtung aus lose verlegten PVC-Dachdichtungsbahnen hergestellt. Als Lagesicherung und Oberflächenschutz war eine Kiesschüttung aufgebracht.
Nach Freiräumen mehrerer Teilflächen traten Schrumpfrisse zu Tage (Dunkelfärbung des Dämmstoffes durch eingespülten Schmutz).
Die Ursache für die Schrumpfrisse lag in der hier fehlenden Kontakttrennlage zwischen Dämmung und EPS-Dämmstoff: Der Kunststoff war infolge Weichmacherwanderung geschrumpft, versprödet und schließlich aufgerissen.
In den Dächern hatte man aber noch die Schutzlage zwischen Dachbahn und Kies eingespart; scharfkantige Kiesel hatten durch Ankerbung zusätzlichen Schaden verursacht.
Die Dämmschicht stand unter Wasser; Abdichtung und Dämmung waren nicht mehr zu gebrauchen. Noch größere Schäden hatte die Dampfsperre verhindert.

Abb. 3.3-6: Abreißen und Abschälen der Flüssigdichtschicht.

Abb. 3.3-7: Abreißen und Abschälen der Flüssigdichtschicht.

Lösung
Abdichtung und Dämmschicht mussten abgetragen und neu hergestellt werden. Nach Abräumen der Dämmung wurde zunächst die Dampfsperre überprüft und instand gesetzt, und die Dachflächen wurden in kleinere Felder unterteilt und abgeschottet.
Als Dämmschicht wurde eine Gefälledämmung eingebaut, darauf eine Kontakttrennlage aus Glasvlies, eine PVC-Dachabdichtung und eine Polyesterschutzlage.
Alle An- und Abschlüsse, Abläufe und Lüfter wurden erneuert.
Der Kies wurde als Auflast und Lichtschutz wieder aufgebracht.

3.3.2 Flüssigkunststoff in Einfachausführung

Schaden
Die Flachdächer eines Autohauses waren undicht. Ein Dachbeschichter übernahm den Auftrag, den alten Bitumendächern eine neue Dachhaut zu verpassen. Schon nach kurzer Zeit waren die Flachdächer so undicht wie zuvor.

Tabelle 3.1: Bemessung von flüssig aufzubringenden Dachabdichtungen

Stoffe	Anwendungs-kategorie	Mindestdicke 1 mm	Beanspruchungsklassen	Leistungsstufen 3
flexible ungesättigte Polyesterharze (UP)	K1	1,8	IA, IIA, IB, IIB	Klimazone M Erwartete Nutzungsdauer W 3 Dachneigung² S1, S2, S3, S4 Nutzlast P 4 Tiefste Oberflächentemperatur TL 3 Höchste Oberflächentemperatur TH 3
flexible Polyurethanharze (PUR) 1K, 2K			IIA, IIB	Klimazone M Erwartete Nutzungsdauer W 3 Dachneigung² S1, S2, S3, S4 Nutzlast P 3 Tiefste Oberflächentemperatur TL 3 Höchste Oberflächentemperatur TH 3
flexible reaktive Polymethylmethacrylate (PMMA)	K2	2,1	IA, IIA, IB, IIB	Klimazone S Erwartete Nutzungsdauer W 3 Dachneigung² S1, S2, S3, S4 Nutzlast P 4 Tiefste Oberflächentemperatur TL 4 Höchste Oberflächentemperatur TH 4

1) Kein Einzelwert darf die Mindestschichtdicke um mehr als 5 % unterschreiten. Wenn die in der europäischen Zulassung angegebene Mindestschichtdicke höher ist als die geforderte Mindestschichtdicke, so gilt der höhere Wert.

2) Unabhängig von der tatsächlichen Dachneigung sind alle Neigungsstufen S1 bis S4 nachzuweisen.

3) Erläuterung der Leistungsstufen siehe „Produktdatenblatt für Flüssigabdichtung".

(Fachregel für Abdichtungen, 10/2008 (mit Änderungen 05/2009 und 12/2011, Tabelle 7)).

Analyse

Die wärmegedämmten Abdichtungen auf Stahltrapezprofildecken waren erkennbar nicht lagesicher; starke Schubfalten an den Dachrändern und Risse in der Abdichtung zeigten dies.
Der Dachbeschichter hatte einkomponentiges Acrylat in Schichtdicke von etwa 0,4 bis 0,8 mm auf die Altabdichtung aufgetragen. Lagesicherheit hatte er damit nicht herbeigeführt; Risse in der Altabdichtung traten auch wieder in der Acrylatschicht auf.
Anschlüsse an Oberlichtkuppeln rissen ab. Haftung auf den Lichtkuppelkränzen war nicht vorhanden, der Acrylspachtel ließ sich von der Anschlussfläche abziehen.
Flüssigkunststoffbeschichtungen aus Acrylatdispersionen (PMMA) sind unter stehendem Wasser meist nicht standfest. Sie quellen, waschen aus und schrumpfen. Sie sind i.d.R. nur für geneigte Dächer geeignet.

2.5.6.4 Flüssigabdichtungen
(1) Flüssigabdichtungen gelten als einlagige Abdichtung (Anwendungstyp DE, Eigenschaftsklasse E1).
(2) Für die Verwendung von Flüssigabdichtungen in den Anwendungskategorien K1 und K2 sind die Mindestanforderungen in Tabelle 7 zu beachten. Diese Anforderungen gelten für alle Beanspruchungsklassen.
(3) Flüssigabdichtungen sollen vollflächig haftend aufgetragen werden. Eine vollflächige Haftung ist unter Baustellenbedingungen nicht immer erzielbar. Einzelne z.B. durch Unebenheiten entstehende, geringfügige Fehlstellen können nicht ausgeschlossen werden.
(4) Eine Vorbehandlung des Untergrundes ist erforderlich (z.B. säubern, grundieren, anschleifen).
(5) Der Untergrund soll trocken und frei von losen oder haftmindernden Bestandteilen sein. Bei

Abb. 3.3-8: PU-Ortschaum auf Flachdach; Beulen, Schrumpf und Rissbildung.

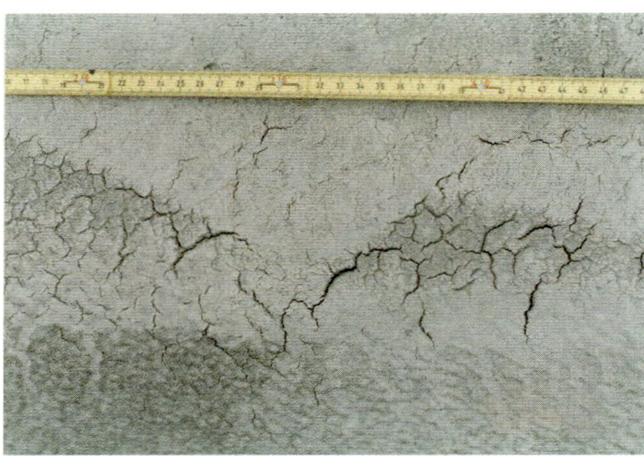

Abb. 3.3-9: PU-Ortschaum auf Flachdach; Beulen, Schrumpf und Rissbildung.

Untergründen aus Beton oder Estrich darf die Feuchtigkeit maximal 6 Gew.-% betragen.
(6) Bei der Ausführung der Arbeiten muss die Oberflächentemperatur mindestens +3 K über der Taupunkttemperatur liegen. Bei Unterschreitung kann sich auf der Oberfläche ein trennend wirkender Feuchtigkeitsfilm bilden.
(7) Wenn die hier genannten Anforderungen an die Oberflächenbeschaffenheit des Untergrundes (z.B. Rauigkeit, Temperatur, Feuchtigkeit) nicht erfüllt werden, sind ggf. Trennlagen oder Trägerlagen z.B. aus Bitumenbahnen einzuplanen.
(8) Werden Flüssigabdichtungen auf Unterlagen aus Holzschalung, Holzwerkstoffe oder unkaschierten Wärmedämmstoffen verlegt, sollen Trennschichten-/lagen angeordnet werden.
(9) Flüssigabdichtungen müssen mindestens zweischichtig mit Einlage ausgeführt werden. Das Auftragen kann durch Streichen, Rollen oder Spritzen erfolgen. Als Einlage müssen Kunststofffaservliese, mindestens 110 g/m², eingesetzt werden. Die Einlage ist in eine vorgelegte Menge Flüssigkunststoff einzuarbeiten und frisch in frisch abzudecken, sodass die Einlage vollständig abgedeckt ist und keine sichtbaren Lufteinschlüsse vorhanden sind. Die einzelnen Bahnen der Einlage sollen mindestens 50 mm überlappt werden.
(10) Flüssigabdichtungen erhärten durch chemische Reaktion. Systemkonforme Zuschläge und andere Zusatzstoffe können beigemischt sein oder getrennt geliefert werden. Die Aushärtung beginnt nach dem Mischen. Die für die Verarbeitung zur Verfügung stehende Zeit (Verarbeitungszeit, Topfzeit) ist zeitlich begrenzt. Bei manchen Systemen sind die Wartezeiten zwischen dem Auftrag der einzelnen Schichten (Intervallzeit) nach oben und ggf. unten begrenzt. Reaktive Systeme, die mittels der Luftfeuchtigkeit erhärten (1-komponentige Polyurethansysteme) benötigen keine zusätzliche Härterkomponente. Bei diesen Systemen existiert keine nennenswerte zeitliche Begrenzung der Verarbeitungszeit (Topfzeit). Die Verarbeitungstemperatur bestimmt die Reaktionsgeschwindigkeit und damit alle zeitlichen Abläufe. Hohe Temperaturen beschleunigen, niedrige Temperaturen verzögern den Härtungsverlauf der Abdichtung.
(11) Bei Arbeitsunterbrechungen ist ein ausreagierter Übergangsbereich vorzubehandeln.
(12) Die Dicke der fertigen Flüssigabdichtung muss, soweit in der Zulassung keine höheren Anforderungen gestellt werden, für die Anwendungskategorie K1 mindestens 1,8 mm und für die Anwendungskategorie K2 mindestens 2,1 mm betragen.

Abb. 3.3-10: PU-Ortschaum auf Flachdach; Beulen, Schrumpf und Rissbildung.

Abb. 3.3-11: PU-Ortschaum auf Flachdach; Beulen, Schrumpf und Rissbildung.

(13) Dachabdichtungen der Anwendungskategorie K1 mit einer Neigung unter 2 % sind wie K2 zu bemessen.

(Fachregel für Abdichtungen, 10/2008 (mit Änderungen 05/2009 und 12/2011), Abschnitt 2.5.6.4)

In den untersuchten Dächern erfüllte die Kunststoffabdichtung keine der o.g. Regeln. Ein bauaufsichtliches Prüfzeugnis lag nicht vor. Grundierung war nicht ausgeführt (ungenügende Haftung), die erforderliche Schichtdicke von mindestens 2,1 mm für gefällelose Dächer war nicht vorhanden. Anstelle des geforderten Kunststoffvlieses von 110 g/m² war ein Gittervlies von weniger als 30 g eingesetzt.
Der Untergrund (Altabdichtung) war für eine Beschichtung nicht geeignet, da er nicht lagesicher war.

Lösung
Bei der Vielzahl von Oberlichtern, Lüftern und Klimageräten hätten in diesem Fall die Kosten einer mechanisch verankerten Zusatzdämmschicht und Dachhaut die Kosten einer neuen Dachabdichtung fast erreicht. Der Eigentümer sparte diesmal nicht am falschen Ende und entschloss sich zu einer völlig neuen Abdichtung.

3.3.3 Schaumdach war Schaumschlägerei

Schaden
Die Flachdächer eines großen Einkaufsmarktes waren undicht. Die Betreibergesellschaft beauftragte einen Handwerker, der eine Gesamtfläche von 12.000 m² Altabdichtungen mit PU-Ortschaum abdichtete. Nach anfänglichem Erfolg stellten sich nach und nach wieder Undichtigkeiten am Dach ein, nach deren Ursachen der Sachverständige zu suchen hatte.

Analyse
Die Dachflächen waren mit einer etwa 5 cm dicken Schicht aus Polyurethan-Ortschaum überzogen. Auffällig waren blasige Beulen in Größenordnungen von 20 bis 60 cm Durchmesser. Die Blasen wurden geöffnet: Der Ortschaum hatte sich in ganzer Schichtdicke vom Untergrund gelöst und war dabei blasig aufgegangen. Flächiger Materialschrumpf mit Schrumpfrissen war feststellbar.
Bewegungsbrüche von mehreren Metern Länge waren aufgetreten, die bis zum Altdach reichten.

PU-Ortschaum besitzt eine bauaufsichtliche Zulassung als Wärmedämmstoff, der der Witterung ausgesetzt werden darf, wenn zusätzliche Schutzbeschichtungen aufgebracht und regelmäßig erneuert werden. Als Dachabdichtung ist Ortschaum weder zugelassen noch geeignet.
Richtig angewendet entstehen geschlossene Dämmschichten mit verdichteter Außenhaut. Der Schäumvorgang setzt aber exakte Dosierung, trockenes Wetter und nahezu Windstille voraus, damit es beim Sprühen nicht zur Entmischung kommt.
Erkennbar haben beim Aufschäumen die Wetterbedingungen nicht gepasst, und der Untergrund war nicht gereinigt oder nicht trocken. Die Schaumschicht hatte nicht die notwendige Dichte und Konsistenz, die notwendig gewesen wäre; deshalb kam es zu Beulen, Schrumpf und Schrumpfrissen.
Probleme traten in Bewegungszonen und Anschlüssen auf. Brüche im Altdach führten hier auch zu Brüchen im Ortschaum.
Die Dachverschäumung war als Dachabdichtung ungeeignet.

Lösung
Der Vorschlag, den Ortschaum zu egalisieren und mit einer zusätzlichen Abdichtung zu überkleben, wurde rasch wieder verworfen. Eingeschlossenes Wasser hätte zu Blasen in der Abdichtung geführt. Außerdem war nicht sicher, ob die Schaumoberfläche standfest genug war (Haftung gegen Windsog) und überhaupt das Verkleben ermöglicht hätte.

Als Lösung wurde endlich der Ortschaum komplett wieder abgeräumt und die Flachdächer mit verankerten Kunststoff-Dachbahnen saniert.

3.3.4 Hagelschaden am Flachdach

Bei der Auswahl der Dachabdichtungsstoffe denkt der Dachdecker an den Preis, die Mitbewerber an Zeitersparnis bei der Verlegung. Der Planer fragt den Verlegeberater des Bahnenherstellers, und der Bauherr seine Bank. Es kommt vor, dass manche Beteiligten auch an höherwertige Ausführung denken – aber doch eher selten. Wenn dann ein Dach Schaden nimmt, den man mit geringem Mehraufwand hätte vermeiden können, stehen alle Beteiligten blamiert da.

Schaden
Ein im Herbst 1999 errichteter Einkaufsmarkt hat ein zweischiffiges Satteldach von etwa 3.200 m² mit geringer Dachneigung über Holzbinderkonstruktion mit Holzschalung.
Die Dachabdichtung besteht aus der Bitumen-Dampfsperre, MF-Dämmplatten 120 mm und einer EVA-Kunststoffdachdichtungsbahn in mechanisch verankerter Verlegung.
Im Mai/Juni 2008 wurde das Dach durch Hagelschlag beschädigt.
Bauherr, Architekt, Dachdecker und Versicherung streiten um die Ursache des Schadens und Kosten der Schadenbeseitigung.

Analyse
Die Dachabdichtung besteht aus EVA-Bahnen der Nenndicke 1,2 mm mit unterseitiger Polyesterfaservlieskaschierung. Die Dachabdichtung zeigt insgesamt 201 Einzelschäden, von denen

Abb. 3.3-13: Trichterbruch durch Hagelkorn.

3 Prüfstücke genommen und materialkundlich untersucht wurden. Die Schadstellen waren klusterförmig konzentriert und zeigen einheitliche Trichterrisse mit unterschiedlichen Rissbildern, jedenfalls deutlich unterschiedlich zu Kerbrissen aus Schäden durch Aktivkohleeffekt. Es bestand jedoch die Vermutung, dass ein Werkstofffehler in der Kunststoffbahn – z. B. vorzeitige Alterung und Versprödung durch Rezepturfehler – die Schäden mitverursacht haben könnte.

Als materialkundliche Untersuchungen wurde durchgeführt:

a) Dickenmessung und Oberflächenbeschaffenheit,
b) Kältebruchtemperatur,
c) Perforationsverhalten bei Regeltemperatur und bei 0 °C,
d) Falzen bei –20 °C.

Abb. 3.3-12: Hagelschlag-Kluster in der Abdichtung.

Abb. 3.3-14: Rückseite der Dachbahn und MF-Dämmung.

Tabelle 3.2: Dachschichten

1	Bitumenschweißbahn	stark versprödet, lose liegend
2	Glasgewebedach- oder -schweißbahn	zerfallen, nass
3	EPS-Dämmplatte 10 cm	wassergesättigt
4	Dampfsperre	stehendes Wasser

Zu a) Die effektive Bahnendicke beträgt 1,08 mm; die Oberfläche der Bahn ist bis zur Tiefe von etwa 35 µm abgewittert mit Mikrorissen (Craquelé-Rissen), im übrigen Querschnitt aber ungeschädigt.

Zu b) Die Bahn hält der Bruchprüfung bis 0 °C bzw. 2 °C stand.

Zu c) Der Widerstand gegen stoßartige Belastung wird mit 750 mm (Fallhöhe der Kugel) ausreichend festgestellt.

Zu d) Die Falzprüfung bei –20 °C bestehen die Proben nicht mehr.

Die Prüfergebnisse zeigen den bei Kunststoffbahnen üblicherweise zu erwartenden Rückgang der Kennwerte, dazu gehört auch die nicht mehr bestandene Falzprüfung. Die ermittelte Fallhöhe übertrifft die Bedingungen (der zurückgezogenen Norm DIN 16734) von 300 mm Fallhöhe. Rückschlüsse auf Materialfehler sind nicht feststellbar.
Die Materialprüfung bestätigt zunächst, dass Alterung und Versprödung bei Kunststoffdachbahnen von der Oberseite einsetzen und nach innen fortschreiten; dickere Bahnen haben danach längere Lebensdauer.
Schädigung durch Hagelschlag ist bei Kunststoffdachbahnen aber auch von deren Dicke abhängig: Die schweizerische Eidgenössische Materialprüfungs- und Forschungsanstalt (EMPA) hat in Versuchsreihen den Zusammenhang zwischen der Dicke von Kunststoffbahnen und Hagelschäden untersucht. Danach sind Kunststoffbahnen unter 1,5 mm Dicke besonders hagelschlaggefährdet.
Ebenso bedeutsam für Hagelschäden ist der Untergrund der Dachbahn: Wenig gefährdet sind Dachbahnen auf festem Untergrund (z.B. Holzschalung). Je weicher der Untergrund ist, desto größer ist die Gefahr des Schadens durch Hagelschlag -> auf weichem Mineralfaserdämmstoff entstehen mehr Schadstellen als auf Hartschaumstoff. Besonders gefährdet sind Bereiche unter Spannung und hohlliegende Dachbahnen.

Lösung
Im vorliegenden Schadenfall war kein Materialfehler der Auslöser für die Hagelschäden, sondern eine zu dünne Dachbahn auf sehr weicher Unterlage.
Die unterseitig kaschierte Kunststoffdachbahn konnte nicht teilflächig saniert werden, weil die Oberfläche zu stark abgewittert und unterseitige Schweißung nicht möglich war. Damit war nur die Neuverlegung einer kompletten Abdichtung möglich. Um höheren Widerstand gegen Hagel zu erreichen, wurde eine dickere Bahn auf zusätzlicher Hartschaumdämmschicht verlegt und alles gemeinsam mechanisch verankert. Die dickere Bahn hat in Muldenbereichen mit stehendem Wasser gleichzeitig größere Beständigkeit.

3.3.5 Überaltertes Bitumendach

Das eingeschossige Wohnhaus besitzt ein gefälleloses Flachdach auf Ortbetondecke.
Die Eigentümerin hatte das Haus vor Kurzem erworben und stellte nun Wasserflecke hinter den Deckenbekleidungen in Küche und Bad fest.
Es soll festgestellt werden, welche Ursachen die Schäden haben.

Dachschichtenpaket
Im Dach wurde eine Prüföffnung angelegt.

Abb. 3.3-15: Wasser läuft an der Außenwand herunter.

Abb. 3.3-16: Wasserschaden im Bad.

Abb. 3.3-18: Bruch in der Abdichtung.

Das Flachdach hat danach folgenden Aufbau und folgenden Zustand (von oben nach unten):

Zustand der Dachabdichtung

Die überalterte Abdichtung weist eine Vielzahl an Auffaltungen, Aufbeulungen und offenen Brüchen auf. 2 der Brüche bilden bis zu 2 cm breite offene Spalten.

Überlappungen der Bitumenbahnen sind aufgestellt und offen undicht mit groben Craquelés.

Die untere (erste) Glasgewebedichtungsbahn ist nicht wasserbeständig und deshalb bis auf die Trägereinlage zerfallen. Die Dachabdichtung hat über die bereits offenen Leckstellen hinaus keinerlei Dichtwirkung mehr.

Einer noch weitgehend dichten Dampfsperre ist es zu verdanken, dass nicht größere Wasserschäden aufgetreten sind, denn über die Fassade abrinnende breite Wasserbahnen zeigen das Ausmaß des in das Dach eingedrungenen Wassers.

Zustand der Dachränder

Die Dachränder bestehen aus 10 cm hohen Aluminium-Strangprofilblenden mit direkter bituminöser Einklebung. Am untersuchten Objekt hat sich die Einklebung weitgehend vom Blendenprofil gelöst; die Dachränder sind mindestens stellenweise offen undicht.

Ursachen der Mängel

Konstruktive Fehler – Gefällelosigkeit des Daches, Verwenden nicht wasserbeständiger Glasgewebe-Dachbahnen – sind Kern der Ursache. Dachrandblenden aus Metall dürfen mit Abdichtungen nicht direkt verklebt werden. Temperaturbedingte Längungen und Verkürzungen der Randblenden führen zu Zwängungs- und Scherspannungen und zu Scher- und Kerbbrüchen in der Abdichtung. Solche Brüche sind dann offene Undichtigkeiten.

Darüber hinaus hat es offensichtlich an Wartung und Instandsetzung des Daches gefehlt.

Abb. 3.3-17: Zustand der Dachabdichtung.

Abb. 3.3-19: Bruch in der Abdichtung.

Abb. 3.3-20: Abdichtung ist stark gealtert und versprödet.

Abb. 3.3-23: Flachdach auf Holzschalung.

Abb. 3.3-21: Dämmung braun verfärbt und wassergesättigt.

Abb. 3.3-24: Prüfstelle.

Abb. 3.3-22: Offen undichte Dachränder.

Abb. 3.3-26: Aufmaß der Nagelung.

Maßnahmen zur Schaden- und Mängelbeseitigung

Flachdach und Dachränder sind nicht instandsetzungsfähig. Der Verfall und die Durchnässung sind bereits zu weit fortgeschritten. Insbesondere ist die durchnässte Dämmschicht nicht wiederverwendbar und infolge Unternässung auch nicht mehr lagesicher.

Abb. 3.3-27: Umgeklappte Nagelstelle.

Flachdach, Dachrinnen und Dachränder müssen grundsätzlich abgeräumt und neu hergestellt werden. Ob die Dampfsperre nach Überarbeitung im Dach verbleiben kann, muss überprüft werden.

Abdichtungen altern und verspröden und müssen in größeren Zeitabständen erneuert werden. Abläufe und Rinnen müssen regelmäßig von Laub und Schmutz gereinigt, Verschmutzungen und Verkrustungen von der Abdichtung entfernt werden.

3.3.6 Windsicherung an einem Flachdach

Ein innerstädtisches Wohnprojekt war aufgestockt und mit einem leicht geneigten Flachdach auf Holzschalung abgedeckt worden.

Ein hinzugezogener externer Fachmann hatte behauptet, die Flachdachabdichtung sei aus-

Windsogberechnung

lt. Fachinformation Stand September 2007

Ort:	Schwelm
Höhe ü. d. M.:	220 m
Windzone:	1
Geländekategorie:	Binnenland
Dachtyp:	Dach DN < 5°
Gebäudehülle:	geschlossen
Bemessungslast Stifte:	0,09 kN
Länge:	15,10 m
Breite:	14,00 m
Höhe:	16,00 m
Dachneigung:	2,00 °

Sogbetrachtung

	Fläche	Staudruck	cpe	SF	Windsog	Stifte	Stifte
	[m²]	[kN/m²]			[kN/m²]	[1/m²]	
F	33,98	0,647	-2,500	1,50	-2,426	26,96	916
G	42,37	0,647	-2,000	1,50	-1,941	21,57	914
H	135,05	0,647	-1,200	1,50	-1,165	12,95	1749
Ges.	211,40						3579

Abb. 3.3-25: Windsogberechnung..

schließlich in der als Trennlage verwendeten V13-Dachbahn auf der Holzschalung vernagelt und deshalb nicht windsogsicher.
Zur Überprüfung wurde der Dachaufbau an 3 Prüfstellen geöffnet. Es wurde festgestellt:
Die V13-Dachbahn (Glasvliesbitumendachbahn) ist mit Breitkopfnägeln (Pappnägeln) von 3 x 25 mm vernagelt. Die Nagelabstände sind im Raster von 0-16-32-50 cm festgestellt. Zusätzlich ist die erste Dichtlage im Raster 0-17-30 cm bzw. im Raster 0-14-29 cm vernagelt. Die Dachabdichtung ist damit – ausgehend von der Feststellungen der Prüföffnungen – sowohl in der Vordeckung (V13) wie auch in der ersten Lage (PYP PV200S4) vernagelt:
Vordeckung: Nagelraster bei 1 m breiter Bahn mit 8 cm Seitenüberlappung: 1/0,92*0,5/3 = 6,52 St. Pappnägel/m^2
1. Lage: Nagelraster bei 1 m breiter Bahn mit 8 cm Seitenüberlappung: 1/0,92*(0,30 + 0,29)/4 = 7,37 St.
Vordeckung und Lage 1 sind danach mit 6,52 + 7,37 = 13,9 St. Pappnägeln/m^2 vernagelt.
Die Windlastberechnung nach DIN 1055-4 ergibt folgende Windsoggrößen und daraus folgernde Nagelbefestigungen:
Für die Mittenfläche gilt dann, dass mindestens 12,95 St. Pappnägel je m^2 verwendet werden müssen. Dem steht eine tatsächliche Nagelzahl von 13,9 St./m^2 gegenüber. Die Kombination der Träger reicht dabei nach sachverständiger Einschätzung aus, um die notwendige Auszugsfestigkeit herzustellen.
Für die Rand- und Eckbereiche gilt, dass die Nagelzahl nicht ausreicht: Hier werden 21,57 St. und im Eckbereich 26,96 St. benötigt. Nach Dachaufmaß müssen 63,75 m^2 Rand- und Eckbereiche mit verschraubten Dachankern zusätzlich befestigt werden.
Art und Menge der Anker richten sich nach Windlastberechnung und Zulassung der Anker. Rand- und Eckbereiche sind dann vorzubehandeln und zweilagig zusätzlich abzudichten.

3.4 Der Teufel steckt im Detail

3.4.1 Die Nahtkapillaren

PIB-Dachdichtungsbahnen des Typs Rhepanol-fk zeichnen sich durch integriertes Nahtdichtband aus; es vereinfacht den Nahtverschluss gegenüber anderen Kunststoffbahnen erheblich. Dennoch darf die Vereinfachung nicht zu weit gehen.

Schaden

Ein Schulungsgebäude hatte Flachdachabdichtungen aus PIB-Dachdichtungsbahnen erhalten. Die Abdichtungen entsprachen nicht den Vorstellungen der Bauverwaltung. Der Sachverständige musste die Abdichtungen auf mögliche Leckstellen untersuchen.

Analyse

Für *T-Stöße* schreibt der Hersteller der Dachbahn das Abgleichen der Bahnenkante mittels Nahtpaste vor, durch einen Pastenkeil soll der durch die Bahnendicke bedingte Höhenversprung ausgeglichen werden.
Am untersuchten Objekt zeigte sich, dass gerade diese Herstellervorschrift planmäßig missachtet wurde. Die Nahtpaste wurde nicht eingefügt: Die dadurch entstehende Kapillare war nach außen offen, Wasser drang ein.
An *Attiken und Anschlüssen* dürfen Bahnen und Bahnennähte grundsätzlich nicht senkrecht hochgeführt werden. Immer ist zu trennen und eine gesonderte Anschlussbahn einzubauen. Am Objekt war auch diese Regel missachtet worden: Demzufolge lösten sich die Nahtdichtungen und waren offen für eindringendes Wasser.

Abb. 3.4-2: Nicht abgesicherte, offene Nahtkapillare.

Prüföffnungen zeigten, dass Wasser etwa 1 cm hoch auf der *Dampfsperrfolie* stand; diese war zudem nicht an Dachränder und Wände angeschlossen. Die Sperrfolie bestand aus Polyethylen und war 0,2 mm dick. Folienüberlappungen waren nicht verklebt.

Folgende technischen Probleme traten demnach auf:

- Die große Sperrwertdifferenz von s_d =20/3500 PE-Folie/PIB-Dachbahn führte in der Berechnung nach DIN 4108 zu Tauwasser-/Verdunstungswerten von 22,6/51,4 g/m^2.
  Die exaktere Berechnung nach EN ISO 13788 ergab kumulierte Tauwasserfeuchte zwischen 4 und 44 g/m^2 je Monat, jedoch verdunstete das Tauwasser nicht vollständig und kumuliert mit den Jahren.

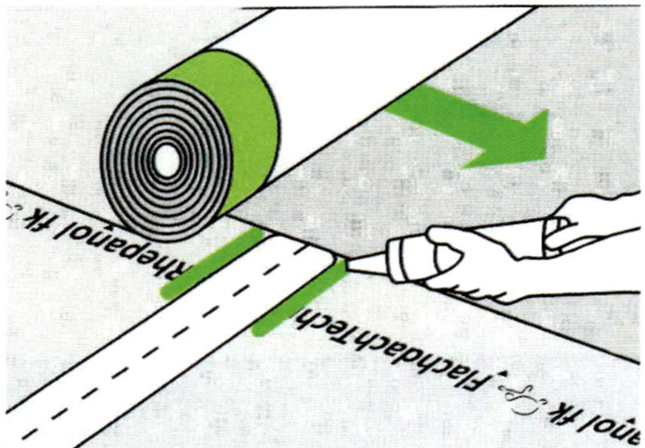

Abb. 3.4-1: Verlegevorschrift des Herstellers für den Nahtstoß.

Abb. 3.4-3: Nicht abgesicherte, offene Nahtkapillare.

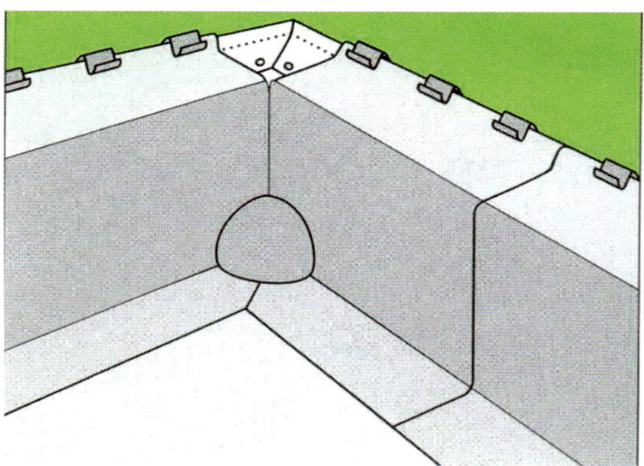
Abb. 3.4-4: Immer gesonderte Anschlussbahn einbauen (Herstellervorschrift).

Danach war das Bauteil nicht tauwassersicher. Der Sperrwert der Dampfsperre reichte nicht aus.
- Die fehlende Folienverklebung war ein Mangel.
- Die lose verlegten EPS-Dämmplatten waren nur an der Oberfläche nass; der Dämmkern war trocken.
- Die Fehler an Attiken, Anschlüssen und T-Stößen müssen beseitigt werden, d.h. gesonderte Anschlussbahnen eingebaut werden.

Lösung
Die lose liegende Abdichtung wurde abgeräumt, Anschlüsse und Attikaeindichtungen entfernt. Dämmung und Sperrfolie wurden aufgenommen, Dämmplatten zur Wiederverwendung gelagert.
Nach Absaugen des einstehenden Wassers wurde eine neue Al+V60S4-Dampfsperre verlegt.

Abb. 3.4-5: Leckstellen wegen fehlerhafter Verlegung der Dichtbahnen.

Abb. 3.4-6: Leckstellen wegen fehlerhafter Verlegung der Dichtbahnen.

Die Dämmung wurde wieder eingebaut, anschließend eine neue PIB-Abdichtung verlegt einschließlich aller An- und Abschlüsse, Abläufe und Lüfter.

Abb. 3.4-7: Dichtungsbahnen nicht ungetrennt hochführen!

Abb. 3.4-8: Leckstellen wegen fehlerhafter Verlegung der Dichtbahnen.

3.4.2 Schweißfehler bei Kunststoff-Dachbahnen

Schaden

Das neue Einkaufscenter hatte wärmegedämmte Leichtflachdächer auf Stahltrapezprofildecke mit Dampfsperrfolie, MF-Dämmung und PVC-Dachdichtungsbahnen. Der Dachaufbau war mit Tellerankern befestigt.

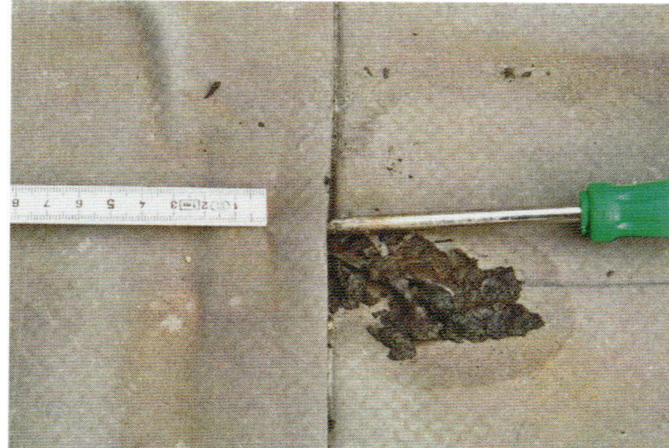

Abb. 3.4-9: Schweißfehlstellen.

Abb. 3.4-10: Offene Kofferecken.

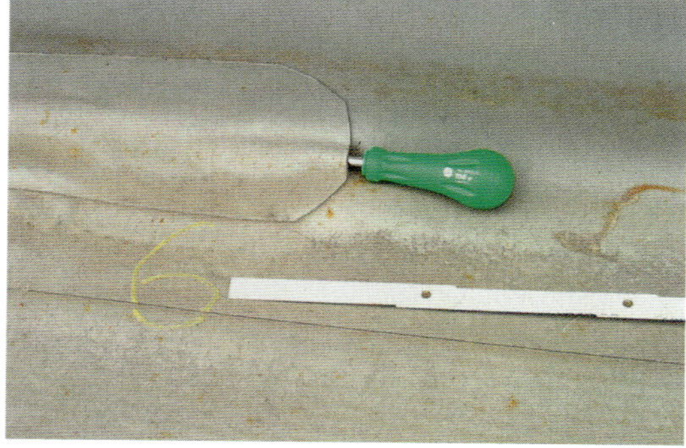

Abb. 3.4-11: Flickstück unvollständig verschweißt.

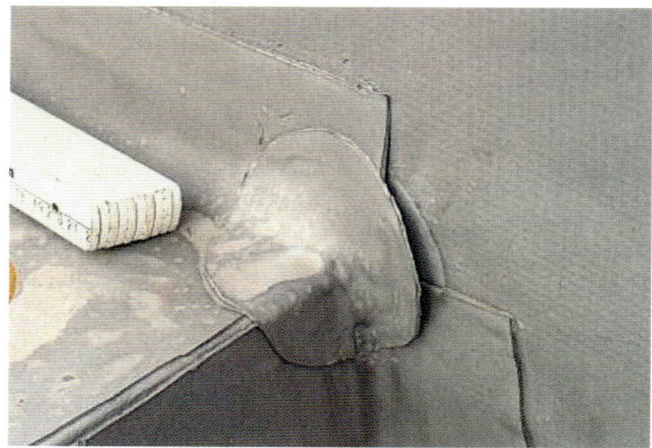

Abb. 3.4-12: Offene Kofferecken.

Unter den Dächern zeigten sich Wasserschäden; es mussten Eimer zum Auffangen des Wassers aufgestellt werden.

Analyse

Die Nähte der Dichtungsbahnen waren mit Schweißautomaten verschweißt, Anschlüsse und Eckstücke mit dem Warmgasgerät („Handschweißgerät"). An Automatenschweißnähten konnte es eigentlich keine Schweißfehler geben. Probleme zeigten sich aber an Wechselstellen zwischen Automaten- und Handschweißung (Anschlüsse, Tagesabbruch):
Dort fanden sich Nahtüberlappungen, die nicht durchgeschweißt waren.
Kofferecken waren nicht voll verschweißt.
Reparaturversuche mit Flickstücken waren erfolglos geblieben, weil ebenfalls nicht voll verschweißt.
Die Schweißfehlstellen waren offene Leckagen.

Lösung

Alle Anschlüsse mussten sorgsam überprüft und nachgeschweißt werden. Die Bahnennähte wurden mit der Prüfnadel geprüft und, wo notwendig, nachgeschweißt.

3.4.3 Die Kunst der mechanischen Verankerung

Schaden

Für das neu errichtete Autohaus hatte der Architekt eine schwungvolle Idee mit ebenso schwungvollem Dach entwickelt. Dass dazu angepasste Bautechniken notwendig waren, hatten weder er noch sein Dachdecker bedacht.

Abb. 3.4-13: Geschwungene Dachkonstruktion mit wärmegedämmter PVC-Abdichtung.

Bald regnete es in die Verkaufsausstellung hinein.

Analyse

Das geschwungene Dach auf Stahltrapezprofildecke war aus Dampfsperrfolie, EPS-Dämmplatten, Kontakttrennvlies und PVC-Dachdichtungsbahn hergestellt. Der Dachaufbau war in Nahtüberlappungen mit Telleranker verankert.
Direkte Ursache der Dachundichtigkeiten waren gelöste Anschlüsse an Klimalüftern und Oberlichtern.
Der eigentliche Schaden lag darin, dass der Dachaufbau nicht lagesicher befestigt war: Schubfalten zeigten dies sehr deutlich.
Am oberen Dachrandabschluss waren die Bahnen vom Dachrand weggezogen.
Die Telleranker waren in Abständen von 32 cm, die Ankerlinien in Abständen von 96 cm gesetzt.

Abb. 3.4-15: 2 Arten von Undichtigkeiten.

Die Telleranker waren gelockert, die Kunststoff-Dachbahn ließ sich nach Einschnitt leicht herausziehen.
Mehrere Anker wurden ausgebaut. Ursache für das Lockern der Telleranker waren zu breite Bohrspitzen der Schrauben, das Schraubengewinde fand in zu großer Bohrung keinen dauerhaften Halt.
Ein weiterer technischer Fehler lag in nicht vorhandenen Schubsicherungen. Die Fachregeln schreiben vor:

2.6.2 Zusätzliche Maßnahmen bei Gefälle über 3°
(1) Bei Flächen mit einem Gefälle über 3° (~ 5 %) können zusätzliche Maßnahmen notwendig werden, die ein Abgleiten der Schichten des Dachaufbaus insbesondere bei Erwärmung durch Sonneneinstrahlung in Richtung des Gefälles verhindern.
(2) Folgende konstruktive Maßnahmen können bei bahnenförmigen Abdichtungen, einzeln oder kombiniert, erforderlich werden:

Abb. 3.4-14: 2 Arten von Undichtigkeiten.

Abb. 3.4-16: Zugfalten infolge fehlender Schubsicherung.

Abb. 3.4-17: Zugfalten infolge fehlender Schubsicherung.

- *Sicherung der Dachbahnen am oberen Rand durch versetzte Nagelung mit höchstens 0,10 m Nagelabstand*
- *Befestigung unter Verwendung von Metallbändern bzw. Verbundblechen*
- *Durchziehen der Bahnen über den First und kopfseitige Befestigung*
- *Einbauen von Stützkonstruktionen zur Fixierung von Dämmschichten und Abdichtungslagen*
- *Einbauen von zusätzlichen Nagelleisten bei nicht nagelbarem Untergrund*
- *mechanische Befestigung in der Fläche, z. B. Befestiger mit Halteteller*

(3) In Bezug auf die Abdichtungsbahnen können zusätzlich folgende Maßnahmen erforderlich werden:

- *Verwendung von Bahnen mit hoher Wärmestandfestigkeit*
- *für Klebeschichten Verwendung von standfester Klebemasse oder anderer geeigneter Kleber*

Abb. 3.4-18: Zugfalten infolge fehlender Schubsicherung.

Abb. 3.4-19: Dachanker sitzen locker.

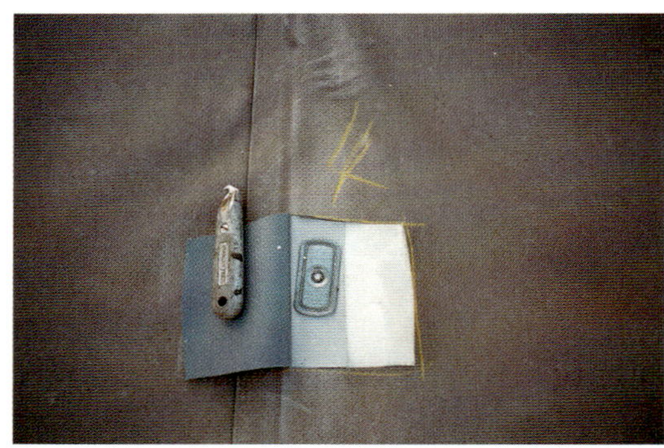

Abb. 3.4-20: Dachanker sitzen locker.

- *Verwendung von Dachbahnen mit hoher Zugfestigkeit*
- *Verlegung der Bahnen in Gefällerichtung*
- *Unterteilen der Bahnenlängen*
- *Bahnenteilung im Übergangsbereich wegen unterschiedlicher Verhältnisse durch starke Erwärmung infolge Sonneneinstrahlung und Schattenwirkung, z. B. Shedflächen*

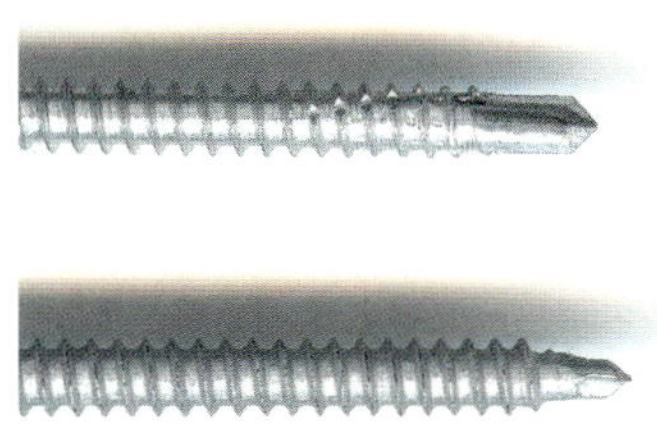

Abb. 3.4-21: Ursache: Eine zu große Bohrspitze verhindert kraftschlüssige Reibung mit Stahlblech
oben: zu großer Spanbohrkopf
unten: richtiger Quetschbohrkopf.

(4) Bei mehrlagiger Dachabdichtung über 3° Neigung kann die Oberlage im Überlappungsbereich durch verdeckte Nagelung befestigt werden. Dabei wird die untere Lage durch Befestiger bzw. Nagelung durchdrungen.
(Fachregel für Abdichtungen, 10/2008 (mit Änderungen 05/2009 und 12/2011), Abschnitt 2.6.2)

Die übliche Linienverankerung in den Nahtüberlappungen reichte hier nicht aus.

Lösung
Die Lagesicherheit des Daches musste hergestellt werden.
Dazu war es erforderlich, Abdichtung, Dämmung und Dampfsperre aufzunehmen; die Dämmung konnte gelagert und wiederverwendet werden.
Nach Einbau der neuen kaltselbstklebenden Dampfsperre wurden senkrecht zur Dachneigung Schubschwellen aus Holz in Abständen von etwa 3 m so eingebaut, dass sie die Dämmschicht sicher abstützen. Trennlage und neue Abdichtung wurden an den Schubschwellen verankert. Die Abdichtung wurde nicht in ihren Nahtüberlappungen, sondern in Linien mittig verankert und die Ankerlinien mit zusätzlichen Bahnenstreifen überschweißt.
Alle Abläufe, Lüfter und Anschlüsse mussten erneuert werden nebst neu einzubauenden Verbundblechanschlüssen.

3.4.4 Erfolglose Dachverankerung

Die mechanische Verankerung von Kunststoffdachbahnen auf der Holzschalung 10°-geneigter Pultdächer war gefordert. Als der Zimmerer mit seiner Holzschalung loslegte, sollte der Dach-decker Zug um Zug die Kunststoffdachbahn aufbringen. Die Verlegung lief dann auch reibungslos. Ärger gab es erst ein Jahr später.

Schaden
Eigentümer der Wohnanlage konnten die Pultdächer einsehen und stellten seltsame Falten auf ihnen fest. Nachdem der Dachdecker keinen Mangel finden konnte, wollten die Eigentümer der Angelegenheit aber doch auf den Grund gehen und ließen die Dächer vom Sachverständigen überprüfen.

Analyse
Die Dachkonstruktion besteht aus Dachsparren. Die Bretter der Dachschalung sind parallel zu den Traufen verlegt und vernagelt. Die 1,60 m breiten Kunststoffdachbahnen mit unterseitigem Trennvlies sind ebenfalls parallel zu den Traufen und damit in Richtung der Schalungsbretter verlegt. Weil der Dachdecker die nahtüberlappte Verankerung gewählt hatte, verlaufen die Ankerlinien ebenfalls in Brettrichtung, wobei die Anker in jeweils nur ein Brett geschraubt sind. Im ungünstigsten Fall trafen die Anker in oder neben eine Brettfuge.

Tatsächlich sieht man über die Dächer verteilt, dass sich die Dachbahn über den Ankerlinien aufstellt. Dachöffnungen zeigen ganze Längen

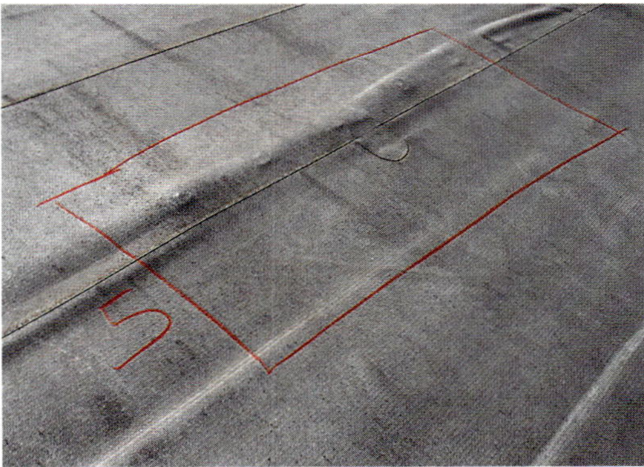

Abb. 3.4-22: In der Abdichtung zeichnen sich hochstehende Anker ab.

Abb. 3.4-23: Nach Öffnen der Abdichtung sind die hochstehenden Anker sichtbar.

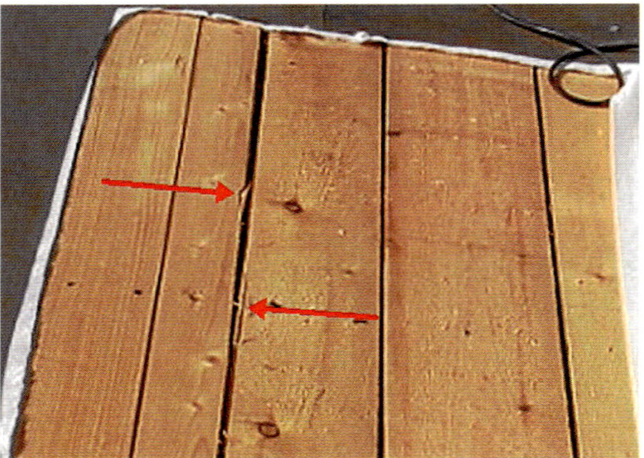

Abb. 3.4-25: Der ursprüngliche Sitz der Ankerschrauben neben der Brettfuge ist gut zu erkennen.

von Ankern, die aus ihrer Lage herausgerissen sind, und zwar jeweils die dicht neben oder in Brettfugen sitzenden Anker. Schrauben müssen aber im Abstand von mindestens 5 x Schraubendurchmesser zum Rand gesetzt werden.

Etwa 15 % aller Anker sind auf diese Weise erkennbar ohne Halt.

Die Verlegung und Verankerung ist aber auch aus einem anderen Grund fehlerhaft: Bei der brettparallelen Bahnenverlegung wirkt die Windsogkraft der 1,60 m breiten Bahnen auf jeweils nur ein Schalbrett, das mit nur 2 oder 3 Nägeln in Sparrenabständen von 70 cm befestigt ist. Holzschalung und Dachbahn werden also tatsächlich von nur 1,9 bis 2,9 Nägeln je Quadratmeter gehalten.

Da ein Drahtnagel der Abmessung 3 x 60 mm in einer 24 mm dicken Holzschalung auf Holzsparren eine Auszugskraft von 0,14 kN hat, erreicht die Verankerung nur einen Wert zwischen 0,27 und 0,41 kN/m². Auf einem 10 m hohen Pultdach sind aber mindestens Windsogkräfte in Dachmitte von 0,98 kN/m², am Pultfirst 1,62 kN/m² und am Giebel 1,8 kN/m² zu berücksichtigen.

Abb. 3.4-24: Lage der Brettschalung parallel zur Ankerlinie.

Die parallel zur Holzschalung verankerte Dachbahn hat also schon in Dachmitte nur eine Windsogfestigkeit von 0,27 bis 0,41/kN/m² zu geforderten 0,98 kN/m².

Durch Hochstehen der an Brettfugen sitzenden Anker wird die Windsogfestigkeit nochmals vermindert und die Abdichtung perforiert.

Die Verankerung ist höchst windsoggefährdet und auch deshalb mangelhaft.

Lösung
Den Dächern konnte man nicht ansehen, an welchen Stellen Ankerschrauben unzulässig dicht an Brettfugen saßen und auch nicht, wie viele weitere Anker sich hochstellen würden. Deshalb kam ein Nachverankern mit Abdeckstreifen nicht in Frage.

Die Dachabdichtung musste komplett aufgenommen und neu verlegt werden. Wegen der besseren Lastverteilung sollten die Anker nicht im Nahtbereich sitzen, sondern mittig gesetzt und mit Bahnenstreifen überschweißt werden.

3.4.5 Kleben will gelernt sein I

Kleben von Dämmstoffen und Abdichtungen mit aufschäumenden PU-Klebern bei Flachdä-

Abb. 3.4-26: Bemängeltes Hallendach.

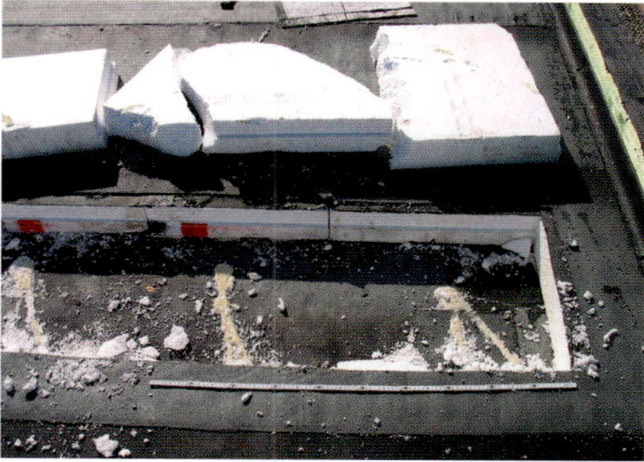

Abb. 3.4-28: PU-Schaumkleber: Ungleichmäßiger Kleberauftrag bewirkt verminderte Punktklebung.

chern ist längst gängige Praxis und durch Fachregeln gedeckt.
Eine vorgeblich einfache Anwendung gaukelt den am Dach Beschäftigten Mängelfreiheit vor. Dass dies nicht so ist, zeigt eine Reihe von Schadenfällen, von denen hier 2 exemplarisch vorgestellt werden sollen.

Schaden

Das Dach einer städtischen Turnhalle wurde in einem heute üblichen Verfahren und Aufbau erneuert. Auf punktweise verschweißter bituminöser Dampfsperre war eine Gefälledämmung aus oberseitig kaschierten EPS-Dämmstoffkeilen verlegt und in PU-Kleber verklebt.
Die Abdichtung bestand aus 2 Lagen Elastomerbitumen-Schweißbahnen.
Der Bauherr ließ noch vor Fertigstellung das Dach auf handwerkliche Mängel überprüfen.
Bemängelt wurde, dass die Dämmschicht beim Begehen erkennbar nachgab.
Die Verklebung des Daches, insbesondere der Dämmschicht, sollte überprüft werden; auch, ob die notwendige Klebermenge verarbeitet worden war.
Es wurden also Prüföffnungen angelegt.

Analyse

Es zeigte sich, dass die Dämmplatten nach Entfernen der Dachhaut fast widerstandslos hochgehoben werden konnten; Klebehaftung war nicht oder nicht ausreichend gegeben.
Nach Entfernen der Dämmplatten wurden die Streifen des PU-Klebers sichtbar. Sie hafteten fest auf der Dampfsperre. An der Unterseite der EPS-Dämmplatten zeigten sich aber nur sporadische Spuren einer Klebehaftung. Dort waren beim Herausnehmen der Platten Hartschaumpartikel abgerissen.

Abb. 3.4-27: PU-Schaumkleber: Ungleichmäßiger Kleberauftrag bewirkt verminderte Punktklebung.

Abb. 3.4-29: PU-Schaumkleber: Ungleichmäßiger Kleberauftrag bewirkt verminderte Punktklebung.

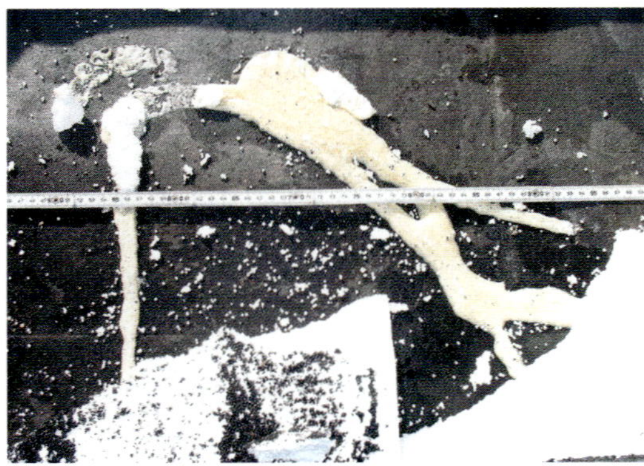

Abb. 3.4-30: PU-Schaumkleber: Ungleichmäßiger Kleberauftrag bewirkt verminderte Punktklebung.

Weiter war festzustellen, dass die Dämmplatten mit ihren Unterseiten insgesamt in etwa 5 bis 10 mm Abstand zur Dampfsperre lagen.
Es war nun zu klären, weshalb die Dämmplatten nicht flächig auf der Dampfsperre lagen und weshalb die Klebung nur ungenügend zustande gekommen war.
Die Klebestreifen waren insgesamt aufgeschäumt und hafteten auf der Unterlage. Ungünstige Wetterbedingungen schieden somit als Ursache aus.
Betrachtete man die äußere Form der Klebestreifen, fiel sofort auf, dass der Kleber offensichtlich per Hand in schlangenförmigen Bewegungen aus der Kleberdose aufgegossen worden war. An den Schleifen der Kleberstriche war deutlich mehr Kleber aufgebracht. Hier waren Kleberkissen von etwa 12 bis 15 mm Höhe aufgeschäumt.

Abb. 3.4-31: PU-Schaumkleber: Ungleichmäßiger Kleberauftrag bewirkt verminderte Punktklebung.

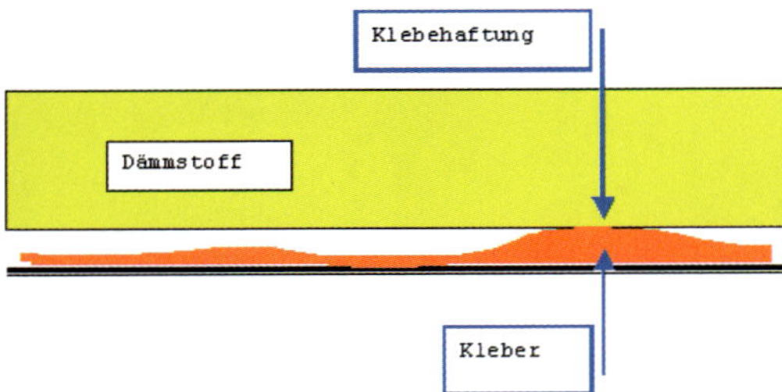

Abb. 3.4-32: Schema der Punktklebung bei ungleichmäßigem Auftrag.

Die übrigen Kleberstreifen waren dagegen maximal 4 bis 5 mm hoch. Der ausgehärtete Kleber zeigte so im Längsschnitt des Kleberstrichs deutliche Dickenunterschiede.
Grundlage zur Beantwortung der Frage war die Tatsache, dass sich Schäume nicht flächig, sondern räumlich (dreidimensional) entwickeln. Größere Klebermengen an einem Ort erzeugen ein breiteres und höheres Klebebett als kleine Klebermengen an anderer Stelle.
So bildete sich ein Kleberbett mit unterschiedlichen Höhen aus, die Dämmplatten bekamen nur Kontakt zu den Hochstellen des Klebers und damit nur punktuelle Haftung.
Die Haftung wird nicht verbessert, wenn man auf einem Fleck größere Klebermenge aufträgt; in diesem Fall erreicht man exakt die gegenteilige Wirkung.

Die daraus abzuleitende Regel lautet:
Aufschäumende Kleber sind in gleichmäßiger Auftragsmenge und in gleichmäßiger Streifenbreite aufzutragen.

Eine Empfehlung sei hier angefügt:
In Ortschaumkleber verlegte Dämmplatten sollten im Zeitraum des Aufschäumens des Klebers belastet werden.

Lösung
Natürlich verlangte der Bauherr in diesem Fall Beseitigung des Mangels, d.h. Herstellung der ausreichenden Lagesicherheit des Daches. Neben Abbruch und Neuherstellung von Dämmschicht und Abdichtung wurden auch andere mögliche Maßnahmen erörtert.

- Eine nachträgliche mechanische Verankerung lehnte der Bauherr ab, weil dadurch die

Dampfsperre perforiert und die Sicherheit der Inneneinbauten herabgesetzt sein würden.
- Nach Überprüfung der Baustatik entschloss man sich nach Vorgabe des Sachverständigen zu einer Auflastsicherung aus Betonplatten auf Schutzlage in Form eines Plattenrahmens für die Randsicherung und Plattenstreifen für den Innenbereich des Daches.

Weil der Dachdecker die Klebermenge nicht nachweisen konnte, musste die Auflast an Dachrändern für 100%, in Dachmitte für 50 % der Lagesicherheit bemessen werden.
Um Vorhaltungen, man habe zu wenig Kleber appliziert, zu begegnen, sollte der Dachdecker für jede Dach- oder Teildachfläche die berechnete und benötigte Klebermenge bestellen und zugehörige Lieferscheine in der Bauakte aufbewahren.
Der vorausschauende Dachdeckermeister lässt seine Mitarbeiter die ermittelte Klebermenge in geschlossenen Gebinden vor Beginn des Tagwerks auf dem Dach verteilen.
Sind am Ende alle Gebinde verbraucht, können alle Beteiligten sicher sein, dass die benötigte Klebermenge auf dem Dach ist.

3.4.6 Kleben will gelernt sein II

Schaden
Ein Flachdach sollte saniert werden. Vorgesehen war, auf das gereinigte und vorbehandelte Altdach eine Zusatzdämmung aus EPS-Dämmplatten mit PU-Kleber aufzukleben und eine neue Abdichtung aus bitumenbeständigen PVC-

Abb. 3.4-33: PU-Kleber haftet nicht auf feuchtem Untergrund.

Abb. 3.4-34: PU-Kleber haftet nicht auf feuchtem Untergrund.

Dachbahnen aufzuziehen. Der Sachverständige, der mit der Bauüberwachung beauftragt war, erkannte den sich abzeichnenden Mangel in der Klebehaftung.

Analyse
Die Dachoberfläche war vom Nachttau noch nass. Die Dachdecker waren mit dem Gasbrenner über das Dach gewedelt und hatten den stehenden Wasserfilm abgedampft.
Weil sie gehört hatten, dass PU-Schaumkleber unter Feuchtigkeit besser aufschäumt, hatten sie unterlassen, die Dachoberfläche gründlicher zu trocknen, und gleich Klebestreifen und Dämmplatten aufgebracht.
Der PU-Kleber haftete aber nicht auf feuchtem Untergrund; 3 Stunden nach Verlegen ließen sich die Dämmplatten abheben. Der PU-Kleber haftete gehärtet an den Unterseiten der Dämmplatten, jedoch nicht auf dem Altdach.

Lösung
Die Dämmplatten mussten wieder entfernt und nach gründlichem Trocknen des Altdaches neu verklebt werden.

3.4.7 Schwierigkeiten mit Einbauteilen

Schaden
Ein kleines Anbaudach war mit Bitumen-Schweißbahnen neu abgedichtet worden. Der Eigentümer war Zahnarzt, der im Anbau seine Arztpraxis betrieb und nun feststellen musste, dass sein Anbaudach auch nach Neuabklebung so undicht war wie vorher.

Abb. 3.4-35: Wasserschaden unter Flachdachanbau.

Abb. 3.4-37: Unzulässiger Zinkablauf und mangelhafte Eindichtung und Einklebung.

Analyse

Das bituminöse Altdach war mit einer beschieferten Elastomerbitumen-Schweißbahn überklebt. Der Dachdecker hatte auch die Randblenden erneuert, nicht jedoch Ablauf und Dachlüfter. Um sie hatte er die Schweißbahn rund ausgeschnitten und aufgeklebt. Nach Reklamation des Bauherrn wurden um Ablauf und Regenrohrdurchgang noch einmal Flickstücke aufgeklebt.

Der technische Mangel zeigte sich bereits am Ablauf. Die ursprüngliche Altabdichtung hatte sich vom Klebeflansch des Ablauftrichters gelöst; die darübergeklebte neue Schweißbahn hat diesen Mangel natürlich nicht beseitigt. Wasser drang weiterhin zwischen Ablauf und Abdichtung nach innen ein.

Mängelsteigernd kam hinzu, dass der Ablauf für das Dach zu klein dimensioniert und dass der Ablaufstutzen nur lose in das Fallrohr (GA-Rohr NW 100) eingesteckt, also nicht rückstausicher angeschlossen war. Außerdem war hier ein Ablauf aus Zinkblech vorhanden, der für die Entwässerung von bituminösen Flachdächern wegen der Gefahr der Bitumenkorrosion nicht geeignet ist.

Abb. 3.4-36: Wasserschaden unter Flachdachanbau.

Abb. 3.4-38: Unzulässiger Zinkablauf und mangelhafte Eindichtung und Einklebung.

Abb. 3.4-39: Einbauteile müssen bei Dachsanierungen immer erneuert werden.

Abb. 3.4-40: Manschetten bedürfen einer Rohrschelle zur Anpressung.

Abb. 3.4-41: Wasserschaden am Dachrand.

Die Lüfter waren nur mit – wenig haltbarem – Bitumenspachtel provisorisch abgedichtet. Eine Stahlstützenkonstruktion war mit Bitumenmanschetten eingefasst, jedoch nach oben offen.

Lösung

Einbauteile wie Abläufe und Lüfter müssen bei einer Neuabdichtung grundsätzlich erneuert werden. Die neuen Abdichtungslagen müssen an die Ablaufkörper und Klebeflansche direkt angeschlossen werden.
Der zu kleine und hier ungeeignete Ablauf wurde durch einen Edelstahlablauf mit integrierter Bitumenmanschette und Rollringdichtung ersetzt. Das die Abdichtung durchdringende Regenrohr wurde mit einer Manschette aus Flüssigkunststoff eingefasst. Die Lüfterrohre wurden erneuert und direkt an die Abdichtung angeschlossen.
Die Manschetten der Stahlstützen wurden mit bitumenbeständigem Dichtkitt und Edelstahlrohrschellen abgesichert.

3.4.8 Keine Einfachlösung am Dachrand

Schaden

Die Flachdachsanierung an einem eingeschossigen Bungalow beinhaltete auch einen neuen Dachrandabschluss. Die Hauseigentümerin beklagte, dass trotz des neuen Flachdaches Wasser in ihre Wohnung drang.

Analyse

Die Dachabdichtung war zweilagig aus Elastomerbitumen-Schweißbahnen ausgeführt. In mehreren Prüföffnungen zeigte sich die Abdichtung vollflächig verschweißt und wasserdicht. Im Dachrandbereich wurde aber Wasser gefunden.
Als Dachrandblende war ein einteiliges Aluminium-T-Profil mit Klemmleiste angebracht. Dieses Profil wird von Hersteller und Handel als „mehrteiliges Randprofil" verkauft und von manchem Dachdecker auch als solches angesehen. Das Profil zeichnet sich dadurch aus, dass die Oberlage einer Abdichtung gegen den Innenschenkel gelehnt und dort mit einem von außen einzuklemmenden Kastenprofil festgesetzt werden soll. Problematisch sind dabei die geringe Aufkantungshöhe von nur etwa 40 mm, der Umstand, dass die eingeführte Dichtbahn nicht wasserdicht eingepresst werden kann, und der nur einlagig mögliche Anschluss. Mindestens an Stößen und Ecken sind Profil und Anschluss nach oben offen undicht.

Abb. 3.4-42: Randblende, wie sie nicht sein soll.

Abb. 3.4-43: Randblende, wie sie nicht sein soll.

Abb. 3.4-45: Randblende, wie sie nicht sein soll.

Die Erfahrung mit dieser Art von Randprofilen zeigt auch, dass sich die Klemmprofile mit der Zeit lockern oder sogar herausfallen.

Die Fachregeln legen dazu fest:
4.6 Dachrandabschlüsse
(1) An Dachkanten von Dachabdichtungen ist, ausgenommen im Bereich von Dachrinnen, ein Randabschluss erforderlich. Geeignet sind:
- *Randaufkantungen mit Dachrandabdeckungen*
- *Randaufkantungen mit Dachrandabschlussprofilen*
- *Dachrandabschlussprofile.*

(2) Die Höhe der Abdichtung an Dachrandabschlüssen soll
- *bei Dachneigungen bis 5° mindestens 0,10 m,*
- *bei Dachneigungen über 5° mindestens 0,05 m*
- *über Oberfläche Belag betragen*

(3) Dachrandabdeckungen sollen ein Gefälle zur Dachseite aufweisen.
(4) Die Abdichtungsbahnen des Anschlusses sollen bei Dachrandaufkantungen bis zur Außenkante geführt, verklebt oder mechanisch befestigt werden.
(5) Abmessungen und Ausführung von Dachrandabdeckungen und Abschlussprofile sind in der „Fachregel Metallarbeiten im Dachdeckerhandwerk" geregelt.
(6) Dachrandabschlussprofile und Dachrandabdeckungen einschließlich ihrer Teile und Befestigungen müssen den zu erwartenden Beanspruchungen aus Windbelastung standhalten.
(7) Dachrandabschlussprofile müssen so konstruiert sein und montiert werden, dass sich die thermischen Längenänderungen der Profile nicht nachteilig auf die Abdichtung auswirken können.
(8) Dachrandabschlussprofile, die direkt in die Dachabdichtung eingeklebt werden, sind ungeeignet, weil die an den Stoßstellen auftretenden temperaturbedingten Bewegungen zu Rissen in der Dachabdichtung führen können.

Abb. 3.4-44: Offener – wassereinlässiger – Blendenstoß.

Abb. 3.4-46: Klemmprofile lockern sich und fallen heraus.

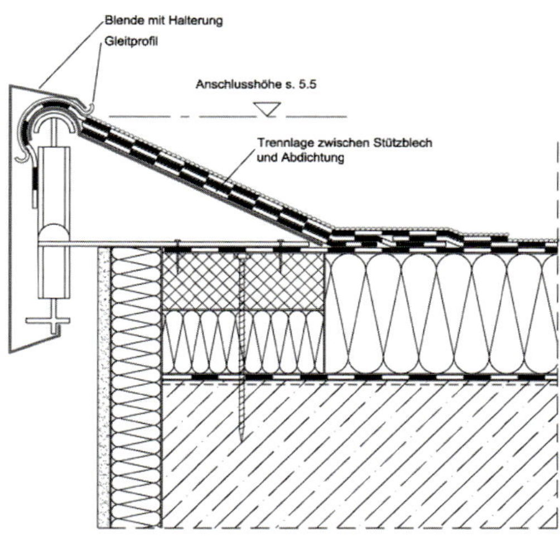

Abb. 3.4-47: Vorgabe für Dachrandblenden aus der Fachregel.

(Fachregel für Abdichtungen, 10/2008 (mit Änderungen 05/2009 und 12/2011), Abschnitt 4.6)

Das hier verwendete Klemmprofil war weder fachgerecht noch regensicher noch dauerhaft lagesicher.

Lösung

Die ungeeigneten Randprofile mussten ausgebaut und durch mehrteilige Profile aus Halter, Profilträger und Abdeckprofil ersetzt werden. Der Anschluss der Abdichtung muss aus sämtlichen Lagen bis Oberkante Profilträger hochgeführt werden.

3.4.9 Sturm am Dachrand

Schaden

Vom Dach eines mehrgeschossigen Altenwohnheimes hatte der Wind über eine Länge von etwa 30 m die Dachrandblenden abgerissen. Der Gebäudeversicherer witterte einen fachlichen Mangel und verweigerte den Schadenersatz. Der Dachdecker stellte sich auf den Standpunkt, dass er für Sturmeinwirkungen nicht haften müsste. So kam der Sachverständige ins Spiel, der feststellen sollte, ob der Wind der Übeltäter oder ein fachlicher Mangel die Ursache gewesen ist.

Abb. 3.4-48: Sturmschaden am Dachrand.

Analyse

Das mehrteilige Aluminium-Dachrandprofil hatte eine Blendenhöhe von 42 cm. Die Blendenhalter waren in Abständen von 1,32 bis 1,50 m mit Holzschrauben auf Holzrandbohlen montiert.

Die Dachabdichtung aus PVC-Dachbahnen war lose verlegt und mit Tellerankern auf Stahltrapezprofildecke und mit Breitkopfnägeln auf der Randbohle befestigt. Der Randanschluss selbst bestand aus einer etwa 40 cm breiten PVC-Anschlussbahn, die dachseits verschweißt und randseits zwischen Folienträger und Klemmprofil eingeklemmt ist.

Die Randblende selbst war auf das Klemmprofil aufgesetzt und am unteren Rand in Federklammern gehalten.

Die Ursache des Schadens lag in den zu weiten Abständen der Blendenhalter. Folienträger und Klemmprofil hingen zwischen den Haltern durch.

Abb. 3.4-49: Blendenhalter mit 1,5 m Abstand.

Abb. 3.4-50: Anschlussbahn.

Windsog und -druck wirkten auf die nur dachseits in etwa 35 cm Abstand vom Dachrand verschweißte Anschlussbahn, die dabei – infolge geringer Einklemmung – herausgerissen wurde; zur Probe genügte ein leichter Druck auf die Anschlussbahn, um den Folienträger herunterzudrücken und die Anschlussbahn herausgleiten zu lassen.
Der Dachrand war in dieser Form wegen der zu weiten Abstände der Blendenhalter nicht ausreichend windsicher.

Lösung
Die Blenden mussten demontiert, zusätzliche Halter mit Halterabständen von maximal 75 cm angebracht werden.
Die Dachabdichtung wurde zusätzlich mit Tellerankern am Dachrand befestigt und die Anschlussbahn dicht hinter der Randblende verschweißt. Zusätzlich wurden die Randbohlen mit einer 0,4 mm dicken Folie gegen Windunterströmung abgedichtet.

Abb. 3.4-51: Federklammern der Blendenhalter.

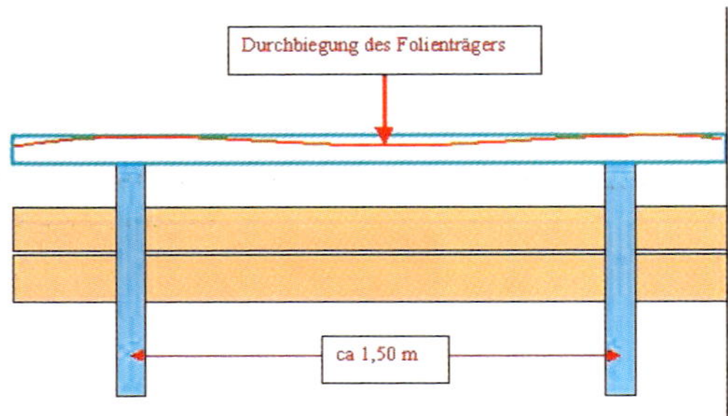

Abb. 3.4-52: Folienträger biegt durch, Bahneneinklemmung vermindert.

Abb. 3.4-53: Folienträger biegt durch, Bahneneinklemmung vermindert.

3.4.10 Befestigungen an Mauerabdeckungen

Problem
Nicht immer werden Mauerabdeckungen mit dem richtigen Zubehör befestigt.

Es kann vorkommen, dass Firste und Haftbleche von Mauerabdeckungen mit Schnellbau-(„Spax"-)schrauben befestigt werden. Diese Ausführung kann den Dachdecker viel Geld kosten, wenn ein Sachverständiger mit der Überprüfung von Giebeln und Abdeckungen beauftragt wird.

Auf der fast sicheren Seite ist der Dachdecker, wenn seine Mitarbeiter Holzschrauben von mindestens 4,5 mm Dicke verwenden, das Schraubloch mit 0,7sd (4,5 x 0,7 = 3,15 mm) vorbohren und die Schrauben mindestens 24 mm tief in trockenes Holz einschrauben. Exakt diese Vorgehensweise schreiben die Fachregeln des Dachdeckerhandwerks vor.

Tabelle 3.3: Windsog und Auszugskraft bei Mauerabdeckungen[1]

	Art/Beschreibung	**Einheit**	**Schrauben**
Berechnung „Fachregel"	Windsog (ohne Vorzeichen eingeben)	kN/m^2	1,95
Nach Aufmaß	Breite oder Abwicklung Deckelement/Dachfläche	m	0,52
oder vereinfacht:	Gewicht eines Deckelements (GZ, GSt, First, Blech)	kg	3,6
Giebelziegel 0,28 m Giebelstein/Großflächen-Giebelziegel: 0,30 m	Dachüberstand außen (Abstand zur Wand)	m	0,04
Firstziegel/-stein: 0,35 m	Anzahl der Schrauben/Nägel je Befestiger (Haftblech)		2
Mauerabdeckung = Abdeckbreite	Abstand der Befestiger untereinander	m	0,75
	Schrauben-/Nageldurchmesser (Drahtstift) ds/dn	mm	4
	Einschraub-/Eindringtiefe sg/sn	mm	24
			Ergebnisse
	Anzahl der Schrauben/Nägel je	m	2,67
	Lattenbreite mindestens erforderlich	mm	44
	Lattendicke mindestens erforderlich	mm	
	Auszugskraft Einzelschraube/-nagel	kN	0,288
	Auszugskraft Linienbefestigung	kN/m	**0,768**
	resultierende Windlast Dachrand (Dachbereich)		0,992
	Windsogfestigkeit (muss < **1** sein)		**1,292**
	ausreichende Ausführung a) oder b) oder c): a) Anzahl Schrauben/Nägel b) Dicke Schrauben/Nägel c) Eindringtiefe Schrauben/Nägel	 St./m mm mm	 **3,68** **5,22** **31,31**

[1] „Holzapfel, Dachlattenrechner"

Die Industrie hat längst selbstbohrende Holzschrauben in den Handel gebracht, die das zeitaufwendige Vorbohren erübrigen. Leider sind diese Schnellbauschrauben noch in keiner Bemessungsnorm erfasst und deshalb auch nach Fachregel nicht statthaft.

Im Folgenden ist ein Beispiel zur Befestigung von Mauerabdeckungen dargestellt.

Die Mauerabdeckung auf einer Brüstung in 16 m über Grund ist 52 cm breit, bestehend aus Aluminiumblech 2,2 mm dick und auf Klemmhaltern in 75 cm Abstand aufgeklemmt. Die Halter sind mit je 2 selbstbohrenden Schrauben 4 x 50 mit Unterlegscheibe auf einer Randbohle von 24 mm Dicke befestigt. Der Blendenüberstand beträgt außen 4 cm.

Die Befestigung wurde bemängelt. Sie entspricht nicht den Anforderungen der Fachregeln; demzufolge hatte ein Sachverständiger die Neubefestigung gefordert.

Abb. 3.4-54: Metallabdeckung auf Klemmhaltern.

Rechennachweis
Fachregeln geben Ausführungsempfehlungen; der Dachdecker kann davon ausgehen, dass diese Empfehlungen in den meisten Fällen ausreichende Sicherheit bieten.

Über die Empfehlungen hinaus können Befestigungen und ihre Auszugsfestigkeiten aber auch rechnerisch ermittelt werden, oft mit deutlich abweichenden Ergebnissen.

Zugrunde gelegt werden dabei die Regeln der Holzbau-Norm DIN 1052. In ihr sind zwar ausschließlich genormte Holzschrauben erfasst, in der Praxis rechnen aber Baustatiker auch mit nicht genormten Schnellbauschrauben in vergleichbaren Werten.

Die Regeln der Mindestdicke für Holzschrauben von 4 mm stammt aus dem konstruktiven Holzbau und muss für nichttragende Bauteile nicht zwingend angewendet werden.

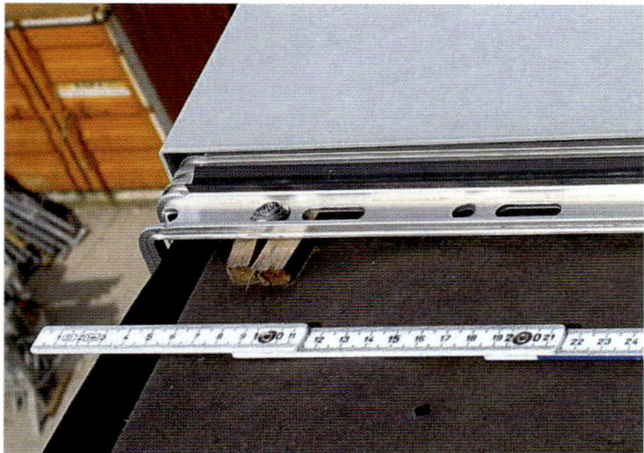

Abb. 3.4-55: Klemmhalter mit Schraube.

Nägel dürfen nach Norm nicht auf Zug belastet werden. Für kurzzeitige Zugbelastung z.B. bei Windsog dürfen gleichwohl Auszugswerte angesetzt werden.

Der Rechennachweis sieht folgendermaßen aus:

Angesetzt wird die rechnerische Windsogbelastung aus den „Berechnungshilfen" des ZVDH. Da es sich um Windlasten an der Brüstungsabdeckung handelt, wird die Last wie an einer scharfen Flachdachkante angesetzt. Bei der hier überprüften Abdeckung ergibt die Windlastberechung einen Wert von –1,95 kN/m² für den Randbereich. Der Eckbereich (–2,43 kN/m²) wird gesondert berechnet.

Ergebnis: Die aufzunehmende Windlast ist mit 0,992 kN/m größer als die Auszugskraft der Schrauben mit 0,768 kN/m.
Demnach reicht die Befestigung nicht aus.

Eine Gegenrechnung ergibt, dass die Befestigung beispielsweise bei einer dickeren Randbohle oder dickeren Schrauben oder bei größerer Schraubenzahl (siehe Tabelle) ausgereicht hätte

Die Abdeckung musste demontiert und zusätzlich befestigt werden.

3.4.11 Richtige Kiesschüttung

Schaden
Der Bauherr bemängelte die Qualität einer Kiesschüttung auf dem Flachdach seines Bürohochhauses.
Sein Architekt hatte folgende Leistungsbeschreibung verfasst:
Gewaschener Rollkies, Körnung 16 bis 32 mm, liefern und in gleichmäßiger Schüttdicke von 5 cm aufbringen und sauber abziehen.
Die fertiggestellte Kiesschüttung bemängelte nunmehr der Bauherr wie folgt:

- Der Kies ist nicht gewaschen.
- Der Kies entspricht nicht DIN 4226.
- Es ist zu viel Feinanteil im Kies.

Er wollte, dass der Kies ausgetauscht würde.

Tabelle 3.4: Sieblinie

Siebgröße mm	Rückstand (g)	Rückstand (M%)	Durchgang (M%)
63,0	0	0	100,0
45,0	0	0	100,0
31,5	1.722,9	9,3	90,7
22,4	8.139,0	34,8	55,9
16,0	14.910,7	36,7	19,2
8,0	18.045,2	21,3	2,1
< 8,0	18.435,0	2,1	–

Analyse
Die Ansicht der Kiesschüttung wird in einer Teilfläche in Abb. 3.4-58, Nahaufnahmen in Abb. 3.4-59 bis 3.4-61 gezeigt.

Eine Überprüfung der Kornfraktionen ergab folgende Sieblinie (siehe Tab. 3.4):

Der Bauherr behauptete nun, der Kies habe 21,1 + 2,1 = 23,2 % Unterkorn und entspräche damit nicht der Norm.
DIN 4226 und DIN EN 12620 besagen jedoch, dass nicht der ermittelte Rückstand, sondern der der Siebgröße zugehörige Durchgang die Messgröße ist. Danach entfällt auf die Siebgröße 16,0 ein Durchgang von 19,2 %.
Die Normen legen fest, dass die Korngruppe 16/32 Massendurchgänge durch das Prüfsieb haben soll:
Sieb 16,0 max. 15 %
Sieb 31,5 mind. 90 %

Nach Norm war damit die Anforderung für die Körnung 16 nicht erfüllt.
Jedoch: DIN 4226 und DIN EN 12620 gelten ausdrücklich und ausschließlich für Beton-Zuschlagstoffe und nicht für Kiesdeckschichten auf Flachdächern.

Abb. 3.4-56: Kiesschüttung auf einem Flachdach.

Abb. 3.4-58: Kiesschüttung 16/32.

Abb. 3.4-57: Kiesschüttung 16/32.

Abb. 3.4-59: Feinkornanteil.

Dazu sagen die Fachregeln:

2.6.3.2 Sicherung durch Auflast
(1) Als Auflast zur Sicherung gegen abhebende Windkräfte werden z.B. verwendet:
- *Schüttung aus Kies 16/32 , Mindestdicke im Einbauzustand 50 mm,*
- *Plattenbeläge aus Betongehwegplatten oder gleichwertig mindestens 400/400/40 mm zur Abdeckung von Kies oder direkt auf einer Schutzlage verlegt,*
- *Betonformsteine, auf Kies und/oder Schutzlage verlegt,*
- *Betonplatten, an der Einbaustelle betoniert oder vorgefertigt, Größe und Bewehrung nach statischen Erfordernissen bis maximal 2,50 x 2,50 m, auf Schutz- und 2 Gleitlagen verlegt,*
- *Vegetationssubstrate (für die Bemessung ist das Trockengewicht maßgebend).*

(2) In Abhängigkeit von der Gebäudehöhe können die Schüttdicken von Kies, Körnung 16/32, der in Anhang I angegebenen Werte als ausreichende Sicherung gegen Abheben durch Windkräfte angesehen werden. Bei einer Auflast aus anderen Stoffen (z. B. Plattenbelägen) muss die Auflast in kN/m² mindestens den angegebenen Werten des Windsogs entsprechen.
(3) In Rand- und Eckbereichen können bei Schüttgütern Verwehungen auftreten. Dort empfiehlt sich die Verwendung von Plattenbelägen, Rasengittersteine mit Kiesverfüllung oder Betonformsteine.
(Fachregel für Abdichtungen, 10/2008 (mit Änderungen 05/2009 und 12/2011), Abschnitt 2.6.3.2)

Die Fachregeln lassen demnach ausdrücklich einen höheren Anteil an Unter- und Überkorn zu.

Bleibt der Vorwurf des „ungewaschenen" Kieses.
Im Kieswerk wird das Kiesgut entweder unter Wasser (also nass) gefördert und gesiebt oder aus der Trockenförderung über Wasserbecken oder Sprühanlage gezogen und nass gesiebt. Das Nasssieben ermöglicht das Trennen in Kornfraktionen, das im Trockenzustand (anhaftender Lehm, Ton oder Humus) nur unzureichend möglich wäre.
Die Forderung „gewaschener Kies" bezieht sich also nicht auf den optischen Eindruck – es kann kein blank polierter Kies gefordert sein –, sondern ausschließlich auf den Vorgang des Nasssiebens.

Lösung
Die optische Untersuchung zeigte, dass der Anteil von Feinkorn sehr gering war, Feinstkorn und Schluff waren nicht feststellbar. Wichtig war, dass die Feinkornanteile in der Kiesschicht eingebettet waren (also unten lagen) und Feinstkornanteile so gering waren, dass sie nicht zur Verschlammung und Verstopfung der Dachabläufe führten.

Im untersuchten Dach waren diese Bedingungen erfüllt.
Der Kies musste nicht ausgetauscht werden.

3.4.12 Die missachtete Wandsperre

Wer sich mit Flachdächern befasst, achtet auf die Abdichtung, die Anschlüsse und den Wärmeschutz. Der Wetterschutz eines Gebäudes verlangt aber darüber hinausgehende Überlegungen, insbesondere die nach arrondierenden Bauteilen, wie Brüstungen und aufgehende Wände. Im folgenden Schadenfall wurde auf letztere nicht geachtet.

Schaden
Das Flachdach über einem Einkaufsmarkt wurde saniert und begrünt. Der Dachdecker ließ die Altabdichtung wie sie war, verlegte eine zusätzliche Dämmschicht und eine Abdichtung aus Kunststoffdachbahnen. Das Dach wurde anschließend begrünt.

Abb. 3.4-60: Wasserschäden am Unterzug.

Abb. 3.4-61: Wandanschluss und stehendes Wasser im Prüfgraben.

Nach Fertigstellung traten Undichtigkeiten zutage, und zwar im Bereich der aufgehenden Außenwand des Vorderhauses. Der Dachdecker fand keine Leckstelle, sodass sich der Architekt genötigt sah, die Neudichtung in einem Prüfgraben zu öffnen. Es fand sich stehendes Wasser im neu hergestellten Dachaufbau und im Altdach. Die Betondecke war hier wassergesättigt.

Analyse

Die Außenwand des mehrgeschossigen Wohnhauses ist mit einer Vormauerschale aus Klinkersteinen verblendet. In der Vormauerschale – insbesondere im Bereich der Fensteröffnungen – sind Bewegungsrisse bis zu 1,2 mm Breite festzustellen. Die Vormauerschale ist also gegen Schlagregen nicht dicht.

Die Dachabdichtung aus Kunststoffdachbahnen ist etwa 45 cm an der Außenwand hochgeführt

Abb. 3.4-62: Risse in der Vormauerschale befördern Wasser hinter den Anschluss.

Abb. 3.4-63: WA-Schienen-Befestigung ohne Dichtschraube.

und als Abschluss mit einer versiegelten Anschlussleiste abgedeckt. Die Anschlussleiste wiederum ist mit gewöhnlichen Schaftdübeln und Schrauben befestigt. Es sind keine Dichtschrau-

Abb. 3.4-64: Die Öffnung am Anschluss offenbart den Mangel: Der ursprüngliche Anschluss ist an der waagerechten Wandsperre abgetrennt, der Neuanschluss liegt höher als die Wandsperre.

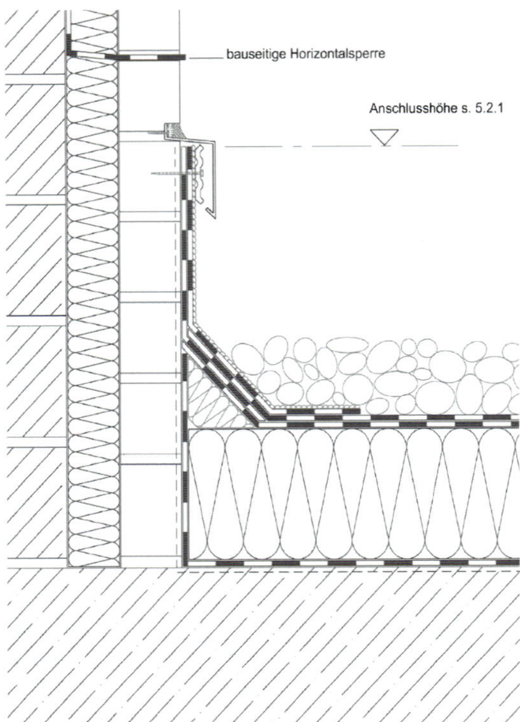

Abb. 3.4-65: Bauseitige Horizontalsperre (aus Fachregeln für Dächer mit Abdichtungen)

ben verwendet worden, somit sind die Bohrlöcher nicht regensicher gedichtet.

In etwa 40 cm Höhe befindet sich die waagerechte Wandsperre. Sie war ursprünglich mit der Altabdichtung verklebt, wurde aber während der Dachsanierung abgetrennt. Der neue Anschluss liegt höher als die (abgetrennte) Wandsperre.

Nachdem der Wandanschluss geöffnet war, zeigte sich stehendes Wasser hinter dem Anschluss. Dieser wird also von oben hinterlaufen: Wasser, das im Vormauerwerk oder durch Wandrisse nach unten sickert, wird hinter die Neuabdichtung und damit in das Dach eingeleitet.

Stehende Regel ist, dass Wandanschlüsse unterhalb der Wandsperre (Horizontalsperre) angebracht sein müssen (siehe Abb. 3.4-65).

Das Abtrennen der waagerechten Sperre führt dazu, dass in und hinter der Vormauerschale herabsickerndes Regenwasser hinter den neuen Dachanschluss und damit ins Dach geführt wird.

Nach Fachregeln müssen Anschlussleisten regensicher sein.

Die Anschlussleisten sind nicht regensicher ausgeführt.

Zudem fehlen notwendige Dichtschrauben mit Dichtscheibe, dadurch kann Wasser in die Bohrlöcher eindringen.

Lösung
Der Wandanschluss ist nicht regensicher und an dieser Stelle ursächlich für die Undichtigkeit.

Zur Mängelbeseitigung gehört die Erneuerung der Wandanschlüsse, die unterhalb der waagerechten Wandsperre angebracht und regensicher verwahrt sein müssen.

3.4.13 Das Dämmputz-Problem

Wenn am Bau Unverständlichkeiten auftreten, dann meist zwischen Stuckateuren (Putzern) und Dachdeckern. Beide Gewerke haben oft kein Verständnis für technische Probleme des anderen. Dies trifft insbesondere für den kritischen Übergang zwischen Wandanschluss und Wärmedämmverbundsystem (WDVS), kurz „Dämmputz“ genannt, zu. Der nachfolgende Schadenfall zeigt einen sehr typischen Koordinationsfehler.

Abb. 3.4-66: Flachdachwandanschluss unter Dämmputz mit Wasserschaden.

Abb. 3.4-67: Eintritt des Regenwassers an der Dämmputzunterkante.

Abb. 3.4-69: Wasserfilm auf der Montagelatte.

Schaden

Bei der Bauabnahme der Flachdachabdichtung über einem Wohnheim stellte der Architekt Wasserblasen im Anschluss zur aufgehenden Außenwand fest. Prüföffnungen in Anschluss und Abdichtung zeigten, dass unter der Kunststoffabdichtung und in der Dämmschicht Wasser stand. Weder in der Abdichtung noch an den Anschlüssen konnten Architekt und Dachdecker Fehler oder Leckstellen orten: Die Ursache war zunächst rätselhaft.

Analyse

Der Stuckateur hatte seinen Dämmputz fertiggestellt, bevor der Dachdecker mit der Dachabdichtung beginnen konnte. Nach Plan endeten Dämmplatten und Oberputz etwa 30 cm oberhalb der vorgesehenen Dachabdichtung, die Unterkante der Dämmplatten war mit Putzmörtel grob abgestrichen.

Der Dachdecker hatte Sockeldämmplatten und eine Montagelatte angebracht, seinen Wandanschluss unterschnitten hochgeführt und mittels handelsüblicher Wandanschlussleisten abgesichert und mit Dichtschrauben befestigt. Die Abdichtung selbst war wasserdicht, der Anschluss regensicher befestigt. Woher kam das Wasser?

Die Ursache für den Wassereintritt offenbarte sich nach der Demontage der Anschlussleiste: Die Montagelatte war wassergesättigt mit deutlichen Wasserspuren auf ihrer Außenseite.

Das Regenwasser war am Oberputz abgelaufen und – statt abzutropfen – über die Putzunterkante nach innen eingetreten, hatte also Anschlussleiste und Wandanschluss hinterlaufen.

Dem Dachdecker wurde in diesem Zusammenhang der Vorwurf gemacht, die Fuge zur Dämmplattenunterkante nicht versiegelt zu haben.

Abb. 3.4-68: Montagelatte unter dem Anschluss ist durchnässt.

Abb. 3.4-70: Auf der Dampfsperre steht Wasser 1 cm hoch.

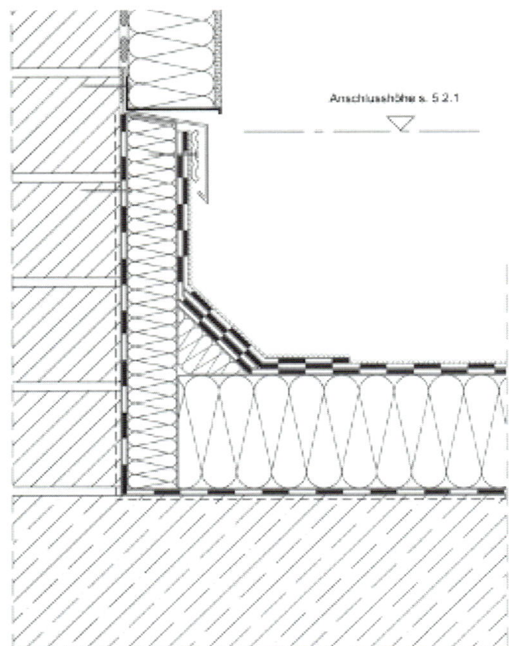

Abb. 3.4-71: Abb. 4.2 aus den Flachdachrichtlinien mit Vorschlag für den Anschluss an eine Dämmputzwand.

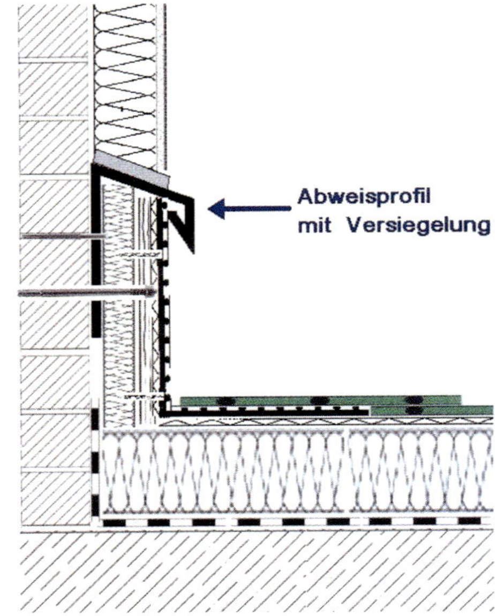

Abb. 3.4-73: Prinzip der ausgeführten Lösung mit Abweisprofil.

Womöglich hätte sich durch eine Versiegelung der Wassereintritt vermindern, aber nicht verhindern lassen. Dazu war der Putzmörtelabstrich an der Dämmplattenunterseite zu wenig wasser abweisend.

Wo lag der Fehler?

Das Stuckateurgewerbe kennt für den Sockelabschluss des Außenputzes keine Vorschrift für eine Abtrofpkante, wie sie beispielhaft die Abb. 4.2 der „Fachregel für Dächer mit Abdichtungen" vorsieht.

Ausführungsvorschläge der WDVS-Hersteller kennen sowohl den unteren Putzmörtelabstrich wie auch die einfache Winkelleiste und die Abtropfleiste. Jedoch findet sich im BFS-Merkblatt 21 eine Ausführungsskizze, die ein Abtropfprofil ausdrücklich als Ausführungsempfehlung zeigt (siehe BFS-Merkblatt 21, Bundesausschuss Farbe und Sachwertschutz e.V., 10/2012).

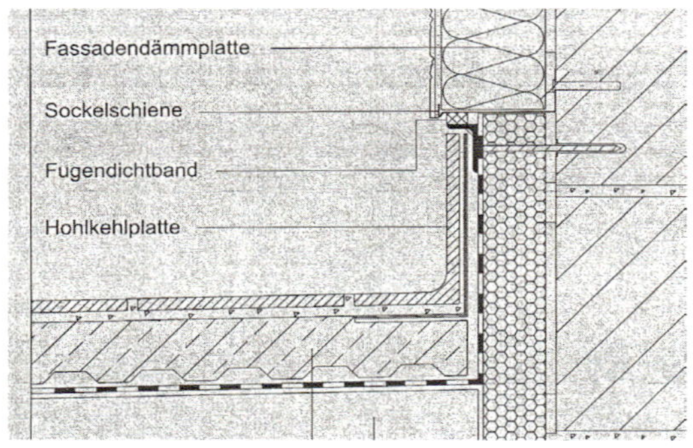

Abb. 3.4-72: Vorschlag aus dem BFS-Merkblatt 21.

Abb. 3.4-74: Ansicht des eingefügten Abweisprofils in einem anderen Schadenfall.

Die ZVD-Skizze geht noch weiter und zeigt ein zusätzliches unterschobenes Z-Profil als Regenschutz.
Im Zweifel, und wenn eindeutige Vorschriften fehlen, ist die Funktionsfähigkeit einer Lösung zu bewerten.
Im beschriebenen Schadenfall hat das fehlende Abtropfprofil zum Schaden geführt.

Lösung
Der nachträgliche Einbau der notwendigen Sockelabtropfprofile hätte zusätzlichen Schaden am Dämmputz verursacht.
Der Sachverständige schlug eine Lösung durch den Dachdecker vor, die in dieser Form bereits vielfach zum Erfolg geführt hat:
Wandanschlüsse, Sockeldämmung und Montageleiste wurden entfernt. Der Dämmputz wurde schräg nach oben weisend abgetrennt und dadurch eine künstliche Abtropfkante geschaffen. Ein mehrfach gekantetes Abweisprofil aus 1 mm dickem Aluminiumblech wurde nach außen/unten weisend angebracht, dagegen eine druckfeste Dämmplatte und eine Sperrholzplatte montiert und verdübelt und der Anschluss auf dieser Unterlage neu hergestellt. Die Fuge zwischen Abweisprofil und Dämmputz wurde elastisch versiegelt.
Nachdem auch das Wasser aus Dach und Wandanschlüssen abgesaugt war, konnte der technische Mangel als beseitigt gelten.

3.4.14 Schadenbeseitigung an Flachdachlüftern

Das zweigeschossige Wohnheim mit extensiv begrüntem Flachdach wurde im September 2006 fertiggestellt. Nach Auskunft der Anwesenden traten bereits während der Dachherstellung Wasserschäden ein. Weil Leckagen trotz des Einschaltens eines Lecksuchunternehmens nicht gefunden wurden, wurde das Dach geflutet, jedoch ohne erkennbare Undichtigkeit. Nach Regenfällen treten jedoch regelmäßig Wasserschäden auf.

Wasserschaden
Einziger festzustellender Wasserschaden findet sich an einem SML-Schmutzwasser-Rohr. Das Rohr verläuft in einem Installationsschacht und über seinen Rohrbogen über der Deckenbekleidung. Über dem Dach endet das Rohr in einem Lüfter.

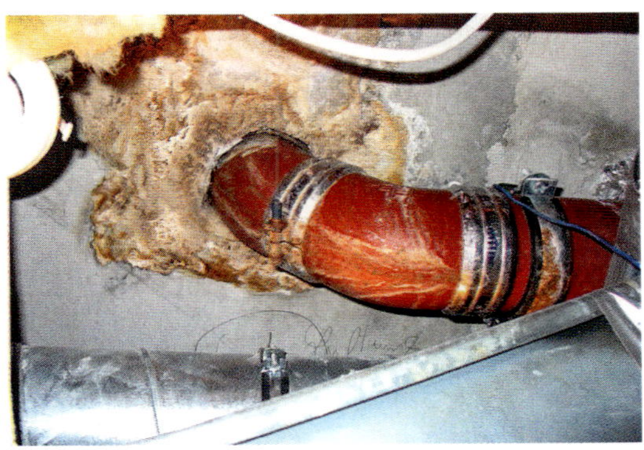

Abb. 3.4-75: Wasserläufer am Rohrbogen.

Feststellungen
Feuchteverteilung im Flachdach
Der Dachdecker hatte zur Überprüfung des Feuchtezustandes im Dach bereits 4 Dachlüfter mit abnehmbarem Deckel in das Flachdach eingesetzt. Der Blick in die Prüfstutzen zeigt:

a) Stehendes Wasser, dieses schwappt bei Auflast, Braunfärbung im Dämmstoff ca. 4 cm hoch,
b) Wasserfilm auf der Dampfsperre, Braunfärbung im Dämmstoff ca. 4 cm hoch,
c) Wasser schwappt bei Auflast unter der Dämmschicht, Braunfärbung im Dämmstoff ca. 2 cm hoch,
d) Feuchtespuren am Dämmstoff, sonst trocken.

Abb. 3.4-76: Rohrlüfter im begrünten Flachdach.

Abb. 3.4-77: Lüfterstutzen.

Rohrlüfter

Zur weiteren Überprüfung wurde einer der im Dach vorhandenen Rohrlüfter ausgebaut. Der Lüfter ist mit einer werkseits eingeklemmten Anschlussmanschette ausgestattet, und diese wurde auf die Dachabdichtung aufgeschweißt. In die Dachöffnung ist ein Ablaufstutzen eingesetzt, auf dessen Klebekragen die Dampfsperre aufgeschweißt ist. Der Ablaufstutzen dient als Deckendurchgang für das Lüfterrohr. Das Lüfterrohr ist also nicht wasserdicht an die Dampfsperre angeschlossen.
Auf der Dampfsperre stehendes Wasser kann in den Ringspalt zwischen Lüfterrohr und Ablaufstutzen einlaufen und in den Installationsschacht ablaufen.

Mögliche Schadenursachen

Wenn während der Erstellung des Daches Wasserschäden aufgetreten sind oder Wasser durch eine Leckage der Abdichtung in das Dach eingelaufen ist, kann Wasser auf der Dampfsperre aufgestaut und an Lüfterrohren in den Installationsschacht eingelaufen sein.
Eine weitere mögliche Schadenursache ist eine Rohrverstopfung, die einen Wasserrückstau verursacht hat, der in die Dämmschicht gedrückt wurde.

Möglichkeiten einer Mängelbeseitigung

Es sollte wie folgt vorgegangen werden:
Alle vorhandenen Lüfter sind gegen zweistufige Lüfter auszutauschen und in 2 Ebenen an Dampfsperre und Abdichtung anzuschließen.
Alle Regen- und Schmutzwasserrohre sind bis zum Kanal durchspindeln und auf Verstopfung überprüfen und ggf. freizuspülen.
Stehendes Wasser in der Dämmschicht ist über die Prüfstutzen abzusaugen. Hierfür sind mehrere Absaugungen notwendig, bis kein Wasser mehr nachläuft.
Nach diesen Maßnahmen muss abgewartet werden, ob das Dach austrocknet oder ein weiterer Wasserschaden auftritt. Danach verbliebe nur die generelle – eventuell örtlich begrenzte – Neuherstellung der Abdichtung.

3.4.15 Achtung, Dunstrohr

Der nachfolgende Bericht beschreibt Feuchteschäden an 2 unterschiedlichen Dächern, deren Ursachen zunächst unerkannt blieben.

Schaden 1

Ein hässlicher Wasserfleck zeigt sich an der Dachdecke eines soeben bezogenen Altenwohnheims.

Abb. 3.4-78: Offener Ringspalt zwischen Lüfterrohr und Durchgangselement.

Abb. 3.4-79: Wassertropfenbelag unter der Lüftermanschette.

Abb. 3.4-80: Tauwassereintritt unter die Dampfsperre.

Abb. 3.4-82: Wasserblase hinter dem Dachrandanschluss.

Analyse 1

In der Trennwand verläuft ein verzinktes Wickelrohr der Raumlüftung aus WC- und Baderäumen mit Deckendurchbruch und Ausgang auf dem Flachdach. Die bituminöse Dampfsperre des Flachdaches ist in Form einer Manschette am Wickelrohr hochgeführt. Sodann ist ein Kunststofflüfteraufsatz über das Wickelrohr gestülpt und der Zwischenraum mit Ortschaum ausgeschäumt. Getoppt wird die Lüfterkonstruktion von einem Metallblech-Lüfteraufsatz, der nur lose aufgesetzt ist.

Ursachen von Wasserschäden kommt man meist nur nach Öffnen des Daches auf die Spur. Hier kann nach Entfernen des Lüfteraufsatzes dichter Wassertropfenbesatz unter der Klebemanschette und auf der Dampfsperre festgestellt werden. Die Schadenursache steht danach fest: Wasser aus dem Dunstrohr ist als Kondensat in der Schäumummantelung abgelaufen, und weil die Dampfsperrmanschette nicht wasserdicht angeklebt war, auch unter die Dampfsperre.

Schaden 2

Ein Wasserschaden zeigte sich auch unter dem erst ein Jahr alten Flachdach eines eingeschossigen Bungalows. Die Dachränder waren im Rahmen einer Dachsanierung mittels einer Holzkonstruktion verbreitert worden und sowohl Dachabläufe wie Lüfterrohre waren durch diese Holzkonstruktion geführt.

Analyse 2

Die Dachrandkonstruktion zeigt bedenkliche Festigkeitsmängel und unter dem Attikaanschluss stehendes Wasser in einer ausgedehnten Wasserblase.

Die Abdichtung über der Dachrandkonstruktion wurde geöffnet. Hinter der Schweißnaht stand eine große Wasserpfütze, die Holzunterkonstruktion war durchnässt bis verfault. Nach-

Abb. 3.4-81: Sanierter Lüfter (hier ohne Deckel).

Abb. 3.4-83: Verfaulte Dachrandkonstruktion.

Abb. 3.4-84: Schadenursache: lose aufgesteckter Dachlüfter.

dem die verfaulten Hölzer und die Dämmstofffüllung entfernt waren, wurden die Ursachen sichtbar:
Ein Dunstrohr der Abwasserentlüftung war ursprünglich mit einem Zinkblechdunstrohrlüfter an die Dachabdichtung angeschlossen worden. Im Zuge der beschriebenen Dachsanierung hatten die Dachdecker das Zinkrohr abgesägt und einen neuen Kunststofflüfter übergestülpt. Kondensierter Wasserdampf war dann am Lüfterrohr ausgetreten, hatte sich in der Holzkonstruktion verteilt und die Schäden ausgelöst.
An derselben Stelle fand sich eine weitere Schadenursache: Das seitlich verzogene Rohr des Dachablaufs war in den ursprünglichen Dachablauf gesteckt und die Muffe mit Ortschaum „gedichtet" worden. Auch dieser Anschluss war dampfoffen.

Lösung
Die Schadenfälle zeigen exemplarisch die erhebliche Gefährdung der Dachkonstruktion durch austretende Feuchtluft und Wasserdampf und auch die daraus zu ziehende Regel, dass Wasser und Feuchte führende Rohrsysteme wasser- und dampfdicht sein müssen bis zu ihrer Austrittsöffnung. Hierzu braucht es nicht nur wasser- und dampfdichte Rohrverbindungen, sondern auch lagesichere Befestigung aller Rohre und Rohrbögen.
Die Mangelbehebung am Raumlüfter des Altenwohnheims bereitete größeren Aufwand: Wickelrohre können nicht wasser- oder dampfdicht verbunden oder angeschlossen werden. Das Wickelrohr wurde deshalb nach oben hin verlängert und mit einer Flüssigkunststoffmanschette ummantelt. Ein neues Stulprohr mit Klebeflansch wurde aufgesetzt und ausgeschäumt und die Rohrmündung mittels im Wickelrohr vernieteter Metallabdeckung abgesichert.
Im Schadenfall 2 musste der geschädigte Dachrand komplett erneuert und alle Lüfter- und Wasserrohre mussten neu angeschlossen werden.

3.4.16 Die Fensterputzanlage

Flachdächer über öffentlichen Gebäuden, Museen, Hotels oder Verwaltungen müssen ebenso dauerhaft wasserdicht sein wie jedes Wohnhausdach. Die Erfüllung dieser Forderung wird oft durch Belange anderer Gewerke oder besondere Anforderungen der Gebäudenutzung erschwert

Abb. 3.4-85: Schadenursache: dampfoffener Regenrohranschluss.

Abb. 3.4-86: Grundschiene der Reinigungsanlage auf 3 Stützen.

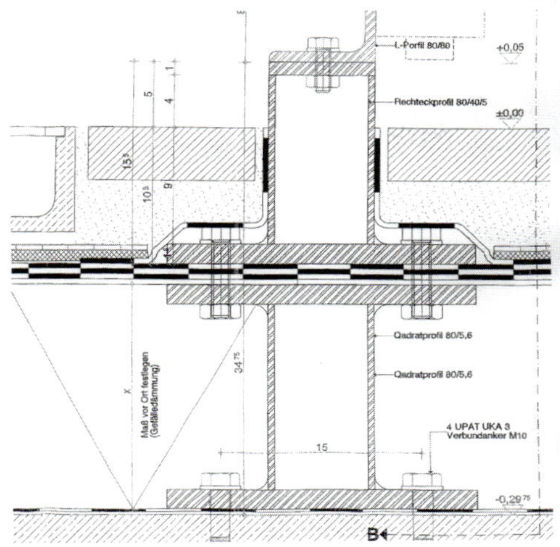

Abb. 3.4-87: Vorgabe des Planers für diese Stützen.

oder gar unmöglich gemacht. Der Dachdecker muss sich u.U. auch mit Bautechniken befassen, die selten oder gar nicht zu seinen täglichen Leistungen gehören. Für den Dachdecker ist von Nachteil, wenn er sich zur Brauchbarkeit unbekannter Konstruktionen oder Vorgaben keine Gedanken macht.

Schaden

Der Museumsneubau war seit einem Jahr der Nutzung übergeben. Nun wurde bemängelt, dass an der Decke des Vortragssaales Wasserflecke sichtbar waren. Schließlich wurde eine über der Saaldecke befindliche Dachterrasse auf Leckagen untersucht. Dazu mussten Grünschichten und Plattenbeläge nebst Unterbau

Abb. 3.4-88: Stütze mit Schraubenköpfen.

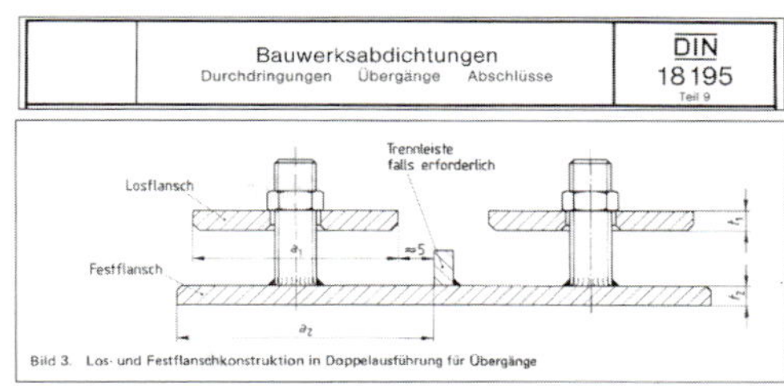

Abb. 3.4-89: Fest-/Lostflansch-Abdichtung nach DIN 18195-9.

abgeräumt werden. Auf der Terrassenabdichtung standen Stahlstützen mit Führungsschienen einer Fensterreinigungsanlage. Die Stahlstützen wurden untersucht und als Ursache der Dachundichtigkeit festgestellt (Abb. 3.4-86).

Analyse

Das Architektenteam hatte eine Detailzeichnung für die Stützen der Fensterreinigungsanlage aufgestellt, und die Handwerker hatten versucht, diese umzusetzen (siehe Abb. 3.4-87). An einer Dichtungsmanschette, wie sie der Planer vorgesehen hatte, sind sie aber wohl gescheitert. Jedenfalls war diese Manschette nicht vorhanden. Sie hätte in dieser Form auch nicht angebracht werden können. Anstelle der vorgesehenen Schrauben-Mutter-Kombination hatten die Stahlbauer Maschinenschrauben und Gewindeschnitte vorgesehen. Abb. 3.4-88 zeigt die Sechskantköpfe der Maschinenschrauben und Unterlegscheiben über den Bohrlöchern der Standfußplatte.

Es leuchtet ein, dass die Bohrlöcher direkte Wasserleckagen sind und selbst eine Schraubenpressung keine Wasserdichtigkeit hätte erzeugen können. Die als Dichtpressung gedachte Stützenkonstruktion war planmäßig undicht.

Lösung

Ein Blick in die DIN 18195-9 zeigt die richtige und wasserdicht herzustellende Lösung (siehe Abb. 3.4-89). Die Abdichtung muss zwischen 2 Flanschplatten eingepresst werden, die Zwingschrauben dürfen die Festflanschplatte nicht durchdringen. Vielmehr werden Gewindestangen wasserdicht auf der Festflanschplatte verschweißt. Die Abdichtung wird dann zwischen Los- und Festflanschplatte mittels Schrauben-

Abb. 3.4-90: Unbelüftetes Metalldach auf Holzdecke.

Abb. 3.4-92: Massive Durchfeuchtung der Holzschalung.

muttern verpresst, die Schraubenmutter muss keine Dichtscheibe haben.
Wichtig ist, dass für diese Art der Pressflanschdichtung keine grob bestreuten Schweißbahnen, also auch keine schieferbesplitteten verwendet werden dürfen. Beim Einpressen werden die miteinander verschweißten Dichtlagen auf dem Festflansch angewärmt und dann mit dem Losflansch verpresst. Die Einpressung soll nach einigen Wochen Freibewitterung kontrolliert und die Muttern nachgezogen werden.

3.4.17 Probleme mit unbelüfteten Holzflachdächern

Die DIN 4108 und Bautheoretiker unterstellen, dass unbelüftete Holzflachdächer unter vorgegebenen Bedingungen schadenfrei herstellbar sind. Bauphysikalische Feuchtenachweise nach DIN 4108-3, EN ISO 13788 und WUFI stützen diese Meinung.

Baupraktiker hingegen erkennen zunehmend, dass solche Nachweise an praktische Grenzen stoßen. Es mehren sich Stimmen, die das unbelüftete Holzdach grundsätzlich ablehnen.
Die weitgehendste Äußerung dazu lautet: „Das unbelüftete Holzflachdach ist ein geplanter Komposthaufen."
Was stimmt an solchen Aussagen?

Schaden
Die bisher untersuchten Bauschäden bestätigen die Aussage, dass im unbelüfteten Holzflachdach zumindest allergrößte Vorsicht geboten ist. Mindestens bei Dächern mit Metalldeckungen und Bitumenabdichtungen scheint wohl eine schadenfreie Konstruktion nicht möglich zu sein:

Beispiel 1
Ein 6° geneigtes unbelüftetes Holzflachdach ist mit Aluminium-Blechscharen in Doppel-

Abb. 3.4-91: Massive Durchfeuchtung der Holzschalung.

Abb. 3.4-93: Unbelüftetes Zinkscharendach über Betondecke.

Abb. 3.4-94: Pulveriges Zinkoxid auf der Zinkblechunterseite.

Abb. 3.4-96: Belüftetes Bungalow-Dach mit aufgesetzter Gefälledämmung.

stehfalzdeckung eingedeckt. Das Dach enthält eine Gefachdämmung aus MF-Matten und eine Dampf- und Luftsperrfolie mit einem ausgewiesenen Sperrwert >100 m. Etwa ein Jahr nach Bezug findet sich nach Öffnen der Blechscharen die Holzschalung deutlich feucht, und unter dem Blech ist ein Wasserfilm. Eine Rechnung nach EN ISO 13788 bestätigt die theoretische Unbedenklichkeit der Dachkonstruktion.

Beispiel 2
Das Dach eines mehrgeschossigen Verwaltungsgebäudes besitzt eine Betondachdecke mit 3,5° Neigung, eine darauf verlegte und dicht verklebte Bitumendampfsperre mit Aluminiumfolieneinlage, eine Holzdachkonstruktion aus Deckenbalken und Holzschalung und eine Dachdeckung aus Zinkblechscharen in Doppelstehfalzdeckung. Nach etwa 3 Jahren wird festgestellt, dass Teile der Holzschalung verfault sind und die Zinkscharen in Teilbereichen auf der Unterseite flächige Zerstörung durch Zinkhydroxid aufweisen.

Beispiel 3
Das Holzflachdach eines Wohnhausbungalows mit belüftetem gefällelosem Dach wird saniert. Der Dachdecker verlegt auf dem Altdach eine Gefälledämmung mit bituminöser Dachabdichtung, ohne sich weiter um den Innenaufbau der Dachdecke zu kümmern. Nach wenigen Jahren wird festgestellt, dass sich im Deckenaufbau Feuchtepilze ausbreiten.

Analyse
Im Schadenfall 1 wird festgestellt, dass die Sperrfolie mit Tackerklammern befestigt und Überlappungen und Anschlüsse mit Klebebändern verklebt sind. Die Perforierung durch Klammern und offene Luftleckstellen an Nahtverklebungen können bereits ausgereicht haben, die Feuchteschäden zu verursachen. Denkbar ist

Abb. 3.4-95: Verfaulte Holzschalung.

Abb. 3.4-97: Feuchteschäden aus verhinderter Luftkonvektion.

aber auch, dass im Dachraum vagabundierende Feuchte die Ursache des Schadens war – ein Umstand, der auch durch eine sorgfältig hergestellte Sperrschicht nicht hätte verhindert werden können.
Der Schadenfall 2 zeigt überdeutlich, dass selbst eine intensiv dampfgesperrte Dachdecke im nicht belüfteten Dachraum Feuchteschäden offensichtlich nicht verhindert. Da durch die Betondecke mit Dampfsperre Wasserdampf sicher nicht in nennenswerter Menge dringt, kann als Ursache des Schadens nur angenommen werden, dass durch Temperaturänderungen ausgelöste Luftruckschwankungen Außenfeuchte in den Dachraum gezogen haben, die dann auskondensierte, bevor sie wieder nach außen abgeführt werden konnte.
Im Schadenfall 3 ist die Ursache rasch erklärt: Die Dachbelüftung des gefällelosen Daches stützt sich einzig auf die Erwärmung des Dachraumes bei Sonnenbestrahlung. Aufgewärmte Luft im Dachraum dehnt sich aus und strömt nach außen. Sobald eine Zusatz-Wärmedämmschicht die Erwärmung des Dachraumes verhindert, kommt auch die Luftbewegung zum Erliegen und der Dachraum kann nicht ausreichend entlüftet und entfeuchtet werden.

Lösung
Im Schadenfall nach 1 führt nur der Umbau des Daches in eine belüftete Konstruktion zum Erfolg.
Im Schadenfall 2 ist eine Metalldeckung mit Anschlüssen an Oberlichter und Aufbauten bei nur 3,5° Dachneigung unverantwortbar. Die Mängelbeseitigung liegt im Umbau des Daches in eine wärmegedämmte Dachabdichtung.
Der Schadenfall 3 lässt sich nicht einfach lösen. Sicher wäre es, den vorherigen Zustand wiederherzustellen. Möglich ist auch ein Umbau in eine unbelüftete Konstruktion. Die setzt aber voraus, die belüfteten Dachränder abzutrennen und die notwendige Dampfsperre oberhalb des Dachraumes (Dachschalung) anzuordnen und an die Außenwände luftdicht anzuschließen. Wenn ein Dachüberstand gewollt ist, kann dieser nur durch Aufkoppeln oberhalb der Holzschalung und Dampfsperre hergestellt werden.

4 Dachterrasse und Balkon

4.1 Das Besondere an Terrassenabdichtungen

Hand aufs Herz für Dachdecker-Kollegen: Können Sie auf Anhieb mindestens 5 Punkte benennen, in denen sich Dachterrassenabdichtung und Flachdachabdichtung unterscheiden? In der Tat bestehen erhebliche Unterschiede in Werkstoffauswahl und Anwendungstechnik für beide Abdichtungen.
Wer sich vergegenwärtigt, dass die Sanierung eines undichten Balkons (einschließlich seines Nutzbelages) mit etwa 800 bis 1.000 € je Quadratmeter und einer undichten Dachterrasse mit 1.000 bis 1.500 € je Quadratmeter zu Buche schlägt, der sollte sich fragen, ob bei ihrer Herstellung eine Abdichtung nach Mindestanforderung (und mit Billig-Dichtbahnen) angemessen ist.

4.1.1 Bitumenschweißbahnen nur bedingt einsetzbar

Schaden
Unter der neu hergestellten Dachterrasse tropfte Wasser aus der Decke.
Der Bauherr nahm die Arbeit nicht ab, der Dachdecker verklagte den Bauherrn. Der Sachverständige sollte feststellen, wo die Ursachen der Undichtigkeit lagen.

Abb. 4.1-1: Terrasse mit Wasserschaden.

Analyse
Der Terrassenbelag aus Werksteinplatten auf Perlkies und Trennfolie und die bituminöse Abdichtung aus Schweißbahnen wurden geöffnet. Es zeigte sich, dass die beiden Lagen der Abdichtung quasi lose aufeinanderlagen. Die Trennfolien der Schweißbahnen waren kaum weggeflämmt.
Obwohl Nähte und Überlappungen der Schweißbahnoberlage voll verschweißt waren, stand zwischen beiden Lagen ein Wasserfilm. Die PUR-Dämmschicht war stark durchfeuchtet, auf der Dampfsperre stand Wasser.

Abb. 4.1-2: Wasserschaden unter Terrasse.

Abb. 4.1-3: Schweißbahnlagen nicht vollflächig verschweißt: Wasser zwischen den Lagen.

Bitumenabdichtungen erzeugen ihre Wassersperrfähigkeit durch homogenes Verschmelzen mehrerer Lagen miteinander.
Erst vollflächige Verflüssigung der Deck- und Schmelzschichten erzeugt die notwendige Dichtigkeit.

Abb. 4.1-4: Schweißbahnlagen nicht vollflächig verschweißt: Wasser zwischen den Lagen.

Abb. 4.1-5: PUR-Dämmung ist wassergesättigt.

Bei Balkonen und Dachterrassen fürchtet mancher Dachdecker die Beschädigung und Verschmutzung von Türen, Brüstungen, Außenwänden und Geländern durch Brennerflamme und Bitumen und setzt daher den Schweißbrenner zurückhaltend ein.
Ergebnis ist oft, dass die notwendige Bitumenverflüssigung und Verschmelzung nicht zustande kommt. Dichtigkeit wird dann nicht erreicht.

Die Fachregeln weisen auf dieses Problem hin:

Bei Anschlüssen an Türkonstruktionen aus Kunststoffen sind bei Verwendung von Bitumenwerkstoffen, mit erhitztem Bitumen, mit Flamme oder mit Heißluft Verformungen oder Verfärbungen der Kunststoffteile nicht vermeidbar.
(Fachregel für Abdichtungen, 10/2008 (mit Änderungen 05/2009 und 12/2011), Abschnitt 4.4)

Richtiger und vollständig müsste es heißen, dass dies auch für alle anderen Türkonstruktionen, für Geländer, Brüstungen und Außenwände gilt. Wenn dem so ist, kann nur gefolgert werden, dass Bitumenschweißbahnen für die Abdichtung von Terrassen und Balkonen nicht oder nur eingeschränkt geeignet sind.

Lösung
Im untersuchten Schadenfall bestätigte sich der Zustand an insgesamt 3 entfernten Prüfstellen. An 2 Prüfstellen war die Dämmschicht wassergesättigt.
Der Wasserschaden war sichtbar geworden, weil auch die Dampfsperre mindestens eine Leckstelle haben musste.

Abb. 4.1-6: Wasserschaden unter Anbaudach mit Terrasse.

Abb. 4.1-7: Wasserschaden unter Anbaudach mit Terrasse.

Für die Mängelbeseitigung bestand daher nur die Möglichkeit, Belag, Dichtschicht und Dämmung auszubauen.
Die Dampfsperre wurde auf Leckstellen und Anschlusshöhen überprüft und ausgebessert, der Anschluss an die Abläufe wurde untersucht und erneuert.
Anschließend wurden eine neue Dämmung und eine neue Abdichtung aus Kunststoffdichtungsbahnen eingebaut. Über neuer Schutzlage wurde der Nutzbelag wiederhergestellt.

4.1.2 Typische Fehler in der Terrasse

Schaden
Das undichte Flachdach über dem Wohnzimmeranbau sollte erneuert und danach als Dachterrasse genutzt werden. Der Dachdecker machte sich ans Werk und baute ein Flachdach, „wie ich es immer tue", wie er vor Ort bemerkte. Dann wurden Betonplatten auf Mörtelsäckchen verlegt und die Rechnung gestellt. Dem Eigentümer tropfte danach aber mehr Wasser in sein Wohnzimmer als je zuvor. Der Dachdecker klebte ein um das andere zusätzliche Flickstück auf seine Abdichtung, leider ohne jeden Erfolg. Der Sachverständige wurde gerufen, um die Ursachen zu ermitteln.

Analyse
Der Dachdecker hatte tatsächlich ein Flachdach hergestellt, wie er es gewohnt war: aus EPS-20-Dämmplatten 100 mm dick, einer Lage G200S4- und einer Lage Elastomerbitumen-Schweißbahn. Ein Ablauf war neu eingebaut, die Attika eingedichtet und mit Randprofil eingefasst. Die Anschlüsse endeten unter der vorhandenen Schieferbekleidung.
Die Lagen der Abdichtung waren – ohne Keil – senkrecht gegen und über die Attika (und gegen die Anschlüsse) geführt, Überlappungen waren offen und undicht.
Prüföffnungen zeigten, dass die Lagen der Abdichtung nicht vollflächig miteinander verklebt waren; zwischen den Lagen stand Wasser. Wasser stand ebenfalls 2 cm hoch auf der Dampfsperre. Die Dämmschicht war durchnässt.

Abb. 4.1-8: Schweißbahnlagen nicht vollflächig verschweißt, fehlerhafte Attikaabdichtung.

Abb. 4.1-9: Schweißbahnlagen nicht vollflächig verschweißt.

Abb. 4.1-11: Wasser steht in der Dämmschicht.

Zwischen Dachablauf und Abdichtung ließ sich ein Prüfstichel einführen: Der Anschluss an den Ablauf war offen undicht.

Die Terrassenabdichtung enthielt folgende technische Fehler:

- Die Dampfsperre war nicht wasserdicht.
- Für die Dämmschicht wurden nicht druckfeste Dämmplatten verwendet, die nur für nicht genutzte Flachdächer geeignet sind.
- Die nur 10 cm dicke Dämmschicht erfüllte nicht die Forderung der EnEV, hier war eine Dämmschichtdicke von 18 cm (WLZ 040) notwendig.
- Eine Dampfdruckausgleichschicht fehlte.
- In der gefällelosen Abdichtung reichten die verwendeten 2 Lagen Schweißbahnen nicht aus.
- Die Lagen der Abdichtung waren nicht homogen (vollflächig) verschweißt.
- Der Ablauf war nicht wasserdicht eingeklebt.
- Es fehlte ein Notüberlauf.
- Anschlüsse und Attika waren ohne Ankeilung und senkrecht zur Bahn angeklebt, notwendige Anschlussbahnen fehlten.
- Die Wandanschlüsse endeten unterhalb der Wandbekleidung: Sie waren von der Bekleidung nicht überdeckt.
- Die Anschlusshöhe (Schrauben der Anschlussleiste) lag tiefer als der Nutzbelag.
- Es fehlte die erforderliche Schutzlage für den Stelzlager-Belag.

Lösung

Die misslungene Abdichtung musste komplett abgeräumt und durch eine neue ersetzt werden, die die oben aufgeführten Fehler behob. Für die Dämmschicht mussten PUR- oder PH-Gefälle-

Abb. 4.1-10: Undichter Ablauf.

Abb. 4.1-12: Ablauf und Abdichtung sind nicht wasserdicht verschweißt.

dämmplatten mit WLZ 020 bis 025 verwendet werden, um Aufbauhöhe zu sparen.
Stehen bleibendes Wasser bei geringem Gefälle verminderte man durch den Einbau einer Abdichtung aus Kunststoff-Dachbahnen.

4.1.3 Falsche Anschlüsse führen zu Undichtigkeit

Wenn man sich an bisher unbekannte Dichtstoffe wagt, sind Information und Einarbeiten in die neue Technik Voraussetzung für jeden Erfolg. Erste Versuche ohne gründliche Vorbereitung gehen meist schief.

Schaden
Die Dachterrassenabdichtung eines Wohnhauses wurde erneuert. Der Dachdecker hatte – für ihn erstmals – eine Abdichtung aus bitumenbeständigen PVC-Dachbahnen hergestellt.
Nach anfänglichem Erfolg traten dann aber Undichtigkeiten auf, zu deren Behebung die Hilfe des Sachverständigen in Anspruch genommen wurde.

Analyse
Die Abdichtung aus PVC-Dachbahnen war auf der vorhandenen gedämmten und bituminösen Abdichtung lose verlegt. An Brüstungen und Wänden waren die Kunststoffbahnen hochgeführt und mit Anschlussklemmleisten angepresst.
Der Hersteller der PVC-Dachbahn schreibt verbindlich vor, dass alle Ränder und Anschlüsse mechanisch mit Verbundblech zu verankern sind. Anschlüsse sollen aus Verbundblechwinkeln hergestellt werden.

Abb. 4.1-13: Randfixierung mit Verbundblech fehlt.

Abb. 4.1-14: Silikon wird bei Kontakt mit Bitumen zerstört.

Die mechanische Verankerung und die Verbundblechwinkel waren hier nicht vorhanden. Infolgedessen hatte die Rückstellung der Kunststoffbahn dazu geführt, dass die Bahn sich aus der ursprünglichen Lage heraus straffte und an den Anschlussleisten zerrte.
Die Anschlussleisten waren nur mit Schlagdübeln befestigt, und nicht, wie vorgeschrieben, mit nicht rostenden Schrauben und Dichtscheibe.

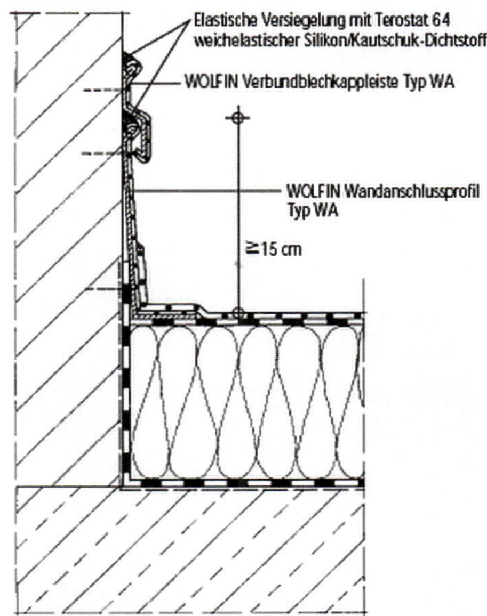

Abb. 4.1-15: Wandanschluss nach Vorgabe des Herstellers.

Die Anschlussleisten waren mit Silikon gegen bituminösen Untergrund versiegelt. Silikon wird von ölhaltigen Stoffen, also auch Bitumen, zerstört.
Die Anschlüsse waren nicht regensicher.

Lösung
Die Anschlussleisten mussten ausgebaut und die Anschlüsse abgetrennt werden. Neue Anschlüsse wurden aus Verbundblechwinkeln mit Überhang hergestellt. Die Verbundbleche wurden in Abständen von maximal 15 cm verschraubt und verdübelt, die Kunststoff-Dachbahn auf dem Verbundblech verschweißt.
Für die Versiegelung mussten die Fugenflanken gereinigt und geprimert und bitumenbeständige Kitte verwendet werden.

4.1.4 Fremdanschlüsse und überschätzter Flüssigkunststoff

Flüssigkunststoffe – um es gleich vorweg zu sagen – decken die gesamte Bandbreite vom hochwertigen Dichtstoff bis zum unbrauchbaren Anstrich ab. Die hochwertigen Dichtstoffe zeichnen sich dadurch aus, dass sie aus mehreren Komponenten im genau festgesetzten Verhältnis angemischt werden müssen, dass der Auftrag mehrschichtig erfolgen muss und dass ein Trägervlies einzubringen ist. In aller Regel sind auch eine besondere Vorbehandlung und Grundierung des Untergrundes notwendig. Solche Flüssigkunststoffe sind teuer und erfordern einen hohen Arbeitsaufwand sowie fundiertes handwerkliches Können. Deshalb gehören

Abb. 4.1-17: Profilstahlstütze in der Terrassenabdichtung.

Flüssigabdichtungen zu den teuersten Abdichtungsmethoden. Die Industrie unternimmt viel, um Stoffe anzubieten, die angeblich einfacher und billiger einzubauen sind. Da wird zuweilen behauptet, man bräuchte nur den Kübel mit dem Wunderkunststoff auszugießen und mit dem Schieber zu verteilen – und fertig wäre die Abdichtung.

Schaden
An dieser Stelle soll kein einzelner Schaden vorgestellt werden. Stattdessen wird an verschiedenen Beispielen dargestellt, welche Fehler und Schäden auftreten können, wenn Grundregeln der Anwendung mit dem Flüssigkunststoff missachtet werden.

Fall 1: Dachterrasse
Ein älteres Bauobjekt aus Terrassenhäusern wurde saniert, die großflächigen Terrassenab-

Abb. 4.1-16: Wasserunterwanderter Flüssigkunststoff.

Abb. 4.1-18: Dichtmanschette wird vom Wasser unterlaufen.

Abb. 4.1-19: Anschluss mit Flüssigkunststoff gegen den Blendrahmen.

dichtungen mit Bitumenschweißbahnen – Oberlage beschiefert – erneuert. Profilstahlstützen für Sichtschutzwände hat der Dachdecker mit Flüssigkunststoff abgedichtet. Einige Monate später kam es zu heftigen Wassereinbrüchen. Die Prüfung der Ursache ergab, dass die Flüssigkunststoffmanschetten nicht hafteten und vom Wasser direkt unterlaufen wurden (siehe Abb. 4.1-17 und 4.1-18).

Fall 2: Fenstertür einer Dachterrasse
Der Dachdecker hatte die Terrassenabdichtung mit oberseitig beschieferten Schweißbahnen abgeklebt. Aus Sorge um die Kunststoff-Fenstertür stellte er den Anschluss mit Flüssigkunststoff gegen den Blendrahmen her.

Leider löste sich nach kurzer Zeit der Anschluss. Wasser drang in den innen liegenden Wohnraum ein (siehe Abb. 4.1-19 und 4.1-20).

Fall 3: Nachdichtung an einer Fenstertür
Wegen Feuchteschäden sollte der Dachdecker den Türanschluss erneuern. Dazu verwendete

Abb. 4.1-20: Der Anschluss löst sich ab.

Abb. 4.1-21: Von Bitumenbahn abgelöster Flüssigkunststoffanschluss.

er Flüssigkunststoff, den er auf die vorhandene beschieferte Bitumenbahn aufbrachte und am Türsockel hochführte. Weil kurz danach weitere Feuchteschäden auftraten, wurde der Anschluss überprüft. Das Ergebnis der Prüfung war, dass sich die Flüssigdichtschicht von der Bitumenbahn abgelöst hatte (siehe Abb. 4.1-21 und 4.1-22).

Abb. 4.1-22: Wasserschaden durch abgelösten Flüssigkunststoff.

Abb. 4.1-23: Über Profilstoß öffnet sich der Flüssigkunststoff.

Abb. 4.1-25: Bruch der Flüssigkunststoffschicht über Blechstoß.

Fall 4: Flachdachrandabschluss

Das Dachrandprofil an der Dachattika eines Bürogebäudes wurde erneuert. Die Abdichtung zwischen Dachrandprofil und der Dachabdichtung aus Kunststoffdachbahnen wurde mit einem Streifen aus Flüssigkunststoff hergestellt. Schon bald sah der Bauherr Wasser- und Schmutzläufer an der Fassade und reklamierte die Dacharbeit. Festgestellt wurde, dass sich der Flüssigkunststoffstreifen flächig von der Kunststoffdachbahn und ebenso über Dehnfugen der Randprofile abgelöst hatte. Wasser drang in den Attikakopf ein (Abb. 4.1-23).

Fall 5: Undichter Anschluss an Holzfensterrahmen

Eine Seitenwange einer Dachterrasse war mit einem feststehenden Fenster aus lackiertem Blendrahmen und Isolierglasscheibe ausgestattet. Der Dachdecker wusste bei der Terrassenabdichtung offenbar keine andere Lösung, als den Anschluss mit Flüssigkunststoff auszuführen. Für den Fachmann war klar, dass dieser Anschluss nicht dauerhaft dicht sein konnte: Er hatte sich vom Holzrahmen abgelöst (siehe Abb. 4.1-24).

Fall 6: Die Tropfkante

Die Terrasse über einem Kellerraum wurde mit Flüssigkunststoff einschließlich Nutzdeckschicht abgedichtet. Die 3 Außenränder fasste der Handwerker mit abgekanteten Zinkprofilen (sog. Traufprofilen) ein. Nach einigen Monaten traten über den Blechstößen Brüche in der Kunststoffschicht auf (siehe Abb. 4.1-25).

Fall 7: Unsauberer Anschluss

Die Balkonabdichtung mit Verschleißschicht wurde von den Eigentümern nicht abgenom-

Abb. 4.1-24: Vom Holzblendrahmen hat sich der Flüssigkunststoff abgelöst.

Abb. 4.1-26: Unsauberer Anschluss in der Balkonabdichtung.

men. Sie bemängelten die unsauberen Anschlüsse der Beschichtung (siehe Abb. 4.1-26).

Fall 8: Dachablauf
Eine Flachdachabdichtung aus Kunststoffdachbahnen war undicht geworden. Der Dachdecker ortete den Schaden an einem Dachablauf, den er erneuerte. Den Anschluss der Abdichtung an den Ablauf führte er mit Flüssigkunststoff aus. Nach einem Jahr trat erneuter Wasserschaden auf. Als Ursache fand sich eine Ablösung der Flüssigkunststoff-Anschlussdichtung.

Analyse
Die führenden Hersteller der Flüssigkunststoffe erlauben Anschlüsse an Bitumenbahnen und Elastomerbitumenbahnen bei mindestens 15 cm Anschlussbreite. Jedoch sagen die technischen Tabellen nichts über Anschlüsse auf Schiefersplitt, und keines der mir bekannten Merkblätter empfiehlt den Anschluss auf besplittete Dichtungsbahnen. Ein Hersteller benennt mineralische Untergründe für nicht zulässig. Direkt befragt, antwortete ein Hersteller sinngemäß wie folgt: „Auch auf oberseitig beschieferten Elastomerbitumenbahnen können ... Abdichtungen eingesetzt werden." Derselbe Hersteller fordert aber in seiner Technik-Information: „Poröse und ablösbare Bestandteile ... müssen entfernt werden."
Ich persönlich halte den Anschluss von Flüssigkunststoff auf beschieferte Dachbahnen für hoch riskant und kann ihn nicht empfehlen.
Für Anschlüsse an Kunststoffdachbahnen empfehlen die Hersteller jeweils einen Einzeltest.
Anschlüsse auf Hartkunststoff (z.B. PVC-Fenstertüren) sind als Empfehlung oder Lösung in technischen Merkblättern einiger Hersteller enthalten, stellenweise mit dem Zusatz, die Oberfläche aufzurauen (anschleifen).
Anschlüsse an Fenstertüren müssen immer unter dem Blendrahmen und unter einem Wasserabweisprofil verwahrt werden. Der direkte Anschluss auf den Blendrahmen ist äußerst risikoreich und immer mit Abrissen an den Leibungsfugen verbunden. Zu bedenken ist, dass ausgehärteter Flüssigkunstoff sprödhart wird und als Anschluss an eine Fenstertür regelmäßig Erschütterungen ausgesetzt ist. Für einen solchen Einsatz ist aber kein Flüssigkunststoff dauerhaft geeignet, und für Dauerhaftigkeit auf dem Kunststoffblendrahmen übernimmt kein Hersteller eine Garantie.
Das Problem der Fugen-Überbrückung wird allgemein durch Gewebe-Verstärkung gelöst. Die Kunststoffschicht soll über der Fuge verstärkt und ein Brechen des Kunststoffes dadurch vermieden werden. Bedeutsam dabei ist aber, dass die Verstärkung der Dichtschicht über der Fuge dazu führt, dass sich die Dichtschicht in einem kleinen Bereich vom Untergrund ablöst. Im Schadenfall 4 führte dies zu örtlicher Undichtigkeit über dem Blendenstoß.
Im Schadenfall 6 entstanden die Brüche über den Blechstößen, weil die Flüssigkunststoffschicht ohne Vlieseinlage und ohne Verstärkung über den Stößen verarbeitet war.
Anschlüsse auf Anstrichen sind hoch problematisch und sollten gar nicht erst versucht werden. Dachdecker sind keine Maler. Bei Balkon- und Terrassenabdichtungen mit Flüssigkunststoff müssen sie es aber sein. Kein Maler hätte den Anschluss aus Fall 7 ausgeführt, ohne die Anschlusslinie vorher abzukleben. Den Anschluss frei nach Augenmaß mit Rolle oder Pinsel abzustreichen, wird immer zu unsauberen Kanten und demzufolge zu unzufriedenen Kunden führen.

Zusammenfassung
Flüssigkunststoffe gibt es als Dichtungssysteme in guter Qualität mit hoher Standfestigkeit (und in der Regel verbunden mit vergleichsweise hohem Preis) wie auch in minderen Qualitäten.
Abdichtungen aus Flüssigkunststoff verlangen hohes technisches und handwerkliches Können.
Richtig eingesetzt und angewandt können langlebige Abdichtungen hergestellt werden.
Flüssigkunststoffe sind aber keine Alleskönner und problematisch bei Kontakt oder Anschluss auf Fremdstoffen. Was man nicht machen sollte: Anschlüsse auf Schiefersplitt, auf Anstrichen und auf Hartkunststoffen. Nur mit schriftlicher Zustimmung des Herstellers sind ausführbar: Anschlüsse auf Kunststoffdachbahnen, Plastomerbitumenbahnen und Holz oder Holzwerkstoffen.
Bei Anschlüssen über Metallstößen ist zu bedenken, dass die Dichtschicht generell am Stoß abreißt. Wasserdichte Anschlüsse über Metallstößen sind nicht möglich.

Abb. 4.1-27: Wasserschaden und Pilzbesatz im Bereich des Erkervorbaus.

Abb. 4.1-29: Anschluss an hinterlüftetes Vormauerwerk ohne Wandsperre.

4.1.5 Waagerechte Wandsperre fehlt

Schaden

In einer Neubausiedlung traten Feuchtigkeit und Pilzbesatz im Anschluss an Kragplatten und Flachdacherker auf.
Hier waren Balkone und Flachdächer auf der gemeinsamen auskragenden Geschossdecke vereint.
Für die Feuchteschäden in der Außenwand machte man den Dachdecker verantwortlich.

Analyse

Die Außenwände waren mehrschalig mit vorgesetzter hinterlüfteter Verblendwand und Kerndämmung ausgeführt. Mauer- und Vormauerwerk standen auf der auskragenden Geschossdecke.

Die Anschlüsse von Balkon- und Erkerabdichtung waren gegen die Verblendwand geführt und mit versiegelter Kappleiste abgesichert.
Bei näherem Hinsehen fiel das Fehlen einer hier notwendigen waagerechten Wandsperre auf. Diese hätte als Bitumen- oder Kunststoffbahn in einer der Lagerfugen oberhalb des Wandanschlusses sichtbar sein müssen. Architekt und Bauunternehmer bestätigten, dass eine solche Sperre nicht eingebaut war.
Schlagregen konnte in oder hinter der Vormauerschale einsickern und sich dann auf der Geschossdecke verteilen, von da zog das Wasser kapillar in die tragende Außenwand und Putz.
Ein technischen Fehler wurde ebenfalls gefunden: Unter dem Dachüberstand war der Anschluss aus Zinkwinkel auf die Untersichtbekleidung geführt. Dieser Anschluss war nach außen offen undicht.

Abb. 4.1-28: Wasserschaden und Pilzbesatz im Bereich des Erkervorbaus.

Abb. 4.1-30: Anschluss an hinterlüftetes Vormauerwerk ohne Wandsperre.

Abb. 4.1-31: Nach außen offene Zinkaufkantung.

Untersuchungen an Balkon- und Dach-Abdichtung brachten keine weiteren Hinweise auf Undichtigkeiten.
Sowohl die Fachregeln des Maurerhandwerks wie die des Dachdeckerhandwerks schreiben waagerechte Sperrschichten oberhalb von Dachanschlüssen zwingend vor.
Ohne diese kann ein Anschluss an eine Vormauerung nur selten dicht sein:

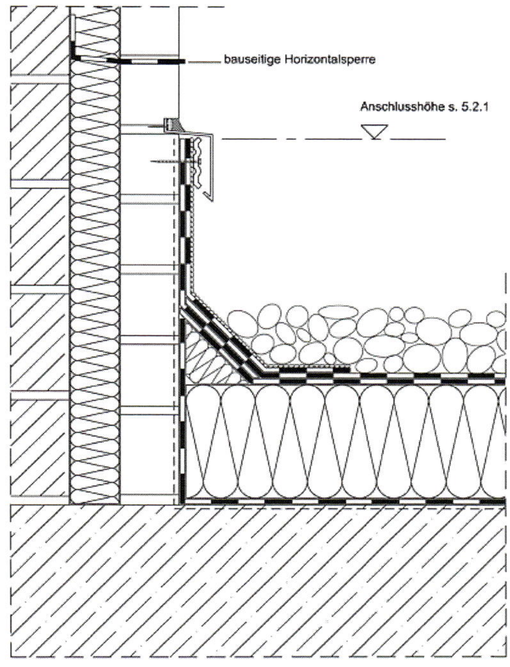

Abb. 4.1-32: Vorgabe nach Fachregel.

(3) Das obere Ende von Anschlüssen muss regensicher verwahrt werden. Bei nicht regensicheren vorgesetzten Außenwandbekleidungen muss der Anschluss hinter dieser an der Wand hoch geführt werden. Bei Vorsatzmauerwerk, Wärmedämmverbundsystemen oder Putzschichten muss die Hinterläufigkeit der Abdichtung vermieden werden. Hierfür sind z.B. Z-förmige Feuchtigkeitssperren, eingelassene Überhangstreifen oder Z-Profile geeignet. Wasserbeanspruchte Anschlussenden, die lediglich durch Dichtstofffasen gegen Hinterläufigkeit gesichert sind, sind bei nicht genutzten Dächern der Anwendungskategorie K1 zuzuordnen.
(4) Die Ausführung des regensicheren Anschlusses am aufgehenden Bauteil mit Überhangstreifen oder vorgefertigten Metallprofilen erfolgt entsprechend den „Fachregeln für Metallarbeiten im Dachdeckerhandwerk". Überhangstreifen und Klemmschienen die der Witterung ausgesetzt sind, müssen mit korrosionsbeständigen Befestigungsmittel angebracht werden.
(Fachregel für Abdichtungen, 10/2008 (mit Änderungen 05/2009 und 12/2011), Abschnitt 4.3.2)

Lösung
Die waagerechte Wandsperre musste oberhalb des Wandanschlusses eingebaut werden.
Dazu waren Lagen des Vormauerwerks abschnittweise herauszunehmen, Sperrlagen mit Aufkantung an der tragenden Giebelwand einzubauen und die Wand wieder zu schließen.
Die Untersichtbekleidung am Giebelüberstand wurde ausgebaut, der Dachanschluss an eine Hilfskonstruktion neu hergestellt und die Untersichtbekleidung überdeckend wieder eingebaut.

4.1.6 Bitumenspachtelmasse für Balkonabdichtung ungeeignet

Schaden
Schon kurz nach einer Balkonabdichtung traten im angrenzenden Schlafraum Durchfeuchtungen auf.
Bei der Balkonsanierung war eine Abdichtung hergestellt und darauf ein Holzbohlenrost als Nutzbelag verlegt worden. Danach klagte der Hauseigentümer über den Wasserschaden im Obergeschoss seines Wohnhauses und vermu-

Abb. 4.1-33: Wasserschaden im Schlafzimmer.

Abb. 4.1-34: Balkonabdichtung aus Bitumenspachteldichtstoff.

tete die Ursache in der gerade erst fertiggestellten Sanierung.

Analyse

Der Handwerker hatte als Dichtstoff eine Bitumenspachtelmasse mit Trägervlies, einen so genannten Dach-Elast, verwendet.
Bei den Sanierungsarbeiten wurde die Randaufkantung mit Profilbohlen bekleidet. Die Randabdeckung aus Metallabkantungen blieb unverändert.
Mit der Mikrometerschraube wurde die Dicke der Spachtelschicht mit 0,7 mm festgestellt.
Die Spachteldichtung war nur bis zur Unterkante der eng anliegenden Metallrandabdeckung geführt, Putz und Mauerwerk der Randaufkantung waren durchnässt. In der Anschlusskehle waren Vliesüberlappung und Spachtel nicht geschlossen, sondern offen undicht. An den Dübelstellen der Profilbekleidung war die Spachtelschicht durchbohrt.

Die Flachdachrichtlinien schreiben vor:

3.4.3 Abdichtung mit Flüssigkunststoffen
(1) Flüssigabdichtungen sollen vollflächig haftend aufgetragen werden.
(2) Die Vorbehandlung und Bewertung des Untergrundes ist erforderlich und muss nach Abschnitt 2.5.6.4 erfolgen.

Tabelle 4.1: Bemessung von flüssig aufzubringenden Abdichtungen

Stoffe	Mäßige und hohe Beanspruchung	
	Mindestschichtdicke 2 in mm[2)]	Leistungsstufen
Flexible ungesättigte Polyesterharze (UP)	2,0	Klimazone M
		Erwartete Nutzungsdauer W 3
Flexible Polyurethanharze (PUR)		Nutzlast P 4
1K, 2K		Dachneigung[1] S1, S2, S3, S4
		Tiefste Oberflächentemperatur TL 3[1]
Flexible reaktive Polymethylmethacrylate (PMMA)		Höchste Oberflächentemperatur TH 3

1) Unabhängig von der tatsächlichen Neigung sind alle Neigungsstufen S1 bis S4 nachzuweisen.

2) Wenn die in der ETA angegebene Mindestschichtdicke höher ist, gilt der höhere Wert.

(Fachregel für Abdichtungen, 10/2009 (mit Änderungen 05/2009 und 12/2011, Tabelle 15))

Abb. 4.1-35: Fehler: Die Dichtschicht ist nur 0,7 mm dick.

(3) Flüssigabdichtungen müssen mindestens zweischichtig mit Einlage ausgeführt werden. Das Auftragen und die Verwendung der Einlage muss nach Abschnitt 2.5.6.4 erfolgen.
(4) Die Dicke der fertigen Flüssigabdichtung muss, soweit in der Zulassung keine höheren Anforderungen gestellt werden, den Angaben der Tabelle 15. (hier Tab. 4.1)
(5) Es wird empfohlen über die Untergrundvorbereitung, die Art der Flüssigabdichtung, die verwendete Einlage und die verarbeiteten Mengen eine Dokumentation zu erstellen.
(Fachregel für Abdichtungen, 10/2008 (mit Änderungen 05/2009 und 12/2011), Abschnitt 3.4.3)

Die nur 0,7 mm dünne Spachtelschicht erfüllte nicht die Anforderungen aus der Fachregel. Offene Stöße, Überlappungen und Bohrlöcher waren Mängel und direkte Undichtigkeiten. Die nur gegen die Metallabdeckung geführte Spachtelschicht war von oben offen undicht. Die Balkonabdichtung und ihre Details widersprachen geltenden Fachregeln.

Abb. 4.1-36: Fehler: Die Dichtschicht ist nur 0,7 mm dick und endet unter der Randabdeckung, die Dichtschicht ist durchbohrt.

Abb. 4.1-37: Fehler: Die Dichtschicht ist nur 0,7 mm dick und endet unter der Randabdeckung, die Dichtschicht ist durchbohrt.

Lösung
Die Abdichtung einschließlich ihrer Anschlüsse und Bekleidungen war in fachgerechter Form neu herzustellen. Dazu mussten Metall-Randabdeckung, angeschraubte Bekleidungen und die ungeeignete Spachteldichtschicht ent-

Abb. 4.1-38: Fehler: Die Dichtschicht ist nur 0,7 mm dick und endet unter der Randabdeckung, die Dichtschicht ist durchbohrt.

fernt und der Untergrund gereinigt und grundiert werden.
Eine neue Abdichtung aus geeigneten mehrkomponentigen Flüssigkunststoffen mit einzulegendem Trägervlies war in mindestens 2 mm Schichtdicke aufzubringen und mit einer Verschleißschicht abzusichern. Zwischen Abdichtung und Nutzbelag wurde eine Schutzlage verlegt. Seitliche Bekleidungen wurden angebracht, indem dazu Telleranker mit Schraubgewinde am Untergrund befestigt und in die Dichtschicht eingebunden wurden. Eine neue Mauerabdeckung mit ausreichenden seitlichen Überständen komplettierte die Sanierung.

4.1.7 Undichte Terrassenbrüstung

Schaden
5 Monate lang hatten Bauherr, Architekt und Maurer nach der Ursache der Undichtigkeiten ihrer neuen Dachterrasse gesucht.
Der Bauherr hatte eine ursprüngliche Terrasse mit Außenwänden aus Mauerwerk, Fenstern und Betondecke zum Wohnraum ausbauen lassen.
Die neue Geschossdecke diente der Dachgeschosswohnung als Dachterrasse. Diese Terrasse war nach außen mit einer KS-Wand als Brüstung begrenzt, die Brüstung innen wie außen mit keramischen Platten bekleidet. Als obere Abdeckung waren Natursteinplatten verlegt.
Der neu geschaffene Wohnraum kann nicht genutzt werden, da es in ihn hineinregnet.

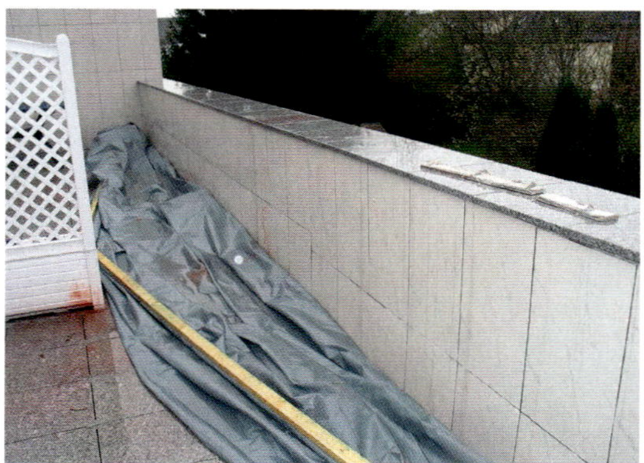

Abb. 4.1-39: Terrassenbrüstung.

Analyse
Die waagerecht liegenden Steinplatten der Brüstungsabdeckung waren gestoßen, die Stoßfugen mit Fugmörtel zugesetzt. Die Steinplatten hatten

Abb. 4.1-40: Brüstungsabdeckung ist undicht, Wasser dringt bis zur Betondecke.

Abb. 4.1-41: Wasserschaden.

Abb. 4.1-42: Brüstungsabdeckung ist undicht, Wasser dringt bis zur Betondecke.

Abb. 4.1-43: Wassergesättigtes Brüstungsmauerwerk.

seitliche Überstände von etwa 1 bis 2 cm. Zwischen Brüstungsplatten und keramischer Wandbekleidung waren offene Fugen bis 2 cm Breite. Außen sind Teile der Keramikplatten abgefallen, der Ansetzmörtel war durch Frost zerstört.
Die Steinplatten der Abdeckung ließen sich samt Mörtelbett einfach abnehmen; das KS-Mauerwerk darunter war wassergesättigt.
Die undichte Brüstungsabdeckung war eine sicher anzunehmende Ursache für den beklagten Wasserschaden.

Der gegen die Brüstungswand gesetzte Dachterrassenanschluss konnte eindringendes Wasser nicht verhindern, da die Geschossdecke in das von oben durchfeuchtete Mauerwerk eingreift.

Lösung
Die Schadensursache war so offensichtlich, dass zunächst auf weiter gehende Ursachenforschung verzichtet werden konnte.
Zunächst musste die Brüstung wasserdicht gemacht werden.
Dazu wurde die unbrauchbare und zu schmale Abdeckung entfernt ebenso die frostgeschädigte Bekleidung.
Als Abdeckung wurden neue Steinplatten mit 4 cm seitlichen Überständen angefertigt. Die Platten hatten von unten eingefräste Abtropfrillen und überfälzte Stöße. Verlegt wurden sie mit etwa 3 % Neigung nach innen; die überfälzten Stoßfugen wurden in elastischen Dichtkleber verlegt.
Die äußeren Bekleidungen wurden an die Abdeckung angearbeitet und elastische Anschlussfugen hergestellt.

Nach erfolgter Brüstungssanierung blieb die Option, auch die Abdichtung zu kontrollieren und ggf. auszubessern.

4.1.8 Wohin mit dem Wasser? – Entwässerung am Terrassendach

Die Fachregeln für Balkone und Dachterrassen sind in der Vergangenheit mehrfach geändert worden, auch die für Gefälle und Entwässerung.

Heute sagt die Fachregel:

3.2.1 Gefälle und Entwässerung
(1) Grundsätzlich ist durch bautechnische Maßnahmen dafür zu sorgen, dass das auf die Abdichtung einwirkende Wasser dauernd wirksam so abgeführt wird, dass es keinen bzw. nur einen geringfügigen hydrostatischen Druck ausüben kann. Bei planmäßiger Anstaubewässerung darf der Wasserstand maximal 100 mm betragen.
(2) Sollten sich geringfügige, aber länger einwirkende Mengen stehenden Wassers (z. B. Pfützen) schädigend auf Schutz- und Belagschichten auswirken (z. B. bei Plattenbelägen im Mörtelbett), ist durch eine planmäßige Gefällegebung oder andere Maßnahmen für eine vollständige Wasserableitung zu sorgen.
(3) Wird der Wasserabfluss durch die Belagschichten soweit verzögert, dass daraus Schäden zu erwarten sind, sind Dränschichten auf der Abdichtung erforderlich.
(4) Abläufe zur Entwässerung von Belagoberflächen, die die Abdichtung durchdringen, müssen sowohl die Nutzfläche als auch die Abdichtungs-

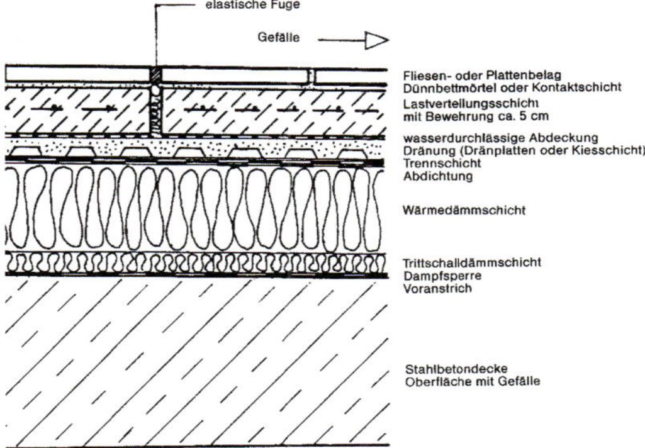

Abb. 4.1-44: Merkblatt: Gefällelage der Abdichtung wird gefordert.

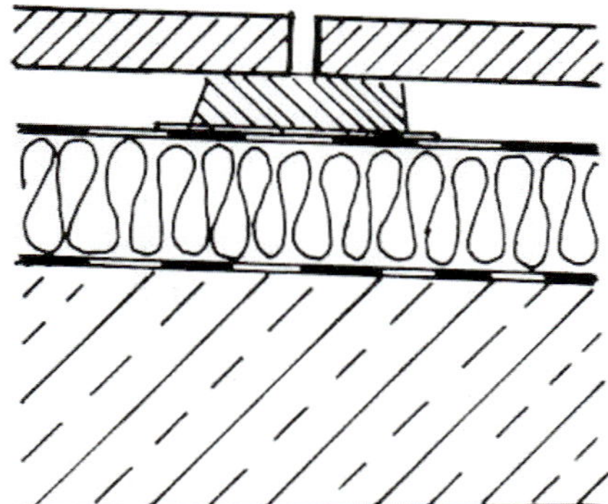

Abb. 4.1-45: Merkblatt: Gefällelage der Abdichtung wird gefordert.

ebene dauerhaft entwässern. Sie müssen für Wartungsarbeiten leicht zugänglich sein.
(Fachregel für Abdichtungen, 10/2008 (mit Änderungen 05/2009 und 12/2011), Abschnitt 3.2.1)

Die Fachregel schreibt für die Abdichtung ein Entwässerungsgefälle nicht zwingend vor und lässt auch andere Möglichkeiten (Dränschichten) als Ersatz zu.
Ebenfalls heranzuziehen sind Fachregeln des Baugewerbes:
In diesen wird für alle infrage kommenden Konstruktionen ein Gefälle der Abdichtung verlangt.
Ein Verzicht auf die Gefällelage der Abdichtung ist (außer bei Belägen auf Stelzlager) auch mit Dränschicht sehr riskant, denn auch dort kann Wasser zu Eis gefrieren und den Belag beschädigen.

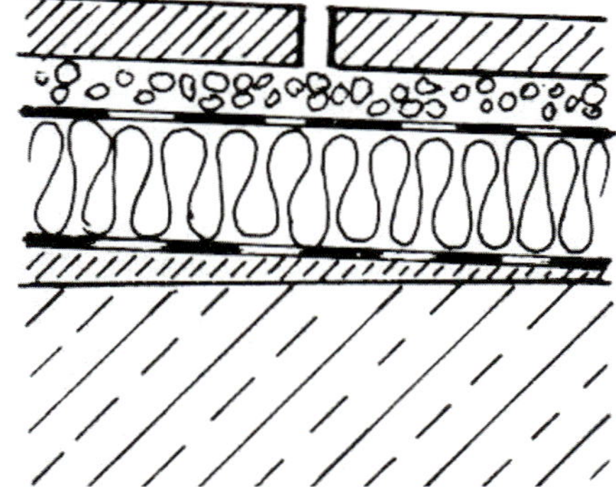

Abb. 4.1-46: Merkblatt: Gefällelage der Abdichtung wird gefordert.

Abb. 4.1-47: In Splitt- und Kiesschichten staut Wasser rasch an.

Schüttungen aus Kies oder Splitt sind zur Entwässerung nicht oder wenig geeignet. Sogenannte „Unterflurentwässerungen" sind problematisch, weil nicht zugänglich, nicht prüfbar und u.U. gefährdet durch Verschlammung oder Vereisung. Praktisch unwirksam sind Kapillardränungen aus Vliesbahnen. Kanaldränungen als Kapillarsperre sind sehr hilfreich, weil sie die Durchfeuchtung des Plattenbelages von unten verhindern.
Durch Kies- oder Splittschichten sickert Wasser nur sehr langsam ab, diese eignen sich daher nicht zur Entwässerung des Belages. Bettungen nur in Kies oder Splitt sind deshalb zu vermeiden.
Besonders problematisch sind Stufenentwässerungen, die Wasserleitung von Dachflächen auf und über genutzte Flächen und Belagsschich-

Abb. 4.1-48: Splitt ist ein ideales Lager für Platten- und Pflasterbeläge, eignet sich aber nicht zur Wasserabführung.

ten: Stufenentwässerungen sind grundsätzlich zu vermeiden.

Schaden
Die Eigner eines Terrassenhauses beklagten, dass ihre Terrassen oft von Wasser überflutet und insbesondere verschmutzt seien. Schuld sollte der Dachdecker sein, der nicht ausreichend durchlässige Terrassenbeläge hergestellt hatte. Auch der Architekt beschuldigte den Dachdecker; seine Planung ging davon aus, das Regenwasser von den jeweils höher liegenden Dachterrassen über außen liegende Regenrohre auf die nächsttieferliegende Terrasse zu leiten. Dort sollte das Wasser in der Belagsschicht versickern und zum Ablauf geführt werden.

Analyse
Die Terrassen waren auf Splittbett gepflastert. Nach länger andauerndem Regen wurde vor einer Maschinenraumtür das Pflaster aufgehoben. Tatsächlich stand Wasser in der Splittlage. Wasser sickert nur sehr langsam ab. Wasserabführung durch die Belagsschicht, wie sie sich der Architekt vorgestellt hatte, ist nicht möglich. Der Fehler lag hier in der Entwässerungsplanung: Stufenweises Entwässern über Terrassen ist nicht erlaubt. Unterflurentwässerung in Schüttlagen ist nicht möglich.

Lösung
Fachgerechte Entwässerung in der Senkrechten (durch das Gebäude) konnte nicht mehr hergestellt werden. Die Eigentümer sperrten sich auch gegen außen angebrachte zusätzliche Regenrohre.
Es wurde ein tragbarer Kompromiss dergestalt gefunden, dass zwischen Regenrohrauslauf und Terrassenablauf – die jeweils gegenüberlagen – eine 25 cm breite Wasserrinne mit abnehmbarem Rost eingebaut wurde; Wasser wurde damit in offenen Regenrinnen zum Ablauf weitergeleitet. Die Rinnen waren prüfbar und konnten gereinigt werden.

4.1.9 Sanierung einer undichten Dachterrasse

Das sechsstöckige Wohnhaus enthält im 5. OG (Dachgeschoss) eine Dachterrasse mit U-förmigem Grundriss und Umwehrung aus Brüstungswänden.

Abb. 4.1-49: Ansicht des Wohnhauses und der Lage der Dachterrasse im 5. OG.

In der Wohnung 52 im 4. OG und im Zugang tritt Wasser aus der Decke. Reparaturversuche am Dach hatten offensichtlich keinen Erfolg. Es soll untersucht werden, in welchem Zustand das Flachdach der Dachterrasse ist und welche Möglichkeiten zur Beseitigung des Wasserschadens bestehen.

Feststellungen und Mängel am Dach

Prüföffnung Abdichtung
Dachaufbau (von oben nach unten) und Zustand:

- Betonplatten 40/40/5 auf Stelzlager,
- Gummischrotmatte,
- PVC-Dachabdichtungsbahn, d = 1 mm,
- Trennvlies ca. 30 g, durchnässt,
- PUR-Dachdämmplatte, d = 90 mm, durchnässt, beidseits bitumenpapierkaschiert,
- Dampfsperrfolie, d = 0,17 mm Wasserfilm,
- Betonglättschicht (Decke) durchnässt.

Abb. 4.1-50: Wasserflecke an Trennwand und Decke.

Abb. 4.1-51: Wasserfilm auf der Dampfsperre.

Prüföffnung Wandanschluss

Aufbau von außen nach innen:

- Trittschutzleiste, geschraubt,
- PVC-Abdichtungsbahn,
- Glasvliestrennlage,
- EPS-Dämmplatte des Außenputzes d = 80 mm.

Die Trittschutzleiste ist gegen die EPS-Dämmplatte versiegelt. Der Außenputz ist gegen die Trittschutzleiste geführt.

Zwischen Trittschutzleiste und Putz ist ein unregelmäßiger Riss entstanden, in den Wasser direkt eindringen kann.

Mängel am Dach

a) In der Abdichtung müssen erhebliche Leckagen vorhanden sein; nur so lässt sich die weitgehende Durchnässung der Dämmschicht erklären.

Abb. 4.1-52: Durchnässter Dämmstoff.

Abb. 4.1-53: Trittschutzleiste des Anschlusses.

b) Die Abdichtung aus PVC-Bahnen ist, entgegen der Verlegeregel, nicht randfixiert. Rückstellungen der Bahn führen zu Straffung und zum Verzug der Abdichtung an den Anschlüssen.
Bisher hat der Plattenbelag noch weiteres Verziehen verhindert.

c) Über den Trittschutzblechen ist generell der Putz abgerissen. Die Risse sind offene Wassereinträger.

Analyse

1. Der PVC-Kunststoff nimmt Schaden durch Kontakt mit Bitumen und lösungsmittelhaltigen Dämmstoffen.
   Die notwendige Trennwirkung von Glasvliestrennlagen wird durch Wasser aufgehoben. Im dauerfeuchten Zustand treten Weichmacherwanderung, Verhärtung und Schrumpf in der Dachbahn ein.

Abb. 4.1-54: Trittschutzleiste des Anschlusses.

Abb. 4.1-55: Nach oben offene Putzanschlussfuge.

2. Dachanschlüsse müssen grundsätzlich auf die Außenwand (tragendes Mauerwerk) geführt werden. Anschlüsse dürfen nicht von außen gegen Dämmputz gesetzt werden.
3. Außenputz darf nicht gegen Anschlussleisten geputzt werden, weil dort unvermeidliche Abrisse entstehen.
   Putz ist immer mit einer Sockelleiste als untere Tropfkante abzuschließen.
4. Die durchnässte Dämmschicht hat nur noch geringen Wärmedurchlasswiderstand und damit stark verminderte Dämmeigenschaften. Der Dämmwert entspricht nicht der geltenden EnEV.
5. Die Dampfsperrfolie hat Leckstellen; das ist anzunehmen wegen des Durchdringens von Wasser zur Betondecke.

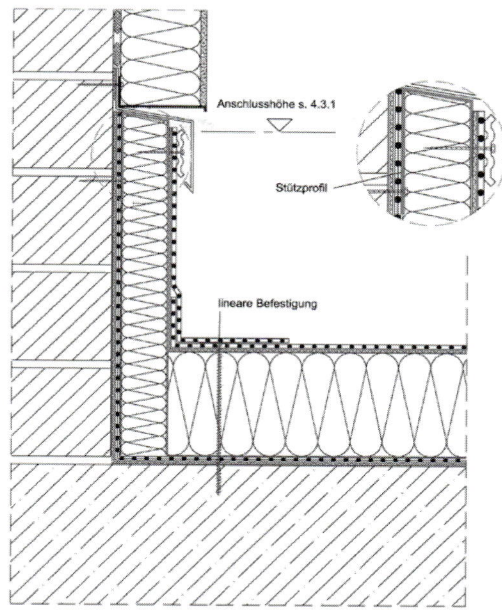

Abb. 4.1-57: Fachgerechter Putzsockel.

6. Plattenbeläge müssen direkt entwässert werden.
   Die hierzu notwendigen Ablaufaufsätze fehlen.
7. Nach heutigen Grundsätzen benötigt die Dachterrasse zusätzliche Notüberläufe als Wasserspeier.

Möglichkeiten einer Schadensbeseitigung
Abdichtung, Anschlüsse und Dampfsperre sind in hohem Maße mängelbehaftet.

Abb. 4.1-56: Die Abdichtung ist am Anschluss gestrafft.

Abb. 4.1-58: Neuabdichtung und Wandanschluss.

Abb. 4.1-59: Überlaufspeier.

Die Dämmschicht ist massiv durchnässt und unbrauchbar geworden.
Eine Instandsetzung des Daches ist nicht möglich.
Zur Schadensbeseitigung muss das Dach mit allen Dichtlagen und seiner Dämmschicht erneuert werden.
Zusätzlich sind Ablaufaufsätze zur Direktentwässerung des Nutzbelages und 2 Notüberläufe als Wasserspeier einzubauen.
Die Wandanschlüsse müssen in der Form umgestaltet werden, dass der Putzsockel im Schrägschnitt herausgetrennt und durch eine druckfeste Sockeldämmplatte mit höherem Dämmwert und 60 mm Dicke ersetzt wird. Der Anschluss wird am Putzsockel hochgeführt und abgesichert. Zwischen Putzsockel und Wärmedämmputz wird ein gekantetes Abweisblech eingefügt und versiegelt (die nachfolgende Skizze zeigt die richtige Sockelausbildung).
Eine wesentliche Verbesserung stellt eine Gefälledämmung dar, mit der großflächig stehendes Wasser auf der Abdichtung vermindert werden kann.
Es müsste nach Feststellung der Abläufe geprüft werden, ob ein solches Gefälle technisch möglich ist. Um Höhe zu sparen, wird eine hochdämmende PUR-Dämmschicht vorgeschlagen.

Zusammenfassung
Die Schichten des Daches sind massiv durchfeuchtet, ebenfalls stark durchfeuchtet ist die Dachdecke.
Wasserschäden sind bisher nur an Störungen in der Betondecke (Risse, Deckendurchbruch) sichtbar geworden.
Die Ursachen der Durchfeuchtungen liegen in konstruktiven und technischen Fehlern bei der Herstellung des Daches.
Die Dachabdichtung ist insgesamt nicht instandsetzungsfähig und sollte erneuert werden. Notwendig ist die Umgestaltung der Anschlüsse; 2 Überlaufspeier sind erforderlich.

Ablauf der Dachsanierung
Nach Abräumen sämtlicher Schichten werden die Putzsockel schräg weisend abgetrennt. Die Dampfsperre wird komplett erneuert, und es wird ein gedämmter Wandanschluss eingebaut. Gefälledämmung und neue PVC-Dichtungsbahnen (1,5 mm dick) werden eingebaut, die Anschlüsse mit Verbundblechen hergestellt und mit Zinkabweisblechen geschützt. Neue Abläufe und 2 Notüberläufe werden eingebaut. Anschließend wird der Nutzbelag aus vorhandenen Betonplatten auf Schutzlage, Dränschicht und Splittbett wieder eingebaut.

4.1.10 Flüssigkunststoffbelag auf einer Terrasse

Die Außenterrasse an einem Wohnhaus hat eine Größe von ca. 25 m². Ursprünglich war die Terrasse mit keramischen Platten in Mörtel belegt. Als Sanierung beschichtete ein Handwerker die Terrasse mit einem nicht näher bekannten Flüssigkunststoff und baute an 3 Terrassenkanten Zinktraufprofile als Abschluss und Abtropfkanten ein.
Der Bauherr beklagt Risse an den Abtropfkanten.
Insgesamt werden 5 Risse über Abtropfkanten der Terrasse festgestellt. Ein Eckabbruch in

Abb. 4.1-60: Ursprungsbelag aus Keramikplatten.

Abb. 4.1-61: Terrasse nach der Beschichtung.

der Beschichtung zeigt, dass diese keine Armierungsschicht (Trägervlies) enthält.

Regeln und Vorschriften

Die Fachregeln des Dachdeckerhandwerks schreiben für Abdichtungen aus Flüssigkunststoff u.a. Folgendes in Abschnitt 3.4.3 vor:

(1) Flüssigabdichtungen sollen vollflächig haftend aufgetragen werden.
(2) Die Vorbehandlung und Bewertung des Untergrundes ist erforderlich und muss nach Abschnitt 2.5.6.4 erfolgen:
(3) Flüssigabdichtungen müssen mindestens zweischichtig mit Einlage ausgeführt werden. Das Auftragen und die Verwendung der Einlage muss nach Abschnitt 2.5.6.4 erfolgen.
(4) Die Dicke der fertigen Flüssigabdichtung muss, soweit in der Zulassung keine höheren Anforderungen gestellt werden, mindestens 2 mm betragen.

Abb. 4.1-62: Riss über Traufprofilstoß.

Abb. 4.1-63: Eckausbruch am Riss und fotometrische Dickenmessung der Beschichtung.

2.5.6 Dachabdichtung
2.5.6.4 Flüssigabdichtungen
(1) Flüssigabdichtungen gelten als einlagige Abdichtung. (Anwendungstyp DE, Eigenschaftsklasse E1).
(2) Für die Verwendung von Flüssigabdichtungen in den Anwendungskategorien K1 und K2 sind die Mindestanforderungen in Tabelle 7 zu beachten. Diese Anforderungen gelten für alle Beanspruchungsklassen.
(3) Flüssigabdichtungen sollen vollflächig haftend aufgetragen werden. Eine vollflächige Haftung ist unter Baustellenbedingungen nicht immer erzielbar. Einzelne z.B. durch Unebenheiten entstehende, geringfügige Fehlstellen können nicht ausgeschlossen werden.
(4) Eine Vorbehandlung des Untergrundes ist erforderlich (z.B. säubern, grundieren, anschleifen).
(5) Der Untergrund soll trocken und frei von losen oder haftmindernden Bestandteilen sein. Bei Untergründen aus Beton oder Estrich darf die Feuchtigkeit maximal 6 Gew.-% betragen.
(6) Bei der Ausführung der Arbeiten muss die Oberflächentemperatur mindestens +3 K über der Taupunkttemperatur liegen. Bei Unterschreitung kann sich auf der Oberfläche ein trennend wirkender Feuchtigkeitsfilm bilden.
(7) Wenn die hier genannten Anforderungen an die Oberflächenbeschaffenheit des Untergrundes (z.B. Rauigkeit, Temperatur, Feuchtigkeit) nicht erfüllt werden, sind ggf. Trennlagen oder Trägerlagen z.B. aus Bitumenbahnen einzuplanen.
(8) Werden Flüssigabdichtungen auf Unterlagen aus Holzschalung, Holzwerkstoffe oder un-

kaschierten Wärmedämmstoffen verlegt, sollen Trennschichten/-lagen angeordnet werden.
(9) Flüssigabdichtungen müssen mindestens zweischichtig mit Einlage ausgeführt werden. Das Auftragen kann durch Streichen, Rollen oder Spritzen erfolgen. Als Einlage müssen Kunststofffaservliese, mindestens 110 g/m², eingesetzt werden. Die Einlage ist in eine vorgelegte Menge Flüssigkunststoff einzuarbeiten und frisch in frisch abzudecken, sodass die Einlage vollständig abgedeckt ist und keine sichtbaren Lufteinschlüsse vorhanden sind. Die einzelnen Bahnen der Einlage sollen mindestens 50 mm überlappt werden.

(Fachregel für Abdichtungen, 3/2008, Abschnitte 2.5.6 und 3.4.3)

Hersteller von Flüssigkunststoffbeschichtungen mit bauaufsichtlicher Zulassung verlangen einheitlich folgende Bedingungen an den Untergrund:

Der Untergrund muss sauber, trocken, planeben, tragfähig, fest und saugfähig sein. Oberflächliche Verunreinigungen müssen entfernt werden; nach Reinigung mit Industriesauger absaugen. Die Oberflächenzone des Untergrundes (mind. bis 2 cm Tiefe) muss trocken (Restfeuchte max. 6%) sein, damit die jeweilige Grundierung eindringen und sich verankern kann. Geeignete Messmethoden sind die CM-Messung und die elektronische Messung. (Einige bekannte Hersteller fordern ausschließlich die CM-Messung.)

Führende Hersteller fordern – entsprechend der oben zitierten Fachregel – flächige Armierung der Beschichtung mit Trägervlies. Die übrigen schreiben vor:

Stark arbeitende Aufkantungen und Sockelbereiche werden mit einer Verstärkungseinlage aus Polyvlies versehen. Objektbedingt kann auch eine vollflächige Vlieseinlage in die Dichtschicht eingebaut werden.

Unverzichtbar sind in jedem Fall ein geprüft trockener Untergrund, vollflächige Haftung durch Vorbehandlung und Grundierung und die Armierung der Beschichtung.

Technische Rissursache
Die Armierung der Beschichtung ist grundsätzlich unverzichtbar, insbesondere über Bauteilen mit starker Eigendehnung wie die hier angebrachten Zinktraufprofile. Die rechnerische Dehnung der hier 2 m langen Zinkprofile beträgt (23 x 10^{-6} x (10 + 60) x 2 = 0,0032 m = 3,2 mm. Dehnung und Verkürzung bei angenommener Außentemperatur von +10°C betragen dabei +2,2/–1 mm.

Da Flüssigkunststoff nach Aushärtung sprödhart ist, werden Dehnspannungen dieser Größenordnung nicht aufgenommen, es entstehen zwangsläufig Risse.

Maßnahmen zur Rissbeseitigung
Gegen Rissbildung schützen nur dehnfähige Armierungsvliesstoffe, z.B. aus Polyestervlies. Dehnungen über Metallfugen werden aufgenommen unter örtlich begrenzter Schichtablösung vom Untergrund. Damit dort nicht kapillar Wasser eindringt, muss die Beschichtung auch an der Stirnseite der Blechabkantung heruntergeführt, also eine Abtropfkante ausgebildet werden. Dazu sollte die Abtropfkante abgerundet (nicht scharfkantig abgeknickt) sein.

Maßnahmen zur Mängelbeseitigung
Geht man von der Annahme aus, dass der Feuchtezustand des Altbelages nicht überprüft wurde, sind Haftmängel der Beschichtung sehr wahrscheinlich. Das bedeutet, es kann zu einer flächigen Ablösung der Beschichtung kommen.

Der Handwerker hatte keine Zulassung und keine Verlegevorschriften der von ihm verwendeten Werkstoffe beigebracht. Damit ist nicht nachgewiesen, dass die Beschichtungsstoffe für diesen Einsatz tauglich sind. Unter diesen Umständen ist nicht davon auszugehen, dass die Beschichtung insgesamt auf Dauer nutzbar und haltbar ist.

Der Terrassenbelag ist in wesentlichen Teilen entgegen Fachvorschriften und üblichen Verlegevorschriften und damit technisch mangelhaft hergestellt. Die Fehler im Aufbau haben zu insgesamt 5 groben Rissen geführt. Nachbesserungen sind nicht möglich. Zur Beseitigung der Risse und deren Ursachen muss die Kunststoffbeschichtung entfernt und neu hergestellt werden.

Abb. 4.1-64: Balkon, Wintergartendach und Nachbargiebel.

Abb. 4.1-66: Zwischen Anschlussblech und Putz bildet sich eine offene Fuge, in die Regenwasser direkt einlaufen kann.

4.1.11 Wandanschluss am Balkon

Angrenzend an den EG-Wohnraum seines Hauses hatte der Bauherr einen Wintergarten errichten lassen. Die Balkonkragplatte im 1. OG bildet den Deckel des Wintergartens, Dach- und Wandbereiche sind verglast.
Zum Giebel des Nachbarhauses hin wurde eine Brandschutzwand errichtet. Eine Firma wurde beauftragt, den Mauerkopf der Brandwand abzudecken und einen Anschluss zum Nachbargiebel herzustellen.
Es traten Feuchteflecken in der Brandwand auf, die auch durch mehrfaches Nachbessern nicht zu beseitigen waren.

Feststellungen und Undichtigkeiten

1. Wasserflecke
Wasserflecke im Bereich des Giebelwandanschlusses und im Bereich des Glasdachanschlusses sind erkennbar.
2. Direkte Undichtigkeiten im Anschluss
Die Abdeckung des Anschlusses ist durch ein Zinkkantblech gebildet, dass gegen den Außenwandputz des Nachbargiebels gelehnt und an ihm befestigt ist.
3. Latente Undichtigkeiten am Anschluss
Die Balkonabdichtung ist über einen Anschlussstreifen aus Bitumenschweißbahn gegen die Giebelwand verlängert. Der Anschlussstreifen ist nicht homogen und nicht wasserdicht auf der Balkondichtung verschweißt und kann vom Wasser unterlaufen werden.

Abb. 4.1-65: Blick gegen die Brandwand mit Wasserflecken.

Abb. 4.1-67: Nach oben offene Anschlussfuge.

Abb. 4.1-68: Undichter Anschluss an Balkonabdichtung ist vom Wasser unterwandert.

Abb. 4.1-69: Kabeldurchgänge durch die Abdichtung.

Kabeldurchgänge
Ein Kabelbaum ragt aus der Anschlussdichtung neben der Balkonkragplatte. Die Eindichtung besteht nur aus Bitumen und Kitt. Undichtigkeiten sind sicher vorhersehbar.
Die aufgezeigten Anschlussdetails sind technische Fehler im Sinn der Fachregeln des Dachdeckerhandwerks:
Eine gegen den Dämmputz geführte Blech- oder Anschlussaufkantung ist wenig haltbar und ein technischer Mangel. Ein solcher Anschluss kann sich immer ablösen und/oder vom Regenwasser hinterlaufen werden. Kabel- und Rohrdurchgänge dürfen nicht in Dichtschichten eingebunden werden. Sie benötigen ein eigens angefertigtes Durchgangsteil.

Vorschläge zur Mängelbeseitigung
Wandanschlüsse dürfen nicht gegen den Dämmputz geführt werden. Immer ist der Anschluss unter/hinter die Dämmschicht und gegen die tragende Wand zu führen.
Zur Mängelbeseitigung sind Blechabdeckung und Anschlussbahn zu entfernen, ein Dämmputzstreifen herauszuschneiden, eine druckfeste Dämmplatte einzubauen und der Anschluss mit Abweisblech neu herzustellen.
Dachseits muss eine wasserdichte Verklebung hergestellt werden. Ein Abdeckblech kann als zusätzliche Abdeckung angebracht werden.
Für den Kabelbaum muss ein Durchgangskasten aus Metall mit Klebeflansch und abnehmbarem Deckel angefertigt werden: Die Kabel dürfen nur nach unten weisend aus dem Durchgangskasten herausgeführt werden. Der Kasten selbst ist wasserdicht einzukleben.

Abb. 4.2-1: Anschluss- und Anlehnungsversuch Blech an (zu tief sitzende) Türschwelle.

4.2 Die Türschwelle: vom Kampf mit der baulichen Gegebenheit

Hausbesitzer werden nie akzeptieren, dass sie über ihrer Balkontürschwelle die Füße hochheben müssen.
Architekten werden immer versuchen, ihren Bauherren das Füßeanheben zu ersparen. Türenhersteller denken nur in seltenen Fällen darüber nach, ob der Handwerker ihre Türschwelle eindichten kann. Und Dachdecker nehmen die Situation meist so, wie sie kommt.
Nur wenn Wasser eingedrungen ist, bezieht meistens der Letzte der Genannten die Prügel.

4.2.1 Balkontür, wie sie nicht sein soll

Schaden
Balkonabdichtungen an einer größeren Wohnanlage waren offensichtlich undicht; jedenfalls deuteten Wasserflecke an Decken und Fensterstürzen darauf hin.

Analyse
Die Balkone waren mit 2 Lagen Bitumen-Schweißbahnen abgedichtet. Der Maurer hatte die waagerechte Wandsperre direkt auf die Balkonkragplatte gelegt, der Dachdecker hatte seine Abdichtung auf die aus der Wand ragende Sperre geklebt. Dem Architekten kamen wohl Bedenken, denn er ordnete zusätzlich Wand- und Türanschlüsse aus Kupferblechwinkeln an, die vom Dachdecker nochmals eingeklebt wurden.
Die Balkontüren aus PVC-Profilen waren so bemessen, dass eine geringe Schwellenhöhe entstand; die Türschwelle stand direkt auf der Betonplatte auf. Ein Anschluss unter die Türschwelle war nicht möglich. Also hatte der Dachdecker den Kupferanschlusswinkel von außen gegen den Blendrahmen gesetzt, mit Silikon hinterfüttert und festgeschraubt.
Um die Profilentwässerung herum hat er das Anschlussblech fein ausgespart.
Der so hergestellte Türanschluss war über Abdichtung ganze 8 cm hoch, an den Auslaufschlitzen und im Wandbereich gerade mal 6 cm.
Da ein harter Nutzbelag nicht möglich war, wurden Holzroste als Nutzbeläge verlegt. Das schützte aber nicht vor Undichtigkeiten und Wasserschäden.

Die Fachregeln für Anschlüsse an Türen legen dazu fest:

4.4 Anschlüsse an Türen
(1) Die Anschlusshöhe soll mindestens 0,15 m über der Oberfläche des Belags, der Kiesschüttung oder der Begrünung betragen. Bei Abdichtungen ohne Beläge, Kiesschüttung oder Begrünung bezieht sich die Anschlusshöhe auf die Abdichtungsoberfläche. Dadurch soll verhindert werden, dass bei Schneematschbildung, Wasserstau durch verstopfte Abläufe, Schlagregen, Winddruck oder bei Vereisung Niederschlagswasser über die Türschwelle eindringt.
(2) Eine Verringerung der Anschlusshöhe ist möglich, wenn bedingt durch die örtlichen Verhältnisse zu jeder Zeit ein einwandfreier Wasserablauf im Türbereich sichergestellt ist und die Spritzwasserbelastung minimiert wird. Dies ist dann der Fall, wenn im unmittelbaren Türbereich z.B. ein wannenförmiger Entwässerungsrost oder eine vergleichbare wannenbildende Konstruktion mit unmittelbarem Anschluss an die Entwässerung eingebaut wird. In solchen Fällen soll die Anschlusshöhe jedoch mindestens 0,05 m betragen (oberes Ende der Abdichtung oder von Anschlussblechen unter dem Wetterschenkel/Sockelprofil).
(3) Barrierefreie Übergänge erfordern abdichtungstechnische Sonderlösungen, die zwischen Planer, Türhersteller und Ausführendem abzustimmen sind. Die Abdichtung allein kann die Dichtigkeit am Türanschluss nicht sicherstellen. Deshalb sind zusätzliche Maßnahmen erforderlich, ggf. auch in Kombination, z.B.:
- *wannenförmiger Entwässerungsrost oder eine vergleichbare wannenbildende Konstruktion,*

ggf. beheizbar mit unmittelbarem Anschluss an die Entwässerung
- *Gefälle der wasserführenden Ebenen*
- *Schlagregen- und Spritzwasserschutz durch Überdachung*
- *Türrahmen mit Flanschkonstruktion*
- *zusätzliche Abdichtung im Innenraum mit gesonderter Entwässerung*

(4) Der Anschluss an Türschwellen kann durch Hochziehen der Dachabdichtung wie an Wandanschlüssen oder durch das Einbauen von Türanschlussblechen erfolgen. Anschlüsse müssen hinter Rollladenschienen und Deckleisten durchgeführt werden. Rollladenführungen müssen dies konstruktiv ermöglichen. Entwässerungsöffnungen von Schlagregenschienen oder ähnlichem müssen zur Außenseite des Anschlusses entwässern.

(5) Bei Anschlüssen an Türkonstruktionen aus Kunststoffen sind bei Verwendung von Bitumenwerkstoffen, mit erhitztem Bitumen, mit Flamme oder mit Heißluft Verformungen oder Verfärbungen der Kunststoffteile nicht vermeidbar.

(6) Der Abdichtungsanschluss soll am Türrahmen entsprechend Abschnitt 4.3.2 gesichert werden.

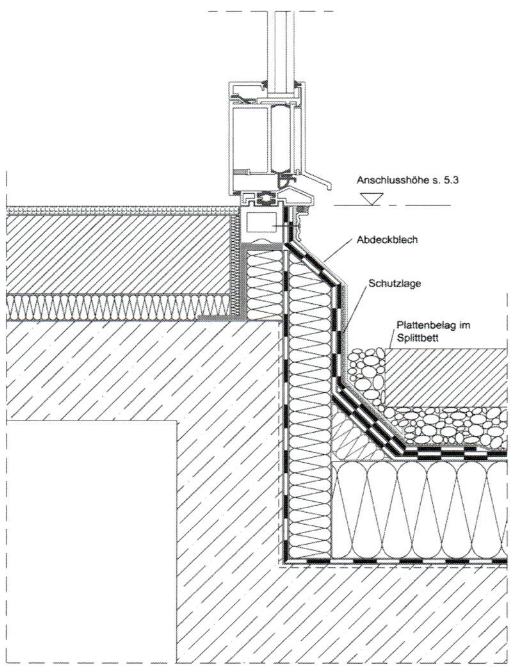

Abb. 4.2-2: Vorgabe für Türanschluss aus der Fachregel.

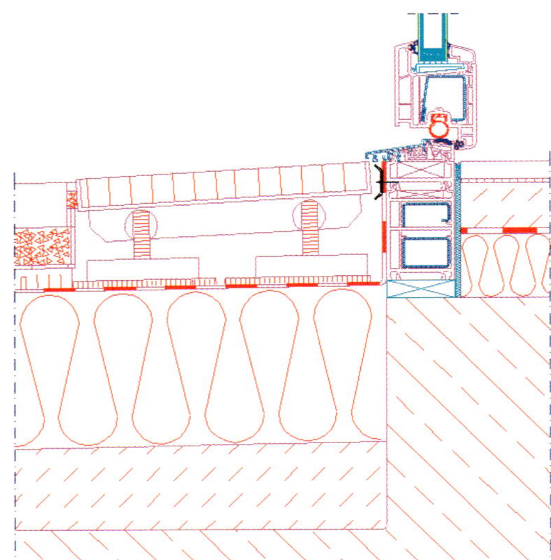

Abb. 4.2-3: Schwellenkonstruktion eines Türenherstellers.

(7) Anschlüsse mit Blechen und Verbundblechen an Türrahmen müssen in allen Ecken sorgfältig eingepasst und seitlich mindestens 0,12 m in die gerade Wandanschlussfläche fortgeführt werden. Die Nähte müssen entweder dicht gelötet, geschweißt oder systemgerecht gefügt werden.
(Fachregel für Abdichtungen, 10/2008 (mit Änderungen 05/2009 und 12/2011), Abschnitt 4.4)

Unzweifelhaft war, dass hier notwendige Anschlusshöhen (15 cm Mindesthöhe) nicht eingehalten worden waren.

Was aber ist ein richtiger Türanschluss, und wie hat er auszusehen?

- Mittels Verklebung gegen die Blendrahmenschwelle ist kein dauerhaft dichter Türanschluss möglich.
  Bewegungen und Erschütterungen des Schwellenprofils müssen unzweifelhaft zu Abrissen und Ablösungen führen, auch bei verschraubtem Anschluss.
  Richtig und dauerhaft ist der Türanschluss nur dann, wenn er unter den Blendrahmen geführt werden kann, entweder in eine Blendrahmennut oder besser unter ein Schwellenabweisblech.
- Das größere technische Problem liegt bei den Übergängen vom Blendrahmen zum Leibungsanschlag. Diese Fuge kann nur mit

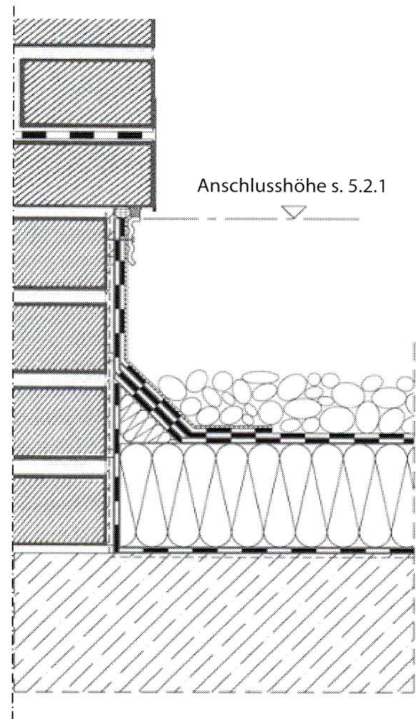

Abb. 4.2-4: Richtiger (unterschnittener) Leibungsanschluss.

Dichtkitt geschlossen werden, und dessen Wirksamkeit ist gerade am Blendrahmen sehr begrenzt.
Deshalb muss der Übergang von der Blendrahmenschwelle zum Türanschlag immer nach innen versetzt werden.

Am untersuchten Schaden waren weitere bauliche Mängel beteiligt:
Die Wandsperre der Vormauerschale entwässerte zwar auf die Bitumendichtung; dort war das Wasser aber hinter dem aufgesetzten und eingeklebten Kupferanschlusswinkel eingeschlossen. Das Wasser konnte nur in Richtung auf die Türschwelle und nach innen hin ablaufen.

Lösung
Die Balkontüren waren weder der Konstruktion noch ihrer Einbauhöhe nach eindichtungsfähig. Die Balkontüren mussten ausgebaut und durch neue mit ausreichender Schwellenhöhe und Schwellenabweisblech ersetzt werden. Die „Stolperkante“ mussten die Eigentümer in Kauf nehmen.
Wand- und Türanschlüsse waren unbrauchbar; sie mussten erneuert werden.

Die waagerechte Wandsperre musste oberhalb des Wandanschlusses eingebaut werden.
Dazu waren Lagen des Vormauerwerks abschnittweise herauszunehmen, Sperrlagen mit Aufkantung an der tragenden Wand einzubauen und die Wand wieder zu schließen.

4.2.2 Balkontür ohne Anschlusshöhe

Schaden
Eine verdächtige Braunfärbung zeigte sich an der Innenleibung der Balkontür. Der Eigentümer wollte wissen, was an der neuen Balkondichtung falsch war.

Analyse
Dies ist ein typischer Fall von unzureichender Schwellen- und Anschlusshöhe.
Die Tür war zwar mit dem notwendigen Schwellenabweisblech ausgestattet, jedoch lag die Anschluss-Oberkante unterhalb der Oberkante des Nutzbelags.
Die Rollladenführung lag noch hinter dem Mauerwerksanschlag; damit musste der Wandanschluss vor der Rollladenführung bis unter das Abweisblech abgesenkt werden.
Der Anschluss zu Rollladenführung bestand nur aus Dichtkitt.
Der Türanschluss war wegen seiner Lage unterhalb der Wasser führenden Ebene und wegen des fehlenden Anschlusses im Leibungsbereich nicht fachgerecht und vor allem nicht regensicher.

Abb. 4.2-5: Zu tief sitzende Balkontürschwelle ohne Anschlussmöglichkeit.

Abb. 4.2-6: Zu tief sitzende Balkontürschwelle ohne Anschlussmöglichkeit.

Abb. 4.2-7: Anschluss tiefer als Nutzbelag (= Wasser führende Ebene).

Lösung

Eine fachgerechte Lösung wäre hier auch durch Ablauf oder Dränrinne nicht möglich gewesen: Die im Sonderfall mindestens erforderliche Anschlusshöhe von 5 cm wäre hier nicht herstellbar. Besonders schadenträchtig war aber, dass der Anschluss nicht hinter der Rollladenführung durchgeführt werden konnte.
Nur der Ausbau der Türe und der Einbau einer neuen mit ausreichender Anschlusshöhe konnte hier Abhilfe schaffen.

4.2.3 Kreative Lösungen beim Türanschluss

Schaden

Wasserflecke an der Balkonstirnkante störten die Hausbesitzerin. Balkon und Balkonbelag waren erst kürzlich neu hergestellt worden und schon wieder undicht.

Abb. 4.2-8: Anschluss tiefer als Nutzbelag (= Wasser führende Ebene).

Analyse

Zunächst wurden die Türanschlüsse untersucht. Vor den Türen waren Entwässerungsrinnen eingebaut. Der Nutzbelag aus Betonplatten war auf Kiesschicht verlegt und die Entwässerungsrinnen in Kies gebettet.
Der erste Blick zeigte, dass die Türanschlüsse tiefer als der Nutzbelag lagen.
Der Handwerker sagte, das sei nicht schlimm, weil ja vor der Tür die Entwässerungsrinne sei. Die Entwässerung durch eine Kiesschicht ist vor allem bei Starkregen gering, insbesondere bei aufliegendem Plattenbelag. Folglich hätte mindestens bei Starkregen das Wasser in Höhe Oberkante Plattenbelag und damit höher als der Türanschluss gestanden.
Die Anschlussbleche (Verbundbleche) endeten unter dem Türschwellenprofil, waren also nicht in die Profilnut eingeführt, wie der Prüfstichel

Abb. 4.2-9: Anschluss tiefer als Nutzbelag (= Wasser führende Ebene).

Abb. 4.2-10: Verbundblech endet unterhalb des Türblendrahmens.

bewies, ebenso an der Rollladenführung. Damit war der Anschluss nicht einmal gegen von oben herabrinnendes Wasser sicher.
Den Balkontüren fehlten die unverzichtbaren Schwellenabweisbleche.
Die Türanschlüsse waren in Anlage und Ausführung mangelhaft; die erwartete Dichtigkeit ließ sich in dieser Form nicht herstellen.

Lösung
Die Hausbesitzerin hatte die Balkontüren im Rahmen der Balkonsanierung gerade erst neu einbauen lassen.
Die Nachricht, dass sie nicht fachgerecht eingedichtet werden könnten, brachte sie fast zur Verzweiflung.
Es wurde deshalb eine Lösung diskutiert, wie aus der gegebenen Situation das gerade noch Vertretbare gemacht werden könnte. Dazu waren folgende Überlegungen anzustellen:

- Balkon und Balkontüren lagen geschützt unter einer Kragplatte der nächsten Geschossdecke; die Anschlusshöhe konnte auf 50 mm abgesenkt werden.
- Eine Anschlusshöhe von 55 mm konnte erreicht werden, wenn die Wasser führende Ebene auf die Abdichtungsebene abgesenkt wurde.
- Die Balkontüren besaßen tiefe Blendrahmennute, in die ein Türanschlussblech eingeführt und abgesichert werden konnte.

Es wurde angeregt, folgende Maßnahmen durchzuführen:

- Die Türanschlüsse sollten in der Form erneuert werden, dass die Verbundbleche in den Blendrahmenfalz ein- und hinter die Rollladenführungen geführt würden.
- Vor die Balkontüren und senkrecht zu ihnen sollten 20 cm breite Ablaufrinnen auf offenen Edelstahlrahmen eingebaut werden, die senkrecht eingebauten Rinnen würden Türschwelle und Balkonstirnkante verbinden. Seitliche Lochblechwinkel sollten die Kiesschicht stützen.

Die gewählte Lösung sollte Regenwasser durch die nach oben offenen Rinnen auf kurzem Weg zur Balkonrinne leiten und damit verhindern, dass Wasser vor den Türen bis zur Türschwelle aufstaute.

4.2.4 Augen auf beim Türenkauf

Die Lösung des Problems an der Terrassentür liegt nicht immer gleich auf der Hand. In nicht

Abb. 4.2-11: Wasserflecke an Balkonstirnkante infolge undichter Türanschlüsse.

Abb. 4.2-12: Undichtigkeit trotz Unterflurentwässerung.

Abb. 4.2-13: Fugen der Elementtür sind nach außen offen undicht.

wenigen Schadenfällen sind undichte Türen die Hauptursache.

Schaden

Wieder einmal wurden Wasserschäden unter einer Dachterrasse beklagt. Der Dachdecker gab zwar zu, dass der Türanschluss zu niedrig sei,

Abb. 4.2-15: Dichtungen schließen nicht sicher ab; Wasser gelangt in den Türfalz, Bohrlöcher als direkte Undichtigkeit.

glaubte das aber wegen des auf Mörtelsäckchen verlegten Nutzbelags vertreten zu können. Außerdem hatte er nach eigenem Bekunden den Türanschluss sorgfältigst hergestellt und konnte sich den Wasserschaden an dieser Tür nicht erklären.

Analyse

Auf den ersten Blick war zu erkennen, dass die geforderte Anschlusshöhe von 15 cm über Oberkante Belag nicht vorhanden und in diesem Punkt ein Mangel anzunehmen war.
Die Überprüfung des Anschlusses selbst zeigte aber, dass dieser tatsächlich sehr sorgfältig und unter dem Schwellenabweisblech geschützt und anscheinend regensicher hergestellt war.
Somit wurde die Terrassentür selbst untersucht. Die Tür war aus 2 Fensterelementen zusammengesetzt, die Elementfuge war etwa 1,2 mm breit,

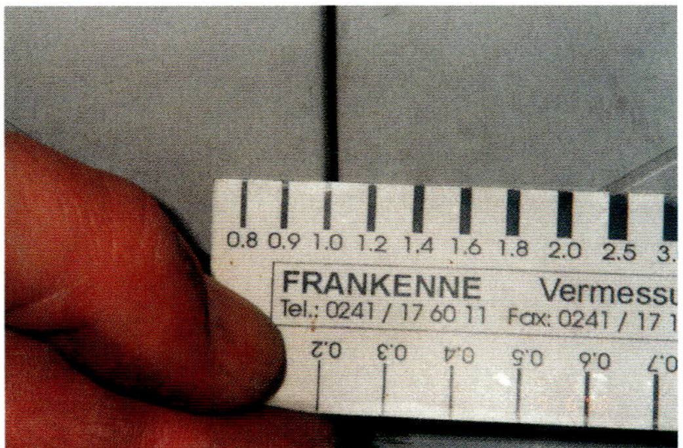

Abb. 4.2-14: Fugen der Elementtür sind nach außen offen undicht.

Abb. 4.2-16: Dichtungen schließen nicht sicher ab; Wasser gelangt in den Türfalz, Bohrlöcher als direkte Undichtigkeit.

rund 15 mm tief und nach außen offen. Schlagregen konnte direkt eindringen.
Als Nächstes wurden die Rahmendichtungen überprüft. Das geschieht ganz einfach, indem man Wasser aus einer Gießkanne von außen gegen die Tür gießt. Nachdem das Wasser außen abgelaufen war, wurde der Flügel geöffnet. Tatsächlich stand im Schwellenprofil Wasser.
Das Wasser hätte durch die Entwässerungsöffnungen nach außen ablaufen können, wenn da nicht die Durchbohrungen und Schraubbefestigungen im Blendrahmen gewesen wären. Tatsächlich drang durch diese Bohrungen Wasser nach innen ein, und zwar sowohl Wasser, das in die Elementfuge eingedrungen war, wie auch der Wasserlauf durch die Gummidichtungen.
Die Terrassentür war selbst nicht ausreichend regensicher.
Diesem Schaden begegnet man sehr oft. Seine Ursache liegt zuvorderst in zu schwachen Dichtlippen oder in Dichtlippen, deren Gehrungen und Stöße nicht verschweißt sind.
Ursächlich sind auch zu geringe Anpressung durch labile Blendrahmenprofile und zu schwache Beschläge. Die sind bereits durch leichten Druck auf das Flügelprofil festzustellen.

Lösung
Eine preiswerte Lösung für die Tür war nur möglich, weil stärkere Gummidichtlippen und stärkere Beschläge für die Tür lieferbar waren. Die Tür musste so aufgerüstet werden, dass sie gegen antreibenden Regen dicht war.
Die offene Elementfuge konnte mittels Abdeckprofil regensicher geschlossen werden.
Für den Türanschluss selbst bestand nur die Möglichkeit einer Entwässerungsrinne vor der Tür mit direktem Anschluss an den Dachablauf. Dies war aber nur möglich, wenn die Abweichung von der vorgeschriebenen Anschlusshöhe in Kauf genommen wurde.

4.2.5 Die undichte Fenstertürschwelle

Dem dreistöckigen Bürohaus mit Ortbetondecke und Flachdachabdichtung ist ein zurückgesetztes Staffelgeschoss mit eingezogenen Dachterrassen aufgesetzt. Die Außenwände des Staffelgeschosses sind in Holzständer-Leichtbauweise aufgestellt und mit Aluwellformaten bekleidet. Die Dachterrassen sind begehbar über Aluminium-Fenstertüren mit Fensterbänken und hochgeführten Anschlüssen, die wärmegedämmten Terrassenabdichtungen mit PVC-Dachdichtungsbahnen hergestellt.

Abb. 4.2-17: Aufgesetztes Staffelgeschoss mit Dachterrasse.

Schaden
Probleme traten auf, als sich im darunterliegenden Obergeschoss Wasserflecke zeigten. Die Wasserflecke konnten unter der Ortbetondecke nicht direkt örtlich zugeordnet werden. In solchen Fällen wird zunächst nach direkt sichtbaren Leckstellen gesucht, und danach werden Öffnungen in Anschlüssen und Abdichtung angelegt, um den Ursachen der Wasserschäden auf die Spur zu kommen. Eine Öffnung des Fenstertüranschlusses zeigte eine starke Durchnässung der Schwellenhölzer und stehende Wassertropfen auf der Unterseite der Anschlussabdichtung.

Abb. 4.2-18: Fenstertüranschluss mit Fensterbank.

Abb. 4.2-19: Aufgesetzte, am Blendrahmen offene Fensterbank.

Abb. 4.2-20: Anschluss und Schwellenhölzer sind durchnässt.

Analyse
In diesem Fall war für den Fachmann die mögliche Leckstelle sofort erkennbar, nämlich an der Fensterbank der Fenstertür. Das Fensterbankblech ist außen auf den Blendrahmen aufgesetzt und ausgeschnitten. Zwischen Blendrahmen und Fensterbank kann Wasser direkt einlaufen. Der Fensterrahmen sitzt auf einem Kunststoffkastenprofil auf. Die hochgeführte Anschlussbahn ist gegen das Kastenprofil geklebt und zusätzlich mit einer Anschlussleiste angepresst. Der von außen handwerklich wasserdichte Anschluss wird damit über die Fensterbankfuge hinterlaufen.

Lösung
Der Dachdecker hat hier keine Möglichkeit eines dauerhaft dichten Anschlusses. Die Fenstertürschwellen sind schlicht nicht eindichtungsfähig und die eingebauten Fenstertüren als Terrassentüren nicht geeignet.
Um den Mangel zu beheben und die Wasserschäden abzustellen, mussten neue Fenstertüren beschafft und eingebaut werden. Die Fensterbänke dieser Türen wurden mit Dichtfolien wasser abweisend unterfüttert und die Fensterbankbleche selbst in Nuten der Blendrahmensockel eingefügt. Danach konnten die Türanschlüsse neu hergestellt werden. Die Fenstertüren waren anschließend dicht.

4.3 Nutzbelag aus anderer Sicht

4.3.1 Schwimmende Mörtelsäckchen

Schaden

Die Balkone einer Wohnanlage waren mit Kunststeinplatten auf Mörtelsäcken belegt. Nicht lange nach Einzug bemängelten die Mieter, dass Platten der Beläge „absackten", insbesondere vor den Balkontüren.

Analyse

Die Balkone waren mit 2 Lagen Elastomerbitumen-Schweißbahnen abgedichtet. Weil der Architekt die hohen Türschwellen vermeiden wollte, hatte er die Betonkragplatten um 20 cm abgesenkt. Da jedoch die Balkontüren hinter Anschlägen eingebaut waren, verblieb jeweils der Betonüberzug als Schwelle vor den Türen. Der Dachdecker sollte den Plattenbelag in Höhe der Balkontüren anlegen, bei der abgesenkten Betonplatte ergab sich damit das Problem der Aufständerung. Der findige Handwerker löste es in einer Kombination aus Mörtelsäckchen und aufgelegten Betonsturzbalken. Leider hatte er nicht daran gedacht, dass Bitumenabdichtungen keine standfeste Unterlage sind. Die Mörtelsäckchen drückten sich in das Bitumen hinein, und die Aufständerung rutschte ab.
In der freigelegten Abdichtung zeigten sich deutlich die Druckmarken der Mörtelsäckchen. Bitumenabdichtungen dürfen nicht punktbelastet werden. Bitumen ist eine – wenn auch zähplastische – Flüssigkeit, die permanentem Druck allmählich ausweicht.
Stelzlager (auch Mörtelsäckchen) dürfen auf Bitumenabdichtungen deshalb nur mit zusätzlicher harter Schutzschicht verlegt werden.

Abb. 4.3-1: „Abgesackter" Plattenbelag.

Abb. 4.3-2: Plattenunterkonstruktion auf Mörtelsäckchen und Betonstürzen.

Der Verzicht auf diese Schutzschicht bewirkt meist, dass Beläge nach kurzer Zeit instabil werden und die Platten zu wackeln anfangen.
Im vorliegenden Schadenfall wurde aber auch die Querstabilität nicht beachtet: Das Aufständern wäre nur möglich gewesen, wenn ein fester Betonrahmen verwendet worden wäre; einzelne Betonsturzbalken werden durch Querkräfte beim Begehen seitlich verschoben und müssen unweigerlich kippen.

Abb. 4.3-3: Plattenunterkonstruktion auf Mörtelsäckchen und Betonstürzen.

Abb. 4.3-4: Bitumen erträgt keine Punktlasten.

Lösung

Die Entwässerung wurde durch eine 15 cm breite Rinne und druckfeste 10 cm dicke Dränplatten sichergestellt. Über Filtervlies wurde sodann ein Splittbett 4/8 ausgebreitet und darauf die Kunststeinplatten mit offenen Fugen neu verlegt.

4.3.2 Stelzlager Marke Eigenbau

Schaden

Die Dachterrassen eines öffentlichen Gebäudes waren Streitpunkt zwischen dem Generalunternehmer und der örtlichen Baubehörde. Diese hatte ein deutliches Entwässerungsgefälle der Terrassenabdichtung zur Auflage gemacht. Die Belastung der Dachdecke sollte aber so gering wie möglich sein. Der Subunternehmer erfand daraufhin Terrassenstelzlager in Eigenbau, die aber nicht die Zustimmung der Bauherren fanden, weil die Betonplatten des Nutzbelages unregelmäßig absackten und zunehmend wackelten.

Abb. 4.3-6: Plattenbelag auf Eigenbau-Stelzlagern aus XPS-Platten.

Analyse

Der Nutzbelag zeigte schon im Augenschein deutliche Einsenkungen und Höhenstufen, ein großer Teil der Betonplatten wackelte. Der Belag wurde aufgenommen. Der Subunternehmer hatte Stelzlager aus extrudierten Polystyrolplatten (XPS) mit Rundscheiben aus Hartgummi kombiniert und letztere mit der rund genoppten Seite nach unten zwischen Dämmplatten und Betonplatten eingefügt. Die Rundscheiben hatten Durchmesser von 115 mm mit Zylindernoppen von jeweils 16 mm. Die Noppen waren bis zu 3,5 mm tief in die Dämmplatten eingedrückt. An manchen Stellen waren die Eigenbaustelzlager seitlich versetzt oder verrutscht.

Der Subunternehmer war unter Hinweis auf die für XPS ausgewiesene Druckfestigkeit überzeugt, dass sein Aufbau geeignet sei. Der Hersteller der XPS-Platten hatte in seinen techni-

Abb. 4.3-5: Bitumen erträgt keine Punktlasten.

Abb. 4.3-7: Plattenbelag auf Eigenbau-Stelzlagern aus XPS-Platten.

Abb. 4.3-8: XPS-Dämmstoffe stauchen bei Belastung und eignen sich nicht als Stelzlager.

schen Unterlagen tatsächlich „Druckfestigkeit von 200 kPa" ausgewiesen. Dabei war aber der Subunternehmer seiner Unkenntnis über die zugrunde liegenden Prüfmethoden zum Opfer gefallen: Dämmstoffe werden bei der Druckfestigkeitsprüfung um 10 % ihrer Dicke gestaucht, und die dabei erreichte Druckkraft wird als Druckspannung bei zehnprozentiger Stauchung in kPa ausgewiesen.
(1 Pa (Pascal) entspricht dem Druck von 1 N/m² und dieses der Last einer Masse von 100 g auf 1 m²). Ein normalgewichtiger Mensch bewirkt eine Druckspannung von 200 kPa und die Stauchung von 10 % schon stehend bei einer Punktlastfläche von 30 cm². Bei dynamischer Last (Gehbewegung) tritt diese Druckspannung noch bei 50 cm² Punktlastfläche auf.
Um die Stauchung auf maximal 2 % zu begrenzen (entspricht 1,6 mm bei 8 cm dickem XPS-Stelzlager), müsste das Plattenlager mindestens 130 cm² groß sein. Die Zylindernoppen haben aber zusammen nur 70 cm² Lastfläche. Das Einsinken und Wackeln der Betonplatten war bei den gewählten XPS-Stelzlagern also unvermeidlich und der Belag insgesamt unbrauchbar.

Lösung
Zur Mängelbeseitigung mussten die aufgestelzten Beläge aufgenommen und die Betonplatten auf Dränschicht und Splittschicht neu verlegt werden. Danach waren die Höhenunterschiede im Belag und die Stolperfallen beseitigt.

4.3.3 Rollender Balkonbelag

Schaden
Die Mieter einer Wohnanlage beklagten, dass die Plattenbeläge ihrer Balkone nicht trittfest waren und sich breite Fugen zwischen den Platten gebildet hatten.

Analyse
Die Balkonabdichtungen waren in Vorhängerinnen entwässert, die Nutzbeläge aus Werksteinplatten auf Feinkiesschicht verlegt. Damit Kies nicht in die Balkonrinnen fiel, hatte der Dachdecker über den Traufen Lochwinkel lose unter die Belagsränder eingefügt.
Durch Begehen hatten sich nicht nur die Platten, sondern auch die Kiesschicht mitsamt Lochwinkel nach außen verschoben. Die Lochwinkel hingen über den Balkonrinnen.

Der Dachdecker verwies auf die Fachregel, in der es heißt:

Abb. 4.3-9: XPS-Dämmstoffe stauchen bei Belastung und eignen sich nicht als Stelzlager.

Abb. 4.3-10: Plattenbelag schiebt durch Begehen nach außen.

Abb. 4.3-11: Plattenbelag schiebt durch Begehen nach außen.

2.4.7.2 Schwerer Oberflächenschutz
(1) Dafür eignen sich z.B.
- *Kiesschüttung*
- *Plattenbeläge, Formsteine und Rasengittersteine*
- *Extensive Dachbegrünung*
- *Schichtaufbau als Umkehrdach*

(2) Vorzugsweise wird Kies mit Körnung 16/32 mm verwendet. Abweichend von normativen Festlegungen für Zuschlagstoffe für Beton sind ein erhöhter Anteil von Unter- oder Überkorn sowie höhere Feinanteile oder auch nicht frostbeständige Anteile zulässig. Gebrochenes Korn im Kies ist unvermeidbar.
(3) Plattenbeläge und Formsteine als schwerer Oberflächenschutz können aus frostbeständigen Betonplatten u.Ä. auf z.B. mindestens 30 mm dickem Kies- oder Splittbett hergestellt werden.
(Fachregel für Abdichtungen, 10/2008 (mit Änderungen 05/2009 und 12/2011), Abschnitt 2.4.7.2)

Abb. 4.3-12: Ursachen sind Verlegung in Feinkies und fehlendes Randlager.

Die Fachregeln lassen Kiesbett als Unterlage zu. Leider kann sich der Fachmann nicht auf eine Regel allein stützen:

DIN 18195-5 enthält Ausführungen auch für Balkonabdichtungen. Unter 6.6 steht:

Der Abdichtung darf keine Übertragung von planmäßigen Kräften parallel zu ihrer Ebene zugewiesen werden (...)
Sofern dies in Sonderfällen nicht zu vermeiden ist, muss durch Anordnung von Widerlagern, Ankern, Bewehrungen oder durch andere konstruktive Maßnahmen dafür gesorgt werden, dass Bauteile auf der Abdichtung nicht gleiten oder ausknicken.

Das Merkblatt Bodenbeläge aus Fliesen und Platten außerhalb von Gebäuden, herausgegeben vom Zentralverband des Deutschen Baugewerbes im Juli 1988, forderte

2.2.4 Auflager für Belag: (...) Ausbildung freier Belagsränder mit wasserdurchlässiger Stütze.
(In der aktuellen Ausgabe vom Oktober 2005 fehlt dieser Hinweis.)

Die Regeln enthalten die Forderung einer wirksamen Lagesicherung des Nutzbelages.
Diese Forderung wird von Baufachleuten weitestgehend für richtig und notwendig erachtet.
Der aktuelle Schadenfall zeigt, dass die Forderung nach einer Randabstützung technisch berechtigt ist.
Ein lose eingefügtes Lochwinkelblech ist keine Randabstützung. Die Ausführung war technisch mangelhaft.

Lösung
Die Balkontraufen mussten nachträglich mit Randabstützungen, z.B. Winkel- oder T-Stahl, ausgestattet werden. Die Randabstützungen durften nicht an oder auf der Abdichtung befestigt werden (siehe dazu den folgenden Schadenfall).
Feinkies (Perlkies) ist als Lager für Nutzbeläge denkbar ungeeignet. Kein Wegebauer oder Pflasterer würde Kies als Lager wählen. Besser ist Feinsplitt, der sich ebenflächiger abziehen lässt und auf dem die Platten sicherer lagern. Splitt neigt nicht zum Rollen, die Gefahr seitlichen Verschiebens vermindert sich.

Abb. 4.3-13: Plattenverschiebung durch Verlegung in Feinkies ...

Abb. 4.3-15: ... und ungeeignetes Randlager.

4.3.4 Auf Herstellerangaben ist nicht immer Verlass

Schaden

Auch in diesem Fall schwamm der Balkonbelag mit verbreiternden Fugen und wackelnden Platten auf Kiesschicht.

Analyse

Die Balkonabdichtung bestand aus PVC-Kunststoffbahnen mit Verbundblechtraufe und Verbundblechanschlüssen.
Der Handwerker hatte nach Einbauanweisung eines Profilherstellers ein Lochprofil auf Haltewinkeln angebracht. Die Haltewinkel hatte er auf die PVC-Abdichtung gelegt und mit PVC-Bahnenstücken überschweißt. Diese PVC-Einschweißung sollte Lochprofil und Plattenbelag abstützen.

Abdichtung und Traufeneinhang dürfen aber in keinem Fall parallel zur Dichtlage belastet werden. Der Schaden zeigte, dass die Konstruktionsempfehlung des Profilherstellers falsch ist. Belag und Randprofil waren nach außen verschoben.

Lösung

Die Randabstützung muss in der Lage sein, sowohl waagerechte wie auch lotrechte Kräfte aus dem Belag aufzunehmen. Sie muss aus einem biegesteifen Bauteil (Profil oder Randbalken) bestehen. Da sie nicht an oder auf der Abdichtung befestigt werden darf, kam im besagten Fall nur eine Verankerung an der Betonplatte infrage. Dafür gab es 2 Lösungen:

- in Verbund mit dem Balkongeländer in Form eines Auflagewinkels oder Auflager-T-Profils
- als Fest-/Losflansch-Konstruktion, bei der ein Stahlwinkel mit wasserdicht aufgeschweißten

Abb. 4.3-14: Plattenverschiebung durch Verlegung in Feinkies ...

Abb. 4.3-16: ... und ungeeignetes Randlager.

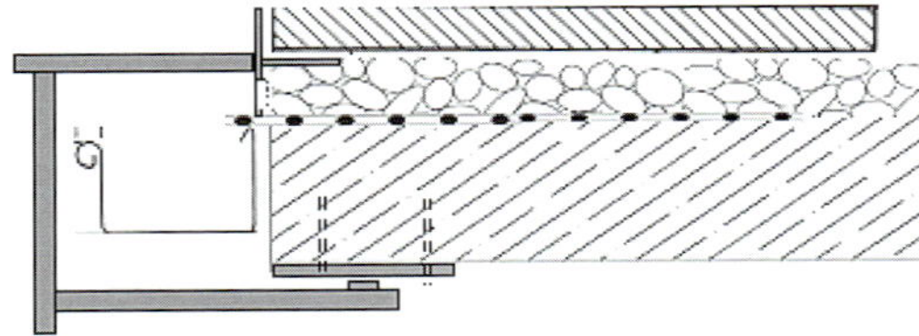

Abb. 4.3-17: Prinzip eines Randlagers mit Verankerung an der Kragplatte.

Gewindestangen in der Betonplatte verankert und die Abdichtung durch eine aufgesetzte Pressleiste wasserdicht verschraubt wird. Die Pressleiste nimmt das Stützprofil auf.

4.3.5 Fliesenbelag auf Estrich

Schaden

Der auf Estrich verklebte keramische Belag eines Balkons wurde bemängelt, weil sich Risse im Belag bildeten und weil der Handwerker zwar eine Dränmatte (TROBA-Matte) verlegt, jedoch die Stirnkante des Belags voll vermörtelt hatte.

Analyse

Der Balkon war 9,50 m lang und 1,50 m breit und am Besichtigungstag etwa 5 Monate alt. Der Handwerker erklärte, dass er auf die Balkonplatte eine Abdichtung, die Dränmatte und darauf einen Zementestrich aus Portlandzement verlegt hatte.
Auf den Estrich hatte er die keramischen Platten verklebt und die Fugen im üblichen Verfahren vergossen.
In unregelmäßigen Abständen zeigten sich in den Plattenfugen Feinrisse von 0,1 mm Breite. Rand- oder Dehnfugen waren nicht vorhanden.

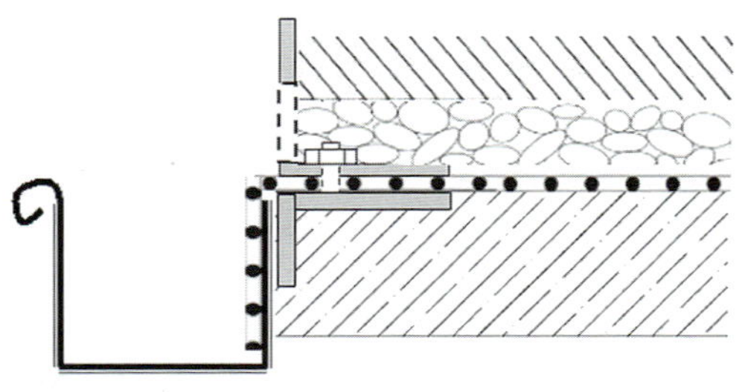

Abb. 4.3-18: Randlager als Fest-/Losflansch-Konstruktion.

Abb. 4.3-19: Vermörtelte Stirnkante mit Aluwinkel bei einem Nutzbelag aus Zementestrich und Keramikplatten.

Die Belagsstirnkante war vermörtelt und mit einem brünierten Alu-Winkel abgedeckt.

Der Belag enthielt eine größere Anzahl technischer Fehler:

- Selbst mit einer Dränmatte unterliegt der auf gefälleloser Abdichtung verlegte Zementestrich der Gefahr durch Frosthebung.
- Portlandzement ist als Bindemitteln bei handwerklich hergestellten Estrichen oder Mörteln, die direkt bewittert werden, ungeeignet. Portlandzement wird in direkter Bewitterung ausgewaschen und bildet Kalksinterausscheidungen.
  Portlandzement darf deshalb in bewitterten Estrichen und Mörtelschichten nicht verwendet werden. (Ausnahmen sind maschinell verdichtete Betone bei abgestimmter Sieblinie mit Trasszusatz.)

Abb. 4.3-20: Hartbelag ohne Dehnfugen.

Abb. 4.3-21: Entwässerung ist durch vermörtelte Stirnkante verhindert.

- Die Entwässerung der Dränschicht nach außen muss sichergestellt sein; die Stirnkante durfte nicht durch Mörtel geschlossen werden.
- Bewitterte Beläge bedürfen einer Fugenteilung in umlaufende Randfugen und Dehnfugen (Feldbegrenzungsfugen); Rand- und Dehnfugen müssen bereits im Estrich oder im Mörtelbett angelegt und mindestens 10 mm breit sein. Im Plattenbelag werden sie elastisch verfugt. Der notwendige Fugenabstand richtet sich nach Ausrichtung des Balkons und dessen Besonnung und liegt zwischen 2,50 und maximal 5 m.

Der Nutzbelag entsprach in wesentlichen Teilen nicht den geltenden Fachregeln, er war vorhersehbar nicht dauerhaft haltbar.

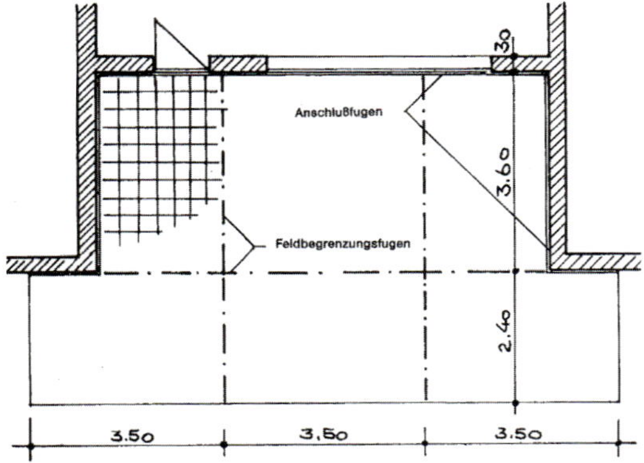

Abb. 4.3-22: Vorschrift für Fugenteilung.

Lösung

Wenn die Eigentümer sich zu einer sofortigen Sanierung entschieden hätten, hätte man folgendermaßen vorgehen müssen:
Belag und Abdichtung müssen entfernt und neu aufgebaut werden. Die Abdichtung ist auf Gefälleschicht zu legen.
Die Estrichschicht wird mit Portlandpuzzolanzement (CEM II/A-P) hergestellt und auf Dränmatte verlegt. Ränder und Dehnfugen werden mit elastischen Randstreifen hergestellt. Die Stirnkante erhält einen Langlochprofilabschluss. Der Keramikbelag muss die Fugenteilung im Estrich übernehmen; die Fugen werden elastisch versiegelt.

5 Dachbegrünung

5.1 Durchwurzelungsschutz

Pflanzen sind immer auf der Suche nach Wasser und Nährstoffen. Vor allem brauchen sie Wasser, denn nur in Wasser gelöste Nährstoffe können verwertet werden. Zum Aufspüren von Wasser benutzen Pflanzen ihr Wurzelwerk. Die Wurzelspitzen haben eine „Witterung", wo sich Wasser befindet; und wo Wasser ist, finden sich auch gelöste Nährstoffe. Die Witterung der Wurzelspitzen funktioniert sogar durch Dichtungen aus Bitumen oder Kunststoff hindurch. Die Aufgabe einer Wurzelsperre besteht daher in der Dichtung gegen Wasser und der Verhinderung des Wurzeldurchwuchses.
Eine Wurzelsperre, die wasserunterläufig ist, kann von Wurzelspitzen durchdrungen werden. Besonders gefährdet sind dabei bituminöse Sperren und Dichtungen mit verklebten Nähten. Selbst PVC-Kunststoffbahnen werden von größeren Pflanzenwurzeln durchdrungen, wenn sich unter der Sperre Wasser befindet.

5.1.1 Wurzelsperre, aber richtig

Schaden
Das neue Flachdach über einem aufgestockten Bürogebäude hatte eine extensiv begrünte Abdichtung erhalten. Der Dachschichtenaufbau bestand über leicht geneigter Stahltrapezprofildecke aus Dampfsperre, EPS-Dämmung und Abdichtung aus PIB-Dachdichtungsbahnen (RHEPANOL-fk) mit verklebten Nähten.
Für den Grünaufbau war eine zusätzliche Wurzelsperre aus PVC-Dichtbahnen verlegt.
Der Bauherr befürchtete, dass die Abdichtung nicht wurzelfest sei.

Analyse
Der Dachdecker hatte dem Bauherrn eine wurzelfeste Abdichtung versprochen. Der Hersteller der Gründeckschicht (Subunternehmer) hatte bei der Dachabdichtung jedoch Bedenken und daher von sich aus eine Wurzelsperre aus PVC-Bahnen verlegt.

Überprüfungen zeigten Folgendes:

- Die PVC-Wurzelsperre war bis in Höhe der Grünschicht geführt, die Bahnen endeten lose an Attika und Anschlüssen.
- Die Überlappungen der PVC-Bahnen waren nur unzureichend verschweißt.
- Zwischen Abdichtung aus PIB-Bahnen und PVC-Bahn war ein offenes Kunststoffgitter verlegt; eine Trennlage fehlte.

Abb. 5.1-1: Extensive Dachbegrünung.

Abb. 5.1-2: Wurzelsperre ohne Randanschluss ...

Abb. 5.1-3: ... unvollständig verschweißt ...

- Die Begrünung war nach 18 Monaten bereits zwischen PVC- und PIB-Bahnen eingewachsen.

Bewertung des Dachaufbaus:

- Abdichtungen aus PIB-Dichtbahnen sind nicht wurzelfest. Bei dieser Abdichtung wird ein zusätzlicher Durchwurzelungsschutz benötigt.
- Die Wurzelschutzlage muss in sich wasserdicht sein und wasserdicht an Dachränder, Anschlüsse und Dachdurchbrüche angeschlossen sein.
- Unterschiedliche Kunststoffe können sich bei direktem Kontakt gegenseitig schädigen; in diesem Fall konnte in der PVC-Bahn Weichmacherverlust ausgelöst werden. Die Dauerhaftigkeit der Wurzelsperre war nicht gegeben.

Abb. 5.1-4: ... ohne Trennlage zur PIB-Dichtbahn ...

Abb. 5.1-5: ... und bereits hinterwachsen.

- Dachränder und Anschlüsse waren nicht von Bewuchs freigehalten.

Die Fachregeln für Dächer mit Abdichtungen sagen u.a.:

2.5.7.2.3 Dachbegrünung
(1) Als extensive Begrünung werden flächige Bepflanzungen mit dünnem Schichtenaufbau bezeichnet. Sie wird mit niedrig wachsenden Pflanzen ausgeführt. Die Funktion als Auflast zur Sicherung gegen Abheben durch Windsog-Kräfte muss gesondert nachgewiesen werden.
(2) Ein extensiver Begrünungsaufbau besteht in der Regel aus folgenden Schichten (Reihenfolge der Schichten kann sich systembedingt ändern):

- *Schutzschicht gegen Wurzeldurchwuchs*
- *Schutzschicht gegen mechanische Beschädigung*
- *Entwässerung- und Dränageschicht*
- *Filterschicht*
- *Vegetationsschicht*

(3) Zur Lagesicherung der Dachbegrünung können insbesondere in der Anwuchsphase zusätzliche Maßnahmen z.B. Abdeckung mit Erosionsschutzgewebe erforderlich werden.
(4) Die Funktion der Durchwurzelungsschutzlage kann mit den Abdichtungslagen erfüllt werden. Bei mehrlagigen Abdichtungen ist die Durchwurzelungsschutzlage als oberste Lage zu verlegen. Die Durchwurzelungsschutzlage kann auch als zusätzliche Lage verlegt werden. Hierbei ist zu beachten, dass die Durchwurzelungsschutzlage in der Fläche, in An- und Abschlussbereichen

und bei Dachdurchdringungen nicht von Wurzeln hinterwandert werden kann.
(5) An- und Abschlüsse sowie Durchdringungen sollen von Bewuchs freigehalten werden. Dafür sind Streifen mit Kiesschüttungen oder Plattenbeläge zweckmäßig.
(Fachregel für Abdichtungen, 10/2008 (mit Änderungen 05/2009 und 12/2011), Abschnitt 2.5.7.2.3)

Die vorhandene Wurzelsperre war demnach nicht funktionsfähig.

Lösung
Nachbesserungen an Rändern und Anschlüssen reichten im gegebenen Schadenfall nicht aus. Zur Mängelbeseitigung musste der Grünaufbau einschließlich PVC-Bahn und K-Gitter ausgebaut und nach Neuverlegen einer Trennlage mit Wurzelsperrschicht wieder eingebaut werden. Dabei war die Wurzelsperrlage wie eine Dachabdichtung (wasserdicht) zu behandeln und einzubauen. Die Ränder waren mit Kies- oder Plattenstreifen bewuchsfrei zu halten.

5.2 Probleme beim Gründach

5.2.1 Anflugvegetation nicht zu verhindern

Schaden

Die Erwerber einer Wohnanlage in einer Kleinstadt hatten den Wunsch nach fröhlich-bunter Begrünung ihrer Flachdächer, etwa so, wie es auf Abb. 5.2-1 gezeigt wird.

Bereits im zweiten Jahr verkümmerte der Bewuchs zunehmend. Nach 4 Jahren war zwar Nadelholz entstanden, der bunte Sedumteppich war aber einer wilden Graslandschaft gewichen. Kurz vor Ablauf der Gewährleistung zitierten sie den Dachgärtner und forderten Stellungnahme und Ersatz.

Analyse

Die Begrünung sollte eine Mischform aus intensiver und extensiver Begrünung sein; dafür wurde als Vegetationsschicht schwerer Gartenboden eingebracht.

Mit den Jahren entwickelten sich auf den Dächern alle die Pflanzen prächtig, die auch in der umgebenden Natur gedeihen; dagegen verkümmerte und verschwand der bunte Teppich der Extensivbegrünung.

Die Fehler sind daran festzumachen, dass man Intensiv- und Extensivbegrünung nicht beliebig mischen kann. Möglich sind abgegrenzte Bereiche beider Begrünungsformen mit jeweils abgestimmten Vegetationsschichten.

Die natürliche Anpassung der Dachbegrünung an die Vegetation der Umgebung findet jedoch immer statt. Man kann das Austreiben und

Abb. 5.2-1: Vorstellung des Bauherrn für seine Dachbegrünung ...

Abb. 5.2-2: ... und das Ergebnis nach einem ...

Wachsen der Anflugvegetation nur durch regelmäßiges Entfernen und ständige Pflege des Grüns bremsen.

Die Dächer zeigten, dass es an Pflege insgesamt gemangelt hat.

Lösung

Die vorgesehene Mischform war praktisch nicht möglich.

Eigentümer und Dachgärtner kamen überein, die Flächen mit Bewuchs der Umgebung zu kultivieren. Außerdem wurden eine regelmäßige Pflege und Wartung vereinbart.

5.2.2 Unverhoffter Gartenteich

Schaden

Die Architekten eines Museumsneubaus hatten für die Untergeschosse einen begrünten Innenhof geplant. Natürlich musste dieser auch entwässert werden, aber das sollte so geschehen,

Abb. 5.2-3: ... und nach 4 Jahren.

dass man die Abläufe nicht sehen konnte. Da Museumsbesucher nicht gern über Türschwellen steigen, wenn sie sich in den Innenhof begeben, legten die Architekten die Türschwellen höhengleich aus und kompensierten dies mittels Wasserrinnen vor den Türen. Bei Regen verwandelt sich der Innenhof aber ungeplant in eine Schwemmwiese.
Die Architekten sahen die Rinnen als Überlaufschutz an und gaben dem Gärtner die Schuld, weil dessen Bodenschüttung nicht wasserdurchlässig gewesen sei.

Analyse
Der etwa 15 x 25 m^2 große Innenhof war intensiv begrünt und die Vegetationsschicht mit kleinen Erhebungen gestaltet. Der Hof wurde über 4 Abläufe entwässert, deren Roste aus dem Gras hervorblinzelten.
Vor Fensterwänden und Türen waren 20 cm breite Wasserrinnen mit Rostabdeckung verlegt. Der Bodenaufbau über Betonbodenplatte und Abdichtung bestand aus einem Schutzvlies, Splittschicht 1/8 ca. 20 cm hoch und Gartenerde mit Rasen und Birkenstämmen.
Die Abläufe NW 120 mit Rostabdeckung 20/20 cm waren direkt in die Splittschicht eingebettet, in den Stutzen des Aufstockelements waren 4 Schlitze von 2 x 3 cm^2 eingeschnitten.
Der Irrtum der Planer bestand zunächst darin, anzunehmen, man könne begrünte Flächen unterflur entwässern. Regenwasser sickerte zwar in Bodenschicht und Splittschicht hinein, aber nur sehr langsam, ein Wasserstrom in Richtung der Abläufe entwickelte sich nicht, allenfalls sickerte

Abb. 5.2-5: Zugewachsener Ablauf.

Wasser allmählich ab. Niederschläge müssen in erste Linie auf der Oberfläche abgeleitet werden; dazu sollte die Begrünung wenigstens geringes Gefälle in Richtung der Abläufe aufweisen. Wasser hätte rasch in Abläufe abgeführt werden müssen, Ablaufmündungen müssen von Bewuchs freigehalten werden.
Damit auch Sickerwasser hätte abgeführt werden können, hätten die Abläufe (Aufstockelemente) mit Grobkies ummantelt und die Aufstockstutzen vielfach geschlitzt sein müssen. Schließlich war zwischen Abdichtung und Schüttungen keine Dränschicht vorhanden, die Aufstauen und Versumpfung der Schüttung verhindert.
Die Wasserrinnen vor Türen und Anschlüssen waren nutzlos, da sie nicht an die Entwässerung angeschlossen waren.
Die vorhandenen Rinnen liefen bei Regen schnell voll Wasser, das dann in gleicher Höhe

Abb. 5.2-4: Innenhof eines Museums mit Intensivbegrünung und Überschwemmung bei Regen.

Abb. 5.2-6: Entwässerungsrinnen ohne Anschluss an einen Ablauf.

Abb. 5.2-7: Aufstockelement in Feinsplittbettung.

stand wie auf der Grünschicht. Dabei wurden Anschlüsse gefährdet oder überlaufen.
Der Grünaufbau war in wesentlichen Teilen fehlerhaft und in dieser Form nicht funktionsfähig.

Lösung
Für einen fachgerechten Aufbau mussten die Belagsschichten abgeräumt werden. Neuaufbau mit Drän-, Filter- und Splittschicht war herzustellen, und die Bodendeckung musste mit Gefälle in Richtung der Abläufe profiliert werden. Tür- und Fensterwandanschlüsse lagen tiefer als nach den Fachregeln zulässig. Eine Änderung hätte die Erneuerung sämtlicher Fensterwände und Türen vorausgesetzt. Da dies unter allen Umständen vermieden werden sollte, mussten der Grünaufbau um 5 cm abgesenkt und die Wasserrinnen vor Türen und Fensterwänden direkt an die Abläufe angeschlossen werden. Hierfür verwendete man die gleichen Wasserrinnen und fügte sie in den Grünaufbau ein; die Rinnenzuläufe blieben damit kontrollierbar und konnten gereinigt werden.

5.2.3 Beschädigungen im Gründach

Leckstellen sind im begrünten Flachdach der Alptraum des Dachdeckers. Nicht nur ihre Behebung, sondern bereits ihre Ortung ist mit größtem Aufwand und manchmal erheblichem Schaden verbunden.
So verwundert es, dass begrünte Abdichtungen nicht grundsätzlich in kleinere Teilflächen getrennt und diese gegeneinander abgeschottet werden. Dies setzt allerdings vorausschauende Planung und insbesondere werkstoffgleiche Dampfsperre und Abdichtung voraus, denn nur so lassen sich Flächen wasserdicht abschotten.
Leckstellen können durch Aufnehmen der Deckschichten nach dem Zufallsprinzip oder durch elektronische Ortung mittels Metallsonden gesucht werden.

Schaden
Der Neubau eines großen Möbelhauses konnte teilweise nicht eröffnet werden, weil ausgerechnet unter dem begrünten Flachdachteil umfangreiche Undichtigkeiten auftraten.
Nach eigenständiger, ergebnisloser Lecksuche hatte der Dachdecker schließlich einen Leckor-

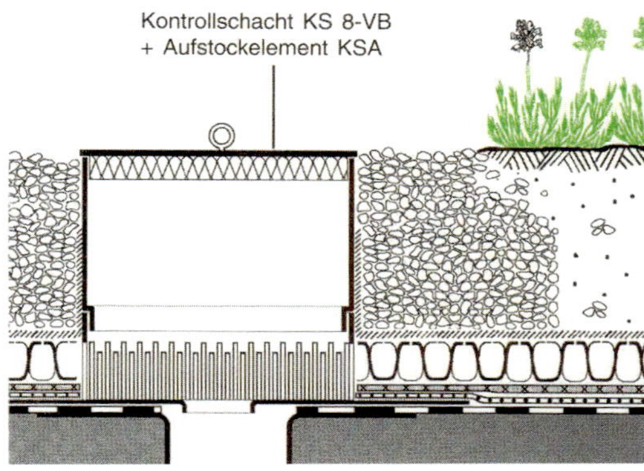

Abb. 5.2-8: Fachgerecht angelegte Grünentwässerung.

Abb. 5.2-9: Lecksuche im Gründach.

Abb. 5.2-10: Durchstoßstellen in der Abdichtung.

ter zu Hilfe gerufen, der mit Hilfe seiner Ortungssonden die Leckstellen aufspüren sollte. Nachdem die festgestellten Nahtkapillaren aufgespürt und beseitigt waren, regnete es nach wie vor ein.
Der Sachverständige sollte nunmehr die Ursachen ermitteln.

Analyse
Die Dachdecke bestand aus Stahltrapezprofilen. Wasserabtropfstelle und vermutete Leckstelle ließen sich dadurch leicht zuordnen und die Leckstellen örtlich eingrenzen.
Der Gründachaufbau wurde streifenweise geöffnet, um die Abdichtung freizulegen.
Tatsächlich fanden sich in der freigelegten Abdichtung Druck- und Durchstoßstellen. Die Druckmarken glichen verdächtig den Spitzen der Ortungssonden. Insgesamt wurden 12 Druck- oder Durchstoßstellen mit gleichem Druckmuster freigelegt.
Der Leckorter geriet in Verdacht, mit seinen Sonden die Löcher in die Dichtung gestoßen zu

Abb. 5.2-11: Durchstoßstellen in der Abdichtung.

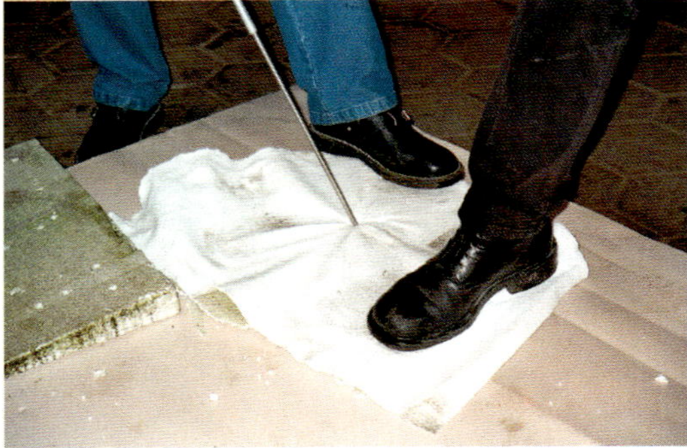

Abb. 5.2-12: Stoßversuch mit dem Sondenstab am Modell ...

haben. Er bestritt, der Verursacher zu sein, und behauptete, mit seiner Sonde könne kein Loch durch Grünaufbau, Filtervlies und PVC-Dachbahn gestoßen werden.
Daraufhin wurde die Leckortung in der Werkstatt des Dachdeckers mit dem Dachaufbau aus EPS-Dämmung, PVC-Dachbahn, EPS-Platte und Filtervlies nachgestellt.
Das Ergebnis war eindeutig: Bereits mit geringem Druck konnte die Ortungssonde durch Vlies, Dämmplatte und Kunststoff-Dachbahn durchgestoßen werden.
Damit war klar, dass der Leckorter die zweiten Schäden verursacht haben musste.

Lösung
Der gesamte Gründachaufbau wurde abgeräumt, die freigelegte Abdichtung sorgfältig untersucht, stehendes Wasser abgesaugt und Schadstellen überschweißt. Nach erfolgreicher Wasserprobe wurde der Grünaufbau wieder aufgebracht.

5.2.4 Der versenkte Dachgarten

Eine Bauherrengemeinschaft plante ein Einkaufszentrum mit begrüntem Dachgarten über der Erdgeschossdecke, umgebenen Wohnanlagen und einer Freifläche mit Pavillongebäude. Nach Abschluss der Rohbauarbeiten beauftragte der bauleitende Architekt einen Dachdecker mit der Herstellung der Flachdachabdichtung. Gleichzeitig mit den Dacharbeiten werkelten Folgeunternehmen an Fenstereinbauten und der Herstellung des Wärmedämmverbundsystems der Außenwände. Unmittelbar nach Abschluss dieser Arbeiten wurden Dachbegrünung, Plat-

Abb. 5.2-13: Teil des Dachgartens während der vergeblichen Lecksuche.

tenwege, Pflanztröge, Terrassenbelag und der hölzerne Pavillon aufgebracht und hergestellt.

Schaden

Die Arbeiten an Dach und Außenwänden fanden im Sommer statt. So fiel erst nach längeren herbstlichen Niederschlägen auf, dass das eben fertiggestellte Gründach offensichtlich undicht war. Zusätzliche Flüssigkunststoffabdichtungen gegen das WDVS beseitigten nicht die Undichtigkeiten. Punktuelle Lecksuche führte nicht zum Erfolg.

Analyse

Die Gründachabdichtung bestand aus einer Dampfsperrfolie, EPS-Dämmschicht und PVC-Kunststoffbahnenabdichtung auf Trennvlies. Flächenabschottungen waren nicht vorgesehen und nicht ausgeführt. So war es unmöglich, die vermuteten Leckstellen in der Abdichtung zu lokalisieren. Der Gründachaufbau musste großflächig abgeräumt und die Abdichtung freigelegt werden.

Abb. 5.2-14: Freigelegte Abdichtung.

Abb. 5.2-15: Aufspüren der Leckstelle.

Die Abdichtung war in einem Streifen parallel zu den Wohnhaus-Außenwänden massiv perforiert. Prüföffnungen in der Abdichtung selbst ergaben außerdem Leckstellen in der Dampfsperrfolie, deren Klebenähte nicht wasserdicht waren. Da die Wandanschlüsse der Dachabdichtung direkt am tragenden Mauerwerk hochgeführt und vom WDVS überdeckt waren, konnten diese nicht zerstörungsfrei überprüft und ebenfalls nicht zerstörungsfrei ausgebessert oder erneuert werden.
Der Schaden konnte entstehen, weil die Reihenfolge der Gewerke fehlerhaft war: Auf einer ungeschützten Dachabdichtung dürfen – mit Ausnahme von Begrünungs- und Plattierungsarbeiten – keine Folgegewerke tätig werden.
Die Dacharbeiten hätten erst stattfinden dürfen, nachdem alle Arbeiten an aufgehenden Außenwänden (Fenster, Außenputz) abgeschlossen waren.
In Ausnahmefällen können fertiggestellte Dachabdichtungen durch geeignete Abdeckun-

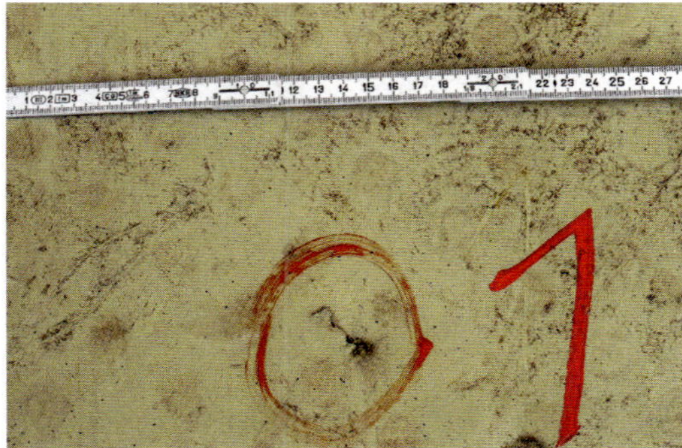

Abb. 5.2-16: Eine der Schadstellen in der Abdichtung.

Abb. 5.2-17: Nachträgliche Flüssigkunststoffabdichtungen auf das WDVS führten nicht zur Beseitigung der Undichtigkeiten.

gen geschützt werden. Diese müssen aber dann aus Schutzlage, Holztafelbelag oder Bohlenlage und zusätzlicher Bauplanenabdeckung bestehen – sie sind also entsprechend aufwendig. Das Auffinden der Leckstellen war deshalb erheblich erschwert, weil die Gesamtdachfläche nicht in Einzelflächen getrennt und nicht abgeschottet war.

Lösung

Da schon die Dampfsperre nicht wasserdicht war, verblieb als einzige Möglichkeit einer Mängelbeseitigung nur der Totalabbruch aller Schichten, das WDVS musste im Sockelbereich abgetrennt werden, um neue Anschlüsse zu ermöglichen.
Beim Neuaufbau der Abdichtung wurden dann wesentliche Grundsätze beachtet:

a) Die Dachfläche wurde in Parzellen von jeweils etwa 100 m^2 Größe geteilt, und die Flächen wurden gegeneinander abgeschottet.
b) Dampfsperre, Dämmschicht und Dachabdichtung wurden neu hergestellt.
c) Die Wandanschlüsse wurden zugänglich mit Sockeldämmung und Wasser abweisendem Tropfblech ausgestattet.
d) Vor Aufbringen der Grünschichten und Plattenwege wurde die Abdichtung auf mögliche Leckagen überprüft.
e) Erst danach wurden Grünschicht, Plattenbeläge und weitere Aufbauten wiederhergestellt.

5.2.5 Überlastetes Gründach

Manches Mal verhindern glückliche Umstände und aufmerksame Mitmenschen eine Katastrophe.

Im nachfolgenden Schadenfall ist der Haustechniker eines Technikmarktes Wasserflecken an der abgehängten Decke nachgegangen. Der Ausbau einiger Deckenplatten und Einblick in den Dachraum ließ ihn sofort handeln: Ein Teil des Marktes wurde gesperrt und die einsturzgefährdete Decke abgestützt.

Schaden

Die Stahltrapezprofildecke hing zwischen den Betonbindern um bis zu 15 cm durch, Obergurte der Trapezprofile waren eingeknickt, Untergurte auf den Bindern eingedrückt. Die Dachdecke besaß praktisch keine Tragfähigkeit mehr, die Dachlast wurde nur durch die Dehnspannung der Stahlbleche gehalten. Stahlstützen und Kanthölzer verhinderten das endgültige Einbrechen des Daches.

Analyse

Das Dach des aus dem Jahr 1996 stammenden Objekts besteht aus einer wärmegedämmten Abdichtung mit extensiver Begrünung auf einer Stahltrapezprofildecke. Die Dachdecke ist gefällelos und nur in Teilflächen mit 0 bis 0,7 % Gefälle hergestellt. Der Dachaufbau besteht von oben nach unten aus:

- Grünschicht
- Blähtongranulat 7 bis 8 cm dick
- Filtervlies
- Kunststoff-Dachbahn 1,3 mm

Abb. 5.2-18: Abgestützte Stahltrapezprofildecke.

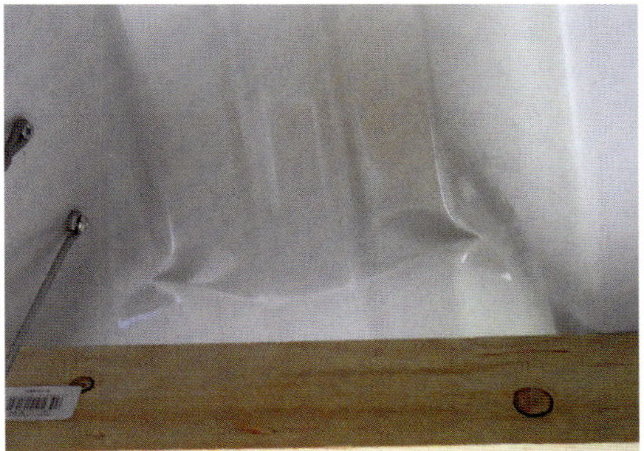

Abb. 5.2-19: Quetschfalte im Obergurt.

- Glasvlies-Trennschicht
- EPS-Dämmplatten 130 mm
- Dampfsperrfolie
- Stahltrapezprofil auf Betonbinder, Spannweite ca. 6 m.

Die Wand-, Oberlicht- und Brüstungsanschlüsse waren 25 cm, 18 cm bzw. 20 bis 30 cm hoch.

Die Dachabläufe waren neben den Deckenbindern angebracht und mit oben geschlossenem Lochsiebzylinder abgedeckt. Die Begrünung war bis an die Abläufe herangeführt, Grobkiespackungen um die Abläufe waren nicht vorhanden. Die Abläufe selbst waren weitgehend zugewachsen.

Nach Regenfällen und Ablaufen des Wassers stand dennoch Restwasser zwischen den Abläufen bis zu 5 cm hoch.

Abb. 5.2-20: Die Decke hängt sichtbar durch.

Abb. 5.2-21: Ablauf und vor dem Ablauf stehendes Wasser.

Die Grünschicht zeigte nur noch oberflächlich intakten Bewuchs: In Dachsenken mit stehendem Wasser war die Grünschicht in eine Schlammschicht verwandelt mit Flechten- und Moosbesatz wie in einem Hochmoor.

Für die mangelnde Tragfähigkeit der Dachdecke waren 3 Konstruktionsfehler, ein Ausführungsfehler und Wartungsmängel bedeutsam:

- Flachdächer biegen durch Eigen- und Auflasten immer zwischen ihren Auflagern durch. Bei Stahltrapezprofilen zulässige Durchbiegungen von l/300 bedeuten bei Spannweiten von 6 m bereits eine Durchsenkung um 2 cm.
- Dachabläufe werden gern in der Nähe von Stützen oder Außenwänden angeordnet, weil Regenrohre mitten im Raum stören. Wegen der oben beschriebenen Durchbiegung der Decke befinden sich Abläufe also immer an den Hochpunkten. Dadurch entsteht Wasser-

Abb. 5.2-22: Blick in den zugewachsenen Ablauf.

Abb. 5.2-23: Wasser steht an dieser Stelle 4,5 cm hoch.

rückstau in Höhe der Durchbiegung, und im geometrischen Feld eine Zusatzlast durch aufstehendes Wasser von 14 bis 18 kg/m² mit entsprechender weiterer Durchbiegung bei Volllast, die in der Baustatik nicht berücksichtigt werden.

- Deckengefälle und Dränschichten, die für bessere Wasserabführung sorgen könnten, wurden nicht berücksichtigt.
- Die Abläufe wurden nicht mit Sickerschichten (Grobkiespackung) eingefasst und konnten so rasch zuwachsen. Der behinderte Wasserablauf sorgte dadurch für weiteren Wasseranstau auf der Dachfläche.
- Die Abläufe wurden während der Dachnutzung nicht gereinigt. Dass sie zugewachsen waren, hat wohl keiner gemerkt.

Fehler in der Baustatik werden in diesem Beitrag nicht abgehandelt.

Man kann jedenfalls davon ausgehen, dass bei Regen Wasser bis in Grünschichthöhe, nämlich 8 cm hoch, ansteigt. Zusammen mit dem stehenden Restwasser ergibt dies eine Wasserlast bis zu 0,98 kN/m² (98 kg/m²). Dafür war die Dachdecke nicht bemessen.

Für die Grünschicht lag der konstruktive Mangel in der fehlenden Wasserabführung: Extensive Begrünung darf nicht im Wasser liegen. Hier hätten eine Dränschicht und ein Decken-gefälle eingebaut sein müssen.

Lösung
Zunächst musste ein Baustatiker überprüfen, ob unter gegebenen baulichen Voraussetzungen die Stahltrapezprofildecke weiterhin nutzbar war. Insbesondere unter dem Zwang der Anschlusshöhen und Möglichkeiten für eine Gefällegebung. Gefälleaufkeilung war nur in begrenzten Bereichen und bei geringen Neigungen möglich.

Der Standsicherheitsnachweis kam zu dem Ergebnis, dass die geeignete Schadensbehebung in der Kompletterneuerung des Daches lag: Es sollten neue Trapezprofile mit höherer Steifigkeit (= geringerer Durchbiegung) eingebaut, und in den Bereichen zwischen den Oberlichtern Einfeldträger mit Zusatzpfetten unterstützt werden. Durch Aufkeilen der Binder sollte zusätzlich die technisch noch mögliche Gefällegebung ausgebildet werden.

Alternativ schlug der Statiker vor, dass die Begrünung abgeräumt und dadurch die Dachlast verringert werden könnte. Das wiederum setzte voraus, alle bereits geschädigten Trapezprofile zu ersetzen und Einfeldbereiche durch Zusatzpfetten zu unterstützen. Die Dachabdichtung müsste dabei erneuert und mechanisch verankert werden.

Bildnachweis

Corus Bausysteme GmbH, Koblenz
Abb. 1.9-7

CREATON AG, Wertingen
Abb. 1.4-5, 1.8-27

Enke Werk
Johannes Enke GmbH & Co. KG, Düsseldorf
Abb. 1.8-41

Fachverband Deutsches Fliesengewerbe im ZDB – Zentralverband Deutsches Baugewerbe –, Berlin
Abb. 4.1-44, 4.1-45, 4.1-46, 4.3-22

Flachdach Technologie GmbH & Co. KG, Mannheim
Abb. 3.4-1, 3.4-4

Henkel Bautechnik GmbH, Hanau
Abb. 4.1-15

Kömmerling Kunststoff GmbH, Pirmasens
Abb. 4.2-3

Lafarge Dachsysteme GmbH, Oberursel
Abb. 2.3-14

LOROWERK K.H. Vahlbrauk GmbH & Co. KG
Abb. 3.1-60 und 3.2-31

Rheinzink GmbH & Co. KG, Datteln
Abb. 1.8-24, 1.8-54

Petra Schäper-Beckenbach, Architekturbüro, Recklinghausen
Abb. 5.2-16, 5.2-18

VELUX Deutschland GmbH, Hamburg
Abb. 1.7-2

OTTO WOLFF Kunststoffvertrieb GmbH, Düsseldorf
Abb. 1.9-20

Zentralverband des Deutschen Dachdeckerhandwerks – Fachverband für Dach-, Wand- und Abdichtungstechnik – e.V., Köln
Abb. 1.3-22, 1.3-23, 1.6-21, 1.7-10, 1.7-11, 1.8-45, 1.8-51, 3.4-47, 3.4-65, 3.4-71, 4.1-32, 4.1-57, 4.2-2, 4.2-4 und Tab. 1.4 bis 1.6, 1.19, 1.21 bis 1.26, 1.28 bis 1.30, 3.1 und 4.1

DIN 18807-9: Trapezprofile im Hochbau; Beuth Verlag GmbH, Berlin

ZinCo GmbH, Unterensingen
Abb. 5.2-8

Stichwortverzeichnis